机械设计基础

金旭星 / 主编
朱耀武 李迎吉 王琼 / 副主编

人民邮电出版社
北京

图书在版编目（CIP）数据

机械设计基础 / 金旭星主编. -- 北京 : 人民邮电出版社, 2017.1（2021.3重印）
职业院校机电类“十三五”微课版规划教材
ISBN 978-7-115-44596-4

Ⅰ. ①机… Ⅱ. ①金… Ⅲ. ①机械设计－高等职业教育－教材 Ⅳ. ①TH122

中国版本图书馆CIP数据核字(2017)第003612号

内 容 提 要

本书以各类机构的运动特性分析为基础，以常用传动机构及其通用零件为主要研究对象，以各类零部件的失效形式及设计准则为主线进行介绍。全书内容共12章，包括机械设计概论、平面机构的结构分析、平面连杆机构、凸轮机构、齿轮传动、带传动和链传动、其他常用机构、连接、轴承、轴、机械系统设计基础和机械CAE分析。其中，机械系统设计基础和机械CAE分析内容属于选学内容。

本书可作为高职高专院校机械类或近机类专业的教材，也可供相关专业技术人员参考。

◆ 主　　编　金旭星
副 主 编　朱耀武　李迎吉　王　琼
责任编辑　刘盛平
执行编辑　王丽美
责任印制　焦志炜

◆ 人民邮电出版社出版发行　　北京市丰台区成寿寺路11号
邮编　100164　　电子邮件　315@ptpress.com.cn
网址　http://www.ptpress.com.cn
北京盛通印刷股份有限公司印刷

◆ 开本：787×1092　1/16
印张：15.75　　　　2017年1月第1版
字数：402千字　　　　2021年3月北京第7次印刷

定价：39.80元

读者服务热线：(010)81055256　印装质量热线：(010)81055316
反盗版热线：(010)81055315

前　言

“机械设计基础”是一门技术基础课程，在相关专业培养方案中的地位举足轻重。本书是根据近几年高职高专教育发展的特点和趋势，充分吸收了机械及近机类专业的培养目标及课程改革成果，以及同行们的各种意见和建议，在多年教学实践的基础上，按照实用、优化、提高的原则编写而成的。

当前高职院校机电类专业的教改趋势及企业用人的新特点表明，我国对实用型及应用型人才的需求越来越突出。为迎合机械及近机类专业学生对相关机械知识的最新需求，本书对传统《机械设计基础》教材内容进行了科学的删减，避免出现深奥的原理分析及复杂的公式推导。同时，针对当下企业对人才提出的新要求，补充了部分知识点，以适应行业发展趋势。力求做到学时少，内容精，重视应用，追求前瞻。

全书共分12章，在将传统教材内容进行一定的科学性整合基础上，以企业中机械产品的实际任务过程（即由机械原理分析到机械零件设计）为主线安排每章节教学内容，力争使读者在学习时能把握主线，易学易懂。

本书除酌情调整教学内容之外，重点推出了新颖的移动课堂服务。通过手机扫描各章节相对应的二维码，读者可方便地获取阅读之处所需了解的延展内容，包括知识点拓展、动画、视频等，利于更深入地学习。

为使读者能快速适应未来的就业岗位，本书还介绍了当下企业常用的机械CAE软件应用，并补充了机械系统设计的基础知识，使本课程知识点的应用具体化、系统化，并有助于提高学生的综合设计及创新能力。

本书的参考学时为102学时。建议采用理论、实践一体化教学模式，各章节的参考学时见下面的学时分配表。

章节	课程内容	学时分配	
		讲授	实训
第1章	机械设计概论	2	—
第2章	平面机构的结构分析	6	2
第3章	平面连杆机构	10	—
第4章	凸轮机构	6	2
第5章	齿轮传动	26	2
第6章	带传动和链传动	8	2
第7章	其他常用机构	2	—
第8章	连接	6	—
第9章	轴承	10	—

续表

章节	课程内容	学时分配	
		讲授	实训
第 10 章	轴	8	2
第 11 章	机械系统设计基础	2	2
第 12 章	机械 CAE 分析	2	2
课时总计	102	88	14

本书由无锡职业技术学院金旭星任主编，无锡职业技术学院朱耀武、李迎吉和甘肃机电职业技术学院王琼任副主编。其中，金旭星编写了第 1 章、第 5 章和第 12 章，朱耀武编写了第 2 章、第 9 章和第 11 章，李迎吉编写了第 3 章、第 4 章和第 10 章，王琼编写了第 6 章、第 7 章和第 8 章。无锡职业技术学院吕伟文、冯志祥、缪小梅、闫向阳也参与了本书的编写。在此，向所有关心和支持本书出版的人员表示衷心的感谢！

由于编者水平有限，书中难免存在不妥之处，敬请广大读者批评指正。

编　者

2016 年 12 月

目　录

第1章 机械设计概论

【学习目标】

- 了解机械设计的基本要求和一般程序
- 理解机械零件的主要失效形式及计算准则
- 理解机器、机构、构件的概念

机械工业素有“工业的心脏”之称，是国家经济发展的主要支柱之一，它的发展水平是衡量一个国家工业化程度的重要标志。

机械设计（Machine Design），根据使用要求对机械的工作原理、结构、运动方式、力和能量的传递方式、各个零件的材料和形状尺寸、润滑方法等进行构思、分析和计算，并将其转化为具体的描述以作为制造依据的工作过程。

机械设计是机械工程的重要组成部分，是机械生产的第一步，是决定机械性能的最主要的因素。机械设计的努力目标是：在各种限定的条件（如材料、加工能力、理论知识和计算手段等）下设计出最好的机械，即做出优化设计。优化设计需要综合地考虑许多要求，一般要求包括：最好工作性能、最低制造成本、最小尺寸和重量、最高的可靠性、最低消耗和最少环境污染。这些要求常是互相矛盾的，而且它们之间的相对重要性因机械种类和用途的不同而异。设计者的任务是按具体情况权衡轻重，统筹兼顾，使设计的机械有最优的综合技术经济效果。过去，设计的优化主要依靠设计者的知识、经验和远见。随着机械工程基础理论、价值工程和系统分析等新学科的发展，制造和使用的技术经济数据资料的积累，以及计算机的推广应用，设计逐渐舍弃主观判断而依靠科学计算的现代设计方法，这是21世纪的主要研究和发展方向。

认识现代设计方法

1.1 机械设计的基本要求及一般程序

在一部现代化的机器中，常会包含着机械、电气、液压、气动、润滑、冷却、控制、监测等系统的部分或全部，但是，机器的主体仍然是它的机械系统。机械系统总由一些机构组成，每个机构又由许多零件组成。所以，机器的基本组成要素就是机械零件。

机械零件可分为两大类：一类是在各种机器中经常都能用到的零件，叫作通用零件，如螺钉、齿轮、链轮等；另一类是在特定类型的机器中才能用到的零件，叫作专用零件，如叶片、螺旋桨、曲轴等。本课程研究的机械零件对象是指常规工作情况下的通用零件。

1. 设计机器的基本要求

（1）使用功能要求。所设计的机器必须实现预定的使用功能。为此，正确地选择机器的工作原理是最重要的。此外，还应正确地选择执行机构和机械传动方案等。

（2）经济性要求。机器的经济性是一个综合性指标，它要求设计和制造的成本低，生产周期短，使用机器的生产率高，效率高，能源和原材料消耗少，维护和管理费用低等。

（3）劳动保护要求。对所设计的机器，要求操作方便、安全，并对周围环境影响小。设计机器时，操作机构要适应人的生理条件，使操作轻便省力；要设有安全防护装置，以保证机器使用人员的人身安全；要降低机器噪声，防止有害介质的渗漏，减轻对环境的污染；机器的外形和色彩要协调，符合工程美学的要求以美化工作环境。

（4）可靠性要求。机器的可靠性是指机器在使用中性能的稳定性，是机器的一个重要质量指标。可靠性高，说明机器使用过程中发生故障的概率小，能正常工作的时间长。机器的可靠性高低是用可靠度来衡量的。机器的可靠度是指在规定的工作条件下和预定的使用期内机器能够正常工作的概率。

（5）其他专用要求。这是对某种类型机器提出的一些特有的要求。例如，食品机器应能保持产品清洁；建筑机器应便于拆装和搬运；航空机器应具有质量小、飞行阻力小而运载能力大的要求等。

2. 设计机械零件的基本要求

（1）工作能力要求。组成机器的所有零件必须具有相应的工作能力，否则就会失效。为避免在预定寿命期内失效，机械零件应具有强度大、刚度足、抗疲劳、耐磨损和防腐蚀等性能。

（2）结构工艺性要求。机器零件具有良好的结构工艺性，就是要求零件的结构合理，外形简单，在既定生产条件下易于加工和装配。零件的结构工艺性不仅与毛坯制造、机械加工、装配要求有关，而且还与零件的材料、生产批量、生产设备条件等有关。零件的结构设计对零件的结构工艺性具有决定性的影响，是学习机械设计时应掌握的一个重点内容，要予以足够的重视。

（3）经济性要求。尽量采用标准化的零部件以取代需要加工的零部件；采用廉价材料代替贵重材料；采用轻型结构以减少零件的用料；采用少余量或无余量的毛坯或简化零件结构，以减少加工工时；采用装配工艺性良好的结构以减少装配工序和工时等。

（4）质量小的要求。要尽量减少机械零件的质量，因为这样不仅可以减少材料的消耗，降低成本，还可以减小运动零件的惯性以改善机器的动力性能。

（5）可靠性要求。机器是由许多零件组成的，因而机器的可靠性取决于机械零件的可靠性。为了提高零件的可靠性，应当使工作条件和零件性能的随机变化尽可能小，并在使用中加强维护和对工作条件进行监测。

3. 设计机器的一般程序

一部新机器的设计过程大致有以下几个阶段。

（1）计划阶段

计划阶段是设计机器的预备阶段，其目标是拟定出设计任务书。在此阶段，要根据社会和市场的需求，明确所设计机器的功能范围和性能指标；根据现有的技术资料进行可行性研究，明确设计中要解决的关键问题，最后形成设计任务书。设计任务书应包括机器的功能、经济性估计、制造要求、基本使用要求、预计设计期限等。

（2）方案设计阶段

本阶段对设计机器的成败起关键的作用，其目标是确定一个原理性的设计方案。在此阶段，要按设计任务书的要求，提出可能采用的多种方案，并对这些方案在技术、经济、可靠性等方面进行综合评价，最后进行决策，确定一个可进行技术设计的原理图或机构运动简图。

（3）技术设计阶段

技术设计阶段是产生总装配草图及部件装配草图。在此阶段，要按已确定的设计方案，进行运动学、动力学计算，零件的工作能力计算和结构设计，最后绘制出总装配图、部件装配图和零件图。在这一过程中，计算、绘图、修改常常是反复交叉进行的。本阶段所涉及的问题是机械设计课程最主要的研究任务。

（4）技术文件编制阶段

技术文件编制阶段是设计机器的最后一个阶段，其目标是编写出机器的设计计算说明书、使用说明书等文件。设计计算说明书中应包括方案选择和技术设计的全部结论性内容；使用说明书应向用户介绍机器的性能参数范围、使用操作方法、日常保养及简单的维修方法、备用件目录等。

1.2 机械零件的主要失效形式及计算准则

1. 机械零件的主要失效形式

机械零件由于某种原因不能正常工作，称为失效。机械零件的主要失效形式如下所述。

（1）整体断裂。整体断裂分为一次断裂和疲劳断裂两类。当零件受外载荷作用下，由于危险截面上应力超过零件的强度极限时而发生的断裂称为一次断裂。当零件在循环变应力作用下工作较长时间以后，危险截面上的应力超过零件的疲劳极限时所发生的断裂称为疲劳断裂。机械零件的整体断裂多数属于疲劳断裂。

（2）过大的残余变形。如果作用于零件上的应力超过了材料的屈服极限，则零件将产生残余变形。例如，机床上夹持定位零件的过大的残余变形，会降低加工精度。

（3）表面破坏。机器中的零件都要与别的零件发生静接触或动接触，或形成配合关系，因此表面破坏是机械零件经常发生的一种失效形式。机械零件的表面破坏主要是腐蚀、磨损和接触疲劳。腐蚀是金属表面与周围介质发生的一种电化学或化学侵蚀现象，使零件表面产生锈蚀而破坏。磨损是两个接触表面在做相对运动过程中表面材料的脱落或转移的现象。接触疲劳是零件表面长期受到接触变应力的作用而产生裂纹或微粒剥落的现象。这些破坏形式都是随工作时间的延续而逐渐发生的失效形式。

（4）破坏正常工作条件引起的失效。有些机械零件只有在一定的工作条件下才能正常工作。如果这些工作条件被破坏，就将导致零件的失效。例如，对于带传动，当其所传递的有效圆周力超过临界摩擦力时，将发生打滑失效；对于高速转动的零件，当其转速与转动件系统的固有频率接近时，就要发生共振使振幅增大而不能工作。

2. 机械零件的计算准则

为了避免机械零件失效，在设计零件时进行计算所依据的准则是与零件的失效形式密切相关的。一个机械零件可能有多种失效形式，但在设计时，应根据其主要的失效形式而采用相应的计算准则。主要的计算准则如下所述。

（1）强度准则。强度是机械零件抵抗整体断裂、塑性变形和表面接触疲劳的能力。例如，对一次断裂来讲，应力不超过材料的强度极限；对疲劳破坏来讲，应力不超过零件的疲劳极限；对残余变形来讲，应力不超过材料的屈服极限。强度准则是机械零件设计的最基本准则。

（2）刚度准则。刚度是机械零件抵抗弹性变形的能力。如果零件的刚度不够，就会因过大的弹性变形而引起失效。刚度准则是指零件在载荷作用下产生的弹性变形量不超过许用变形量。

（3）寿命准则。寿命是机械零件能正常工作延续的时间。影响零件寿命的主要失效形式为腐蚀、磨损和疲劳。由于它们各自的产生机理和发展规律不同，应有相应的寿命计算方法。但对于腐蚀和磨损，目前尚无法列出相应的寿命准则。对于疲劳寿命，通常是用求出使用寿命时的疲劳极限作为计算的依据。

（4）振动稳定性准则。振动是指机械零件发生周期性的弹性变形现象。一般情况下，零件的振幅较小。但当零件尤其对于高速轴，其固有频率与激振源的频率接近或成整倍数关系时，零件就要发生共振，振幅急剧增大，致使零件破坏或机器工作失常。振动稳定性准则是指设计时使机器中受激振作用的各零件的固有频率与激振源的频率错开。

1.3 机械零件的设计方法及步骤

1. 机械零件的常规设计方法

（1）理论设计。理论设计是根据设计理论和实验数据所进行的设计。它又可分为设计计算和校核计算两类。设计计算是根据零件的工作情况，选定计算准则，按其所规定的要求计算出零件的主要几何尺寸和参数。校核计算是先按其他办法初步拟定出零件的主要尺寸和参数，然后根据计算准则所规定的要求校核零件是否安全。由于校核计算时，已知零件的有关尺寸，因此能计入影响强度的结构因素和尺寸因素，计算结果比较精确。

（2）经验设计。经验设计是根据已有的经验公式或设计者本人的工作经验，或借助类比方法所进行的设计。这主要适用于使用要求不大变动而结构形状已典型化的零件，如箱体、机架、传动零件的结构要素等。

（3）模型实验设计。这种设计是对一些尺寸巨大、结构复杂的重要零件，根据初步设计的结果，按比例制成小尺寸的模型，经过实验手段对其各方面的特性进行检验，再根据实验结果对原设计进行逐步修改，从而达到完善的设计。模型实验设计是在设计理论还不成熟，已有的经验又不足以解决设计问题时，为积累新经验、发展新理论和获得好结果而采用的一种设计方法。但这种设计方法费时、耗资，一般只用于特别重要的设计中。

（4）参照“三化”设计

机械设计中的“三化”包括三方面的内容，即零件标准化、产品系列化和部件通用化。零件的标准化是根据零件的尺寸、结构要素、材料性能、检验方法、设计方法和制图等要求，制订出各式各样的为设计者共同遵守的标准。产品系列化是产品在同一基本结构或基本尺寸的条件下，按一定的规律优化组合成若干个不同规格尺寸的产品。部件通用化是指在系列产品内部或跨系列产品之间采用同一结构和尺寸的零部件。

标准化在简化设计工作、缩短设计周期、提高设计质量、便于专业化生产、扩大互换性、便于维修、保证产品质量和降低成本等方面具有重要意义。

我国现行标准有国家标准（GB）、部标准、专业标准和企业标准等。出口产品一般应符合国际标准（ISO）。

2. 机械零件的设计步骤

（1）选择零件的类型和结构。这要根据零件的使用要求，在熟悉各种零件的类型、特点及应用范围的基础上进行。

（2）分析和计算载荷。它是根据机器的工作情况，来确定作用在零件上的载荷。

（3）选择合适的材料。要根据零件的使用要求、工艺要求和经济性要求来选择合适的材料。

（4）确定零件的主要尺寸和参数。根据对零件的失效分析和所确定的计算准则进行计算，便可确定零件的主要尺寸和参数。

（5）零件的结构设计。应根据功能要求、工艺要求、标准化要求，确定零件合理的形状和结构尺寸。

（6）校核计算。只是对重要的零件且有必要时才进行这种校核计算，以确定零件工作时的安全程度。

（7）绘制零件的工作图。

（8）编写设计计算说明书。

1.4 机械零件材料的选用原则

机械零件材料选择的一般原则是应满足零件的使用性能、工艺性和经济性等三方面的要求。

1. 使用性能要求

使用性能要求是指零件的受载情况、工作条件、零件的尺寸和质量的限制等。例如，对于承受变应力的零件，应选择疲劳强度极限高的材料；对于受冲击载荷的零件，应选用韧性较好的材料；对于受接触应力较大的零件，应选用经表面强化处理的材料。在湿热环境下工作的零件，应选择防锈和耐蚀材料；在高温下工作的零件，应选用耐热材料；在滑动摩擦下工作的零件，应选用减摩、耐磨材料。对于要求强度高而质量小的零件，应选用强度极限与密度之比较高的材料；对于要求刚度大而质量小的零件，应选用弹性模量与密度之比较高的材料等。

2. 工艺性要求

工艺性要求是指零件所用材料应使其在毛坯制造、热处理和冷加工时都易于进行。对于毛坯的制造，结构简单的可用锻造，结构复杂的宜采用铸造或焊接。锻造材料的工艺性是指材料的延展性、热脆性和塑性变形能力等。铸造材料的工艺性是指材料的液态流动性、收缩率、偏析程度和产生缩孔的可能性等。焊接材料的工艺性是指材料的可焊性和焊缝产生裂纹的倾向性等。热处理工艺性是指材料的淬硬性、淬火变形倾向性和淬透性等。冷加工工艺性是指材料的硬度、易切削性、冷作硬化程度和切削后能达到的表面粗糙度等。

3. 经济性要求

在满足使用要求的基础上，尽可能选择价格低廉的材料，同时还应考虑到使材料的利用率高、加工费用低和供应状况好等因素。

1.5 现代机械设计方法

现代设计是以产品为总目标的一系列种类繁多的现代设计法和技术的综合运用。生产技术的需要和先进设计手段的出现，必须促进设计领域的改革和发展，对于机械设计来说几乎是更新换代，传统的常规设计方法受到很大冲击，用科学的设计方法代替经验的、类比的设计方法已势在必行。缩短设计周期、提高设计质量、发展设计理论、改进设计技术及方法已成为当前机械设计的必然趋势。

1. 常规设计

常规设计是以经验总结为基础，运用力学和数学而形成的经验、公式、图表、设计手册等作为设计的依据，通过经验公式、近似系数或模拟方等方法进行设计。常规设计在长期运用中得到不断的完善和提高，是符合当代技术水准的有效设计方法。但由于所用的计算方法和参考数据偏重于经验的概括和总结，往往忽略了一些难解或非主要因素，因而造成设计结果的近似性较大，也难免有不确切和失误。此外，在信息处理、参量统计和选取、经验或状态的存储和调用等还没有一个理想的有效方法，解算和绘图也多用手工完成，所以不仅影响设计速度和设计质量的提高，也难以做到精确和优化的效果。常规设计对技术与经济、技术与美学也未能做到很好地统一，使设计带来一定的局限性。这些都是有待于进一步改进和完善的不足之处，从而迫使设计领域不断研究和发展新的设计方法和技术。

2. 现代设计

现代设计是过去长期的常规设计活动的延伸和发展，它继承了常规设计的精华，吸取了当代科技成果和计算机技术。与常规设计相比，它是一种以动态分析、精确计算，优化设计和CAD为特征的设计方法。

现代设计具有以下特点：一是智能化。大型复杂机械的设计必须完成“分析—分解—综合”的过程。其中包含了大量创造性思维过程和智能活动。二是经济性。市场的竞争、用户的选择使对产品的经济性要求越来越高。三是并行性。必须超前考虑后续过程，以压缩废品、库存的消耗，确保上述经济性。四是集成化。即树立人机一体化、机电一体化、硬件软件一体化观念，综合多方面测试分析数据指导、评价设计，融多种现代科技成果和技术,特别是将CAD技术应用于机械产品设计之中。五是精确性。这是机械工程产品复杂度、综合性提高的必然结果。现代先进的计算技术、计算理论和计算分析工具的使用也使之得以迅速提高。六是动态性。不仅分析设计对象要从动态的观点出发，设计组织的合作协调也具有动态性，后者要求设计数据集成、设计系统无缝连接。

3. 创新设计

创新性设计是指充分发挥设计者的创造力，利用人类已有的相关科学技术知识进行创新构思，设计出具有新颖性、创造性及实用性机械产品的一种实践活动。创新设计强调发挥创造性，提出新方案，提供新颖而且独特的设计。创新设计方法分为智力激励法，提问追溯法，联想类推法，返向探索法，系统分析法，组合创新法六种。

创新设计没有局限性，创新成果是知识、智慧、勤奋和灵感的结合，生活中一些看似很简单的机械都是机械创新设计的结果。

现代机械设计技术充分利用了当今迅速发展起来的计算机技术、应用数学和力学、电子学、测试和分析技术。ADINA、NASTRAN、I-DEAS、PRO-E、UG、Solid Works、ADAMS、CAD等都是常用的工程设计分析应用软件。这些软件使设计技术有可能从经验的、静止的和随意性很大的传统设计变为基于计算数据、知识工程或专家系统的、动态的现代设计。这需要充分收集、分析和检索必要的信息、快速的数值运算和方案寻优，因而必然大规模地使用CAD技术和人工智能技术、数据库技术等，CAD技术已经成为机械工程设计中最具活力的技术手段。

1.6 机械的概念

机械是能帮人类降低工作难度或省力的装置，机械是机器和机构的总称。

1. 机器

（1）机器的组成

在现代生产活动和日常生活中，广泛应用着各种各样的机器，如汽车、内燃机、洗衣机、

复印机、各类机床等。尽管机器的种类繁多，式样、用途、性能各异，但它们都有共同的特征，即实现能量的转换，或完成有用的机械功。其目的是为了代替或减轻人的劳动，提高劳动生产率和产品质量，并创造出更多的物质财富。

按用途的不同，机器可分为动力机器，如内燃机、电动机等；工作机器，如金属切削机床、轧钢机、收割机、汽车等；信息机器，如照相机、复印机等。

现代机器一般由四大部分组成：动力装置部分，执行装置部分，传动装置部分和操纵、控制及辅助装置部分。

① 动力装置部分。它是驱动整台机器完成预定功能的动力来源。其作用是把其他形式的能量转换为机械能，以驱动机器各部件，如电动机、内燃机等。内燃机主要用于移动机械，如汽车、农业机械等，大部分现代机器则采用电动机。

② 执行装置部分。它是机器中直接完成工作任务的组成部分。如机床的刀架、汽车的车轮、船舶的螺旋桨、工业机器人的手臂等。其运动形式依据用途的要求，可能是直线运动，也可能是回转运动或间歇运动等。

③ 传动装置部分。它是将动力装置的运动和动力传递给执行装置的中间环节。利用它可以调速、改变转矩以及改变运动形式等，从而满足执行部分的各种要求，如机械传动、液压传动、电力传动等。工程上应用最多的是机械传动。

④ 操纵、控制及辅助装置部分。操纵装置有启动、停车、正反转、运动和动力参数的改变及各执行装置间的动作协调等功能。控制装置有自动监测、自动数据处理和显示、自动控制与调节、故障诊断和自动保护等功能。辅助装置包括照明、润滑和冷却等装置。检测和控制部分的作用是显示和反映机器的运行位置和状态，控制机器正常运行和工作。例如，工业机器人的检测部分的作用是检测工业机器人执行机构运动位置和状态，并将信息反馈给控制部分；而控制部分是工业机器人的指挥系统，它控制机器人按规定的程序运动，完成预定的动作。随着机电工业的高速发展，检测和控制部分在机电一体化产品（加工中心、数控机床、工业机器人）中的地位越来越重要。

简单的机器往往由前三部分组成，有时甚至只有动力部分和执行部分，如水泵、排风扇等。

（2）机器的特征

图 1-1 所示为内燃机。活塞 1、连杆 2、曲轴 3 和缸体 9（机架）组成其主体部分，气缸内燃烧的膨胀气体，推动活塞在气缸内做往复移动时，通过连杆使曲轴做连续转动；凸轮轴 6、气门推杆 7、8 和机架组成其控制部分，凸轮转动，通过气门推杆推动进、排气门按时启闭，实现可燃混合气体定时进入气缸、废气定时排出气缸的功能；曲轴上的齿轮 4 和凸轮轴上的齿轮 5 及机架组成其传动部分，把燃料燃烧产生的

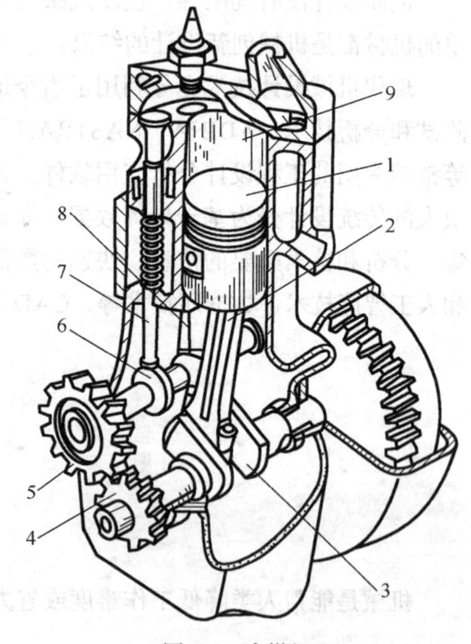

图 1-1 内燃机

1—活塞 2—连杆 3—曲轴 4—曲轴齿轮 5—凸轮轴齿轮 6—凸轮轴 7、8—气门推杆 9—缸体

热能转换为机械能。上述三部分共同协调工作，保证燃料燃烧产生的热能转换为机械能。

又如全自动洗衣机主要由机体、电动机、叶轮和控制电路组成。当接通电源后，操作控制按钮，驱动电动机经带传动使叶轮回转，搅动洗涤液实现洗涤。一旦设置好程序，全自动洗衣机就会自动完成洗涤、清洗、甩干等洗衣全过程。

由上述实例及日常生活中常见的其他机器可以看出，尽管机器的构造和用途差别很大，但注意观察就会发现机器都具备以下共同特征。

内燃机工作原理

① 机器是若干人为实体的组合。

② 各实体间具有确定的相对运动。

③ 能够代替或减轻人类劳动，有效完成机械功，变换或传递能量、物料和信息等。

2. 机构

从图 1-1 中我们还可以看出，机器中若干实体的组合，可实现某些特定的动作。在内燃机中，活塞、连杆、曲轴和气缸体组合起来，可以把活塞的往复直线运动转变成曲轴的连续转动；而凸轮、气门推杆和机架的组合，又可将凸轮轴的连续转动转换为进、排气门推杆的往复直线移动；曲轴齿轮和凸轮轴齿轮及机架的组合，可将曲轴的主动转动转换成凸轮轴的从动转动，并改变转向和转速。这些由若干具有确定相对运动的实体组成，用来传递力、运动或转换运动形式的系统称为机构。上述内燃机中三个能够完成预期动作的组合体分别称为曲柄滑块机构、凸轮机构和齿轮机构。

组成机构的具有确定相对运动的实体，称为构件，如图 1-1 中活塞 1、连杆 2、缸体（机架）9 等。

因此，机构是具有确定相对运动的构件组合体，它用来实现运动和动力的传递或转换。

组成机构的构件可以是刚性的，也可以是挠性的、弹性的，或是液压件、气动件、电磁件。如果机构中除刚体外，液体或气体也参与运动的变换，则该机构相应地称为液压机构或气动机构。

从机器的运动原理角度分析，机器的主体通常由一个或几个机构组成。机器的种类很多，但组成机器的机构并不太多，常用的机构有连杆机构、齿轮机构、凸轮机构、螺旋机构等。随着机械技术的发展，一些新型传动机构也正在得到开发和应用。

3. 构件、零件和部件

从机构运动的角度看，构件是机构中不可分割的相对运动单元体，即运动单元。从制造加工的角度来看，机器是由若干零件组装而成的。零件是机器的最小制造单元，是机器的基本组成要素。构件可以是一个单独的零件，如内燃机中的曲轴；也可以是由几个零件刚性地连接在一起组成，如内燃机连杆（见图 1-2）。它是由单独加工的连杆

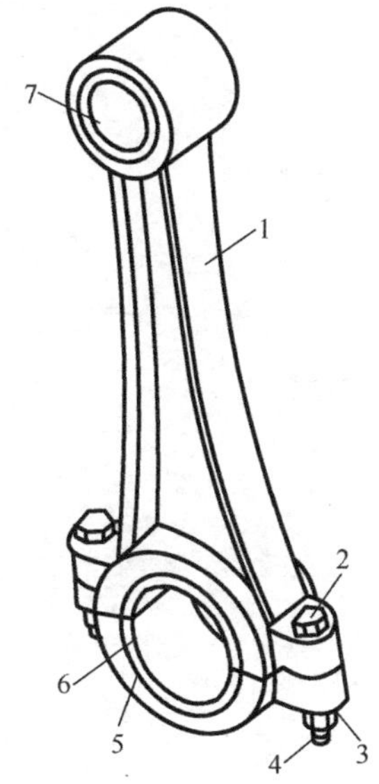

图 1-2　内燃机连杆

1—连杆体　2—螺栓　3—螺母　4—开口销　5—连杆盖　6—轴瓦　7—轴套

体 1、螺栓 2、螺母 3、开口销 4、连杆盖 5、轴瓦 6、轴套 7 等零件装配而成的构件。

对于一组协同工作的零件组成的独立制造或装配的组合体称为部件。部件是机器的装配单元。部件也分为专用部件和通用部件，如滚动轴承、电动机、减速器、联轴器、制动器属于通用部件，而汽车转向器则属于专用部件。

习 题

1. 设计机器和机械零件应分别满足哪些基本要求？
2. 分别简述设计机器和设计机械零件的一般步骤。
3. 简述机械零件的主要失效形式及计算准则。
4. 举例说明构件与零件的区别。
5. 机械设计中零件材料选用的一般原则是什么？

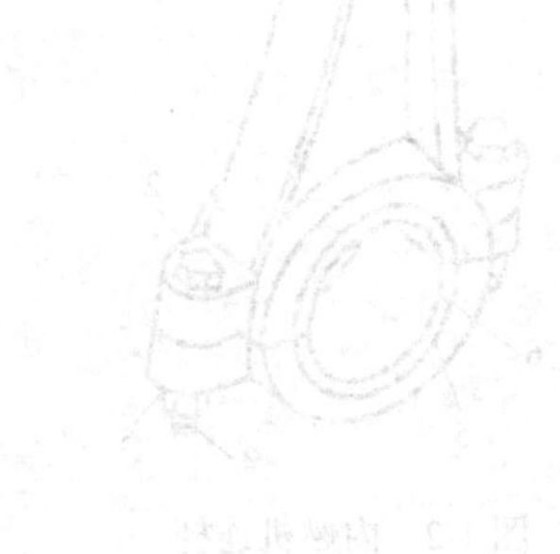

第2章 平面机构的结构分析

【学习目标】

- 理解并掌握自由度、运动副的概念
- 了解机构运动简图的绘制方法
- 理解并掌握平面机构自由度的计算
- 理解机构具有确定运动的条件

机械一般由若干常用机构组成。若组成机构的所有构件都在同一平面或平行平面中运动，则称该机构为平面机构。组成机构的某些构件的运动是非平行平面的空间运动，则称该机构为空间机构。目前工程上常见的机构大多属于平面机构，研究平面机构是研究所有机构的基础，本章仅限于讨论平面机构。

2.1 结构分析的意义

机构是用来传递或变换运动的构件系统，组成机构的各构件彼此间具有确定的相对运动。然而，任意拼凑的构件组合不一定能够运动，即使能够运动，也不一定具有确定的运动。图 2-1 所示为一个三构件组合体，但各构件之间无法相对运动，所以它不是机构。图 2-2 所示为一个五构件组合体，当只给定构件 1 驱动力矩（主动件）时，虽然能运动，但其余构件的运动并不确定。因此，讨论“构件应如何组合才能成为机构”就成为必要问题，这对分析现有机构或设计新机构具有重要意义。

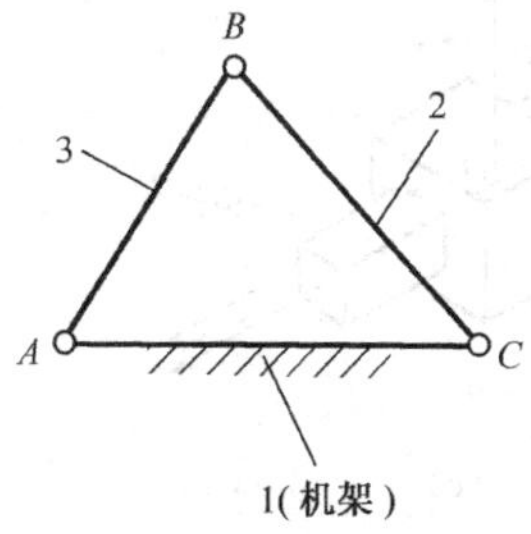

图 2-1　三构件组合体

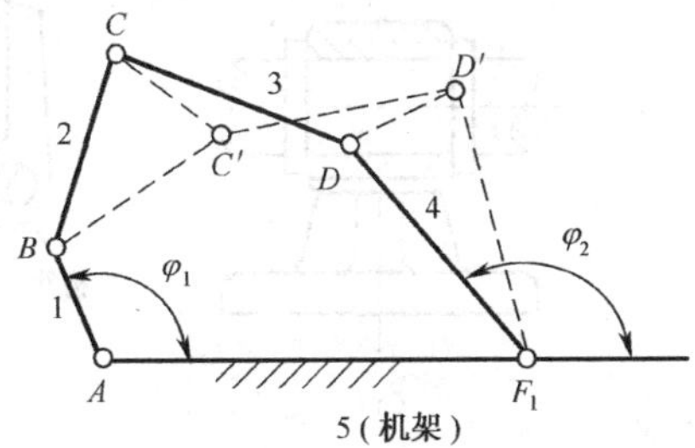

图 2-2　五构件组合体

2.2 平面机构的组成原理

平面机构是由多个构件通过一定的约束关系有机地组合而成的。为了正确地分析或设计平面机构，必须了解构件的自由度、运动副和构件类型的概念。

1. 构件的自由度

在平面机构中，相对于定参考系所有独立运动的构件数目称为构件的自由度。如图 2-3 所示，一个在 xOy 平面内做平面运动的自由构件，它具有三个独立的运动，即沿 x 轴和 y 轴的移动，以及绕任一垂直于 xOy 平面的轴线 A 的转动。因此，做平面运动的自由构件具有三个自由度。

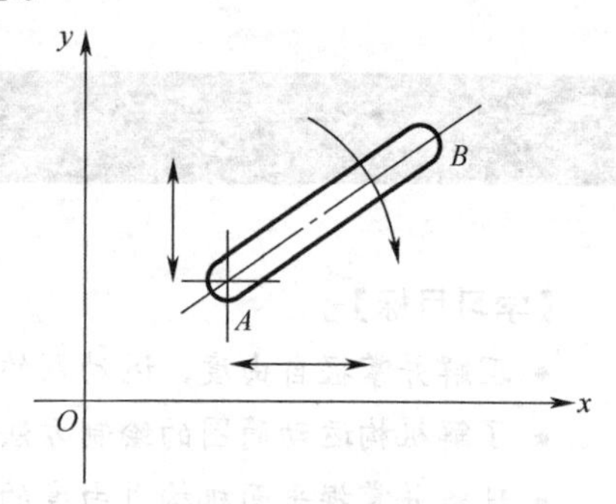

图 2-3 构件的自由度

2. 运动副

机构是具有确定相对运动的构件组合体，为传递运动，各构件之间必须以一定的方式连接起来，并且能有一定的相对运动。两构件之间直接接触并能产生一定相对运动的连接称为运动副。如内燃机中活塞与气缸、活塞与连杆，机车中的轴与轴承、车轮与钢轨、齿轮之间的接触，都构成了运动副。

两构件组成运动副后，就限制了两构件间的某些相对运动，这种限制称为约束。构件受到约束后自由度便随之减少，运动副引入的约束数等于构件失去的自由度数。

两构件只能相对做平面运动的运动副称为平面运动副。两构件之间不外乎通过点、线、面来实现接触。按两构件间的接触特性，平面运动副通常可分为低副和高副。

（1）低副

两构件间呈面接触的运动副称为低副。低副根据其成副两构件相对运动的特点又可分为转动副和移动副。

转动副是两构件只能做相对转动的运动副。图 2-4（a）和（b）所示的轴与轴承的连接和铰链连接等都组成转动副。

移动副是两构件只能沿某一轴线相对移动的运动副。图 1-1 中的活塞与气缸，以及机床床身与导轨等，它们的相对运动关系如图 2-4（c）所示。

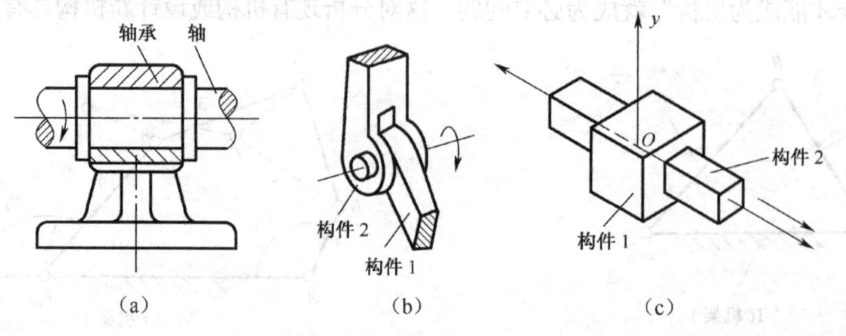

图 2-4 平面低副

由于低副是面接触，在承受载荷时应力较小，不易磨损，使用寿命长，故传力性能较好。

当两构件组成平面转动副时，两构件间便只具有一个独立的相对转动；当两构件组成平面移动副时，两构件间便只具有沿一个方向的独立的相对移动。因此，一个平面低副将引入两个约束，使构件失去了两个自由度。

（2）高副

两构件间呈点、线接触的运动副称为高副。图 2-5（a）所示的车轮与钢轨、图 2-5（b）所示的凸轮与从动件等分别组成高副。

高副由于以点或线相接触，在承受载荷时应力较大，故易磨损，但高副比较灵活，易于实现设计的运动规律。

两构件组成高副时，图 2-5（b）所示的凸轮机构，在接触处公法线 *n*–*n* 方向的移动受到约束，但保留了沿公切线 *t*–*t* 方向的移动和绕接触点 *A* 的转动。因此，一个平面高副将引入一个约束，使构件失去了一个自由度。

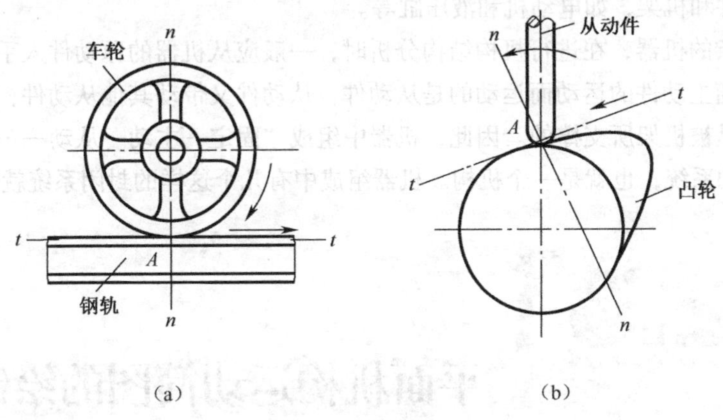

图 2-5　平面高副

此外，常用的运动副还有球面副（球面铰链），如图 2-6（a）所示；螺旋副，如图 2-6（b）所示。它们属于空间运动副，本章不作讨论。

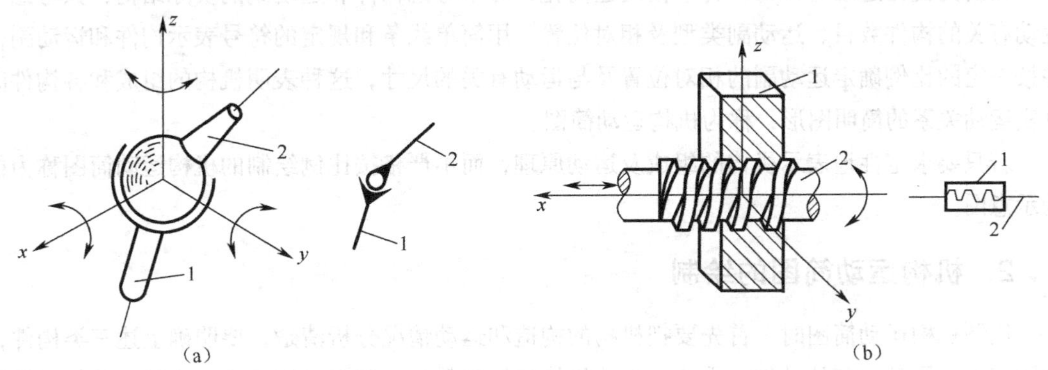

图 2-6　空间运动副

3. 组成机构的构件类型

由上述分析可知，机构是由构件和运动副组成的。机构中的构件按其运动性质可分为三类。

（1）固定构件

固定构件也称为机架，是用来支撑活动件的构件。组成机构的构件中必有且只有一个构件为机架，其余构件为活动件。图 1-1 中的气缸体是固定构件，用它来支撑活塞和曲轴等。研究机构中活动构件的运动时，常以机架作为参考系。

构件的种类及特点

（2）原动件

原动件也称为主动件，是机构中作用有驱动力或已知运动规律的构件。原动件一般与机架相连，一个机构中必有一个或几个原动件。图 1-1 中的活塞，其运动是由燃料燃烧形成的高压气体驱动的。

（3）从动件

机构中随原动件运动而运动的所有活动构件称为从动件。图 1-1 中的连杆、曲轴等都是从动件。完成工作动作的从动件又称为执行构件。

由以上分析可知，一般机构由原动件、从动件和机架组成。特殊的机构可以没有从动件，但必须有原动件和机架，如电动机和液压缸等。

一台较复杂的机器，在进行机构结构分析时，一般应从机器的原动件入手。支撑原动件的一定是机架，随主动件的运动而运动的是从动件，从动件又带动其他从动件，最终的从动件即执行构件一定是被机架所支撑的。因此，机器中组成“固定—主动—从动—……—固定”这样一个封闭的运动系统，也就是一个机构。机器组成中有几个这样的封闭系统就有几个机构。

2.3 平面机构运动简图的绘制

1. 机构运动简图的概念

在研究机构运动特性时，为了使问题简化，可不考虑构件和运动副的实际结构，只考虑与运动有关的构件数目、运动副类型及相对位置。用简单线条和规定的符号表示构件和运动副，并按一定的比例确定运动副的相对位置及与运动有关的尺寸，这种表明机构的组成和各构件间真实运动关系的简明图形，称为机构运动简图。

若只要求定性地表示机构的组成及运动原理，而不严格按比例绘制的机构运动简图称为机构示意图。

2. 机构运动简图的绘制

绘制机构运动简图时，首先要把机构的构造和运动情况分析清楚，要明确上述三类构件，即固定件、原动件和从动件，弄清组成该机构的构件数目；其次仔细分析各构件间的相对运动关系，确定运动副的类型和数目，以及运动副间的相对位置；然后选择适当的视平面，按一定的比例尺，用规定的符号和线条绘制机构运动简图。

具体绘制可按以下步骤进行。

① 分析机构的组成，确定机架、原动件和从动件。

② 由原动件开始，顺着运动传递路线，依次分析构件间的相对运动形式，再确定运动副的类型、数目和相对位置。

③ 选择适当的绘图面和原动件位置，以便清楚地表达各构件间的运动关系。平面机构通常选择与构件运动平行的平面作为投影面。

④ 选择适当的比例尺：$\mu=\dfrac{\text{构件实际尺寸}}{\text{构件图样尺寸}}$（单位为 m/mm 或 mm/mm）。按照各运动副间的距离和相对位置，以规定的线条和符号绘图。

常用构件和运动副的符号见表 2-1，一些常用机构的表示符号将会在后面各节中介绍。

表 2-1　构件和运动副的规定符号（摘自 GB/T 4460—2013）

名称	简图符号	名称	简图符号
轴杆		机架	
三副元素构件		机架是转动副的一部分	
		机架是移动副的一部分	
构件的永久连接		齿轮副外啮合、内啮合	
转动副			
移动副		凸轮副	

【例 2-1】　绘制图 2-7（a）所示的颚式破碎机主体机构的运动简图。

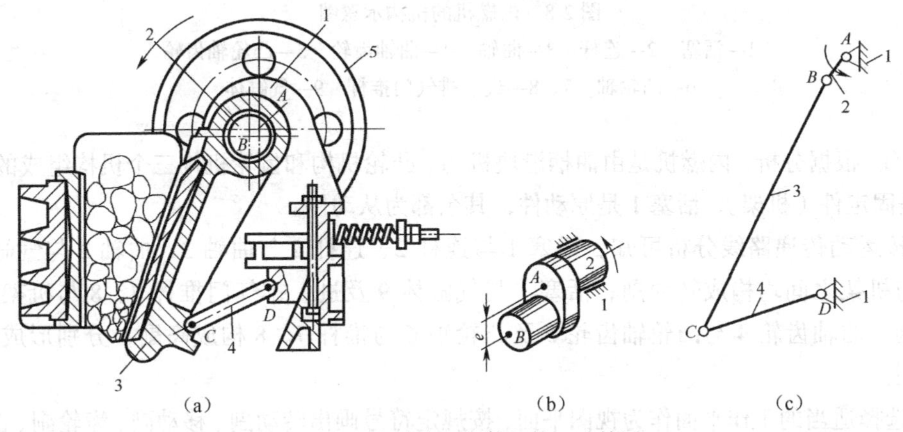

图 2-7　颚式破碎机主体机构运动简图

1—机架　2—偏心轴　3—动颚　4—肘板　5—带轮

解：① 由图 2-7（a）可知，颚式破碎机主体机构由机架 1、偏心轴 2［见图 2-7（b）］、动颚 3、肘板 4 组成。机构运动由带轮 5 输入，而带轮 5 与偏心轴 2 固定连成一体（属同一构件）绕 A 转动，故偏心轴 2 为原动件，而动颚 3 和肘板 4 为从动件。动颚 3 通过肘板 4 与机架相连，并在偏心轴 2 的带动下做平面运动将矿石打碎，故动颚 3 和肘板 4 为从动件。

② 偏心轴 2 与机架 1、偏心轴 2 与动颚 3、动颚 3 与肘板 4、肘板 4 与机架 1 均构成转动副，其转动中心分别为 A、B、C、D。

③ 选择构件的运动平面为视图平面，且原动件的位置为机构运动瞬时位置。

④ 根据实际机构尺寸及图样大小选定比例尺 μ。根据已知运动副间距 L_{AB}、L_{DA}、L_{BC}、L_{CD} 依次确定各转动副 A、B、D、C 的位置，画上代表转动副的符号，并用线条连接 A、B、C、D 转动中心。用数字标注构件号，并在构件 1 上标注表示原动件的箭头，如图 2-7（c）所示。

【例 2-2】 试绘制图 2-8（a）所示内燃机的机构示意图。

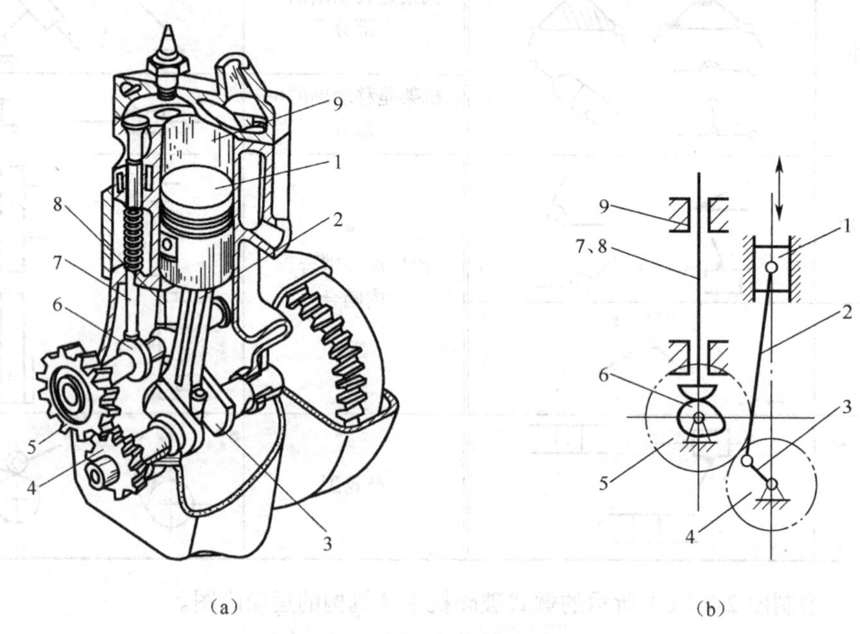

图 2-8 内燃机的机构示意图

1—活塞 2—连杆 3—曲轴 4—曲轴齿轮 5—凸轮轴齿轮 6—凸轮轴 7、8—进、排气门推杆 9—气缸体

解：① 根据分析，内燃机是由曲柄滑块机构、凸轮机构和齿轮机构三个机构组成的。其气缸体 9 是固定件（机架），活塞 1 是原动件，其余都为从动件。

② 按运动传递路线分析可知，活塞 1 与连杆 2、连杆 2 与曲轴 3、曲轴 3 与气缸体 9、凸轮 6 与机架之间均构成转动副；活塞 1 与气缸体 9 及进、排气门推杆 7、8 与机架之间构成移动副；曲轴齿轮 4 与凸轮轴齿轮 5 及凸轮轴 6 与推杆 7、8 构成高副，分别形成齿轮副和凸轮副。

③ 选择适当的工作平面作为视图平面，按规定符号画出转动副、移动副、齿轮副、凸轮副、机架，并标注构件号及表示原动件的箭头，如图 2-8（b）所示。

2.4 机构具有确定运动的条件

1. 平面机构的自由度

为了使所设计的机构能够运动并具有运动的确定性，必须研究机构的自由度和机构具有运动确定性的条件。

机构相对于其机架所具有的独立运动数目称为机构的自由度。显然，机构的自由度应为所有活动构件的自由度总数与运动副引入的约束总数之差。

设一个平面机构由 N 个构件组成，其中必有一个构件为机架，则活动构件数为 $n=N-1$。它们在未组成运动副之前，共有 $3n$ 个自由度。由前述可知，平面低副引入两个约束，平面高副引入一个约束。若机构中各构件共组成 P_L 个低副、P_H 个高副，则平面机构自由度 F 的计算公式为

$$F=3n-2P_L-P_H \tag{2-1}$$

图 2-7（c）所示的颚式破碎机机构，其活动构件数 $n=3$，低副数 $P_L=4$，高副数 $P_H=0$。则该机构的自由度为

$$F=3n-2P_L-P_H=3\times3-2\times4-0=1$$

2. 计算机构自由度的注意事项

（1）复合铰链

出于多路输出的目的，机构中常存在两个以上的构件在同一处以转动副相连的情况，该连接称为复合铰链。

复合铰链及其自由度计算

图 2-9 所示为三个构件在 A 点形成复合铰链。由图可见，这三个构件实际上组成了轴线重合的两个转动副，而不是一个转动副。一般地，K 个构件形成的复合铰链应具有$(K-1)$个转动副。计算自由度时应注意找出复合铰链。

在图 2-10 所示的直线机构中，A、B、D、E 四处均为由三个构件组成的复合铰链，每处有两个转动副。因此，该机构 $n=7$，$P_L=10$，$P_H=0$，其自由度为：$F=3\times7-2\times10-0=1$。该机构只需图 2-10 所示的一个原动件，运动便可完全确定。

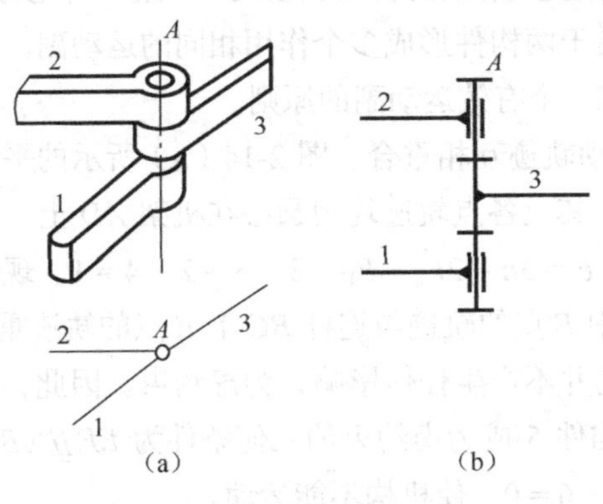

图 2-9 复合铰链

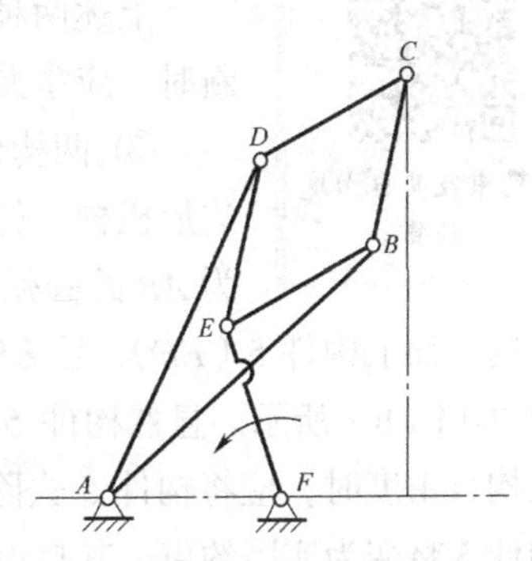

图 2-10 直线机构

（2）局部自由度

机构运动中，若某个构件的独立运动，不影响最终的输出运动规律，则该构件的独立运动称为局部自由度。在计算机构的自由度时，局部自由度应除去不计。

图 2-11（a）所示的凸轮机构，为了减少磨损，在从动件 2 的端部装有滚子 3。凸轮 1 为主动件，当其逆时针转动时，通过滚子 3 使从动件 2 在导路中往复移动。显然，滚子 3 绕其自身轴线的转动完全不会影响从动件 2 的运动，因而滚子 3 的这一转动属局部自由度。在计算该机构的自由度时，可将滚子与从动件看成一个构件，如图 2-11（b）所示，这样即可去除局部自由度。这时该机构中 $n = 2$，$P_L = 2$，$P_H = 1$，其自由度 $F = 3 \times 2 - 2 \times 2 - 1 = 1$。

局部自由度虽不影响机构的运动关系，但可以减少高副接触处的摩擦和磨损。因此在机械中常有局部自由度结构，如滚动轴承、滚轮等。

局部自由度及其自由度计算

（3）虚约束

机构中与其他约束重复，而对机构运动不起新的限制作用的约束称为虚约束。计算机构自由度时，应除去不计。

虚约束常出现在下列场合。

① 两构件形成多个轴线重合的转动副。如图 2-12 所示，曲轴与机架在 A、B 两处组成了两个转动副。从运动关系看，只有一个转动副起约束作用，计算机构自由度时应按一个转动副计算。

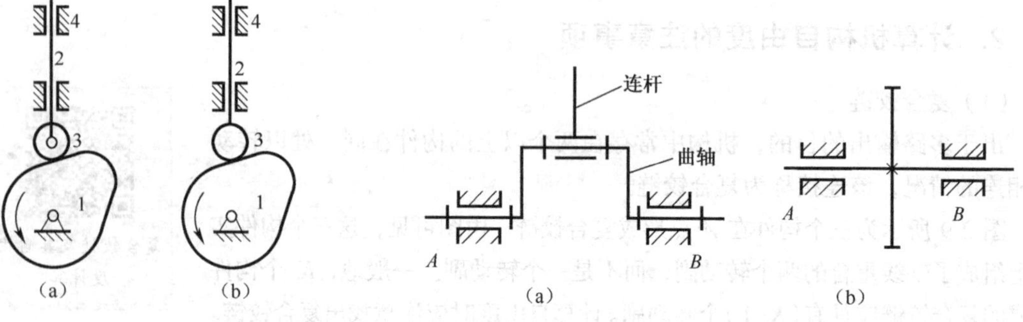

图 2-11　局部自由度　　　图 2-12　转动副轴线重合的虚约束

② 两构件形成多个导路平行或重合的移动副。图 2-13 中，缝纫机针杆机构中的针杆 3 与机架 4 都组成了两个导路重合的移动副，计算自由度时应只算一个移动副。

虚约束及其自由度计算

上述两种虚约束情况都属于两构件形成多个作用相同的运动副。在判断时，应掌握两构件只能形成一个有效运动副的原则。

③ 两构件上连接点的运动轨迹互相重合。图 2-14（a）所示的平行四边形机构，杆 3 做平移运动，其上各点轨迹均为圆心在机架 AD 上、半径为 AB 的圆弧。该机构自由度 $F = 3n - 2P_L - P_H = 3 \times 3 - 2 \times 4 = 1$。现若在该机构上加上构件 5（$EF$），且 $EF \underline{\parallel} AB$，构件 5 中 E'点的轨迹与连杆 BC 上 E 点的轨迹重合，如图 2-14（b）所示。显然构件 5 对该机构的运动并不产生任何影响，为虚约束。因此，在计算机构自由度时，应将构件 5 去除。应当注意，构件 5 成为虚约束的几何条件为 $EF \underline{\parallel} AB$，否则构件 5 将变为实际约束，其自由度 $F = 3 \times 4 - 2 \times 6 = 0$，使机构不能运动。

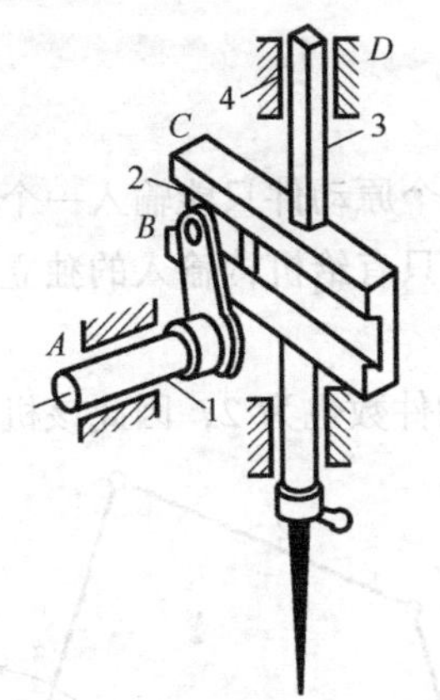

图 2-13　移动副导路重合的虚约束

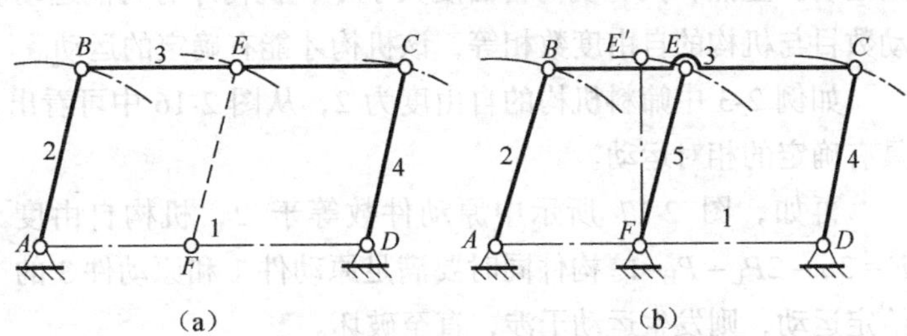

图 2-14　运动轨迹互相重合的虚约束

④ 机构中具有对运动不起作用的对称部分。图 2-15 所示的行星轮系为使受力均匀，安装三个相同的行星轮对称布置。从运动关系看，只需一个行星轮 2 就能满足运动要求，其余行星轮及其所引入的高副均为虚约束，应除去不计。该机构的自由度 $F=3\times3-2\times3-2=1$。

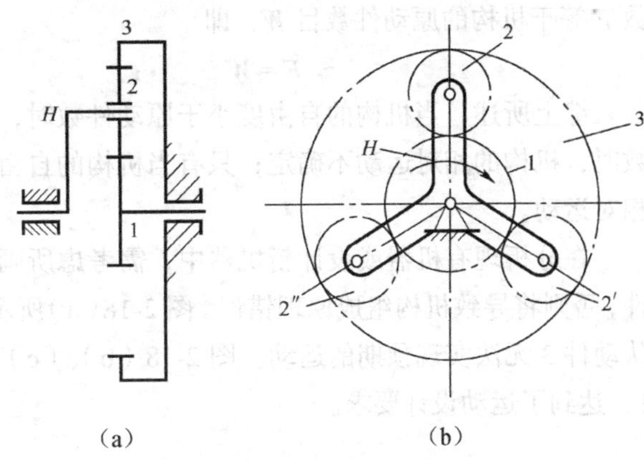

图 2-15　对称结构引入的虚约束

综上所述，虚约束虽对机构运动不起约束作用，但能改善机构的刚性或受力情况，在结构设计中被广泛采用。应当指出，虚约束是在一定的几何条件下形成的，因此虚约束的存在对制造、安装精度要求较高。当不能满足几何条件时，如两构件组成的移动副导路中线不平行或两构件组成的各转动副轴线不同轴，虚约束就会成为实际约束，影响机构的正常运行，甚至损坏机构。因此在设计中应避免不必要的虚约束。

【例 2-3】　计算图 2-16（a）所示筛料机构的自由度。

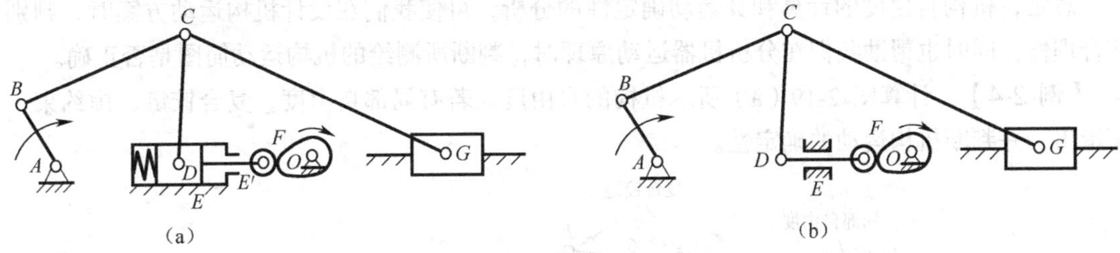

图 2-16　筛料机构

平面机构的自由度分析典型案例

解：经分析可知，机构中滚子 F 处有一个局部自由度。推杆 DF 与机架组成两导路重合的移动副 E、E'，故其中之一为虚约束。C 处为复合铰链，弹簧不起限制自由度的作用。去除局部自由度和虚约束后，按图 2-16（b）所示的机构计算自由度。机构中 $n=7$，$P_L=9$，$P_H=1$，其自由度为

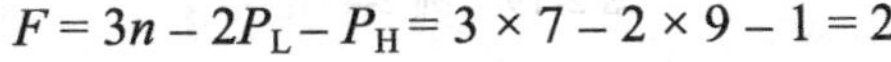

$$F=3n-2P_L-P_H=3\times7-2\times9-1=2$$

3. 机构具有确定运动的条件

机构的自由度即平面机构所有的独立运动的数目。通常机构的一个原动件只能输入一个独立运动。显然，只有机构自由度大于零，机构才有可能运动。同时，只有给机构输入的独立运动数目与机构的自由度数相等，该机构才能有确定的运动。

如例 2-3 中筛料机构的自由度为 2，从图 2-16 中可看出，其原动件数也为 2，因此该机构具有确定的相对运动。

再如，图 2-17 所示中原动件数等于 2，机构自由度 $F=3n-2P_L-P_H=1$。构件同时要满足原动件 1 和原动件 3 的给定运动，则发生运动干涉，直至破坏。

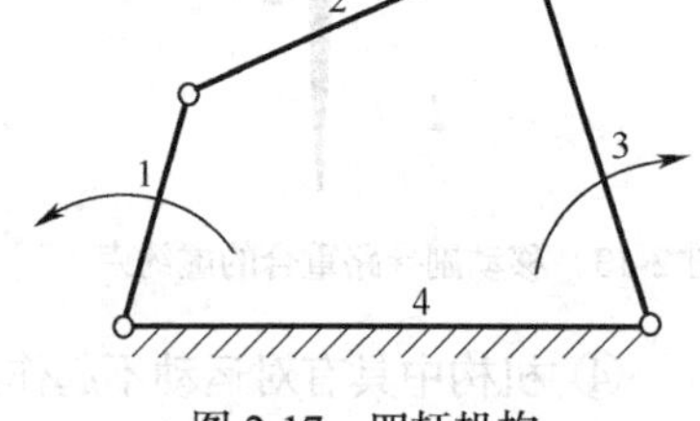

图 2-17　四杆机构

因此，机构具有确定运动的必要条件为：机构的自由度数 F 等于机构的原动件数目 W，即

$$F=W$$

综上所述，当机构的自由度小于原动件数时，机构不能运动；当机构的自由度大于原动件数时，机构的相对运动不确定；只有当机构的自由度等于原动件数时，机构才可能具有确定的相对运动。

在分析现有机器或设计新机器中，需考虑所画出的机构简图应满足机构具有确定运动的条件，否则将导致机构组成原理错误。图 2-18（a）所示的简易冲床机构设计方案，经分析其 $F=0$，从动件 3 无法实现预期的运动。图 2-18（b）、（c）给出了两种改进方案，它们的自由度数都是 1，达到了运动设计要求。

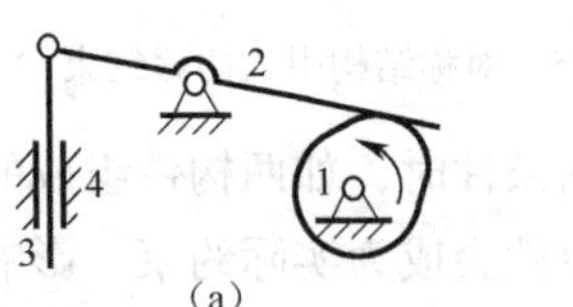

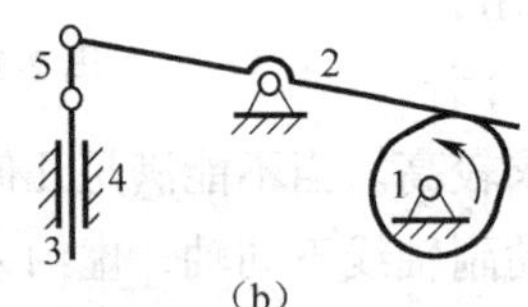

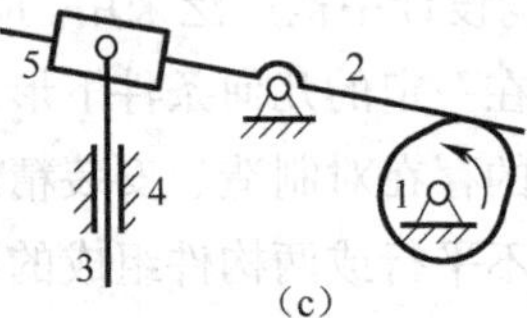

图 2-18　简易冲床机构设计方案及改进

总之，机构自由度的计算和其运动确定性的分析，可使我们在设计机构运动方案时，判别其合理性，同时也帮助我们在分析机器运动原理时，判断所测绘的机构运动简图是否正确。

【例 2-4】 计算图 2-19（a）所示机构的自由度。若有局部自由度，复合铰链、虚约束，请指出，并判断机构运动的确定性。

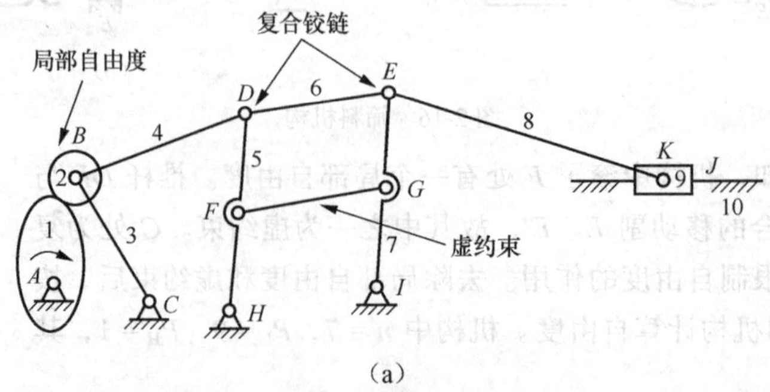

图 2-19　例 2-4 图

解：经分析可知，该机构中滚子 2 处有一个局部自由度。平行四边形 *DEGF* 中的杆 *DE*、*FG* 之一为虚约束。*D*、*E* 两处为复合铰链，如图 2-19（a）所示。在去除局部自由度和虚约束 *FG* 后，按图 2-19（b）所示的机构计算自由度。机构中 $n=8$，$P_L=11$，$P_H=1$，其自由度为

$$F=3n-2P_L-P_H=3\times8-2\times11-1=1$$

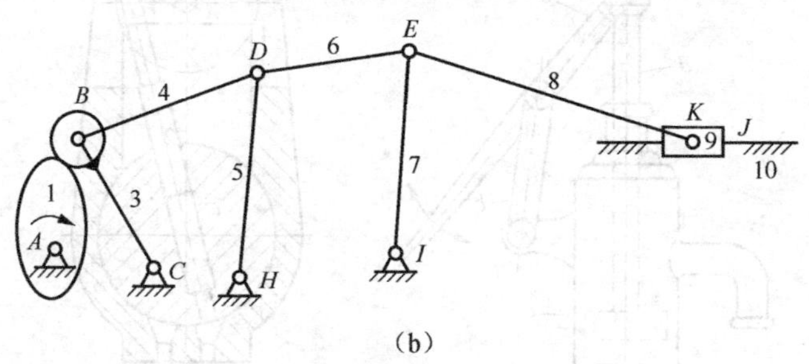

图 2-19 例 2-4 图（续）

由计算结果可知，原动件数等于自由度，均为 1，故该机构具有确定的相对运动。

习 题

一、判断题

1. 随意拼接的构件组合体就是机构。（ ）
2. 构件每引入 1 个高副，将减少 2 个自由度。（ ）
3. 机构中常设置局部自由度，主要是出于减少磨损考虑。（ ）
4. 机构中复合铰链的存在，不利于制造和装配。（ ）
5. 作机构运动简图时，一般不必考虑构件的具体形状。（ ）
6. 凡两构件直接接触，而又相互连接的都叫运动副。（ ）
7. 两构件通过内，外表面接触，可以组成回转副，也可以组成移动副。（ ）
8. 自由度计算公式 $F=3n-2P_L-P_H$ 也适用于空间机构。（ ）

二、选择题

1. 由 *m* 个构件所组成的复合铰链所包含的转动副个数为（ ）。

A. *m*　　B. *m*−1　　C. *m*+1

2. 两构件组成平面转动副时，该运动副使构件间丧失了（ ）的独立运动。

A. 二个移动　　B. 二个转动　　C. 一个移动和一个转动

3. 在机构中，某些不影响机构运动传递的重复部分所带入的约束称为（ ）。

A. 虚约束　　B. 局部自由度　　C. 复合铰链

4. 一个无约束下的自由构件，其空间自由度应为（ ）。

A. 3　　B. 6　　C. 9

5. 若机构的自由度等于原动件数，则该机构（ ）确定的相对运动。当机构的原动件数目小于或大于其自由度数时，该机构将（ ）确定的运动。

A. 一定有　　B. 一定无　　C. 可能无

三、综合题

1. 根据图 2-20 所示，先分析工作原理，再绘制机构运动简图。

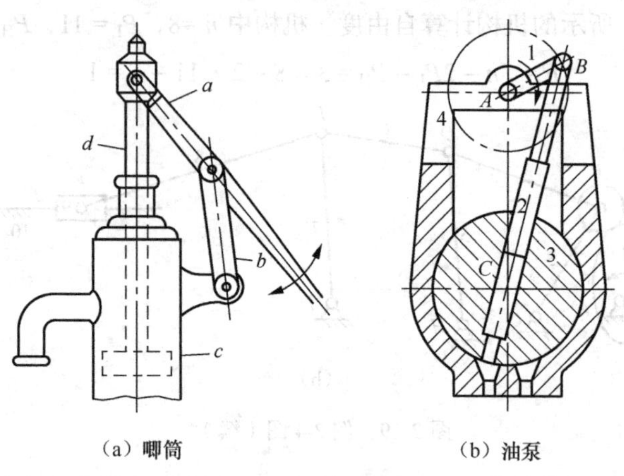

（a）唧筒　　（b）油泵

图 2-20　综合题 1 图

2. 计算图 2-21 所示平面机构的自由度，并判断机构运动的确定性（机构中如有复合铰链、局部自由度、虚约束请指出）。

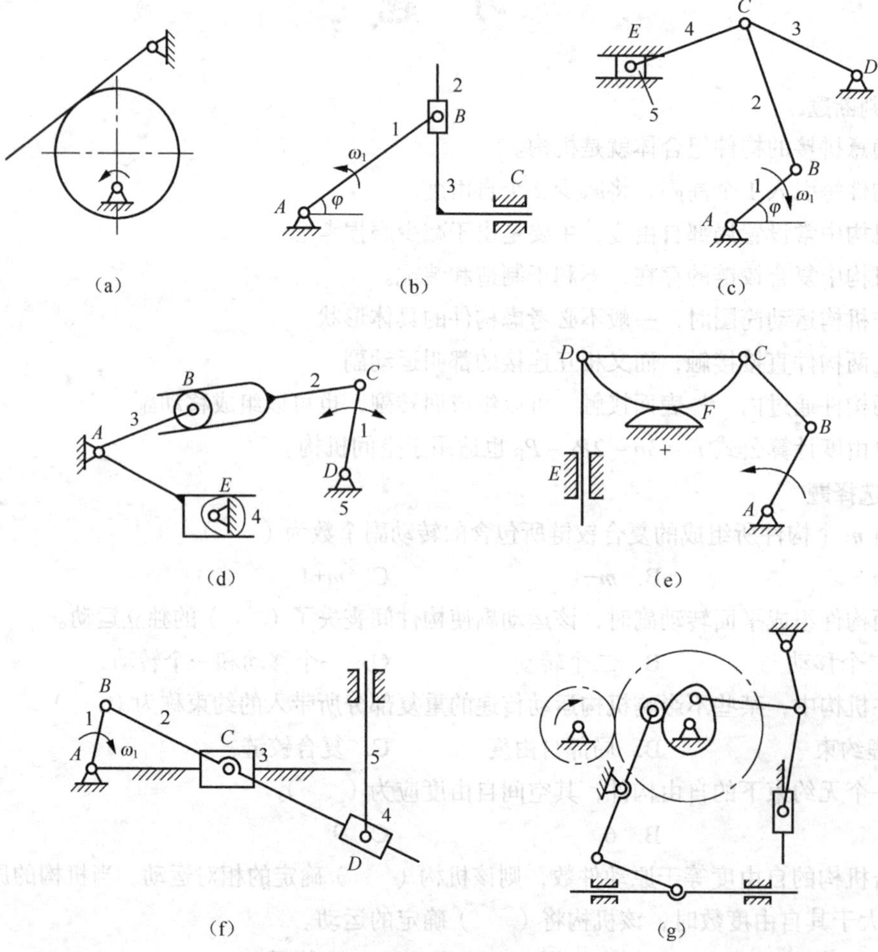

图 2-21　综合题 2 图

3. 图 2-22 所示为一机构的初拟设计方案，试从机构自由度的概念分析其设计是否合理，并提出修改措施。

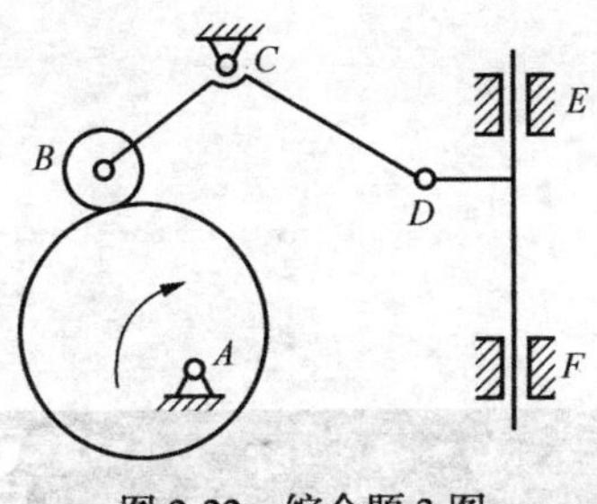

图 2-22　综合题 3 图

第3章 平面连杆机构

【学习目标】

- 理解平面四杆机构的应用特点
- 理解并掌握铰链四杆机构基本类型及判别方法
- 理解平面四杆机构的运动特性
- 理解并掌握平面四杆机构的传力特性
- 了解平面四杆机构的图解法设计

平面连杆机构是由至少四个构件用低副连接而成的平面机构。

转动副和移动副的接触表面是圆柱面和平面，制造简便，承载能力强。因此，平面连杆机构在各种机械和仪器中得到广泛使用。连杆机构的缺点：低副中存在间隙，数目较多的低副会引起运动累积误差；机构中构件多做变速运动，有振动与冲击；运动规律复杂，不易精确地实现复杂的运动规律。

最简单的平面连杆机构由四个构件组成，这种机构称为平面四杆机构。它的应用非常广泛，而且是组成多杆机构的基础。本章着重介绍平面四杆机构的基本类型及其特性。

3.1 铰链四杆机构的基本类型

全部用转动副相连的平面四杆机构称为平面铰链四杆机构，简称铰链四杆机构。如图 3-1 所示，机构的固定构件 4 称为机架，与机架用转动副相连接的杆 1 和杆 3 称为连架杆，不与机架直接连接的杆 2 称为连杆。连架杆 1 或杆 3 如能绕机架上的转动副中心 A 或 D 做整周转动，则称为曲柄；若仅能在小于 360° 的某一角度内摆动，则称为摇杆。

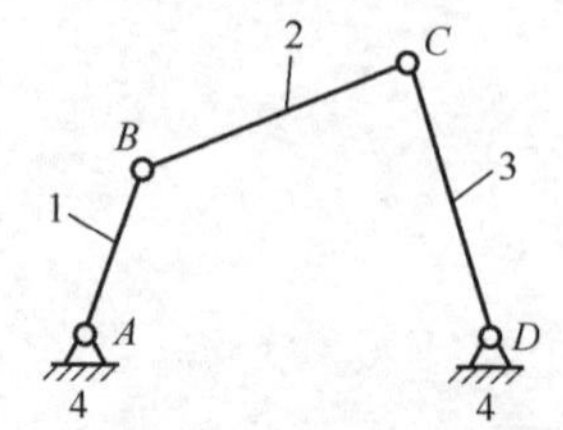

图 3-1 铰链四杆机构

对于铰链四杆机构来说，机架和连架杆总是存在的，因此可按照连架杆是曲柄还是摇杆，将铰链四杆机构分为三种基本类型：曲柄摇杆机构、双曲柄机构和双摇杆机构。其余四杆机构类型均是在这三种基本类型的基础上演化得到的。

1. 曲柄摇杆机构

在铰链四杆机构中，两连架杆中若一个为曲柄，另一个为摇杆，则此铰链四杆机构称为曲柄摇杆机构。若图 3-1 中的铰链四杆机构为曲柄摇杆机构，曲柄 1 为原动件，并做匀速转动，则摇杆 3 为从动件，将做变速往复摆动，连杆 2 将做平面运动。图 3-2 所示的牛头刨床横向自动进给机构，图 3-3 所示的调整雷达天线俯仰角机构，均属曲柄摇杆机构。

曲柄摇杆机构的工作原理

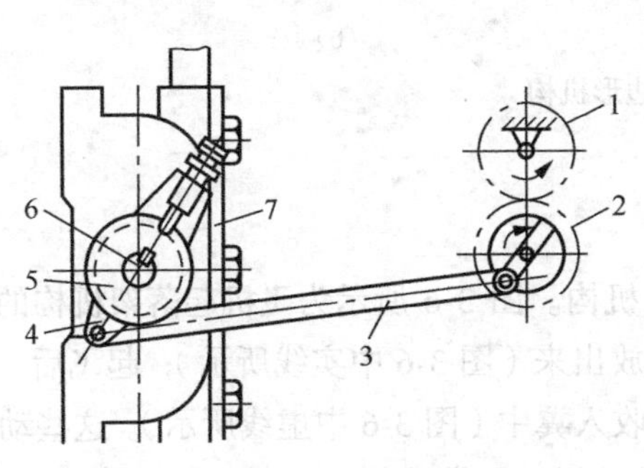

图 3-2　牛头刨床横向自动进给机构

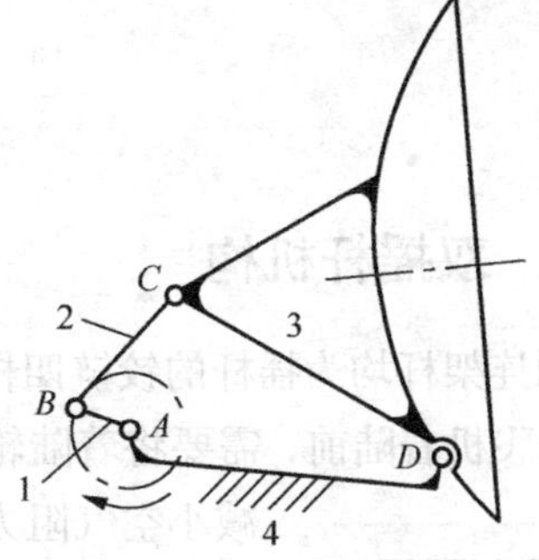

图 3-3　雷达天线调整机构

2. 双曲柄机构

两连架杆均为曲柄的铰链四杆机构称为双曲柄机构。图 3-4（a）所示为旋转式水泵。它由相位依次相差 90° 的四个双曲柄机构组成，图 3-4（b）是其中一个双曲柄机构的运动简图。

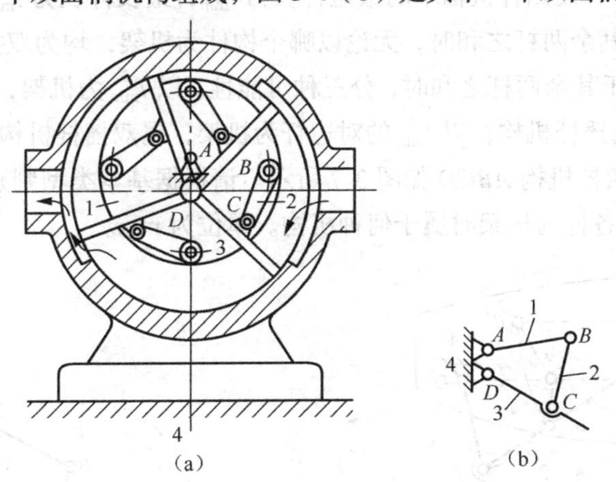

图 3-4　旋转式水泵

双曲柄机构中，使用最多的是平行四边形机构，或称为平行双曲柄机构，如图 3-5（a）中的 AB_1C_1D 所示。这种机构的对边长度相等，组成平行四边形。当杆 1 等角速度转动时，杆 3 也以相同的角速度同向转动，连杆 2 则做平移运动。必须指出，这种机构当四个铰链中心处于同一直线［见图 3-5（a）中 AB_2C_2D］上时，将出现运动不确定状态。例如，在图 3-5（a）中，当曲柄 1 由 AB_2 转到 AB_3 时，从动曲柄 3 可能转到 DC_3'，也可能转到 DC_3''。为了消除这种运动不确定状态，可以在主、从动曲柄上错开一定角度再安装一组平行四边形机构，如图 3-5（b）所示。当上面一组平行四边形机构转到 $AB'C'D$ 共线位置时，下面一

双曲柄机构的工作原理

组平行四边形机构 $AB_1'C_1'D$ 却处于正常位置，故机构仍然保持确定运动。

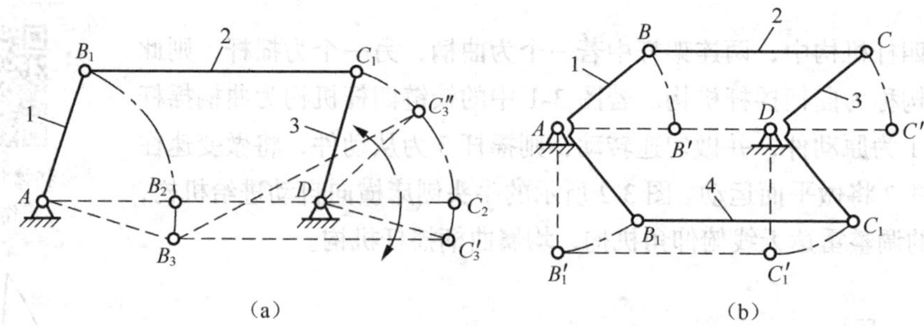

图 3-5　平行四边形机构

3. 双摇杆机构

两连架杆均为摇杆的铰链四杆机构称为双摇杆机构。图 3-6 所示为飞机起落架机构的运动简图。飞机着陆前，需要将着陆轮 1 从机翼 4 中推放出来（图 3-6 中实线所示）；起飞后，为了减小空气阻力，又需将着陆轮收入翼中（图 3-6 中虚线所示）。这些动作是由原动摇杆 3、通过连杆 2、从动摇杆 5 带动着陆轮来实现的。

双摇杆机构的工作原理

由上可见，铰链四杆机构的三种基本类型的区别在于机构中是否存在一个曲柄，或存在几个曲柄。事实上，这与各构件相对尺寸的大小以及哪个构件作为机架有关。基本类型的判别可以概括为

设四杆机构中的最短杆长为 l_{min}，最长杆长为 l_{max}，则有

（1）$l_{min}+l_{max}$ 大于其余两杆之和时，无论以哪个构件为机架，均为双摇杆机构；

（2）$l_{min}+l_{max}$ 不大于其余两杆之和时，分三种可能性。以 l_{min} 为机架，属双曲柄机构；以 l_{min} 的邻杆为机架，属曲柄摇杆机构；以 l_{min} 的对边杆为机架，属双摇杆机构。

【例 3-1】　铰链四杆机构 *ABCD* 如图 3-7 所示。请根据基本类型判别准则，说明机构分别以 *AB*、*BC*、*CD*、*AD* 各杆为机架时属于何种机构。单位为 mm。

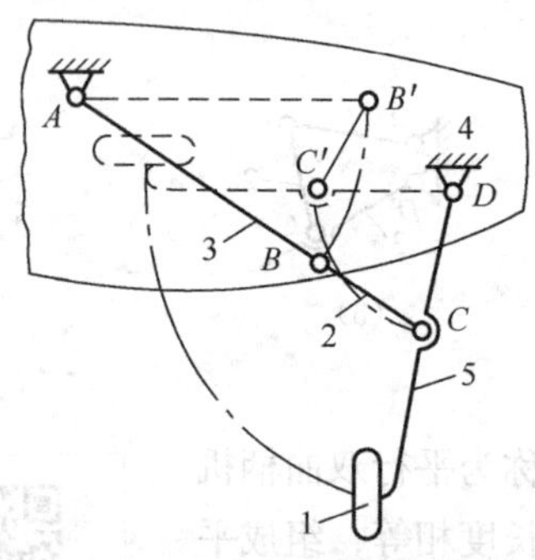

图 3-6　飞机起落架机构

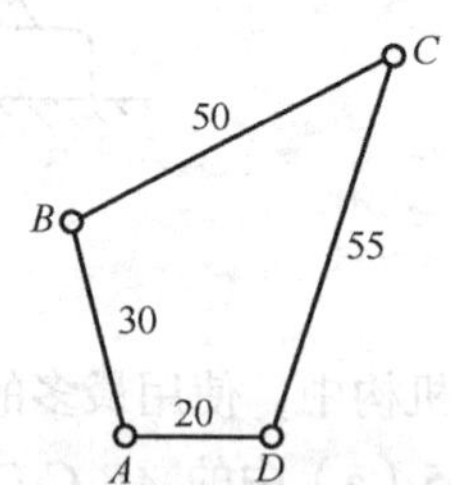

图 3-7　例 3-1 图

解： 分析给出的铰链四杆机构知，最短杆为 $AD = 20$，最长杆为 $CD = 55$，其余两杆之和 $AB + BC = 80$。

因为

$$l_{min} + l_{max} < AB+BC$$

所以

① 以 AB 或 CD 为机架时，机构为曲柄摇杆机构；

② 以 BC 为机架时，机构为双摇杆机构；

③ 以 AD 为机架时，机构为双曲柄机构。

【例 3-2】 在图 3-1 所示铰链四杆机构中，若 l_{BC}=50mm，l_{CD}=35mm，l_{AD}=30mm，AD 为机架。

（1）此机构为曲柄摇杆机构，且 AB 为曲柄时，求 l_{AB} 的最大值；

（2）此机构为双曲柄机构时，求 l_{AB} 的范围；

（3）此机构为双摇杆机构时，求 l_{AB} 的范围。

解：（1）若机构为曲柄摇杆机构，则满足：$l_{min}+l_{max}$ 不大于其余两杆长之和，且 AB 为最短杆：

$$l_{AB}+l_{BC}\leqslant l_{CD}+l_{AD}\Rightarrow l_{AB}\leqslant 15$$

（2）若机构为双曲柄机构，则满足：$l_{min}+l_{max}$ 不大于其余两杆长之和，且 AD 为最短杆。

① 若 BC 为最长杆，则 $l_{AB}\leqslant 50$ 且 $l_{AD}+l_{BC}\leqslant l_{CD}+l_{AB}\Rightarrow l_{AB}\geqslant 45$，所以 $45\leqslant l_{AB}\leqslant 50$

② 若 AB 为最长杆，则 $l_{AB}\geqslant 50$，$l_{AD}+l_{AB}\leqslant l_{CD}+l_{BC}\Rightarrow l_{AB}\leqslant 55$，所以 $50\leqslant l_{AB}\leqslant 55$

综上所述，则 $45\leqslant l_{AB}\leqslant 55$

（3）若机构为双摇杆机构，则分两种情况分析：第一种情况，$l_{min}+l_{max}$ 不大于其余两杆长之和，且要求 BC 为最短杆，显然无法满足。第二种情况，$l_{min}+l_{max}$ 大于其余两杆长之和，此时有三种可能。

① AB 为最短杆，则 $l_{AB}\leqslant 30$，且 $l_{AB}+l_{BC}>l_{CD}+l_{AD}\Rightarrow l_{AB}>15$，综合得 $15<l_{AB}\leqslant 30$

② AB 为最长杆，则 $50\leqslant l_{AB}<115=l_{CB}+l_{CD}+l_{AD}$，且 $l_{AD}+l_{AB}>l_{CD}+l_{BC}\Rightarrow l_{AB}>55$，综合得 $55<l_{AB}<115$

③ AB 既不是最短杆，也不是最长杆，则 $30\leqslant l_{AB}\leqslant 50$，且 $l_{AD}+l_{BC}>l_{CD}+l_{AB}\Rightarrow l_{AB}<45$，综合得 $30\leqslant l_{AB}<45$

综合上述，则 $15<l_{AB}<45$ 或 $55<l_{AB}<115$。

3.2 铰链四杆机构的演化

1. 曲柄滑块机构

在图 3-8（a）所示的铰链四杆机构 ABCD 中，如果要求 C 点运动轨迹的曲率半径较大甚至是 C 点做直线运动，则摇杆 CD 的长度就特别长，甚至是无穷大，这显然给布置和制造带来困难或不可能。因此，在实际应用中只是根据需要制作一个导路，C 点做成一个与连杆铰接的滑块并使之沿导路运动即可，不再专门做出 CD 杆。当滑块运动的轨迹为曲线时称为曲线滑块机构，当滑块运动的轨迹为直线时称为直线滑块机构。直线滑块机构可分为两种情况：图 3-8（b）所示为偏置曲柄滑块机构，导路与曲柄转动中心有一个偏距 e；当 e = 0 即导路通过曲柄转动中心时，称为对心曲柄滑块机构，如图 3-8（c）所示。由于对心曲柄滑块机构结构简单，受力情况好，故在实际生产中得到广泛应用。

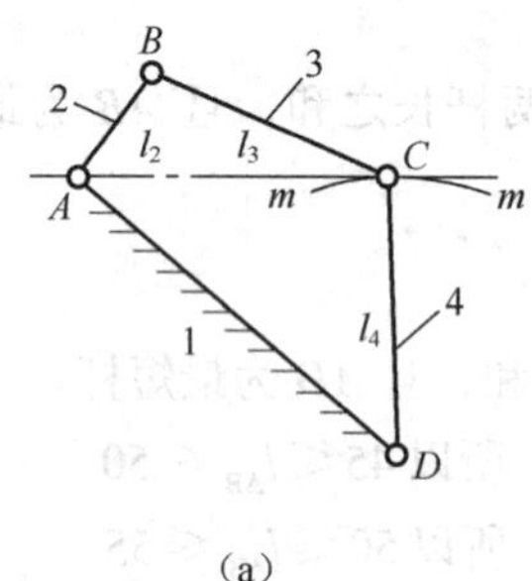

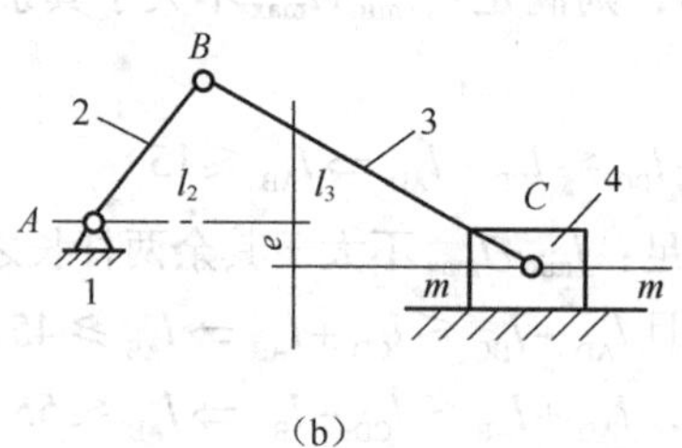

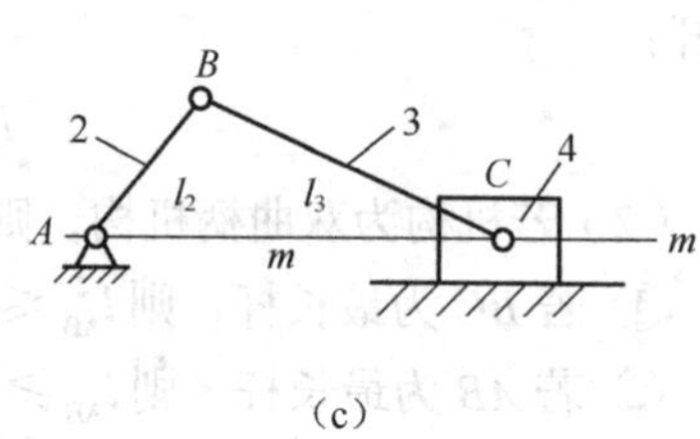

图 3-8　曲柄滑块机构

应该指出，滑块的运动轨迹不仅局限于圆弧和直线，还可以是任意曲线，甚至可以是多种曲线的组合，这就远远超出了铰链四杆机构简单演化的范畴，也使曲柄滑块机构的应用更加灵活、广泛。

图 3-9 所示为曲柄滑块机构的应用。图 3-9（a）所示为应用于内燃机、空压机、蒸汽机的活塞-连杆-曲柄机构，其中活塞相当于滑块。图 3-9（b）所示为用于自动送料装置的曲柄滑块机构，曲柄每转一圈活塞送出一个工件。当需要将曲柄做得较短时结构上就难以实现，通常采用图 3-9（c）所示的偏心轮机构，其偏心圆盘的偏心距 e 就是曲柄的长度。这种结构减少了曲柄的驱动力，增大了转动副的尺寸，提高了曲柄的强度和刚度，广泛应用于冲压机床、破碎机等承受较大冲击载荷的机械中。

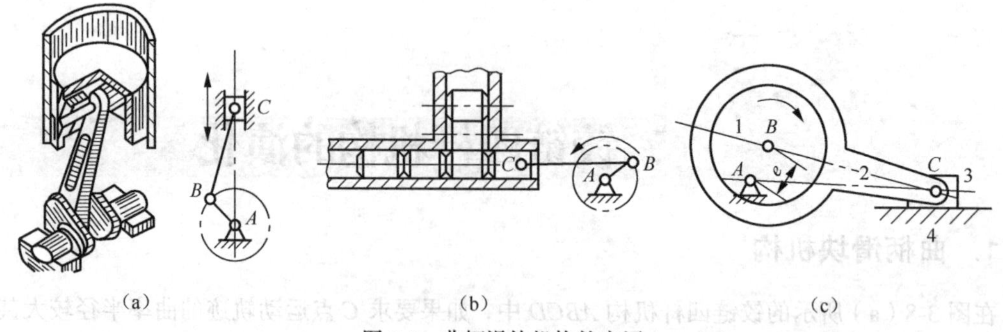

图 3-9　曲柄滑块机构的应用

2. 导杆机构

在对心曲柄滑块机构中，导路是固定不动的，如果将导路做成导杆 4 铰接于 A 点，使之能够绕 A 点转动，并使 AB 杆固定，就变成了导杆机构，如图 3-10 所示。当 $AB < BC$ 时，导杆 4

能够做整周的回转，称为转动导杆机构，如图 3-10（a）所示。当 $AB > BC$ 时，导杆 4 只能做不足一周的回转，称为摆动导杆机构，如图 3-10（b）所示。

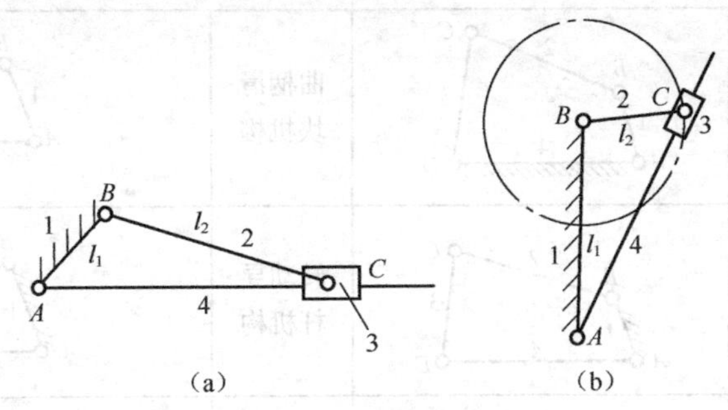

图 3-10　导杆机构

导杆机构具有很好的传力性，在插床、刨床等要求传递重载的场合得到广泛应用，如图 3-11 所示。

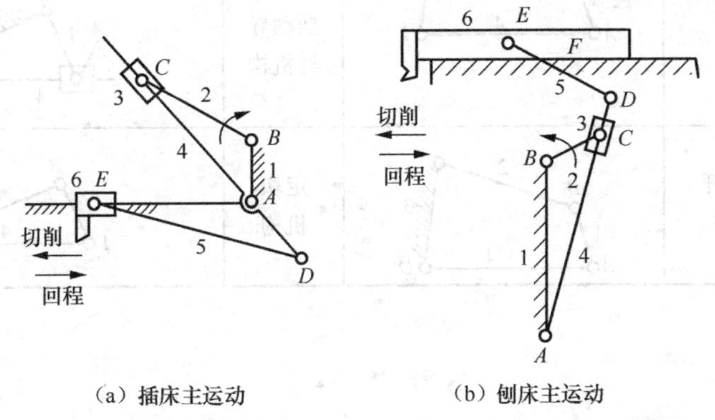

（a）插床主运动　（b）刨床主运动

图 3-11　导杆机构的应用

3. 摇块机构和定块机构

在对心曲柄滑块机构中，将与滑块铰接的构件固定成机架，使滑块只能摇摆不能移动，就成为摇块机构，如图 3-12（a）所示。摇块机构在液压与气压传动系统中得到广泛应用，如图 3-12（b）中的摇块机构在自卸货车上的应用，以车架为机架 AC，液压缸筒 3 与车架铰接于 C 点成摇块，主动件活塞及活塞杆 2 可沿缸筒中心线往复移动成导路，带动车厢 1 绕 A 点摆动实现卸料或复位。将对心曲柄滑块机构中的滑块固定为机架，就成了定块机构，如图 3-13（a）所示。图 3-13（b）所示为定块机构在手动唧筒上的应用，用手上下扳动主动件 1，使作为导路的活塞及活塞杆 4 沿唧筒中心线往复移动，实现唧水或唧油。表 3-1 给出了铰链四杆机构及其演化的主要形式对比。

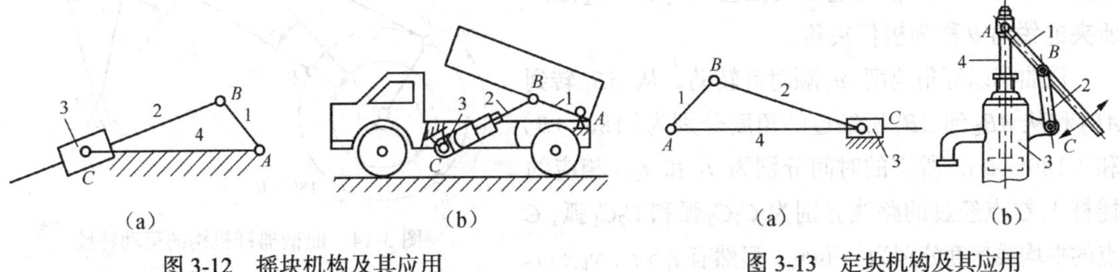

图 3-12　摇块机构及其应用　　图 3-13　定块机构及其应用

表 3-1　　　　铰链四杆机构及其演化主要形式对比

固定构件	铰链四杆机构		含一个移动副的四杆机构	
4	曲柄摇杆机构		曲柄滑块机构	
1	双曲柄机构		转动导杆机构	
2	曲柄摇杆机构		摇块机构	
			摆动导杆机构	
3	双摇杆机构		定块机构	

3.3 平面四杆机构的工作特性

1．运动特性

在图 3-14 所示的曲柄摇杆机构中，设曲柄 *AB* 为主动件。曲柄在旋转过程中每周有两次与连杆 *BC* 共线，如图 3-14 中的 B_1AC_1 和 AB_2C_2 两位置。这时的摇杆位置 C_1D 和 C_2D 称为极限位置。C_1D 与 C_2D 的夹角 φ 称为最大摆角。摇杆 *CD* 处于两极限位置时，曲柄对应的两位置 AB_1 和 AB_2 之间所夹的锐角 θ 称为极位夹角。

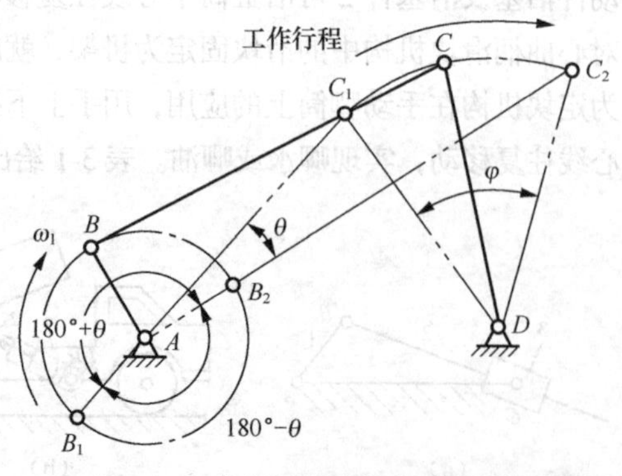

图 3-14　曲柄摇杆机构的运动特性

设曲柄以等角速度 ω_1 顺时针转动，从 AB_1 转到 AB_2 和从 AB_2 到 AB_1 所经过的角度分别为（$180°+\theta$）和（$180°-\theta$），所需的时间分别为 t_1 和 t_2，相应的摇杆上 *C* 点经过的路线分别为 C_1C_2 弧和 C_2C_1 弧，*C* 点的平均线速度分别为 v_1 和 v_2，显然有 $t_1>t_2$，$v_1<v_2$。

这种回程速度大于进程速度的现象称为急回特性，通常用 v_1 与 v_2 的比值 K 来描述急回特性，K 称为行程速比系数，即

$$K=\frac{v_2}{v_1}=\frac{C_1C_2/t_2}{C_2C_1/t_1}=\frac{t_1}{t_2}=\frac{180^\circ+\theta}{180^\circ-\theta} \tag{3-1}$$

或有

$$\theta=\frac{K-1}{K+1}\times180^\circ \tag{3-2}$$

可见，θ越大 K 值就越大，急回特性就越明显。在设计机械时可根据需要先设定 K 值，然后算出θ值，再由此计算得各构件的长度尺寸。

机构的急回特性

急回特性在实际应用中广泛用于单向工作的场合，使空回程所花的非生产时间缩短以提高生产率。如牛头刨床滑枕的运动。在常见的能实现往复运动的四杆机构中，偏置曲柄滑块机构和摆动导杆机构均具有急回特性，而曲柄摇杆机构则不一定有急回特性，对心曲柄滑块和双摇杆机构均无急回特性。

2. 传力特性

（1）压力角和传动角

在工程应用中连杆机构除了要满足运动要求外，还应具有良好的传力性能，以减小结构尺寸和提高机械效率。在图 3-15 所示四杆机构中，若不计杆件自重、惯性力和运动副之间的摩擦作用，主动件 AB 通过连杆 BC 作用于摇杆 CD 上 C 点的 F 必然沿 BC 方向，将 F 分解为切线方向和径向方向两个分力 F_t 和 F_r,切向分力 F_t 与 C 点的速度方向 v_c 同向。由图知

$$F_t=F\cos\alpha \text{ 或 } F_t=F\sin\gamma$$

$$F_r=F\sin\gamma \text{ 或 } F_r=F\cos\alpha$$

角α是 F_t与 F 的夹角，称为机构在此位置的压力角，即驱动力 F 与 C 点的运动方向的夹角。机构的不同位置，角α通常有不同的值。它表明了在驱动力 F 不变时，推动摇杆摆动的有效分力 F_t 的变化规律，α 越小，F_t 就越大，机构越灵巧，传动效率就越高。

机构的压力角和传动角

压力角α的余角γ是连杆与摇杆所夹锐角，称为传动角。由于γ更便于观察，所以通常用来检验机构的传力性能。传动角γ随机构的不断运动而相应变化，为保证机构有较好的传力性能，应控制机构的最小传动角γ_{min}。一般可取$\gamma_{min}\geqslant40^\circ$，重载高速场合取$\gamma_{min}\geqslant50^\circ$。对于曲柄摇杆机构，其最小传动角 γ_{min} 出现在曲柄与机架共线的两个位置之一，如图 3-15 的 AB_1C_1D 或 AB_2C_2D 位置。

对于偏置曲柄滑块机构，以曲柄为主动件，滑块为工作件，传动角γ为连杆与导路垂线所夹锐角，如图 3-16 所示。最小传动角γ_{min}出现在曲柄垂直于导路时的位置，并且位于与偏距方向相反一侧。对于对心曲柄滑块机构，即偏距 $e=0$ 的情况，显然其最小传动角γ_{min}出现在曲柄垂直于导路时。

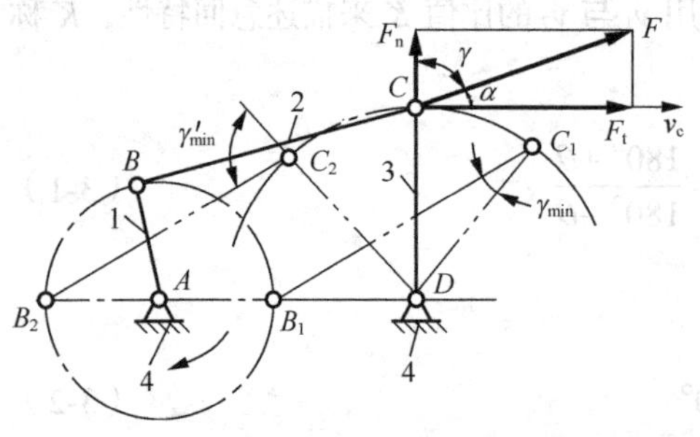

图 3-15 曲柄摇杆机构的压力角和传动角

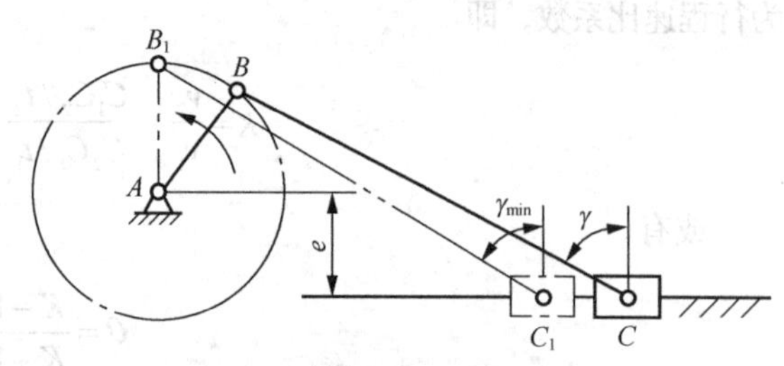

图 3-16 曲柄滑块机构的传动角

对以曲柄为主动件的摆动导杆机构，因为滑块对导杆的作用力始终垂直于导杆，其传动角γ恒为 90°，即压力角α恒为 0°，表明导杆机构具有优秀的传力性能。

（2）死点

从 $F_t = F\cos\alpha$ 知，当压力角$\alpha = 90°$ 时，F 恰好通过其回转中心，对从动件的有效分力或力矩为零，此时连杆不能驱动从动件工作。机构处在这种位置称为死点，又称止点。如图 3-17（a）所示的曲柄摇杆机构，若以摇杆 CD 为主动件，曲柄 AB 为从动件，则当从动曲柄 AB 与连杆 BC 共线时，外力 F 无法推动从动曲柄转动。机构处于死点位置，一方面驱动力矩为零，从动件要依靠惯性越过死点；另一方面是方向不定，可能因偶然外力的影响造成反转。

四杆机构是否存在死点，取决于从动件是否与连杆共线。例如，上述图 3-17（a）所示的曲柄摇杆机构，如果改曲柄为主动件，则摇杆为从动件，因连杆 BC 与摇杆 CD 不存在共线的位置，故不存在死点。图 3-17（b）所示的曲柄滑块机构，如果改曲柄为主动，也不存在死点。

死点的存在对机构运动是不利的，应尽量避免出现死点。当无法避免出现死点时，一般可以采用加大从动件惯性的方法，靠惯性帮助通过死点，如内燃机曲轴上的飞轮，也可以采用机构错位排列的方法，靠两组机构死点位置差的作用通过各自的死点。

然而，在实际工程应用中，有许多场合是利用死点位置来实现一定工作要求的。图 3-18 所示为一种快速夹具，要求夹紧工件后夹紧反力不能自动松开夹具，所以将夹头构件 1 看成主动件，当连杆 2 和从动件 3 共线时，机构处于死点，夹紧反力 N 对摇杆 3 的作用力矩为零。这样，无论 N 有多大，也无法推动摇杆 3 而松开夹具。当扳动连杆 2 的延长部分时，因主动件的转换破坏了死点位置而轻易地松开工件。此外，还有飞机起落架、汽车发动机盖、折叠椅等。

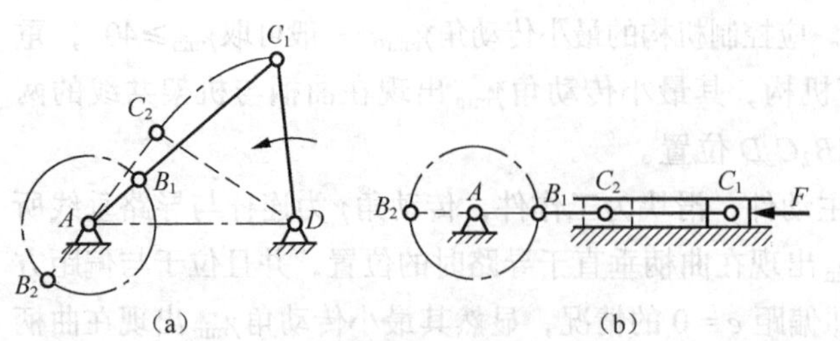

图 3-17 平面四杆机构的死点位置

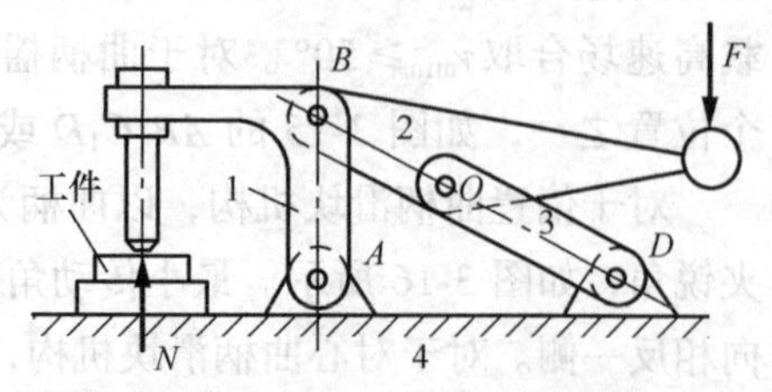

图 3-18 机构死点位置的利用

3.4 图解法设计平面四杆机构

四杆机构的设计方法有图解法、试验法、解析法三种。本节仅简介图解法。

1. 按连杆的预定位置设计四杆机构

【例 3-3】 已知连杆 BC 的长度和机构运动过程中依次占据的三个位置 B_1C_1、B_2C_2、B_3C_3，如图 3-19 所示。求满足上述条件的铰链四杆机构的其他各杆件的长度和位置。

解：显然此设计的任务是确定两固定铰链中心 A、D 的位置。由于 B 点的运动轨迹是由 B_1、B_2、B_3 三点所确定的圆弧，圆心为 A；C 点的运动轨迹是由 C_1、C_2、C_3 三点所确定的圆弧，圆心为 D。分别找出这两段圆弧的圆心 A 和 D,也就完成了本四杆机构的设计。具体作法如下。

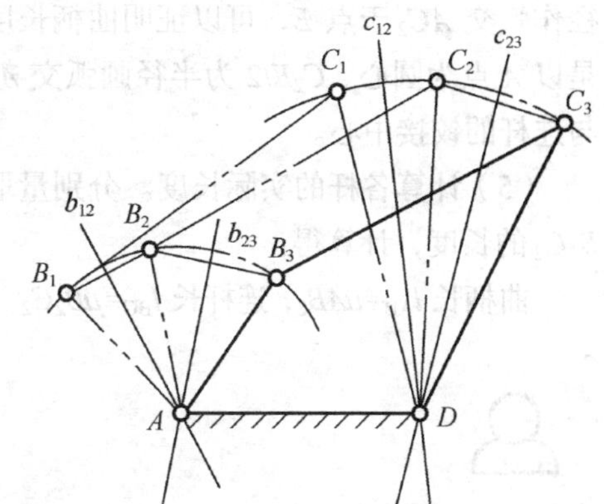

图 3-19 例 3-3 图

（1）确定比例尺，画出给定连杆的三个位置。实际机构往往要通过缩小或放大比例后才便于作图设计，应根据实际情况选择适当的比例尺 μ。

（2）连接 B_1B_2、B_2B_3，分别作直线段 B_1B_2 和 B_2B_3 的垂直平分线 b_{12} 和 b_{23}（图中细实线），两垂直平分线的交点 A 即为所求 B_1、B_2、B_3 三点所确定圆弧的圆心。

（3）连接 C_1C_2、C_2C_3，分别作直线段 C_1C_2 和 C_2C_3 的垂直平分线 c_{12}、c_{23} 交于点 D，即为所求 C_1、C_2、C_3 三点所确定圆弧的圆心。

（4）以 A、D 点作为固定铰链的中心，分别连接 AB_3、B_3C_3、C_3D 即得所求四杆机构。从图中量得各杆的长度再乘以比例尺，就得到实际结构长度尺寸。

平面四杆机构的设计实例

在实际工程中，有时只对连杆的两个极限位置提出要求。这样一来，要设计满足条件的四杆机构就会有很多种结果，这时应该根据实际情况提出附加条件。

2. 按给定的行程速比系数设计四杆机构

设计具有急回特性的四杆机构，一般是根据运动要求选定行程速比系数，然后根据机构极位的几何特点，结合其他辅助条件进行设计。

【例 3-4】 已知行程速比系数 K，摇杆长度 l_{CD}，最大摆角 φ，请用图解法设计此曲柄摇杆机构。

解：设计过程如图 3-20 所示，具体步骤如下。

（1）由速比系数 K 计算极位夹角 θ。由式（3-2）知

$$\theta = \frac{K-1}{K+1} \times 180^\circ$$

（2）选择合适的比例尺，作图求摇杆的极限位置。取摇杆长度 l_{CD} 除以比例尺 μ，得图中摇杆长 CD，以 CD 为半径、任取一点 D 为圆心、任一定点 C_1 为起点作弧 C，使弧 C 所对应的圆心角等于或大于最大摆角 φ，连接 D 点和 C_1 点的线段 C_1D 为摇杆的一个极限位置，过 D 点作与 C_1D 夹角等于最大摆角 φ 的射线交圆弧于 C_2 点，得摇杆的另一个极限位置 C_2D。

（3）求曲柄铰链中心。过 C_1 点在 D 点同侧作 C_1C_2 的垂线 H，过 C_2 点作与 D 点同侧与直线段 C_1C_2 夹角为（$90°-\theta$）的直线 J 交直线 H 于点 P，连接 C_2P，以 C_2P 中点 O 为圆心、OP 为半径，画圆 K，在圆 K 上除 C_1C_2 弧段以外任取一点 A 为铰链中心。

（4）求曲柄和连杆的铰链中心。连接 A、C_2 点得直线段 AC_2 为曲柄与连杆长度之和，以 A 点为圆心、AC_1 为半径作弧交 AC_2 于点 E，可以证明曲柄长度 $AB = C_2E/2$，于是以 A 点为圆心、$C_2E/2$ 为半径画弧交 AC_2 于点 B_2 为曲柄与连杆的铰接中心。

（5）计算各杆的实际长度。分别量取图中 AB_2、AD、B_2C_2 的长度，计算得：

曲柄长 $l_{AB}=\mu AB_2$，连杆长 $l_{BC}=\mu B_2C_2$，机架长 $l_{AD}=\mu AD$。

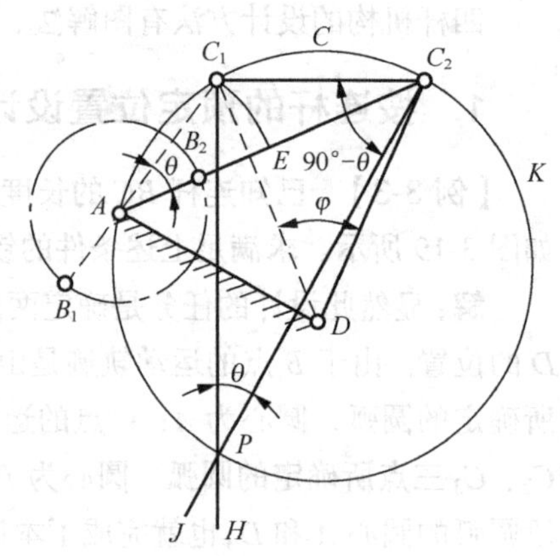

图 3-20　例 3-4 图

习　题

一、判断题

1. 四杆机构的极位夹角是指曲柄与机架两次共线时曲柄之间形成的锐角。（　　）
2. 平面四杆机构的死点非常有害，应绝对避免。（　　）
3. 机构的压力角越大，则工作效率越高。（　　）
4. 若平面四杆机构的传动角在机构运动过程中时刻变化，为保证机构的动力性能，应限制其最小值不大于某一许用值。（　　）
5. 偏置或对心曲柄滑块机构均具有急回运动特性。（　　）
6. 在铰链四杆机构中，固定最短杆的邻边可得曲柄摇杆机构。（　　）
7. 连杆机构行程速比系数是指从动杆回程与进程所耗时间的比值。（　　）
8. 摆动导杆机构中，当曲柄为主动件时，其压力角不变。（　　）

二、选择题

1. 对于双摇杆机构，最短杆与最长杆长度之和（　　）大于其余两杆长度之和。

A. 一定　　B. 不一定　　C. 一定不

2. 一铰链四杆机构各杆长度分别为 30mm，60mm，80mm，100mm，当以 30mm 的杆为机架时，则该机构为（　　）机构。

A. 双摇杆　　B. 双曲柄　　C. 曲柄摇杆

3. 平面四杆机构中，如存在急回运动特性，则其行程速比系数（　　）。

A. $K>1$　　B. $K=1$　　C. $K<1$

4. 一个行程速比系数大于 1 的铰链四杆机构与对心曲柄滑块机构串联组合，该串联组合而成的机构的行程速比系数 K（　　）。

A. 大于 1　　B. 小于 1　　C. 等于 1

5. 在曲柄摇杆机构中，当摇杆为主动件，且（　　）处于共线位置时，机构处于死点位置。

A. 曲柄与连杆　　B. 连杆与摇杆　　C. 摇杆与机架

6. 摆动导杆机构（　　）急回运动特性。

A. 一定有　　B. 一定无　　C. 可能有

7. 铰链四杆机构的压力角是指在不计算摩擦情况下连杆作用于（　　）上的力与该力作用点速度所夹的锐角。

A. 主动件　　B. 从动件　　C. 连架杆

8. 平面四杆机构中，是否存在死点，取决于（　　）是否与连杆共线。

A. 主动件　　B. 从动件　　C. 机架

9. 在曲柄摇杆机构中，若曲柄为主动件且做等速转动时，其从动件摇杆做（　　）。

A. 往复等速运动　　B. 往复变速移动
C. 往复变速摆动　　D. 往复等速摆动

10. 四杆机构在死点时，传动角γ是（　　）。

A. $\gamma > 0°$　　B. 等于 0°　　C. $0° < \gamma < 90°$　　D. 等于 90°

三、综合题

1. 判别图 3-21 所示几种铰链四杆机构的基本类型。

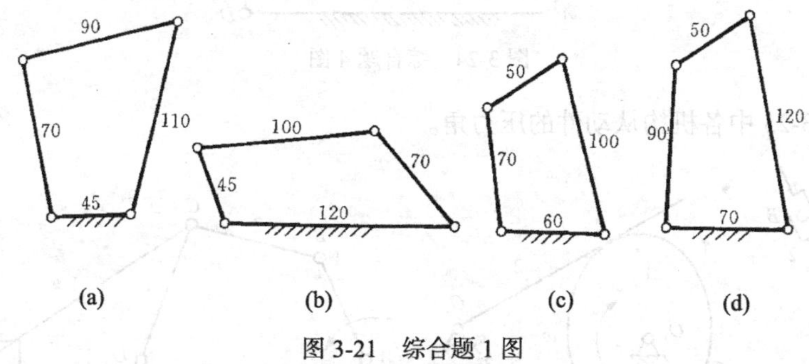

图 3-21　综合题 1 图

2. 图 3-22 所示的机构为一偏置式曲柄滑块机构。

（1）试以作图法确定极位夹角θ，并求行程速比系数 K。此机构有无急回运动特性？

（2）当以曲柄为原动件时，标出此机构的最小传动角$\gamma_{\min}$。

（3）作出当以滑块为主动件时机构的死点位置。

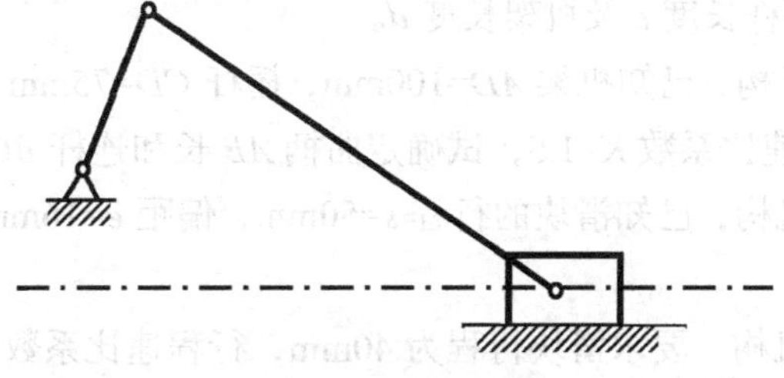

图 3-22　综合题 2 图

3. 在图 3-23 所示铰链四杆机构中，已知 l_{AB}=30mm，l_{BC}=110mm，l_{CD}=80mm，l_{AD}=120mm，构件 1 为原动件。

（1）判断机构属何种基本类型。

（2）用作图法求出构件 3 的最大摆角φ、机构的极位交角θ以及最小传动角γ_{min}。

（3）若分别将构件 1、2、3 作为机架时，各获得何种类型机构？

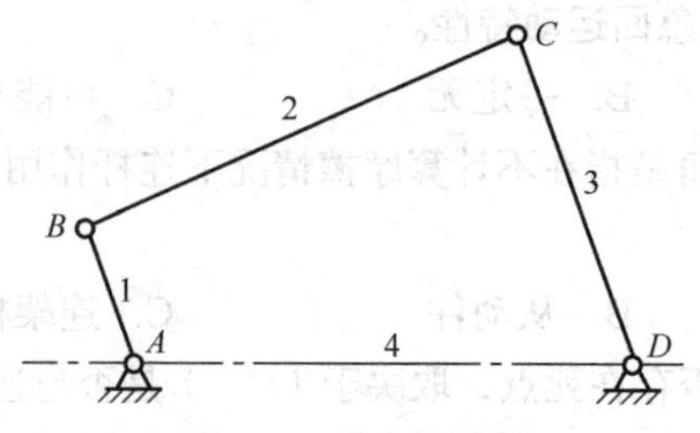

图 3-23　综合题 3 图

4. 图 3-24 所示为铰链四杆机构 *ABCD*，已知杆长 l_{AB}=100mm，l_{BC}=250mm，l_{AD}=300mm，试求此机构为双摇杆机构时，摇杆 *CD* 的长度取值范围。

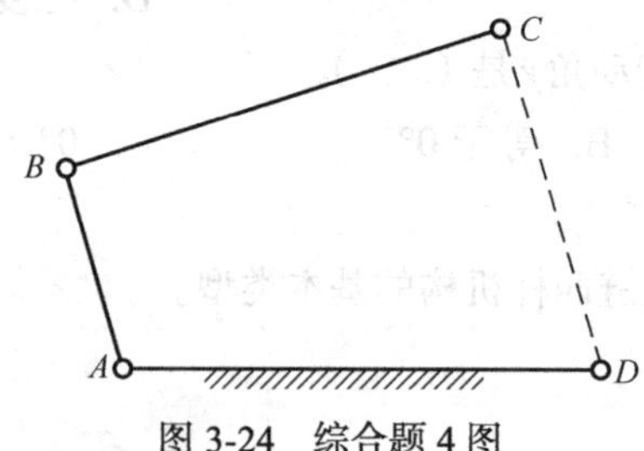

图 3-24　综合题 4 图

5. 作出图 3-25 中各机构从动件的压力角。

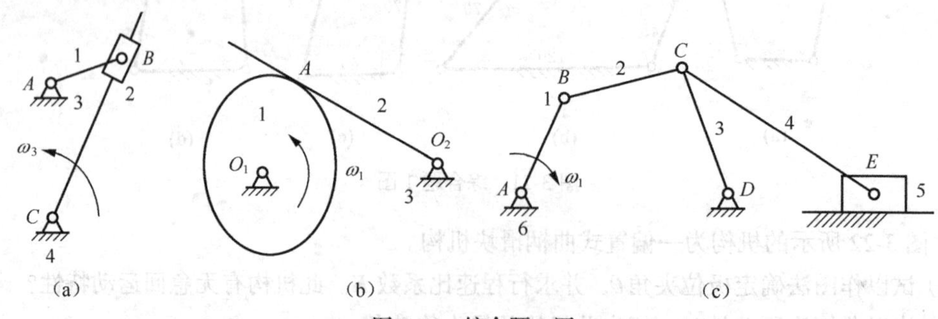

图 3-25　综合题 5 图

6. 设计一曲柄摇杆机构，已知其行程速度比系数 *K*=1.4，曲柄长 *a*=30mm，连杆长 *b*=80mm，摇杆的摆角φ= 40°。求摇杆长度 *c* 及机架长度 *d*。

7. 设计一曲柄摇杆机构，已知机架 *AD*=100mm，摇杆 *CD*=75mm，摇杆的一个极限位置与机架的夹角为 45°，行程速比系数 *K*=1.5，试确定曲柄 *AB* 长和连杆 *BC* 长。

8. 设计一曲柄滑块机构，已知滑块的行程 *s*=50mm，偏距 *e*=16mm，行程速比系数 *K*=1.4，求曲柄和连杆的长度。

9. 设计一曲柄滑块机构，要求滑块行程为 40mm，行程速比系数 *K*=1.5，滑块在行程端点的最大压力角为 45°，求曲柄、连杆的长度和偏距。

第4章 凸轮机构

【学习目标】

- 理解凸轮机构的应用特点和类型
- 理解凸轮机构从动件的常用运动规律
- 了解盘形凸轮轮廓曲线的图解法设计
- 理解并掌握凸轮机构基本参数的确定方法

凸轮机构是一种由凸轮、从动件和机架组成的高副机构，在自动化和半自动化机械中应用非常广泛。凸轮具有曲线轮廓，它通常做连续等角速度转动，从动件则在凸轮轮廓驱动下按预定的运动规律做连续或间歇的往复直线移动或摆动。

图 4-1 所示为内燃机配气凸轮机构。当具有一定曲线轮廓的凸轮 1 以等角速度回转时，它的特殊轮廓迫使从动件 2（阀杆）按内燃机工作循环的要求启闭阀门，以达到工作目的。

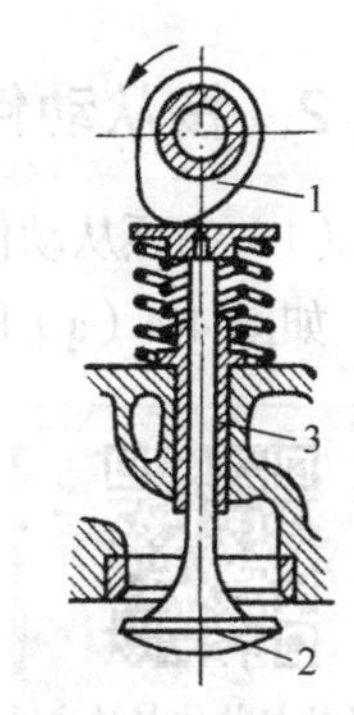

图 4-1 配气凸轮机构

4.1 凸轮机构的特点和类型

凸轮机构的主要优点是：只要正确地设计凸轮轮廓曲线，就能使从动件实现任意给定的运动规律，且结构简单、紧凑、工作可靠、易于设计。缺点是：由于凸轮机构属于高副机构，凸轮与从动件之间为点或线接触，不便润滑，易磨损，故不宜承受重载或冲击载荷。

凸轮机构的类型很多，通常按凸轮和从动件的形状、运动形式分类。

1. 按凸轮的形状分类

（1）盘形凸轮。它是凸轮的最基本形式。这种凸轮是一个绕固定轴转动并且具有变化半径的盘形零件，如图 4-1 所示。

（2）移动凸轮。当盘形凸轮的回转中心趋于无穷远时，凸轮相对机架做直线运动，这种凸轮称为移动凸轮。图 4-2 所示为冲床装卸料凸轮机构。

（3）圆柱凸轮。将移动凸轮卷成圆柱体即成为圆柱凸轮。图 4-3 所示为自动机床上控制刀架运动的凸轮机构。

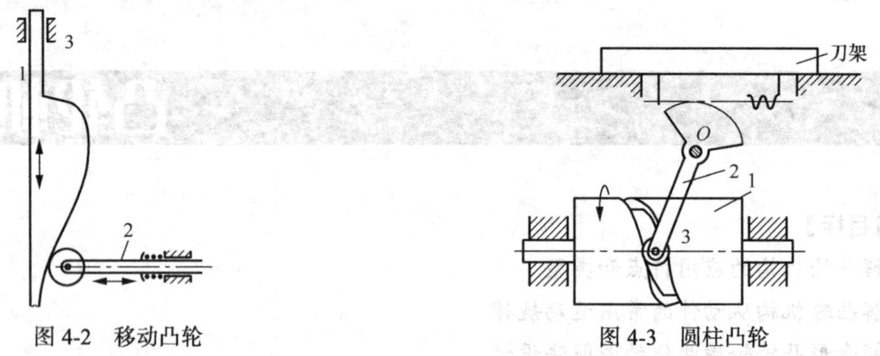

图 4-2 移动凸轮　　图 4-3 圆柱凸轮

2. 按从动件形状分类

（1）尖顶从动件

如图 4-4（a）所示，尖顶从动件的尖顶能与任意复杂的凸轮轮廓保持接触，因而能实现任意预期的运动规律。但因为尖顶磨损快，所以只宜用于受力不大的低速凸轮机构中。

（2）滚子从动件

如图 4-4（b）所示，在从动件的尖顶处安装一个滚子从动件，可以克服尖顶从动件易磨损的缺点。滚子从动件耐磨损，可以承受较大的载荷，是最常用的一种从动件形式。

（3）平底从动件

如图 4-4（c）所示，平底从动件与凸轮轮廓表面接触的端面为一平面，所以它不能与凹陷的凸轮轮廓相接触。这种从动件的优点是：当不考虑摩擦时，凸轮与从动件之间的作用力始终与从动件的平底相垂直，即压力角恒为零，传动效率较高，且接触面易于形成油膜，利于润滑，故常用于高速传动。

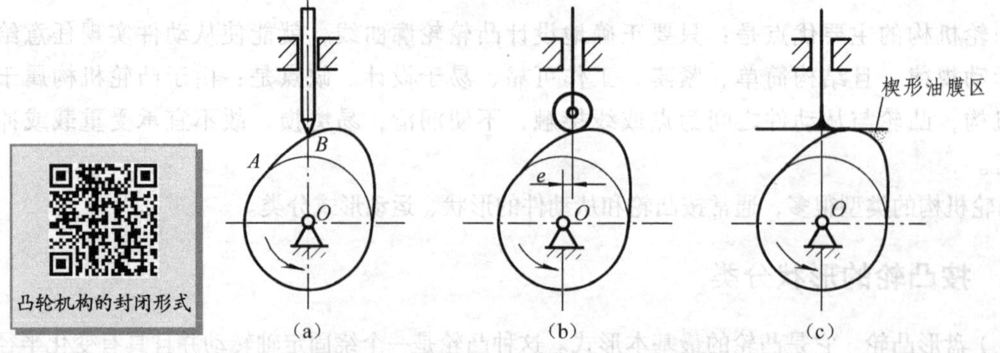

图 4-4 凸轮机构的从动件形状

以上三种从动件都可以相对机架做往复直线移动（直动凸轮机构）或做往复摆动（摆动凸轮机

构）。按照从动件导路与凸轮转轴中心的相对位置关系，直动凸轮机构还可分为对心和偏置直动凸轮机构。为了使凸轮与从动件始终保持接触，可以利用重力、弹簧力或依靠凸轮上的凹槽来实现。

4.2 从动件的常用运动规律

1. 凸轮与从动件的运动关系

设计凸轮机构时，首先应根据工作要求确定从动件的运动规律，然后按照这一运动规律确定凸轮轮廓线。如图 4-5（a）所示，以凸轮轮廓的最小向径 r_{min} 为半径所绘的圆称为基圆，基圆与凸轮轮廓线有两个连接点 A 和 D。A 点为从动件处于上升的起始位置。当凸轮以 ω_1 等角速度绕 O 点逆时针回转时，从动件从 A 点开始被凸轮轮廓以一定的运动规律推动，由 A 到达距 O 点最远位置 B'，从动件由 A 到 B'的过程称为推程。从动件在推程中所走过的距离 h 称为行程，而与推程对应的凸轮转角 δ_t 称为推程运动角。当凸轮继续以 O 点为中心转过圆弧 BC 时，从动件因与 O 点的距离保持不变而在最远位置停留不动，圆弧 BC 对应的圆心角 δ_s 称为远休止角。凸轮继续回转，曲线 CD 使从动件在弹簧力或重力作用下，以一定的运动规律回到距 O 点最近位置 D，此过程称为回程。曲线 CD 对应的转角 δ_h 称为回程运动角。在凸轮基圆段从动件保持最近位置不动，基圆段对应的转角 δ_s'称为近休止角。当凸轮连续回转时，从动件重复上述运动。如果以直角坐标系的纵坐标代表从动件位移 s_2，横坐标代表凸轮转角 δ_1（通常当凸轮等角速转动时横坐标也代表时间 t），则可以画出从动件位移 s_2 与凸轮转角 δ_1 之间的关系曲线，如图 4-5（b）所示，它简称为从动件位移线图。

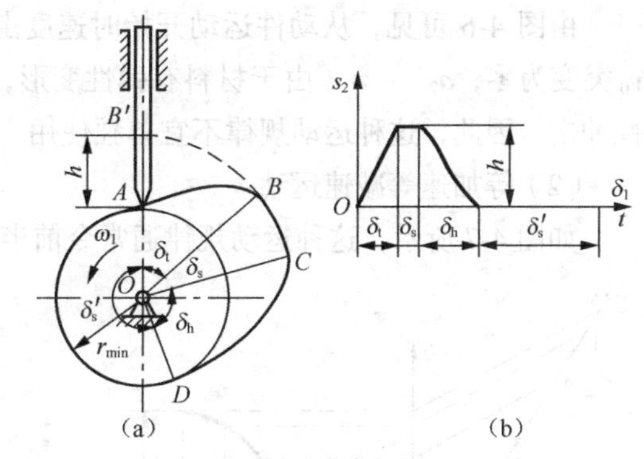

图 4-5　从动件位移线图

由以上分析可知，从动件的位移线图取决于凸轮轮廓曲线的形状。也就是说，从动件的不同运动规律要求凸轮具有不同的轮廓曲线。

2. 从动件的常用运动规律

（1）等速运动

推程时凸轮转过运动角 δ_t，从动件升程为 h。若以 T 表示推程运动时间，则等速运动时有：

从动件的速度　　$v_2=v_0=h/T$;

从动件的位移　　$s_2=v_0t=ht/T$;

从动件的加速度　　$a_2=\dfrac{dv_2}{dt}=0$ 。

其运动线图如图 4-6 所示。

凸轮匀速转动时，ω_1 为常数，故 $\delta_1=\omega_1 t$；$\delta_t=\omega_1 T$。将这些关系代入上式便可得出以凸轮转角 δ_1 表示的从动件运动方程为

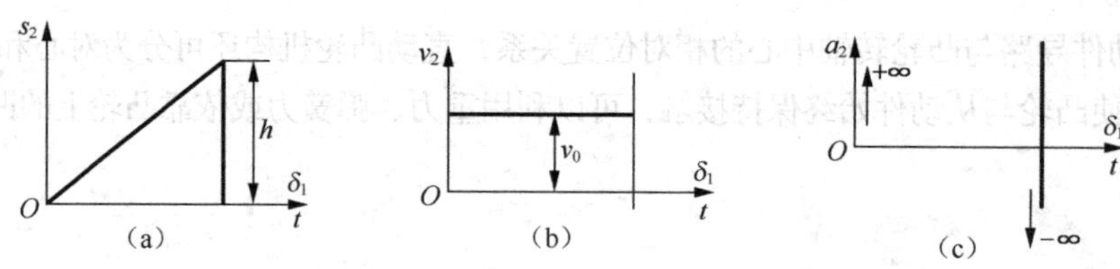

图 4-6　等速运动

$$
\begin{cases}
s_2 = \dfrac{h}{\delta_t}\delta_1 \\
v_2 = \dfrac{h}{\delta_t}\omega_1 \\
a_2 = 0
\end{cases}
\tag{4-1}
$$

回程时，凸轮转过回程运动角 δ_h，从动件相应由 $s_2=h$ 逐渐减少到零。参照式（4-1），可导出回程做等速运动时从动件的运动方程

$$
\begin{cases}
s_2 = h\left(1-\dfrac{\delta_1}{\delta_h}\right) \\
v_2 = -\dfrac{h}{\delta_h}\omega_1 \\
a_2 = 0
\end{cases}
\tag{4-2}
$$

由图 4-6 可见，从动件运动开始时速度由零突变为 v_0，故 $a_2=+\infty$；运动终止时，速度由 v_0 突变为零，$a_2=-\infty$（由于材料有弹性变形，实际上不可能达到无穷大），其惯性力将引起刚性冲击。因此，这种运动规律不宜单独使用，在运动开始和终止段应当用其他运动规律过渡。

（2）等加速等减速运动

如图 4-7 所示，这种运动规律通常令前半行程做等加速运动，后半行程做等减速运动。

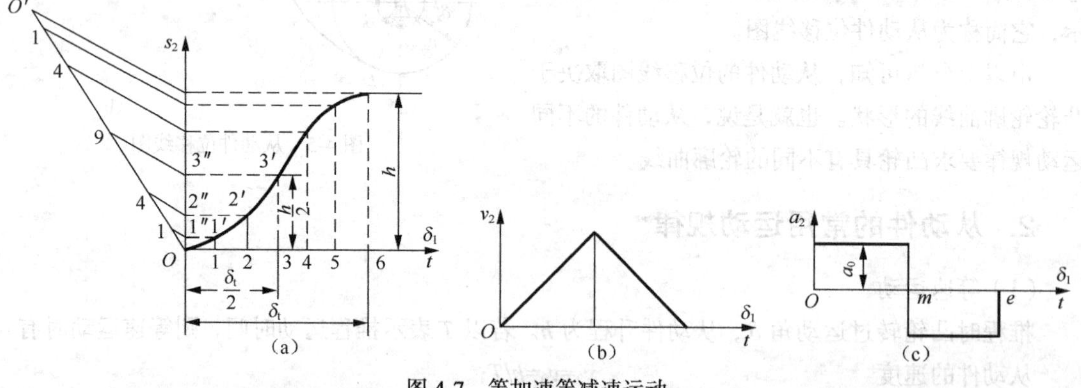

图 4-7　等加速等减速运动

从动件推程的前半行程做等加速运动时，经过的运动时间为 $T/2$，对应的凸轮转角为 $\delta_t/2$。将这些参数代入位移方程 $s_2=a_0t^2/2$，可得 $h/2=a_0(T/2)^2/2$，故

$$
a_2 = a_0 = \frac{4h}{T^2} = 4h\left(\frac{\omega_1}{\delta_t}\right)^2
$$

将上式积分两次，并令 $\delta_1=0$ 时，$v_2=0$，$s_2=0$，便可得到前半行程从动件做等加速运动时的运动方程为

$$\begin{cases} s_2=\dfrac{2h}{\delta_t^2}\delta_1 \\ v_2=\dfrac{4h\omega_1}{\delta_t^2}\delta_1 \\ a_2=\dfrac{4h\omega_1^2}{\delta_t^2} \end{cases} \tag{4-3}$$

推程的后半行程从动件做等减速运动，凸轮的转角是由 $\delta_t/2$ 开始到 δ_t 为止。不难导出其等减速运动方程为

$$\begin{cases} s_2=h-\dfrac{2h}{\delta_t^2}(\delta_t-\delta_1)^2 \\ v_2=\dfrac{4h\omega_1}{\delta_t^2}(\delta_t-\delta_1) \\ a_2=-\dfrac{4h\omega_1^2}{\delta_t^2} \end{cases} \tag{4-4}$$

由于从动件的位移 s_2 与凸轮转角 δ_1 的平方成正比，所以其位移曲线为一抛物线。

这种运动规律在 O、m、e 各点加速度出现有限值的突然变化，因而产生有限惯性力的突变，这种冲击称为柔性冲击。所以等加速度运动规律只适用于中速凸轮机构。

（3）简谐运动（余弦加速度）

如图 4-8 所示，点在圆周上做匀速运动时，它在该圆的直径上的投影所构成的运动称为简谐运动。

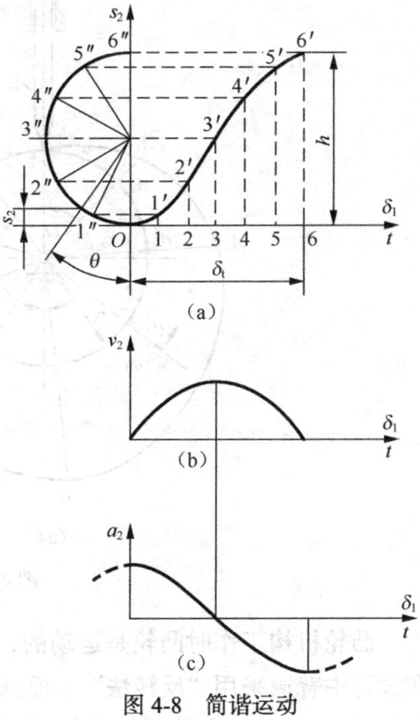

从动件推程做简谐运动的运动方程为

$$\begin{cases} s_2=\dfrac{h}{2}\left[1-\cos(\pi\delta_1/\delta_t)\right] \\ v_2=\dfrac{h}{2\delta_t}\pi\omega_1\sin(\pi\delta_1/\delta_t) \\ a_2=\dfrac{h}{\delta_t^2}\pi^2\omega_1^2\cos(\pi\delta_1/\delta_t) \end{cases} \tag{4-5}$$

图 4-8　简谐运动

从动件在回程做简谐运动的运动方程为

$$\begin{cases} s_2=\dfrac{h}{2}\left[1+\cos(\pi\delta_1/\delta_h)\right] \\ v_2=-\dfrac{h}{2\delta_h}\pi\omega_1\sin(\pi\delta_1/\delta_h) \\ a_2=-\dfrac{h}{2\delta_h^2}\pi^2\omega_1^2\cos(\pi\delta_1/\delta_h) \end{cases} \tag{4-6}$$

由图 4-8（c）可见，一般情况下，这种运动规律的从动件在行程的始点和终点有柔性冲击。为了使加速度曲线保持连续而避免冲击，工程上常应用正弦加速度、高次多项式等运动规律，

或者将几种曲线组合起来加以应用。

4.3 盘形凸轮轮廓曲线的设计

根据工作要求合理地选择从动件的运动规律之后，我们可以按照结构所允许的空间和具体要求，初步确定凸轮的基圆半径 r_b，然后绘制凸轮的轮廓。

反转法原理

1. 尖顶对心直动从动件盘形凸轮

图 4-9（a）所示为从动件导路通过凸轮回转中心的尖顶对心直动从动件盘形凸轮机构。现已知从动件的位移线图［见图 4-9（b）］、凸轮的基圆半径 r_b，凸轮以等角速度 ω_1 顺时针回转，要求绘出此凸轮的轮廓。

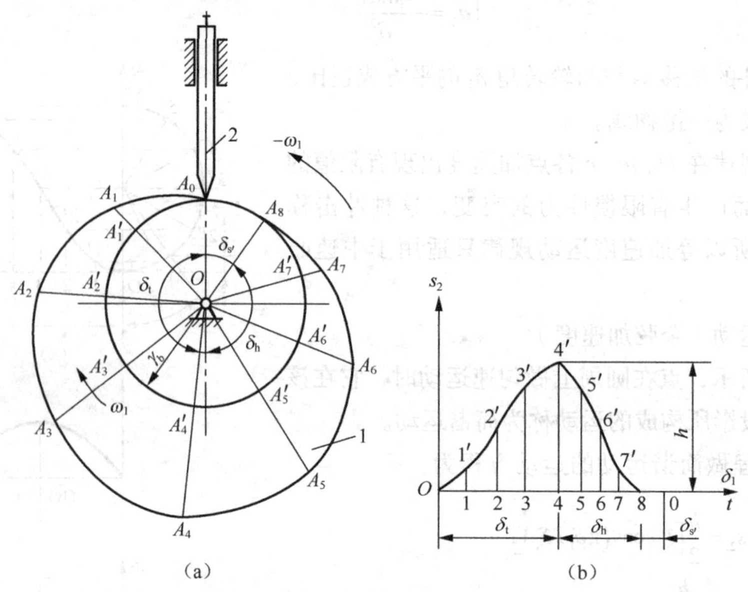

图 4-9　尖顶直动从动件盘形凸轮

凸轮机构工作时凸轮是运动的，而绘制凸轮轮廓时，却需要凸轮与图纸相对静止，因此，在设计中普遍采用“反转法”。根据相对运动原理：如果给整个机构加上绕凸轮轴心 O 的公共角速度$-\omega_1$，机构各构件间的相对运动不变。这样一来，凸轮不动，而从动件一方面随机架和导路以角速度$-\omega_1$ 绕 O 点转动，另一方面又在导路中移动。由于尖顶始终与凸轮轮廓相接触，所以反转后尖顶的运动轨迹就是凸轮轮廓。

凸轮轮廓可按如下步骤作图求得（见图 4-9）：①以 O 点为圆心、r_b 为半径作基圆；②任取始点 A_0，自 OA_0 开始沿 ω_1 的相反方向取角度 δ_t、δ_h、$\delta_{s'}$，并将 δ_t 和 δ_h 各分成若干等分，如 4 等分，得 A'_1，A'_2，…，A'_7 和 A_8 点；③以 O 为始点分别过 A'_1，A'_2，A'_3，…，A'_7 各点作射线；④在位移线图上量取各个位移量，并在相应的射线上截取 $A_1A'_1$=11′，$A_2A'_2$= 22′，…，$A_7A'_7$=77′，得反转后尖顶的一系列位置 A_1，A_2，…，A_8；⑤将 A_0，A_1，A_2，…，A_8 各点连成光滑的曲线，

便得到所要求的凸轮轮廓。

2. 滚子直动从动件盘形凸轮

把尖顶从动件改为滚子从动件时，其凸轮轮廓设计方法如图 4-10 所示。首先，把滚子中心看作尖顶从动件的尖顶，按照上面的方法求出一条轮廓曲线 β_0；然后以 β_0 上各点为中心，以滚子半径为半径，画一系列圆；最后作这些圆的包络线 β，它便是使用滚子从动件时凸轮的实际轮廓，而 β_0 称为凸轮的理论轮廓。由作图过程可知，凸轮基圆半径 r_b 应在理论轮廓上度量。

平底从动件的凸轮轮廓的绘制方法与上述相似。如图 4-11 所示，将平底与导路中心线的交点 A_0 视为尖顶从动件的尖顶，按照尖顶从动件凸轮轮廓绘制的方法，求出理论轮廓上一系列点 A_1，A_2，A_3…，其次，过这些点画出各个位置的平底 A_1B_1，A_2B_2，A_3B_3…，然后作这些平底的包络线，便得到凸轮的实际轮廓曲线。图中位置 1、6 分别是平底与凸轮轮廓相切点与导路中心的距离的左最远位置和右最远位置。为了保证平底始终与轮廓接触，平底左侧长度应大于 m，右侧长度应大于 l。

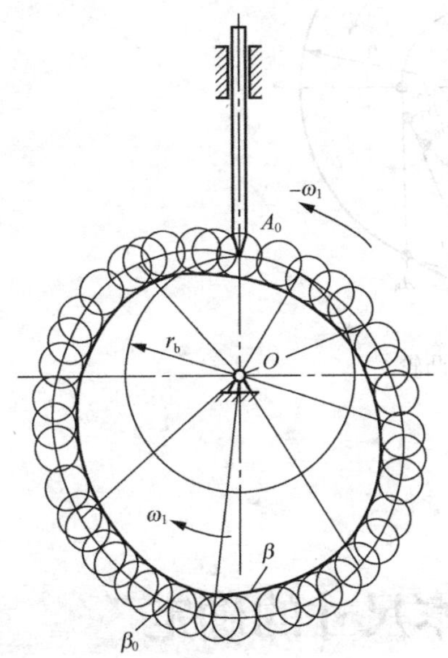

图 4-10 滚子直动从动件盘形凸轮

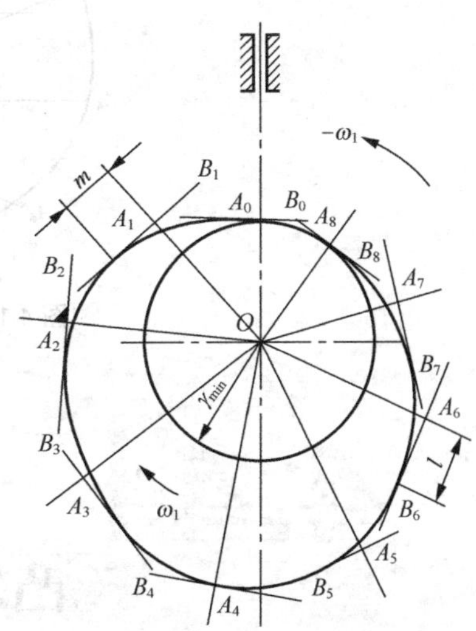

图 4-11 平底从动件盘形凸轮

3. 偏置从动件盘形凸轮

图解法设计偏置直动顶尖从动件盘形凸轮轮廓

当凸轮机构的构造不允许从动件轴线通过凸轮轴心时，或者为了获得较小的机构尺寸，机械中有时采用偏置从动件盘形凸轮机构。此外，若为平底从动件时，采用偏置的方法还可使从动件得到微小的转动，以减少平底与凸轮间的摩擦。

如图 4-12 所示，从动件导路的轴线与凸轮轴心 O 的距离称为偏距 e。从动件在反转运动中依次占据的位置，不再是由凸轮回转轴心 O 作出的径向线，而是始终与 O 保持一偏距 e 的直线。因此，若以凸轮回转中心 O 为圆心，以偏距 e 为半径作圆称为偏距圆，则从动件在反转运动中依次占据的位置必然都是偏距圆的切线（图中 B_1A_1，B_2A_2，$B_3A_3\cdots$），从动件的位移（$A_1A'_1$，$A_2A'_2\cdots$）也应沿这些切线量取，这是与对心移动从动件不同的地方。因其余的作图步骤与尖顶对心直动从动件盘形凸轮轮廓线的做法相同，此处不再重复。

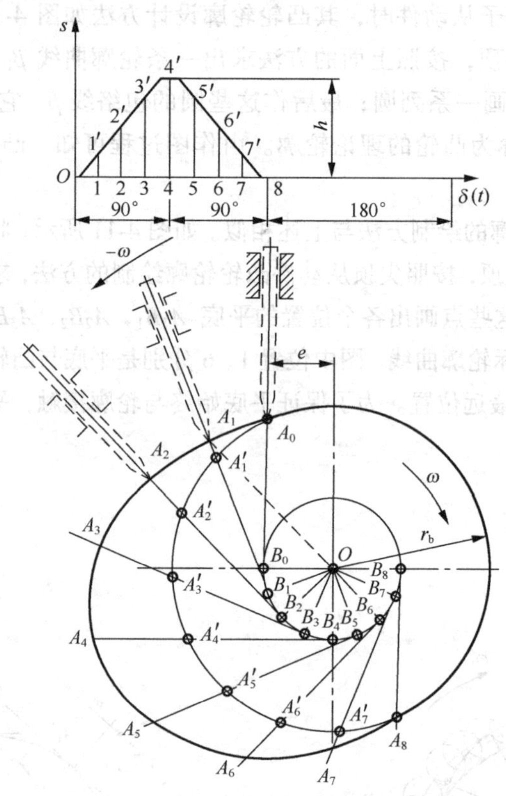

图 4-12 偏置从动件盘形凸轮

4.4 凸轮机构基本尺寸的确定

1. 滚子半径的选择

从减少凸轮与滚子间的接触应力来看，滚子半径越大越好。但是，必须注意，滚子半径增大后对凸轮实际轮廓曲线有很大影响。如图 4-13 所示，设理论轮廓外凸部分的最小曲率半径为 ρ_{min}，滚子半径为 r_T，则相应位置实际轮廓的曲率半径为 $\rho'=\rho_{min}-r_T$。

当 $\rho_{min}>r_T$ 时［见图 4-13（a）］，$\rho'>0$，实际轮廓为一平滑曲线。

当 $\rho_{min}=r_T$ 时［见图 4-13（b）］，$\rho'=0$，在凸轮实际轮廓曲线上产生了尖点，这种尖点极易磨损，磨损后就会改变原定的运动规律。

当 $\rho_{min}<r_T$ 时［见图 4-13（c）］，$\rho'<0$，实际轮廓曲线发生相交，图中阴影部分的轮廓曲线在实际加工时将被切去，使这一部分运动规律无法实现。为了使凸轮轮廓在任何位置既不变

尖更不相交，滚子半径必须小于理论轮廓外凸部分的最小曲率半径 ρ_{min}（理论轮廓内凹部分对滚子半径的选择没有影响）。通常取 $r_T \leqslant 0.8\rho_{min}$，若 ρ_{min} 过小使滚子半径太小，导致不能满足安装和强度要求，则应把凸轮基圆半径 r_b 加大，重新设计凸轮轮廓曲线。

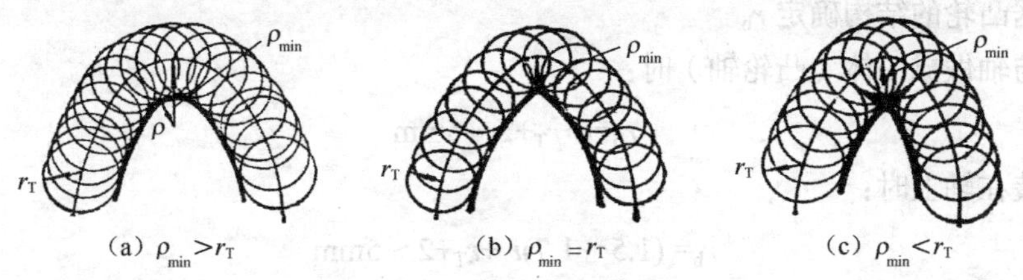

图 4-13 滚子半径的选择

2. 压力角的校核

凸轮机构也和连杆机构一样，从动件运动方向和接触轮廓法线方向之间所夹的锐角称为压力角。图 4-14 所示为尖顶直动从动件凸轮机构。当不计凸轮与从动件之间的摩擦时，凸轮作用于从动件的力 F 是沿法线方向的，从动件运动方向与力 F 之间的锐角 α 即压力角。力 F 可分解为沿从动件运动方向的有用分力 F' 和使从动件紧压导路的有害分力 F''，且

$$F'' = F'\tan\alpha \tag{4-7}$$

式（4-7）表明，驱动从动件的有用分力 F' 一定时，压力角 α 越大，则有害分力 F'' 越大，机构的效率越低。当 α 增大到一定程度，以致 F'' 在导路中所引起的摩擦阻力大于有用分力 F' 时，无论凸轮加给从动件的作用力多大，从动件都不能运动，这种现象称为自锁。为了保证凸轮机构正常工作并具有一定的传动效率，必须对压力角加以限制。

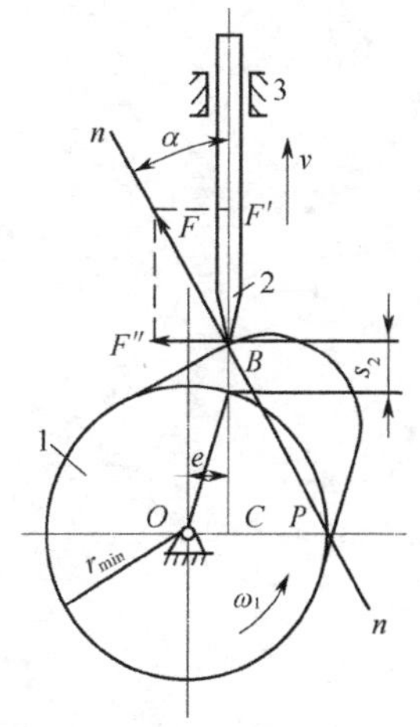

图 4-14 凸轮机构的压力角

凸轮轮廓曲线上各点的压力角是变化的，在设计时应使最大压力角不超过许用值。通常对直动从动件凸轮机构取许用压力角 $[\alpha]=30°$，对摆动从动件凸轮机构建议取 $[\alpha]=45°$。常见的依靠外力维持接触的凸轮机构，其从动件是在弹簧或重力作用下返回的，回程不会出现自锁。因此，对于这类凸轮机构通常只需对推程的压力角进行校核。

在设计凸轮机构时，通常是首先根据结构需要初步选定基圆半径，然后用图解法或解析法设计凸轮轮廓。为确保运动性能，必须对轮廓各处的压力角进行校核，检验最大压力角是否在许用范围之内。用图解法检验时，可在凸轮理论轮廓曲线比较陡的地方取若干点（如图 4-14 中的 B 点），作出过这些点的法线和从动件 B 点的运动方向线，求出它们之间所夹的锐角 α_1，α_2…。若其中最大值超过许用压力角，则应考虑修改设计，可采用加大凸轮基圆半径或将对心凸轮机构改为偏置凸轮机构的方法。

凸轮机构的压力角

3. 基圆半径的选择

设计凸轮轮廓时，首先应确定凸轮的基圆半径 r_b。由前述可知：基圆半径 r_b 的大小，不但

直接影响凸轮的结构尺寸，而且还影响到从动件的运动是否“失真”和凸轮机构的传力性能，因此，对凸轮基圆的选取必须给予足够重视。

目前，凸轮基圆半径的选取常用如下两种方法。

（1）根据凸轮的结构确定 r_b

当凸轮与轴做成一体（凸轮轴）时：

$$r_b=r+r_T+2\sim5\text{mm} \tag{4-8}$$

当凸轮装在轴上时：

$$r_b=(1.5\sim1.7)r+r_T+2\sim5\text{mm} \tag{4-9}$$

式中，r 为凸轮轴的半径（mm）；r_T 为从动件滚子的半径（mm）。

若凸轮机构为非滚子从动件，在计算基圆半径时，式（4-8）和式（4-9）中的 r_T 可不计。

（2）根据 $\alpha_{max}\leqslant[\alpha]$ 确定基圆最小半径 r_{bmin}

图 4-15 所示为工程上常用的诺模图，图中上半圆的标尺代表凸轮转角 δ_0，下半圆的标尺为最大压力角 α_{max}，直径的标尺代表从动件规律的 h/r_b 的值（h 为从动件的行程，r_b 为基圆半径）。下面举例说明该图的使用方法。

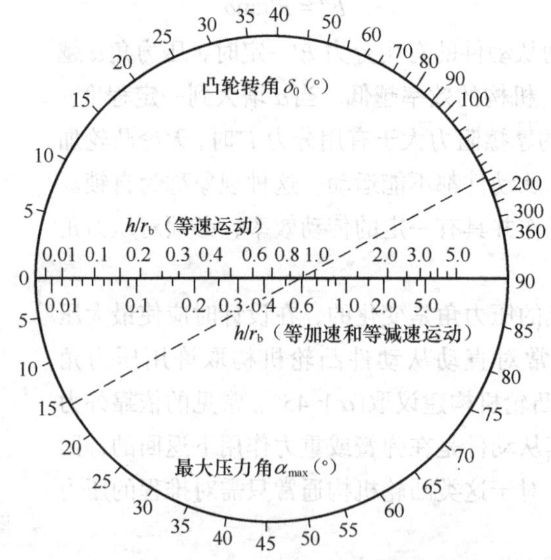

图 4-15　求凸轮基圆半径的诺模图

【例 4-1】　设计一对心直动尖顶从动件盘形凸轮机构，已知凸轮的推程运动角为 δ_t=175°，从动件在推程中按等加速和等减速规律运动，行程 h=18mm，最大压力角 α_{max}=16°。试确定凸轮的基圆半径 r_b。

解：（1）按已知条件将位于圆周上的标尺为 δ_0=175°、α_{max}=16° 的两点，以直线相连（如图 4-15 中虚线所示）；

（2）由虚线与直径上等加速和等减速运动规律的标尺的交点得：h/r_b= 0.6；

（3）计算最小基圆半径得

$$r_{bmin}=h/0.6=18/0.6\text{mm}=30\text{mm}$$

（4）基圆半径 r_b 可按 $r_b \geqslant r_{bmin}$ 选取。

【例 4-2】 对于图 4-16（a）所示的凸轮机构，要求：

（1）画出凸轮的基圆；

（2）画出从升程开始到图示位置时推杆的位移 s，相对应的凸轮转角 φ，B 点的压力角 α；

（3）画出推杆的行程 H。

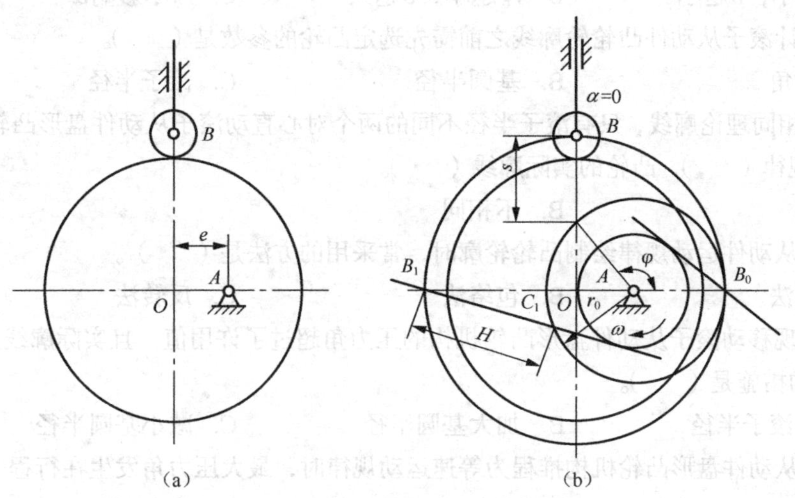

图 4-16 例 4-2 图

解：凸轮的基圆是指凸轮理论廓线的基圆，所以应先求出本凸轮的理论廓线；在求解图示位置时推杆的位移和相对应的凸轮转角，应先找到推杆升程的起点。

（1）以 O 为圆心，以 OB 为半径画圆得理论廓线。连结 OA 并延长交理论廓线于 B_0 点，再以转动中心 A 为圆心，以 AB_0 为半径画圆得基圆，其半径为 r_0，如图 4-16（b）所示。

（2）B_0 点即为推杆推程的起点，图示位置时推杆的位移和相应的凸轮转角分别为 s、φ，如图 4-16（b）所示，B 点处的压力角 $\alpha=0$。

（3）AO 连线与凸轮理论廓线的另一交点为 B_1，过 B_1 作偏距圆的切线交基圆于 C_1 点，因此 B_1C_1 为推杆的行程 H。

习 题

一、判断题

1. 凸轮机构属于高副机构，能承受较大载荷。（ ）
2. 凸轮机构中，若从动件运动规律不变，增大基圆半径，则压力角将减小。（ ）
3. 平底直动从动件盘状凸轮机构的压力角是常数。（ ）
4. 凸轮机构中当从动件的加速度存在有限量突变时，有刚性冲击。（ ）
5. 滚子从动件盘形凸轮的实际轮廓曲线是理论轮廓曲线的等距曲线。（ ）

二、选择题

1. 与连杆机构相比，凸轮机构的最大缺点是（　　）。

A. 惯性力难以平行　　B. 点、线接触易磨损　　C. 设计较为复杂

2. 凸轮机构中从动件做等加速等减速运动时将产生（　　）冲击。

A. 刚性　　B. 柔性　　C. 无刚性也无柔性

3. 凸轮压力角α的大小与基圆半径 r_b 的关系是（　　）。

A. r_b越小，α越小　　B. r_b越小，α越大　　C. r_b不影响α

4. 在设计滚子从动件凸轮轮廓线之前需先选定凸轮的参数是（　　）。

A. 压力角　　B. 基圆半径　　C. 滚子半径

5. 具有相同理论廓线，只有滚子半径不同的两个对心直动滚子从动件盘形凸轮机构，其从动件的运动规律（　　），凸轮的实际廓线（　　）。

A. 相同　　B. 不相同

6. 根据从动件运动规律绘制凸轮轮廓时，常采用的方法是（　　）。

A. 递推法　　B. 包络法　　C. 反转法

7. 若发现移动滚子从动件盘形凸轮机构的压力角超过了许用值，且实际廓线又出现变尖，此时应采取的措施是（　　）。

A. 减小滚子半径　　B. 加大基圆半径　　C. 减小基圆半径

8. 直动从动件盘形凸轮机构推程为等速运动规律时，最大压力角发生在行程（　　）。

A. 起点　　B. 中点　　C. 终点

三、综合题

1. 图 4-17 所示为一对心直动从动件盘形凸轮机构，试在图中作出凸轮的基圆、该位置时从动件的位移及压力角。

2. 图 4-18 所示为一偏置直动从动件盘形凸轮机构。已知 *AB* 段为凸轮的推程廓线，试在图上标注推程运动角 δ_t 及推程 h。

3. 在图 4-19 所示凸轮机构中，标出从动件从与凸轮接触点 *C* 运动到接触点 *D* 时，该凸轮转过的转角φ、位移 s 及初始位置的压力角α。

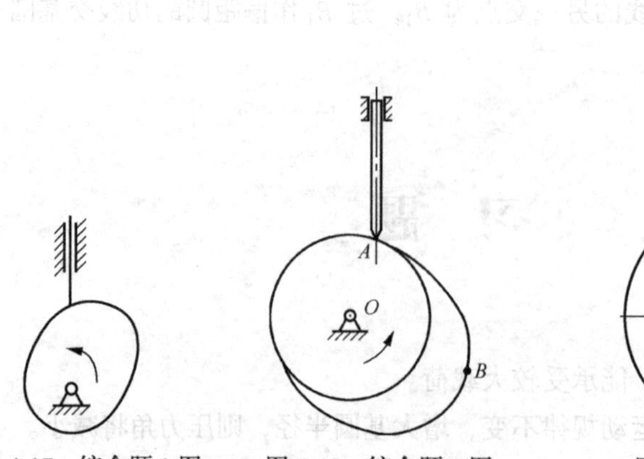

图 4-17　综合题 1 图　　图 4-18　综合题 2 图　　图 4-19　综合题 3 图

4. 已知从动件的运动规律如下：δ_t=180°，δ_s = 30°，δ_h = 120°，δ_s' = 30°，从动件在推程中以等加速等减速余弦加速度上升，在回程中以余弦加速度下降，行程 h = 30mm。试用图解法

绘制从动件的位移曲线。

5. 一对心直动尖顶从动件盘形凸轮机构，已知凸轮的基圆半径 r_b=40mm，凸轮逆时针等速回转。推程中，凸轮转过 150° 时，从动件等速上升 40mm；凸轮继续转过 30° 时，从动件保持不动；在回程中，凸轮转过 120° 时，从动件以简谐运动规律回到原处；凸轮再转过 60° 时，从动件保持不动。试绘制凸轮的轮廓曲线。

第5章 齿轮传动

【学习目标】

- 理解圆柱齿轮传动的类型、啮合特性及齿轮的加工方法和变位
- 理解并掌握渐开线圆柱齿轮的主要参数、几何尺寸计算、参数选择以及齿轮传动承载能力的一般分析计算方法
- 理解斜齿圆柱齿轮传动、直齿锥齿轮传动和蜗杆传动的应用特点及正确啮合条件
- 掌握定轴轮系、周转轮系和简单复合轮系传动比的计算方法

认识齿轮传动

齿轮传动是现代机械中应用最广泛的一种传动形式，目前我国仅直齿轮年产量就达数亿只，应用最普遍的齿轮是渐开线齿廓齿轮。齿轮传动装置正逐步向小型化、高速化、低噪声、高可靠性和硬齿面方向发展，研究齿轮传动的目的在于适应科技进步。

5.1 齿轮传动的特点和分类

（1）齿轮传动的特点

齿轮是一个有轮齿的机械零件，齿轮传动是利用一对齿轮的轮齿依次交替啮合，实现机器中两轴线间运动和动力的传递以及运动形式和转速的改变。

图 5-1 所示为齿轮传动机构，它由一对啮合齿轮和机架组成。主动齿轮的齿数为 z_1，绕轴 O_1 转动；从动齿轮的齿数为 z_2，绕轴 O_2 转动。当主动轮以转速 n_1 或角速度 ω_1 顺时针方向转动时，其轮齿 1，2，3，4…通过接触点处的法向作用力 F_n，逐个地推动从动轮的轮齿 1′，2′，3′，4′…运动，进而使从动轮以转速 n_2 或角速度 ω_2 逆时针方向转动，实现主、从动轴间转速、转矩的传递和改变。

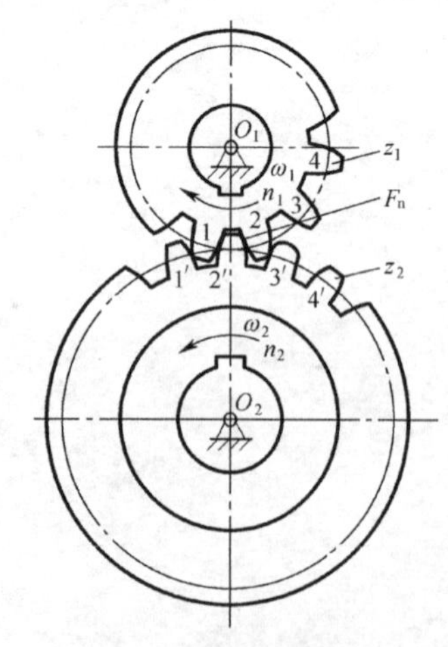

图 5-1 齿轮传动机构

（2）齿轮传动的应用特点

与其他传动相比，齿轮传动具有以下优点。

① 两轮瞬时传动比（角速度或转速之比 $i_{12}=\omega_1/\omega_2=n_1/n_2$）恒定不变，运动传递准确可靠。

② 适用的圆周速度范围和功率范围较大。

③ 传动效率较高，一般为 0.94～0.99。

④ 使用寿命长，结构紧凑，维护简单。

⑤ 能实现平行、相交、交错轴间的传动。

与其他传动相比，齿轮传动有以下缺点。

① 齿轮制造和安装精度要求较高，成本较高。

② 不适用于轴间距离较大的传动。

（3）齿轮传动的分类

① 齿轮传动是用来传递机器中两轴线间的运动。根据两轴线间的相对位置和轮齿齿向，齿轮传动可分为平行轴齿轮传动、相交轴齿轮传动和交错轴齿轮传动三大类。齿轮传动的具体类型和应用见表 5-1。

表 5-1　齿轮传动的类型和应用

分类		名称	示意图	特点和应用
平行轴齿轮传动	直齿圆柱齿轮传动	外啮合直齿圆柱齿轮传动		两齿轮转向相反。轮齿与轴线平行、工作时无轴向力 重合度较小，传动平稳性较差，承载能力较低 多用于速度较低的传动，尤其适用于变速箱的换挡齿轮
		内啮合圆柱齿轮传动		两齿轮转向相同 重合度大，轴间距离小，结构紧凑，效率较高
		齿轮齿条传动		齿条相当于一个半径为无限大的齿轮，用于从连续转动到往复移动的运动变换
	平行轴斜齿轮传动	外啮合斜齿圆柱齿轮传动		两齿轮转向相反。轮齿与轴线成一夹角，工作时存在轴向力，所需支撑较复杂 重合度较大，传动较平稳，承载能力较高 适用于速度较高、载荷较大或要求结构较紧凑的场合
	人字齿轮传动	外啮合人字齿圆柱齿轮传动		两齿轮转向相反 承载能力高，轴向力能抵消，多用于重载传动
相交轴齿轮传动		直齿锥齿轮传动		两轴线相交，轴交角为 90° 的应用较广 制造和安装简便，传动平稳性较差，承载能力较低，轴向力较大 用于速度较低（<5m/s），载荷小而稳定的运转

续表

分类	名称	示意图	特点和应用
相交轴齿轮传动	曲线齿锥齿轮转动		两轴线相交 重合度大、承载能力高，轴向力较大且与齿轮转向有关 用于速度较高及载荷较大的传动
交错轴齿轮传动	交错轴斜齿轮传动		两轴线交错 两齿轮点接触、传动效率低 适用于载荷小、速度较低的传动
	蜗杆传动		同轴线交错，一般成90° 传动比较大，一般 i=10～80 结构紧凑，传动平稳，噪声和振动小 传动效率低，易发热

② 根据工作条件的不同，齿轮传动可分为开式齿轮传动和闭式齿轮传动。

• 开式齿轮传动。它没有防护箱体，齿轮是外露的，外界杂质容易侵入到啮合处，润滑条件较差。常用于低速和不重要的齿轮传动，如机床的挂轮传动、冲床和搅拌机等。

• 闭式齿轮传动。它将齿轮完全封闭在箱体内，具有良好的润滑条件和防护条件。常用于速度较高或重要的齿轮传动，如机床主轴箱、齿轮减速器等。

③ 根据齿轮齿廓曲线的不同，齿轮传动还可分为渐开线齿廓齿轮传动、摆线齿廓齿轮传动和圆弧齿廓齿轮传动。由于渐开线齿廓齿轮容易制造、便于安装、互换性好，故应用最为广泛。本章只介绍渐开线齿廓齿轮传动。

（4）齿轮传动的基本要求

从传递运动和动力两方面考虑，齿轮传动应满足下列两个基本要求。

① 传动准确平稳。要满足传动平稳的要求，应保证齿轮传动的瞬时传动比恒定不变，以避免或减小传动中的冲击、振动和噪声。

② 承载能力强。要求齿轮有较强的承载能力，且具有较长的使用寿命，即应使轮齿有足够的强度，应对齿轮传动进行合理的结构设计及强度计算。

因此，齿轮齿廓曲线、参数、尺寸的确定，材料和热处理方式的选择，以及加工方法和精度等问题，基本都是围绕满足上述两个基本要求而进行的。

5.2 渐开线齿廓的形成及性质

满足齿轮传动基本要求的齿廓曲线有渐开线、摆线和圆弧。其中渐开线齿廓应用较普遍。如图5-2所示，当直线 NK 沿半径为 r_b 的圆做纯滚动时，直线上任一点 K 的轨迹 AK，就是该圆的渐开线。该圆称为渐开线的基圆，r_b 为基圆半径，r_K 为向径，直线 NK 称为渐开线的发生线。渐开线齿轮的可用齿廓就是由同一基圆形成的两条反向渐开线的某段组成的，如图5-3所示。

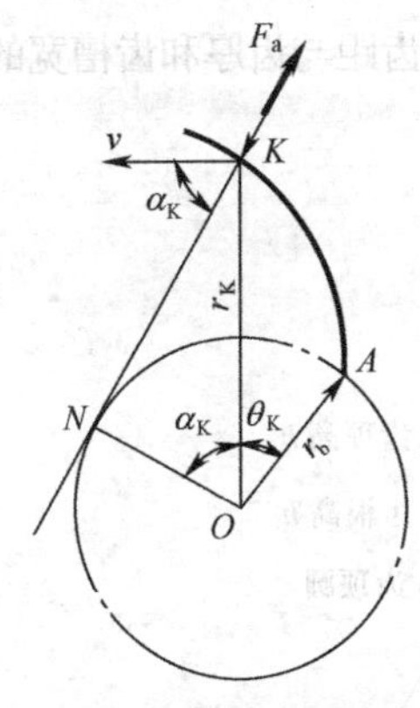

图 5-2 渐开线的形成

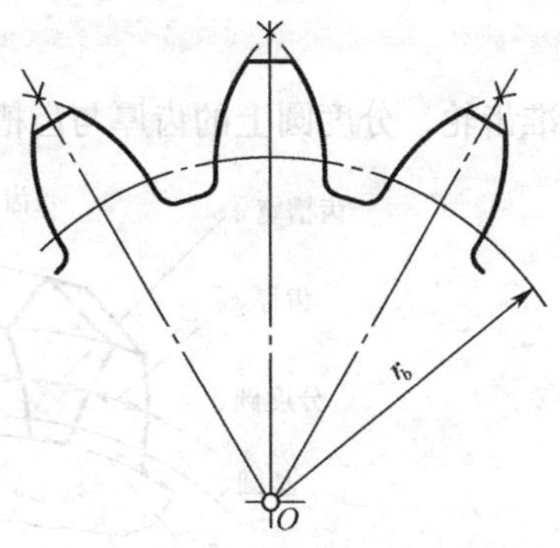

图 5-3 渐开线齿廓的形成

根据渐开线的形成过程，可知其具有如下性质。

① 发生线在基圆上滚过的长度，等于基圆上被滚过的弧长，即 $\overline{NK}=\overset{\frown}{NA}$。

② 渐开线上任一点的法线必与基圆相切。线段 NK 既是基圆的切线，同时也是渐开线在 K 点的法线和曲率半径。

③ 渐开线上 K 点的速度 v 与作用力 F_n 的夹角 α_K 称为 K 点的压力角。且有

$$\cos\alpha_K=\frac{r_b}{r_K} \tag{5-1}$$

由上式可知，渐开线上各点的压力角不同。离基圆越远，压力角越大，且基圆上的压力角为零。

渐开线的形成及其特性

④ 渐开线的形状取决于基圆的大小。基圆半径越大，渐开线越平直。当基圆趋于无穷大时，渐开线就成为直线，这就是渐开线齿条的齿廓。

⑤ 基圆内无渐开线。

5.3 直齿圆柱齿轮的主要参数及几何尺寸

1. 齿轮各部分名称

图 5-4 所示为渐开线直齿圆柱齿轮的一部分，齿轮各部分名称及代号如下。

（1）齿顶圆和齿根圆

齿轮顶部所在的圆称为齿顶圆，其半径与直径分别用 r_a 和 d_a 表示。相邻两齿间的空间部分称为齿槽，齿槽底附近的圆称为齿根圆，其半径与直径分别用 r_f 和 d_f 表示。

（2）分度圆

为了方便设计计算，在齿轮的齿顶圆和齿根圆之间规定一个圆作为度量齿轮尺寸的基准。这个圆称为分度圆，其半径与直径分别用 r 和 d 表示。

（3）齿厚、齿槽宽和齿距

在任意圆周上轮齿两侧齿廓间的弧长称为齿厚，用 s 表示；在齿槽两侧齿廓间的弧长称为齿槽

宽，用 e 表示；相邻两齿同侧齿廓间的弧长称为齿距，用 p 表示。齿距与齿厚和齿槽宽的关系为

$$p = s + e \tag{5-2}$$

对于标准齿轮，分度圆上的齿厚与齿槽宽相等，即 $s = e$。

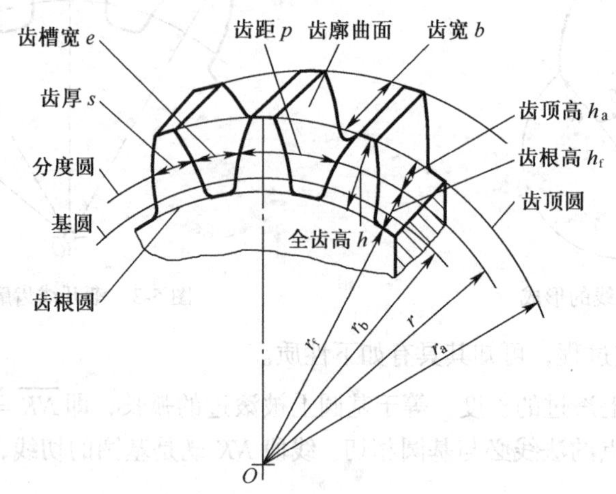

图 5-4　齿轮各部分名称及代号

（4）齿顶高、齿根高和齿高

介于分度圆与齿顶圆之间部分称为齿顶，其径向距离称为齿顶高，用 h_a 表示。介于分度圆与齿根圆之间部分称为齿根，其径向距离称为齿根高，用 h_f 表示。齿顶圆与齿根圆间的径向距离称为齿高，用 h 表示。显然，$h = h_a + h_f$。

（5）齿宽

轮齿的轴向宽度称为齿宽，用 b 表示。

2. 直齿圆柱齿轮的主要参数

（1）齿数

齿数（z）是指齿轮圆周上的轮齿总数。

（2）模数

齿轮的分度圆直径（d）、齿数（z）和轮齿的齿距（p）之间的关系为

$$\pi d = zp \quad 或 \quad d = pz/\pi \tag{5-3}$$

式中含无理数π，为了设计、制造和互换方便，令 $m = p/\pi$ 为标准值，m 称为齿轮的模数，单位为 mm，故

$$d = mz \tag{5-4}$$

模数是计算和度量齿轮尺寸的一个基本参数。我国规定的标准模数系列见表 5-2。

表 5-2　圆柱齿轮标准模数系列（摘自 GB/T 1357—2008）

第一系列	1 8	1.25 10	1.5 12	2 16	2.5 20	3 25	4 32	5 40	6 50
第二系列	1.75 7	2.25 9	2.75 （11）	（3.25） 14	3.5 18	（3.75） 22	5.5 28	5.5 （30）	（6.5） 36

注：① 优先采用第一系列，括号内的模数尽可能不用。
② 对于斜齿轮，该表所示为法面模数。

模数（m）的大小，反映了齿距（p）的大小（$p=\pi m$）。模数越大，轮齿越大，齿轮的承载能力越强。图 5-5 所示为不同模数齿轮的齿形与尺寸。

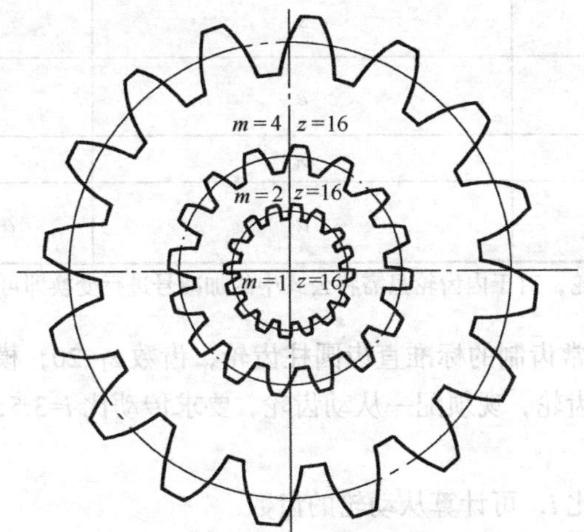

图 5-5 齿轮齿形与模数的关系

（3）压力角

由前述可知，渐开线齿廓上各点的压力角不同。通常所说的压力角是指分度圆上的压力角，用α表示。我国规定标准压力角$\alpha=20°$。显然，分度圆是齿轮上具有标准模数和标准压力角的圆。

齿顶高系数h_a^*和顶隙系数c^*的标准规定如下。

正常齿制：　$h_a^*=1$　$c^*=0.25$

短齿制：　$h_a^*=0.8$　$c^*=0.3$

对标准齿轮：　$h_a=h_a^* m$　$h_f=(h_a^*+c^*)m$

齿数z、模数m、压力角α、齿顶高系数h_a^*和顶隙系数c^*为决定齿轮结构的五个基本参数，当它们都取标准值，且分度圆齿厚与齿槽宽相等时的齿轮称为标准齿轮。

标准直齿圆柱齿轮的压力角和系数

3. 标准直齿圆柱齿轮的主要几何尺寸

标准直齿圆柱齿轮外齿轮主要几何尺寸的计算公式见表 5-3。

表 5-3　标准直齿圆柱齿轮外齿轮主要几何尺寸的计算公式

名称	符号	公式
齿顶高	h_a	$h_a=h_a^* m$
齿根高	h_f	$h_f=(h_a^*+c^*)m$
全齿高	h	$h=h_a+h_f$
分度圆直径	d	$d=mz$
齿顶圆直径	d_a	$d_a=mz+2h_a$
齿根圆直径	d_f	$d_f=mz-2h_f$
基圆直径	d_b	$d_b=d\cos\alpha$
齿距	p	$p=\pi m$

续表

名称	符号	公式
齿厚	s	$s=\frac{1}{2}\pi m$
齿槽宽	e	$e=\frac{1}{2}\pi m$
基圆齿距	p_b	$p_b=p\cos\alpha$
标准中心距	a	$a=\frac{d_1+d_2}{2}=\frac{m(z_1+z_2)}{2}$

注：上述公式适用于外齿轮，对于内齿轮只需将公式中的加减号进行变换即可。

【例 5-1】 已知一正常齿制的标准直齿圆柱齿轮，齿数 z_1=20，模数 m = 2mm，拟将该齿轮作某外啮合传动的主动齿轮，现须配一从动齿轮，要求传动比 i=3.5，试计算从动齿轮的几何尺寸及两轮的中心距。

解：根据给定的传动比 i，可计算从动轮的齿数

$$z_2=iz_1=3.5\times 20=70$$

已知齿轮的齿数 z_2 及模数 m，由表 5-3 所列公式可以计算从动轮各部分尺寸。

① 分度圆直径 $d_2=mz_2=2\times70=140$ (mm)

② 齿顶圆直径 $d_{a2}=(z_2+2h_a^*)m=(70+2\times1)\times2=144$ (mm)

③ 齿根圆直径 $d_f=(z_2-2h_a^*-2c^*)m=(70-2\times1-2\times0.25)\times2=135$ (mm)

④ 全齿高 $h=(2h_a^*+c^*)m=(2\times1+0.25)\times2=4.5$ (mm)

⑤ 中心距 $a=\frac{d_1+d_2}{2}=\frac{m}{2}(z_1+z_2)=\frac{2}{2}\times(20+70)=90$ (mm)

5.4 渐开线齿轮的啮合传动特性

1. 四线合一性

如图 5-6 所示，一对渐开线齿廓在任意点 K 啮合，过 K 点作两齿廓的公法线 N_1N_2。根据渐开线性质，该公法线就是两基圆的内公切线。当两齿廓转到 K' 点啮合时，过 K' 点作两齿廓公法线，也是两基圆的内公切线。由于齿轮基圆的大小和位置均固定，故其公法线 N_1N_2 是唯一的。因此两个齿轮的齿廓啮合点，从开始到终止，总在这条公法线的某一段内移动，该公法线也可称为啮合线。由于两个齿轮啮合传动时其正压力也是沿着公法线方向的，因此齿轮传

渐开线齿廓的啮合特性

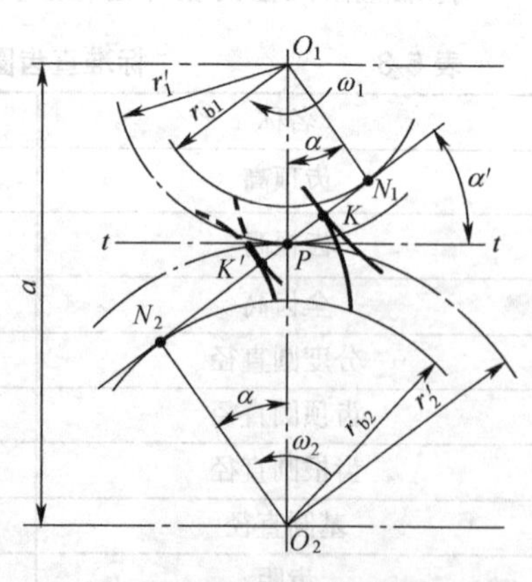

图 5-6 渐开线齿廓的啮合

动时，啮合线、过啮合点的公法线、基圆的内公切线和正压力作用线四线合一。该线与两轮连心线 O_1O_2 的交点 P 是一固定点，P 点称为节点。

2. 能保证瞬时传动比恒定

如图 5-6 所示，分别以轮心 O_1 与 O_2 为圆心，以 $r_1' = O_1P$ 与 $r_2' = O_2P$ 为半径所作的圆，称为节圆。一对渐开线齿轮的啮合传动可以看作是两个节圆的纯滚动，且在节点 P 处的线速度相等。设两齿轮的角速度分别为 ω_1 和 ω_2，则

$$\omega_1 \cdot O_1P = \omega_2 \cdot O_2P$$

两轮的瞬时传动比为

$$i_{12} = \frac{\omega_1}{\omega_2} = \frac{O_2P}{O_1P} = \frac{r_2'}{r_1'} = \frac{r_{b2}}{r_{b1}} \tag{5-5}$$

可见，渐开线齿轮的传动比等于主、从动轮基圆半径之反比。由于基圆半径 r_{b1}、r_{b2} 是定值，故渐开线齿轮的传动比能保持恒定。

3. 中心距可分性

两轮轴线 O_1O_2 的距离称为齿轮传动的中心距，其计算公式为

$$a = r_1' + r_2'$$

由于渐开线齿轮的传动比只与基圆半径有关，而与中心距无关，因此在安装时若中心距略微增大也不会改变传动比的大小，此特性称为中心距可分性。该特性有助于齿轮的装配，但齿侧会出现间隙，反转时会有冲击。

4. 啮合角不变

啮合线与两节圆在节点处的公切线所夹的锐角称为啮合角，用 α' 表示，它指渐开线在节圆上的压力角。显然齿轮传动时啮合角不变，力作用线方向不变，因而传动比较平稳。

齿轮的中心距及啮合角

一对标准齿轮按标准中心距安装时，各齿轮的节圆与分度圆重合，啮合角与压力角等值。若采用非标准中心距安装，则各齿轮的节圆不再与分度圆重合，啮合角与压力角也不等值。但 $a\cos\alpha'$ 值保持恒定。

5. 啮合传动的连续性

一对渐开线齿廓啮合能保证瞬时传动比恒定，但齿廓长度是有限的，必然会出现前、后齿的交替啮合。图 5-7 所示为渐开线直齿圆柱齿轮的啮合过程，1 为主动轮，2 为从动轮。一对轮齿开始啮合时，由主动轮轮齿的齿根部分推动从动轮轮齿的齿顶，即从动轮的齿顶圆与啮合线 N_1N_2 的交点 B_2 为开始啮合点。随着轮 1 推动轮 2 转动，啮合点沿啮合线 N_1N_2 移动。当啮合点移动到齿轮 1 的齿顶圆与啮合线的交点 B_1 时，这一对轮齿的啮合终

渐开线齿轮连续传动的条件

止。线段 B_2B_1 为啮合点的实际轨迹，称为实际啮合线段，N_1N_2 称为理论啮合线段。

要使齿轮能连续传动，要求前一对轮齿在 B_1 点退出啮合时，后一对轮齿至少已在 B_2 点进入啮合。这就要求实际啮合线 B_2B_1 应不小于齿轮的法向齿距 KB_2 或基圆齿距 p_b。因此，渐开线齿轮的连续传动条件是：$B_2B_1 \geqslant p_b$。

实际啮合线段与基圆齿距之比称为重合度，用 ε 表示，即

$$\varepsilon = \frac{B_2B_1}{p_b} \geqslant 1 \tag{5-6}$$

重合度越大，说明在完成啮合过程中，有两对轮齿同时参与啮合的时间比例越大，每对轮齿分担的载荷就越小，传动越平稳。重合度主要与齿数 z、齿顶高系数 h_a^* 及压力角 α 有关，一般直齿圆柱齿轮重合度为 $1 < \varepsilon < 2$。

6. 渐开线直齿圆柱齿轮正确啮合的条件

一对齿轮连续顺利地传动，需要各对轮齿依次正确啮合互不干涉。如图 5-8 所示，前一对轮齿在啮合线上的 K' 点相啮合时，后一对轮齿必须正确地在啮合线上的 K 点进入啮合。由渐开线性质知 $K'K$ 既是轮 1 的法向齿距，又是轮 2 的法向齿距。两轮要正确啮合，两者的法向齿距必须相等，即 $p_{b1} = p_{b2}$。

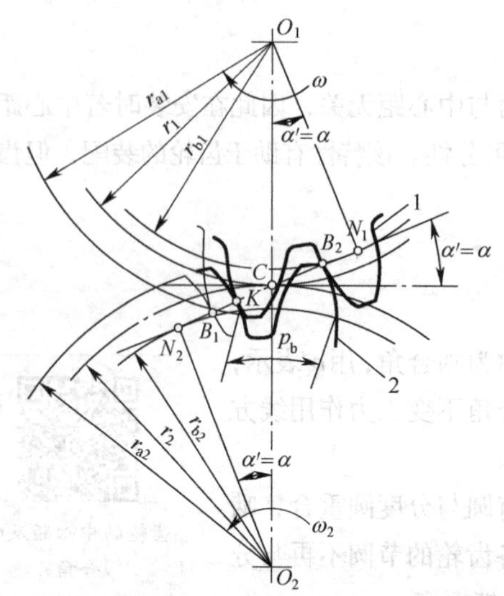

图 5-7 渐开线齿轮的啮合过程

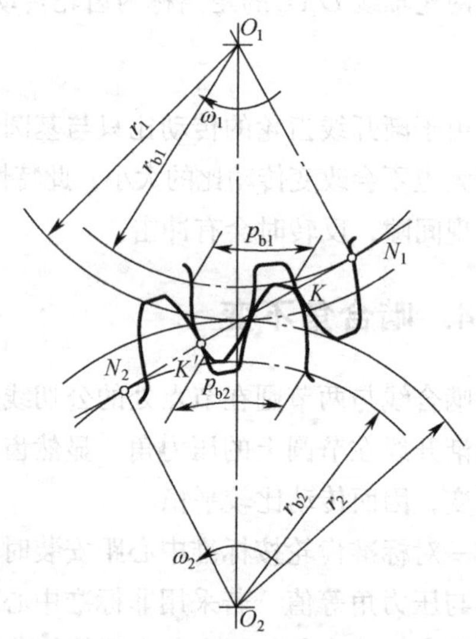

图 5-8 渐开线齿轮的正确啮合条件

由 $p_b = \pi m\cos\alpha$，可得出渐开线直齿圆柱齿轮的正确啮合条件是：两齿轮的模数和压力角必须分别相等，即

$$\begin{cases} m_1 = m_2 = m \\ \alpha_1 = \alpha_2 = \alpha \end{cases} \tag{5-7}$$

由此可进一步推出传动比公式为

$$i = \frac{\omega_1}{\omega_2} = \frac{n_1}{n_2} = \frac{d_2}{d_1} = \frac{z_2}{z_1} \tag{5-8}$$

5.5 齿轮的加工原理

1. 渐开线齿轮的加工方法及原理

齿轮轮齿的加工方法很多，如精密铸造、模锻、热轧、冷冲和切削加工等。生产中常用的是切削法。切削加工按齿形形成的原理可分为仿形法和范成法两类。

（1）仿形法

仿形法的特点是刀具的形状与被加工齿轮的齿廓形状完全相同。图 5-9（a）所示为用盘形铣刀加工齿轮，图 5-9（b）所示为用指形铣刀加工齿轮。加工时，铣刀绕本身轴线旋转，轮坯沿齿轮轴线方向直线移动。铣出一个齿槽以后，将齿坯转过 360°/z 再铣第二个齿槽，直到齿槽全部加工完毕。

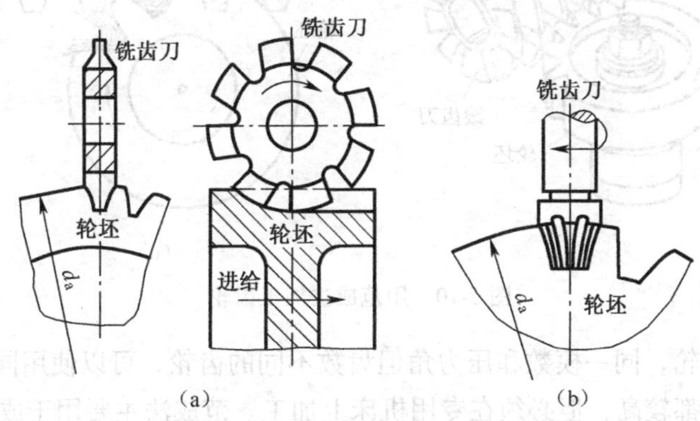

图 5-9　用仿形法加工齿轮

由于渐开线齿廓形状取决于基圆大小，而基圆直径 $d_b = mz\cos\alpha$，即模数 m、压力角 α 和齿数 z 决定齿廓形状。同一模数和压力角的齿轮，齿数不同，齿形就不同，这样加工不同齿数的齿轮就要制造许多刀具。为了减少铣刀数量，对于同一模数和压力角的齿轮，按齿数范围分为 8 组，每组用一把刀具来加工，刀具形状按范围内最少齿形设计。

这种方法加工简单，在普通铣床上便可进行，但生产效率低、精度差，故常用于机械修配和单件生产。

（2）范成法

范成法是利用一对齿轮相互啮合时其齿廓互为包络线的原理来切齿的。常用的方法有滚齿、插齿等。它的实质是，在保证刀具和齿坯间按渐开线齿轮啮合关系而相对运动的同时，对齿坯进行切削。图 5-10（a）所示为用插齿刀加工齿轮。插齿刀是具有切削刃的特殊齿轮，插齿时插齿刀沿齿坯轴线上下往复运动进行切削，同时插齿刀与齿坯由机床驱动绕各自轴线旋转，并保证它们旋转的速度与其齿数成比例。插齿刀切削刃相对于齿坯的各个瞬间位置所形成的最终包络线，

如图 5-10（b）所示，即为被加工齿轮的齿廓。图 5-10（c）所示为用滚齿刀加工齿轮。滚齿刀是具有切削刃的特殊螺旋齿轮，它的轴截面为一齿条。滚切时滚齿刀和齿坯由机床保证它们的转速关系，这样便可按范成原理在被切齿轮上切出一系列渐开线外形包络，即为被切齿轮的渐开线齿廓，如图 5-10（d）所示。

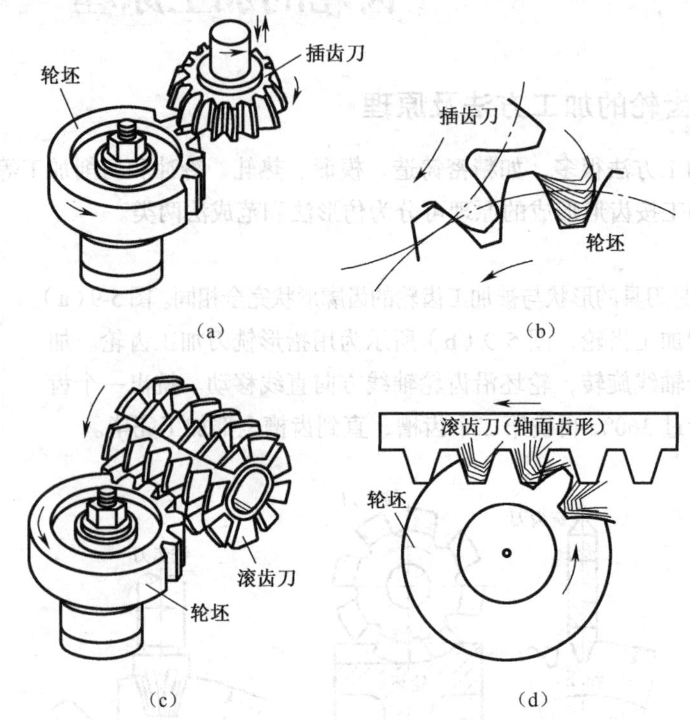

图 5-10　用范成法加工齿轮

用范成法加工齿轮，同一模数和压力角但齿数不同的齿轮，可以使用同一把刀具加工。其加工精度与生产效率都较高，但必须在专用机床上加工。范成法主要用于成批、大量生产。

2. 根切现象和最少齿数

值得注意的是，用范成法加工齿轮时，如果齿轮的齿数太少，则切削刀具的齿顶会切去轮齿根部的一部分，这种现象称为根切，如图 5-11 所示。

发生根切会使轮齿的弯曲强度降低，并使重合度减小，传动时出现冲击噪声，故应设法避免根切的发生。

图 5-12 所示为用齿条插刀加工标准齿轮的情况，N_1 点为轮坯基圆与啮合线的切点，即啮合的极限点，刀具的顶线超出了 N_1（图中虚线位置）。显然，当刀具完成一个行程的切削后，N_1 点到刀具顶线的部分齿廓会被切掉而发生根切。因此，要避免根切就必须使刀具顶线不超出 N_1 点。经几何推导可得不发生根切的条件为

$$z \geqslant 2h_a^*/\sin^2\alpha$$

即最少齿数为

$$z_{min}=2h_a^*/\sin^2\alpha \tag{5-9}$$

显然，为了避免根切，则齿数 z 不得少于某一最少限度，用范成法加工齿轮时，对于各种标准刀具最少齿数的数值为

当 $h_a^*=1$，$\alpha=20°$ 时，$z_{min}=17$；当 $h_a^*=0.8$，$\alpha=20°$ 时，$z_{min}=14$。

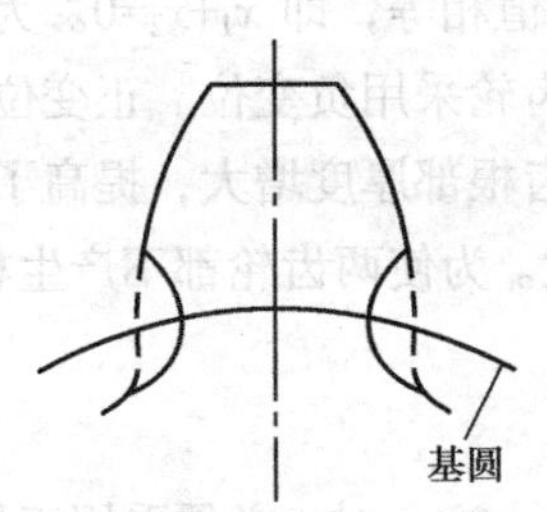

图 5-11 齿轮的根切

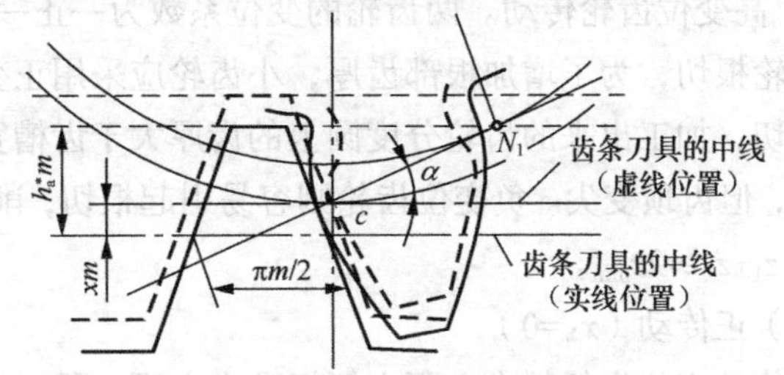

图 5-12 根切与变位

必须指出，用仿形法加工时不受最少齿数的限制。因此，必要时可设计齿数为 12 的标准齿轮，因为标准仿形刀具的最少齿数为 12，但是用仿形法加工使齿轮的精度降低。若要加工齿数少精度高的齿轮，可采用变位齿轮。

5.6 变位齿轮传动

1. 变位齿轮的概念

用齿条型刀具加工齿轮时，若刀具的分度线（又称中线）与轮坯的分度圆相切时，称为标准安装。这样加工出来的齿轮为标准齿轮。

若加工齿轮时，不采用标准安装，而是将刀具相对于轮坯中心向外移出或向内移近一段距离，则刀具的中线不再与轮坯的分度圆相切，如图 5-12 所示。刀具移动的距离 xm 称为变位量，其中 m 为模数，x 为变位系数，并规定刀具相对于轮坯中心向外移出的变位系数为正，反之为负。对应于 $x>0$、$x=0$ 及 $x<0$ 的变位分别称为正变位、零变位和负变位，如图 5-13 所示。这种用改变刀具与轮坯相对位置来加工齿轮的方法称为变位修正法，采用变位修正法加工出来的齿轮称为变位齿轮。

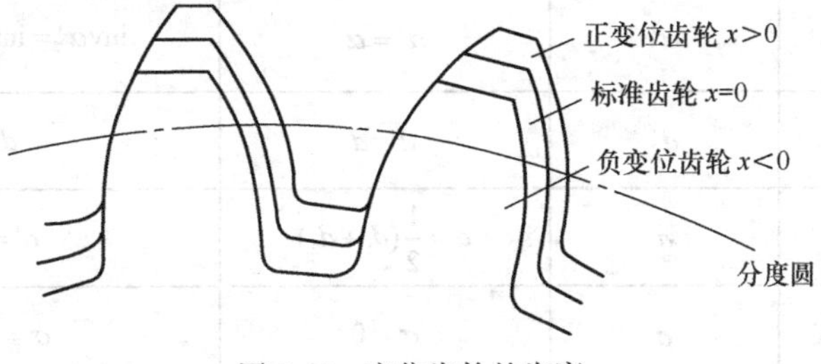

图 5-13 变位齿轮的齿廓

2. 变位齿轮的传动类型和特点

根据相互啮合两齿轮的总变位系数 $x_\Sigma=x_1+x_2$ 的不同，变位齿轮传动可分为以下三种类型。

（1）零传动（$x_\Sigma=0$）

① 标准齿轮传动。标准齿轮传动可视为变位系数为零的变位齿轮，由于两齿轮的变位系数

$x_1+x_2=0$，为了避免根切，两齿轮齿数均需大于 z_{min}。

② 高变位齿轮传动。两齿轮的变位系数为一正一负，且绝对值相等，即 $x_1+x_2=0$。为了防止小齿轮根切，为了增加根部齿厚，小齿轮应采用正变位，而大齿轮采用负变位。正变位可以避免根切，加工出来的齿轮分度圆上的齿厚大于齿槽宽，相应轮齿根部厚度增大，提高了轮齿的强度，但齿顶变尖。负变位齿轮则容易引起根切，削弱齿轮强度。为使两齿轮都不产生根切，必须使 $z_1+z_2 \geqslant 2z_{min}$。

（2）正传动（$x_\Sigma=0$）

正传动变位齿轮的中心距大于标准中心距，即 $a'>a$，当 $z_1+z_2<2z_{min}$ 时，必须采用正传动，其他场合为了改善传动质量也可以采用正传动。

（3）负传动（$x_\Sigma<0$）

负传动变位齿轮的中心距小于标准中心距，即 $a'<a$。负传动时，要求 $z_1+z_2 \geqslant 2z_{min}$。

采用正传动和负传动可以实现非标准中心距传动。由于这两种变位齿轮传动的节圆与分度圆不重合，啮合角不等于压力角，即 $\alpha' \neq \alpha$，所以，这两种变位又称为角度变位。

变位齿轮传动与标准齿轮传动相比，有以下优点：①可以制出齿数小于 z_{min} 而无根切的小齿轮，从而可以减小齿轮机构的尺寸和重量；②合理选择两轮的变位系数，使大小齿轮的强度接近并降低两轮齿根部位的磨损，从而提高了传动的承载能力和耐磨性能；③等移距变位齿轮传动能保持标准中心距，故可取代标准齿轮传动并改善传动质量。主要缺点是：①互换性差，必须成对设计、制造和使用；②重合度略为降低。由于变位齿轮与标准齿轮相比具有很多优点，而且并不增加设计制造难度，因此，变位齿轮在机械中得到广泛应用。

3. 变位直齿圆柱齿轮的几何尺寸

变位直齿圆柱齿轮的几何尺寸可参照表 5-4 进行计算。

表 5-4　变位齿轮尺寸计算公式

序号	名称	符号	高变位齿轮传动	角变位齿轮传动
1	变位系数	x	$x_1=-x_2\neq 0$ $x_\Sigma=x_1+x_2=0$	$x_\Sigma=x_1+x_2\neq 0$
2	分度圆直径	d	$d=mz$	$d=mz$
3	啮合角	α'	$\alpha'=\alpha$	$\mathrm{inv}\alpha'=\mathrm{inv}\alpha+\dfrac{2(x_1+x_2)}{z_1+z_2}\tan\alpha$
4	节圆直径	d'	$d'=d$	$d'=d\dfrac{\cos\alpha}{\cos\alpha'}$
5	中心距	a	$a=\dfrac{1}{2}(d_1+d_2)$	$a'=\dfrac{1}{2}(d_1'+d_2')$
6	齿顶降低系数	σ	$\sigma=0$	$\sigma=x_1+x_2-\dfrac{a'-a}{m}$
7	齿顶高	h_a	$h_a=(h_a^*+x)m$	$h_a=(h_a^*+x-\sigma)m$
8	齿根高	h_f	$h_f=(h_a^*+c^*-x)m$	$h_f=(h_a^*+c^*-x)m$
9	齿高	h	$h=(2h_a^*+c^*)m$	$h=(2h_a^*+c^*-\sigma)m$
10	齿顶圆直径	d_a	$d_a=(z+2h_a^*+2x)m$	$d_a=(z+2h_a^*+2x-2\sigma)m$
11	齿根圆直径	d_f	$d_f=(z-2h_a^*-2c^*+2x)m$	$d_f=(z-2h_a^*-2c^*+2x)m$

5.7 齿轮的失效形式与设计准则

1．齿轮的常见失效形式

图 5-14 所示为齿轮常见的失效形式。

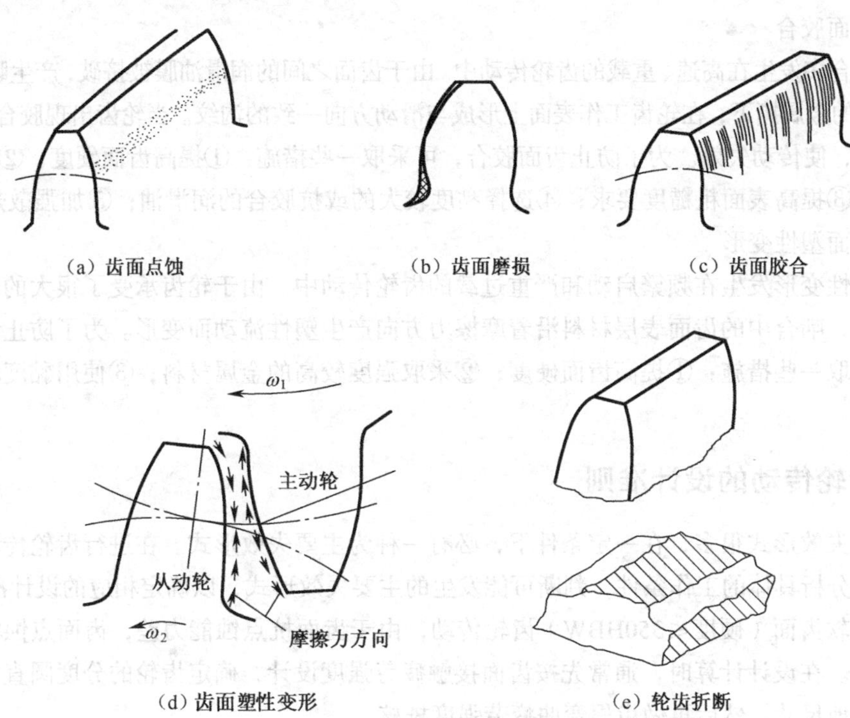

图 5-14 齿轮的失效形式

（1）齿面点蚀

齿面的疲劳点蚀大多发生在轮齿靠近节圆偏齿根处。轮齿工作时，齿面接触处在交变接触应力的长期作用下，当应力峰值超过材料的接触疲劳极限，并经过一定应力循环次数后，齿面上将产生微小的疲劳裂纹。随着裂纹的扩展，将导致小块金属剥落，从而产生齿面点蚀。由于轮齿在节圆附近啮合时，同时啮合的齿对数少，且轮齿间相对滑动速度较小，因此点蚀首先出现在轮齿靠近节圆的齿根面上。点蚀会引起轮齿冲击和噪声，且造成传动的不平稳。为了提高齿轮的抗点蚀能力，可采取一些措施：选择合适的齿轮材料与热处理方法，以提高齿面硬度；合理选择齿轮传动的主要参数；提高表面粗糙度要求；采用黏度较大的润滑油和变位齿轮等。

（2）轮齿折断

轮齿的整体折断大多发生在轮齿的齿根处，而局部折断则发生在轮齿的一端。轮齿折断有两种情况：一是由于轮齿根部的弯曲应力较大，超过了材料的弯曲疲劳极限而造成的轮齿折断；另一种情况是由于突然严重过载或承受较大的冲击载荷等引起的。为了防止轮齿折断，可采取一些措施：①选择合适的材料和热处理方法，降低齿面硬度；②增大齿根处的圆角半径；③减小齿根的弯曲应力等。

（3）齿面磨损

齿面（磨粒）磨损大多发生在齿面的工作高度上。当齿面磨损严重时，会使渐开线齿面损坏，齿侧间隙增大，从而引起齿轮传动不平稳和冲击。齿轮传动中，由于润滑条件不良，齿面磨损是在一定的滑动速度及硬质颗粒进入等原因下引起的。为了减轻齿面磨损，可采取一些措施：①采用闭式传动；②加强和改善润滑条件；③提高齿面硬度；④提高轮齿表面粗糙度要求等。

（4）齿面胶合

齿面胶合多发生在高速、重载的齿轮传动中。由于齿面之间的润滑油膜被挤破，产生瞬时高温，将较软齿面的金属撕下，在轮齿工作表面上形成与滑动方向一致的沟纹。当轮齿出现胶合后，将严重损坏齿面，使传动失效。为了防止齿面胶合，可采取一些措施：①提高齿面硬度；②采取不同材料组合；③提高表面粗糙度要求；④选择黏度较大的或抗胶合的润滑油；⑤加强散热等。

（5）齿面塑性变形

齿面塑性变形发生在频繁启动和严重过载的齿轮传动中。由于轮齿承受了很大的载荷和摩擦力等原因，啮合中的齿面表层材料沿着摩擦力方向产生塑性流动而变形。为了防止齿面塑性变形，可采取一些措施：①提高齿面硬度；②采取强度较高的金属材料；③使用黏度较大的润滑油等。

2. 齿轮传动的设计准则

齿轮的失效形式很多，在一定条件下，必有一种为主要失效形式。在进行齿轮传动的设计计算时，应分析具体的工作条件，判断可能发生的主要失效形式，以确定相应的设计准则。

对闭式软齿面（硬度≤350HBW）齿轮传动，由于齿面抗点蚀能力差，齿面点蚀将是主要的失效形式。在设计计算时，通常先按齿面接触疲劳强度设计，确定齿轮的分度圆直径（或中心距）和其他尺寸，然后再做齿根弯曲疲劳强度校核。

对闭式硬齿面（硬度＞350HBW）齿轮传动，由于齿面抗点蚀能力强，但易发生轮齿折断，故轮齿疲劳折断将是其主要的失效形式。在设计计算时，通常先按齿根弯曲疲劳强度设计，确定齿轮的模数和其他尺寸，然后再做齿面接触疲劳强度校核。

对于开式齿轮传动，其主要失效形式将是齿面磨损。但由于磨损的机理比较复杂，到目前为止尚无成熟的设计计算方法，通常只能按齿根弯曲疲劳强度设计，再考虑磨损因素将齿轮模数 m 增大 10%～20%，无需校核。

5.8 齿轮常用材料及热处理

由轮齿失效形式可知，选择齿轮材料时，应考虑以下要求：轮齿的表面应有足够的硬度和耐磨性，在循环载荷和冲击载荷作用下，应有足够的弯曲强度。即齿面要硬，齿芯要韧，并具有良好的加工性和热处理性。

1. 齿轮常用材料

制造齿轮的材料主要是各种钢材，其次是铸铁，还有其他非金属材料。

（1）钢

钢材可分为锻钢和铸钢两类，除尺寸较大（$d>400\sim600$mm），结构形状复杂的齿轮宜用铸钢外，一般都用锻钢制造齿轮。

软齿面齿轮多经调质或正火处理后切齿，常用45、40Cr等。因齿面硬度不高，易制造，成本低，故应用广，常用于对尺寸和重量无严格限制的场合。对于高速、重载或重要的齿轮传动，可采用硬齿面齿轮组合。

（2）铸铁

由于铸铁的抗弯和耐冲击性能都比较差，因此，铸铁主要用于制造低速、不重要的开式传动、功率不大的齿轮。常用材料有HT250、HT300等。

（3）非金属材料

对高速、轻载而又要求低噪声的齿轮传动，也可采用非金属材料，加夹布胶木、尼龙等。

2. 齿轮常用的热处理方法

（1）表面淬火

表面淬火一般用于中碳钢和中碳合金钢。表面淬火处理后齿面硬度可达HRC52～56，耐磨性好，齿面接触强度高。表面淬火的方法有高频淬火和火焰淬火等。

（2）渗碳淬火

渗碳淬火用于处理低碳钢和低碳合金钢，渗碳淬火后齿面硬度可达HRC56～62，齿面接触强度高，耐磨性好，而轮齿芯部仍保持有较高的韧性，常用于受冲击载荷的重要齿轮传动。

钢的表面淬火原理

（3）调质

调质处理一般用于处理中碳钢和中碳合金钢。调质处理后齿面硬度可达HBW220～260。

（4）正火

正火能消除内应力、细化晶粒，改善力学性能和切削性能。中碳钢正火处理可用于机械强度要求不高的齿轮传动中。

经热处理后齿面硬度HBW≤350的齿轮称为软齿面齿轮，多用于中、低速机械。当大小齿轮都是软齿面时，考虑到小齿轮齿根较薄，弯曲强度较低，且受载次数较多，因此应使小齿轮齿面硬度比大齿轮高20～50HBW。

齿面硬度HBW > 350的齿轮称为硬齿面齿轮，其最终热处理在轮齿精切后进行。因热处理后轮齿会产生变形，故对于精度要求高的齿轮，需进行磨齿。当大小齿轮都是硬齿面时，小齿轮的硬度应略高，也可和大齿轮相等。

近年，由于齿轮材质和齿轮加工工艺技术的迅速发展，越来越广泛地选用硬齿面齿轮。常用的齿轮材料，热处理方法，硬度，应用举例见表5-5。

表 5-5　　常用的齿轮材料、热处理硬度和应用

材料	牌号	热处理方法	硬度		应用举例
			齿芯 HBW	齿面 HRC	
优质碳素钢	35	正火	150～180		低速轻载的齿轮或中速中载的大齿轮
	45		162～217		
	50		180～220		
	45	调质	217～255		
合金钢	35SiMn		217～269		
	40Cr		241～286		
优质碳素钢	35	表面淬火	180～210	40～45	高速中载、无剧烈冲击的齿轮，如机床变速箱中的齿轮
	45		217～255	40～50	
合金钢	40Cr		241～286	48～55	
	20Cr	渗碳淬火		56～62	高速中载、承受冲击载荷的齿轮，如汽车、拖拉机中的重要齿轮
	20CrMnTi			56～62	
	38CrMoAlA	氮化	229	>850HV	载荷平稳、润滑良好的齿轮
铸钢	ZG45	正火	163～197		重型机械中的低速齿轮
	ZG55		179～207		
球墨铸铁	QT700-2		225～305		可用来代替铸钢
	QT600-2		229～302		
灰铸铁	HT250		170～241		低速中载、不受冲击的齿轮，如机床操纵机构的齿轮
	HT300		187～255		

5.9 齿轮许用应力的确定

一般的齿轮传动，其接触疲劳许用应力$[\sigma_{H}]$为

$$[\sigma_{H}]=\frac{\sigma_{H\lim}}{S_{H}}Z_{N} \tag{5-10}$$

弯曲疲劳许用应力$[\sigma_{F}]$为

$$[\sigma_{F}]=\frac{\sigma_{F\lim}}{S_{F}}Y_{N} \tag{5-11}$$

式中，$\sigma_{H\lim}$为接触疲劳极限（见图 5-15），$\sigma_{F\lim}$为齿轮单向受载时的弯曲疲劳极限（见图 5-16）；受对称循环变应力的齿轮，应将图中查得数值乘以 0.7；S_H、S_F为疲劳强度的最小安全系数，通常$S_H=1$、$S_F=1$，对于比较重要的齿轮，可取$S_H=1.25\sim1.35$、$S_F=1.5$；Z_N、Y_N为寿命系数，用以考虑当齿轮应力循环次数 $N<N_0$ 时（N_0 为循环基数），许用应力的提高系数，其值分别如图 5-17、图 5-18 所示。图中横坐标为实际应力循环次数 N，按下式计算：

$$N=60njL_{h} \tag{5-12}$$

式中，n为齿轮转速（r/min）；j为齿轮每转一周，同一侧齿面啮合的次数；L_h为齿轮在设计期限内的总工作时数。

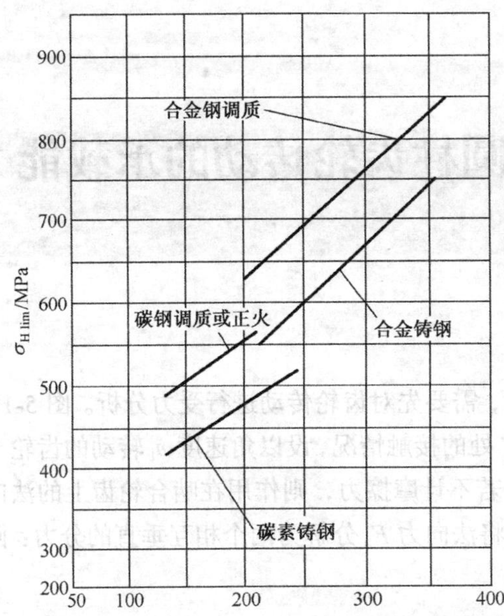

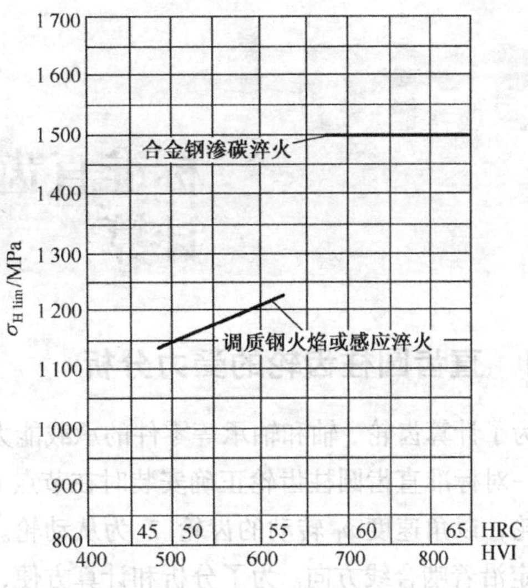

图 5-15　试验齿轮接触疲劳极限 $\sigma_{H\ lim}$

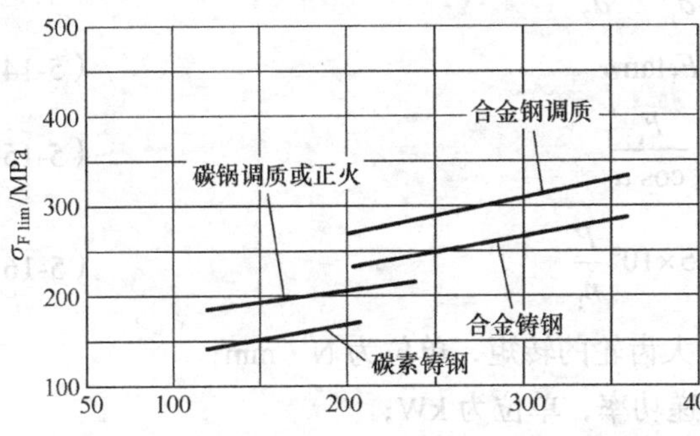

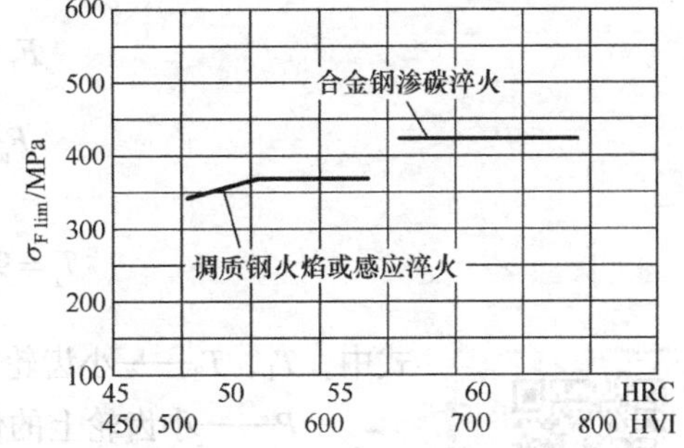

图 5-16　试验齿轮弯曲疲劳极限 $\sigma_{F\ lim}$

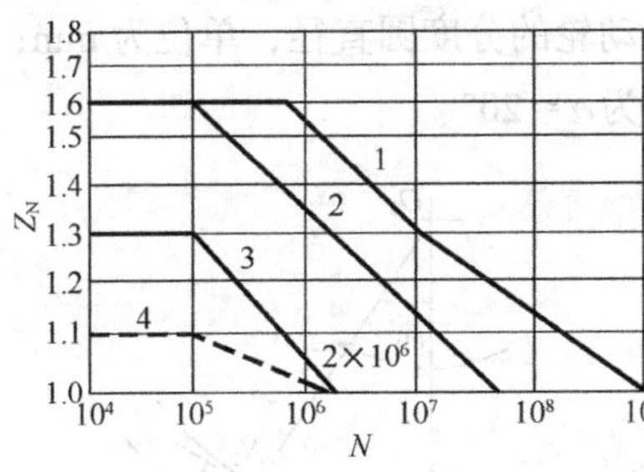

1—碳钢经正火、调质、表面淬火及渗碳，球墨铸铁（允许一定的点蚀）

2—碳钢经正火、调质、表面淬火及渗碳，球墨铸铁（不允许出现点蚀）

3—碳钢调质后气体渗氮，灰铸铁

4—碳钢调质后液体渗氮

图 5-17　接触疲劳寿命系数 Z_N

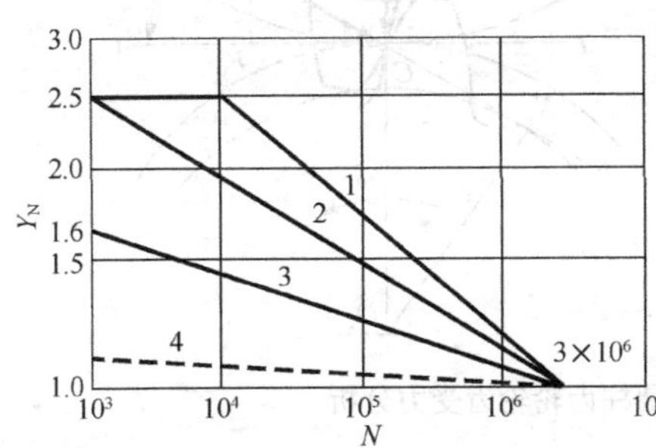

1—碳钢经正火、调质，球墨铸铁

2—碳钢经表面淬火、渗碳

3—渗氮钢气体渗氮，灰铸铁

4—碳钢调质后液体渗氮

图 5-18　弯曲疲劳寿命系数 Y_N

5.10 标准直齿圆柱齿轮传动的承载能力计算

1. 直齿圆柱齿轮的受力分析

为了计算齿轮、轴和轴承等零件的承载能力，需要先对齿轮传动进行受力分析。图 5-19 所示为一对标准直齿圆柱齿轮正确安装时在节点 C 处的接触情况，设以角速度 ω_1 转动的齿轮 1 为主动轮，以角速度 ω_1 转动的齿轮 2 为从动轮。若不计摩擦力，则作用在啮合轮齿上的法向力 F_n 必定沿着啮合线方向。为了分析和计算方便，将法向力 F_n 分解为两个相互垂直的分力：圆周力 F_t 和径向力 F_r，大小为

$$F_t = \frac{2T_1}{d_1} = \frac{2T_2}{d_2} \tag{5-13}$$

$$F_r = F_t \tan\alpha \tag{5-14}$$

$$F_n = \frac{F_t}{\cos a} \tag{5-15}$$

$$T_1 = 9.55 \times 10^6 \frac{P}{n_1} \tag{5-16}$$

渐开线直齿轮传动的受力分析

式中，T_1、T_2——小齿轮、大齿轮的转矩，单位为 N · mm；

P——小齿轮上的传递功率，单位为 kW；

n_1——小齿轮的转速，单位为 r/min；

d_1、d_2——小齿轮、大动轮的分度圆直径，单位为 mm；

α——压力角，标准值为 $\alpha = 20°$。

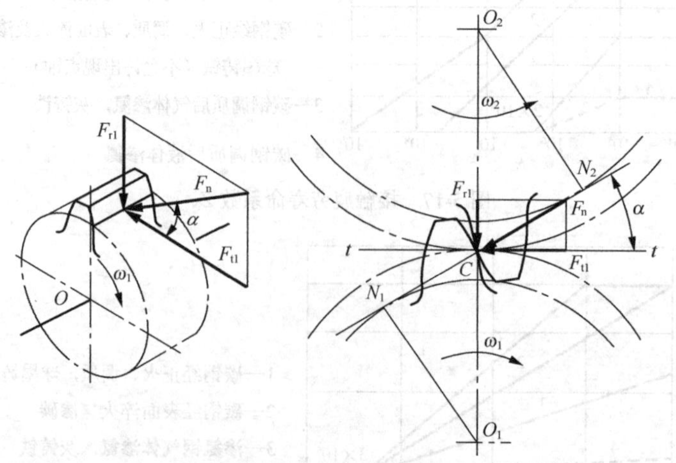

图 5-19　直齿圆柱齿轮轮齿受力分析

两轮间分力的作用力、反作用力关系为 $F_{t1} = -F_{t2}$，$F_{r1} = -F_{r2}$。各力方向为：圆周力 F_t 的方

向在主动轮 1 上与啮合点速度方向相反，在从动轮 2 上与啮合点速度方向相同；径向力 F_r 的方向分别由啮合点指向各自的轮心。

2. 齿面接触疲劳强度的计算

（1）齿面接触疲劳强度的校核公式

齿面接触疲劳强度计算的条件为齿面实际接触应力 σ_H 不大于许用接触疲劳应力$[\sigma_H]$。接触疲劳强度校核公式为

$$\sigma_H = Z_E Z_H \sqrt{\frac{2KT_1(u \pm 1)}{\psi_d d_1^3 u}} \leqslant [\sigma_H] \tag{5-17}$$

式中，"±"中的"+""−"分别用于外啮合、内啮合齿轮；K 为载荷系数，见表 5-6；$\psi_d = b/d_1$ 称齿宽系数（b 为大齿轮宽度），见表 5-7；Z_E 为齿轮材料弹性系数，见表 5-8；Z_H 为节点区域系数，标准直齿轮正确安装时 Z_H=2.5；$[\sigma_H]$为两齿轮中较小的许用接触应力；u 为齿数比，即大齿轮齿数与小齿轮齿数之比。

表 5-6　　载荷系数 K

工作特性		工作机		
		平稳	中等冲击	较大冲击
原动机	平稳（电动机、汽轮机）	1～1.2	1.2～1.6	1.6～1.8
	轻度冲击（多缸内燃机）	1.2～1.6	1.6～1.8	1.9～2.1
	中等冲击（单缸内燃机）	1.6～1.8	1.8～2.1	2.2～2.4

表 5-7　　齿宽系数 ψ_d

齿轮相对轴承位置	齿面硬度	
	≤350HBW	＞350HBW
对称布置	0.8～1.4	0.4～0.9
非对称布置	0.6～1.2	0.3～0.6
悬臂布置	0.3～0.4	0.2～0.25

表 5-8　　齿轮材料弹性系数 Z_E　　（单位：$\sqrt{N/mm^2}$）

小齿轮材料 \ 大齿轮材料	钢	铸钢	铸铁	球墨铸铁
钢	189.8	188.9	162	181.4
铸钢	188.9	188	161.4	180.5

（2）齿面接触疲劳强度的设计公式

在初步设计齿轮时，齿轮传动的设计公式为

$$d_1 \geqslant \sqrt[3]{\frac{2KT_1}{\psi_d}\left(\frac{Z_E Z_H}{[\sigma_H]}\right)^2 \frac{u \pm 1}{u}} \tag{5-18}$$

由于相啮合大、小齿轮的齿面接触应力相等，而两齿轮的材料和热处理方法不尽相同。即由于两轮的许用接触疲劳应力$[\sigma_H]_1$、$[\sigma_H]_2$ 不同，因此在应用式（5-17）和式（5-18）时，$[\sigma_H]$应取两者中的较小值进行计算。

由式（5-18）可知，若一对齿轮的材料及热处理方法、传动比及齿宽系数确定后，齿面接触疲劳强度仅与分度圆直径（或中心距）有关。因此，提高齿面接触疲劳强度的有效措施之一是增大齿轮分度圆直径或中心距。

3. 齿根弯曲疲劳强度的计算

（1）齿根弯曲疲劳强度校核公式

啮合齿轮的弯曲疲劳强度条件为：齿根的弯曲应力 σ_F 不大于齿轮的许用弯曲疲劳应力$[\sigma_F]$。齿根弯曲疲劳强度校核公式为

$$\sigma_F = \frac{2KT_1}{bmd_1} Y_{FS} \leqslant [\sigma_F] \quad (5\text{-}19)$$

式中，d_1——小齿轮分度圆直径，单位为 mm；

m——齿轮的模数，单位为 mm；

Y_{FS}——齿形系数，如图 5-20 所示。

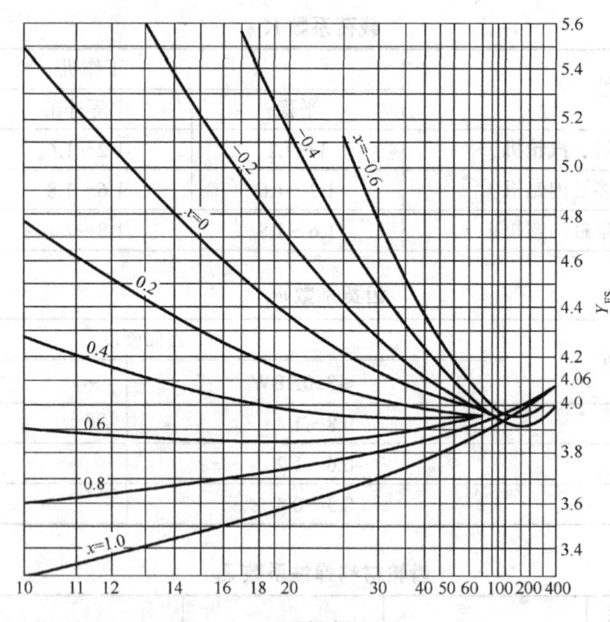

图 5-20 外啮合齿形系数

（2）弯曲疲劳强度的设计公式

将式（5-19）进行转换，可得估算齿轮模数 m 的设计公式为

$$m \geqslant \sqrt[3]{\frac{2KT_1 \cdot Y_{FS}}{\psi_d z_1^2 \cdot [\sigma_F]}} \quad (5\text{-}20)$$

应用式（5-19）校核时，应对大、小两齿轮分别进行计算。应用式（5-20）设计时，应将 $Y_{FS1}/[\sigma_F]_1$ 与 $Y_{FS2}/[\sigma_F]_2$ 两个比值中较大的一个代入。

由式（5-20）可知，若一对齿轮的材料及热处理方法、小齿轮齿数及齿宽系数确定后，齿轮的弯曲疲劳强度就仅与模数 m 有关，因此，提高齿轮弯曲疲劳强度的有效措施之一为增大模数。

4. 齿轮传动主要参数的选择

（1）齿数（z）和模数（m）

通常在满足轮齿弯曲疲劳强度的前提下，宜采用较多的齿数和较小的模数，这样可以增大齿轮传动的重合度，提高传动的平稳性。

对于闭式软齿面齿轮传动，宜取较多的齿数，这样可以提高齿轮传动的平稳性，一般可取 z_1=20～40。载荷平稳和速度高时取大值。

对于闭式硬齿面齿轮传动及开式齿轮传动，宜取较少的齿数，而适当增大模数，这样可以提高轮齿的弯曲强度，以防轮齿折断。一般取 z_1=17～30。

模数 m 除可按估算公式确定外，也可按经验公式确定。当齿轮传动中心距 a 确定后，在初选模数时，常取 m=(0.007～0.02)a。

为了防止轮齿在意外冲击时折断，凡传递动力的齿轮，模数 m 不宜小于 1.5mm。

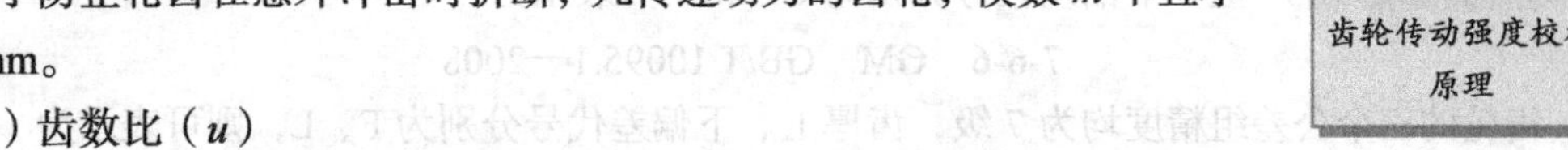

齿轮传动强度校核原理

（2）齿数比（u）

齿数比 u 可由工作要求和结构尺寸确定。对于一般单级减速传动，可取 u≤7，开式齿轮传动可取得大一些；齿数比 u>7 时，可采用二级或多级齿轮传动。

（3）齿宽系数（ψ_d）

增大齿宽系数，可以减小传动装置的径向尺寸。但是齿宽系数过大，将会出现载荷沿齿向分布严重不均匀的现象，反而会使齿轮承载能力下降。因此，齿宽系数应限制在一个合理的范围。

为保证齿轮传动有足够的啮合宽度，并便于安装和补偿轴向尺寸误差，一般取小齿轮的齿宽 $b_1=b_2+(5\sim10)$mm，大齿轮的齿宽 $b_2=b$，即啮合宽度。

5. 圆柱齿轮的精度等级选择

齿轮在加工过程中，由于刀具和机床本身等原因，加工成的齿轮不可避免地产生一定的误差。齿轮传动的传动质量与其制造质量密切相关。加工误差大、齿轮精度低，将严重影响齿轮的传动质量和承载能力。反之，若精度要求太高，将会给加工带来困难，提高加工成本。因此，根据使用要求选定恰当的精度等级至关重要。

GB/T 10095.1—2008 规定齿轮及齿轮副精度等级为 13 级。从 0 级到 12 级，表示精度从高到低依次排列。0～2 级齿轮精度要求非常高，目前我国只有极少的企业能制造 2 级精度的齿轮，使用场合也很少，所以属于有待发展的精度等级。3～5 级精度称为高精度等级；6～9 级称为中等精度等级；10～12 级则称为低精度等级。机械制造及设备中一般常用 5～9 级。标准中的 5 级精度是 13 个精度等级中的基础级，是制订精度标准时齿轮各项偏差公差计算式的精度等级。

齿轮传动在工作过程中有三个方面的精度要求：传递运动的准确性；传动的平稳性；载荷分布的均匀性。齿轮每个精度等级的公差根据对这三方面的要求可划分成三个公差组：第Ⅰ公差组主要影响传动的准确性；第Ⅱ公差组主要影响传动的平稳性；第Ⅲ公差组主要影响传动时齿面载荷分布的均匀性。每个公差组包括若干个检验项目公差或极限偏差。

齿轮传动精度等级的选择要考虑齿轮的用途、工作条件、圆周速度、传递功率以及使用寿命和技术经济指标等方面要求。一般企业界多用类比法。

一般情况下，三个公差组可选用相同的精度等级，但也允许根据使用要求的不同，选择不同精度等级的公差组合。例如，仪表及机床分度系统的齿轮传动，传递运动的准确性比传动的平稳性要求高，所以第Ⅰ公差组的精度等级比第Ⅱ公差组的精度等级高一级；而轧钢机、起重机中的低速、重载齿轮传动则要求齿面载荷分布均匀，所以第Ⅲ公差组的精度等级比第Ⅱ公差组的精度等级高。

一对齿轮啮合时，为避免因制造、安装误差以及热膨胀或承载变形等原因而导致轮齿塞卡，要求齿廓的非工作表面齿侧留有一定的间隙，称为齿侧间隙。侧隙是通过适当的齿厚极限偏差（负偏差）和中心距极限偏差来保证的，中心距越大，齿厚越小，其侧隙越大。

齿轮副精度检测方法

在齿轮零件图上应标注齿轮的精度等级和齿厚极限偏差的字母代号。例如，齿轮第Ⅰ公差组精度为7级，第Ⅱ、Ⅲ公差组精度均为6级，齿厚上、下偏差代号分别为G、M，可表示为

7-6-6　GM　GB/T 10095.1—2008

齿轮的三个公差组精度均为7级，齿厚上、下偏差代号分别为F、L，则可表示为

7 FL GB/T 10095.1—2008

常用的齿轮精度等级与圆周速度的关系及使用范围见表5-9。

表5-9　**齿轮传动精度等级（第Ⅱ公差组及其应用）**

精度等级	齿面硬度HBW	圆周速度 $v/(\mathrm{m\cdot s^{-1}})$			应用举例
		直齿圆柱齿轮	斜齿圆柱齿轮	直齿圆锥齿轮	
6	≤350	≤18	≤36	≤9	高速重载的齿轮传动，如机床、汽车中的重要齿轮，分度机构的齿轮，高速减速器的齿轮等
	> 350	≤15	≤30		
7	≤350	≤12	≤25	≤6	高速中载或中速重载的齿轮传动，如标准系列减速器的齿轮，机床和汽车变速箱中的齿轮等
	> 350	≤10	≤20		
8	≤350	≤6	≤12	≤3	一般机械中的齿轮传动，如机床、汽车和拖拉机中的一般齿轮，起重机械中的齿轮，农业机械中的重要齿轮等
	> 350	≤5	≤9		
9	≤350	≤4	≤8	≤2.5	低速重载的齿轮，低精度机械中的齿轮等
	> 350	≤3	≤6		

注：第Ⅰ、Ⅲ公差组的精度等级参阅有关手册，一般第Ⅲ公差级不低于第Ⅱ公差组的精度等级。

6. 圆柱齿轮的结构设计与工作图

齿轮的结构设计

在确定齿轮尺寸的基础上，考虑材料、制造工艺等因素，确定齿轮的结构形式及其尺寸是齿轮设计的任务之一。齿轮的结构形式一般根据齿顶圆直径大小选定，结构尺寸一般根据强度及工艺要求由经验公式确定。圆柱齿轮的结构形式及尺寸见表5-10。齿轮工作图示例如图5-21所示。

表 5-10　　圆柱齿轮的结构

名称	结构形式	结构尺寸
齿轮轴		$d_a<2d$ 或 $\delta<$（2～2.5）m_t 时，轴与齿轮做成一体
实心式	$d_a \leqslant 200$	$d_1=kd$，k 值见下表 d/mm：<20、20～<32、32～<50、50～<80、80～<120、120～<200 k：2.0、1.9、1.8、1.7、1.6、1.5 $(1.2\sim1.5)d \geqslant l \geqslant b$ $\delta_0=2.5m_t$，但不小于 8mm $D_0=0.5(d_1+d_2)$ 当 $d_0<10$mm 时不钻孔 $n=0.5m_t$
腹板式	锻造 $d_a \leqslant 500$	$d_1=1.6d$ $1.5d>l \geqslant b$ $\delta_0=(3\sim4)m_t$，但不小于 8mm $D_0=0.5(d_1+d_2)$ $d_0=15\sim25$mm $c=0.2b$（模锻）、$c=0.3b$（自由锻），但不小于 8mm $n=0.5m_t$ $r\approx0.5c$
腹板式	铸造 $d_a<500$	$d_1=1.6d$（铸钢）、$d_1=1.8d$（铸铁） $1.5d>l \geqslant b$ $\delta_0=(3\sim4)m_t$，但不小于 8mm $D_0=0.5(d_1+d_2)$ $d_0=(0.25\sim0.35)(d_2-d_1)$ $c=0.2b$，但不小于 10mm $n=0.5m_t$ $r\approx0.5c$
轮辐式	铸造 $d_a>400, b<500$	$d_1=1.6d$（铸钢）、$d_1=1.8d$（铸铁） $1.5d>l \geqslant b$ $\delta_0=(3\sim4)m_t$，但不小于 8mm $H=0.8d$（铸钢）、$H=0.9d$（铸铁） $H_1=0.8H$ $c=(1\sim1.3)\delta_0$、$s=0.8c$ $e=(1\sim1.2)\delta_0$ $n\approx0.5m_t$ $r\approx0.5c$

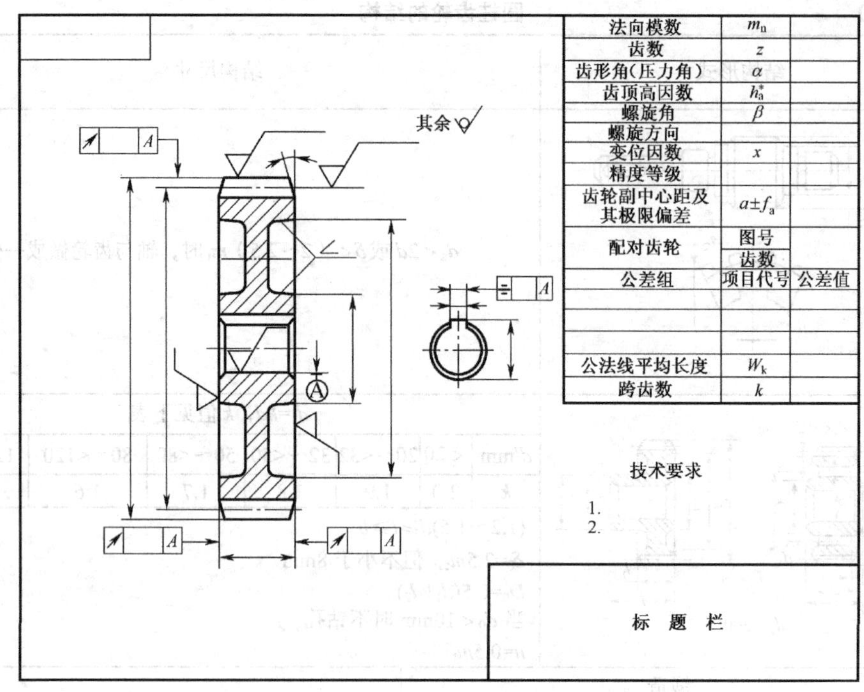

图 5-21 圆柱齿轮工作图示例

【例 5-2】 设计一带式运输机减速器的标准直齿圆柱齿轮传动，已知 i=4，小齿轮转速 n_1=750r/min，传递功率 P=5kW，工作平稳，单向传动，单班工作制，每班 8h，工作期限 10 年。

解：（1）选材与热处理。该齿轮传动无特殊要求，为制造方便，采用软齿面，大小齿轮均用 45 钢，小齿轮调质处理，齿面硬度：229～286HBW，大齿轮正火处理，齿面硬度：169～217HBW。

（2）确定设计准则。该传动为闭式软齿面，主要失效形式为疲劳点蚀，故按齿面接触疲劳强度设计，再校核齿根弯曲疲劳强度。

（3）按齿面接触疲劳强度设计。

设计公式：
$$d_1 \geqslant \sqrt[3]{\frac{2KT_1}{\psi_d}\left(\frac{Z_E Z_H}{[\sigma_H]}\right)^2 \frac{u \pm 1}{u}}$$

① 载荷系数 K，查表 5-6 取 K=1.2。

② 转矩
$$T_1=9.55\times10^6\times\frac{P}{n_1}=9.55\times10^6\times\frac{5}{750}=63666.7\ (\text{N}\cdot\text{mm})$$

③ 接触疲劳许用应力
$$[\sigma_H]=\frac{\sigma_{H\lim}}{S_H}Z_N$$

按齿面硬度中间值查图 5-15 得 $\sigma_{H\lim1}$=600MPa，$\sigma_{H\lim2}$=550 MPa。

按一年工作 300 天计算，应力循环次数

$$N_1=60njL_h=60\times750\times1\times10\times300\times8=1.08\times10^9$$

$$N_2=\frac{N_1}{i}=\frac{1.08\times10^9}{4}=2.7\times10^8$$

由图 5-17 得接触疲劳寿命系数 Z_{N1}=1，Z_{N2}=1.08($N_1>N_0$，N_0=10^9)

按一般可靠性要求，取 S_H=1，则

$$[\sigma_{H1}] = \frac{600\times1}{1} = 600\ (\text{MPa})$$

$$[\sigma_{H2}] = \frac{550\times1.08}{1} = 594\ (\text{MPa})$$

取 $$[\sigma_H] = 594\ (\text{MPa})$$

④ 计算小齿轮分度圆直径 d_1。

查表 5-7 按齿轮相对轴承对称布置取 ψ_d =1.08，查表 5-8 得 Z_E=189.8，标准齿轮统一取 Z_H=2.5，将以上参数代入下式

$$d_1 \geqslant \sqrt[3]{\frac{2KT_1}{\psi_d}\left(\frac{Z_E Z_H}{[\sigma_H]}\right)^2 \frac{u\pm1}{u}}$$

$$= \sqrt[3]{\frac{2\times1.2\times63666.7}{1.08}\times\left(\frac{189.8\times2.5}{594}\right)^2\times\frac{4+1}{4}} = 48.3\ (\text{mm})$$

取 d_1=50mm。

⑤ 计算圆周速度

$$v = \frac{\pi d_1 n_1}{60\times1000} = \frac{3.14\times50\times750}{60\times1000} = 1.96\ (\text{m/s})$$

参照表 5-9，小齿轮精度等级可取 8 级。

（4）确定主要参数

齿数　取 z_1=20，则　$z_2 = i\,z_1 = 4\times20 = 80$

模数　$m=d_1/z_1$=50/20=2.5mm，取 m=2.5mm

分度圆直径　$d_1 = m\,z_1 = 2.5\times20 = 50$ (mm)

$d_2 = m\,z_2 = 2.5\times80 = 200$ (mm)

中心距　$a=(d_1+d_2)/2=(50+200)\div2=125$ (mm)

齿宽　$b=\psi_d\,d_1=1.08\times50=54$ (mm)

取 b_2=55mm，则　$b_1=b_2+5=60$ (mm)

（5）校核弯曲疲劳强度

① 齿形系数 Y_{FS}，由图 5-20 得：Y_{FS1}=4.35，Y_{FS2}=4.1。

② 弯曲疲劳许用应力　$$[\sigma_F] = \frac{\sigma_{F\lim}}{S_F} Y_N$$

按齿面硬度中间值查图 5-16 得：$\sigma_{F\lim1}$ =240MPa，$\sigma_{F\lim2}$ =220MPa。

由图 5-18 得弯曲疲劳寿命系数：　$Y_{N1}=1$　$(N_0=3\times10^6,\ N_1>N_0)$

$Y_{N2}=1$　$(N_0=3\times10^6,\ N_2>N_0)$

按一般可靠性要求，取弯曲疲劳安全系数 S_F=1，则

$$[\sigma_{F1}] = \frac{\sigma_{F\lim1}}{S_F} Y_{N1} = 240\ (\text{MPa}) \qquad [\sigma_{F2}] = \frac{\sigma_{F\lim2}}{S_F} Y_{N2} = 220\ (\text{MPa})$$

③ 校核计算

$$\sigma_{F1} = \frac{2KT_1}{bmd_1} Y_{FS1} = \frac{2\times1.2\times63666.7}{55\times2.5\times50}\times4.35 = 96.7\ (\text{MPa}) < [\sigma_{F1}]$$

$$\sigma_{F2}=\sigma_{F1}\,Y_{FS2}/Y_{FS1}=91.1\text{ MPa}<[\sigma_{F2}]$$

故大小齿轮的弯曲疲劳强度均足够。

（6）结构设计（略）

5.11 斜齿圆柱齿轮传动

1. 斜齿圆柱齿轮传动的特点

如图 5-22 所示，平面沿着一个固定的圆柱面（即基圆柱面）做纯滚动时，平面上一条恒定角度与基圆柱轴线倾斜交错的直线形成的空间轨迹曲面成为渐开螺旋面，其恒定角度称为基圆螺旋角，用β_b表示。用渐开螺旋面作为齿面的圆柱齿轮即为渐开线圆柱齿轮。当$\beta_b=0$时，为直齿圆柱齿轮；$\beta_b\neq 0$时，则为斜齿圆柱齿轮。

如图 5-23（a）所示，直齿轮副啮合传动时，齿面上的接触线是一条平行于齿轮轴线的直线，齿轮的啮合沿着齿宽同时开始和同时终止，故传动平稳性差。在高速、重载下，直齿轮传动容易引起冲击、振动和噪声。斜齿轮副啮合时，如图 5-23（b）所示，齿面上的接触线是倾斜的，沿着齿宽接触线逐渐接触并由短变长，再由长变短，直至啮合终止，其啮合过程比直齿轮长。另外，斜齿轮啮合时，两对轮齿同时啮合的时间比直齿轮的长，即总重合度大，因此斜齿圆柱齿轮传动平稳性好，承载能力高，适合于高速、重载的传动。但是，斜齿轮传动会产生轴向分力，给轴及其支撑的设计安装带来不利。

斜齿圆柱齿轮齿廓曲面的形成

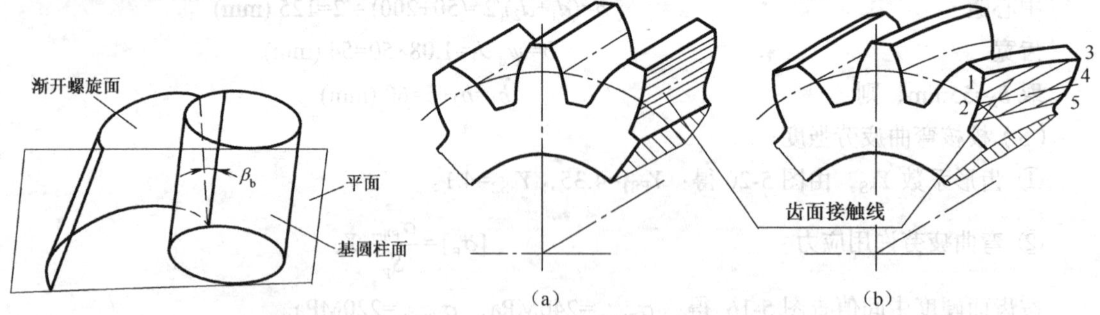

图 5-22　渐开线螺旋面的形成　　　图 5-23　直齿圆柱齿轮与斜齿圆柱齿轮

2. 斜齿圆柱齿轮的主要参数及几何尺寸

图 5-24 所示为斜齿轮沿分度圆柱面展开。展开后螺旋线齿线成为一斜直线，齿线与轴线的夹角β称为斜齿轮的螺旋角。β是表示斜齿轮轮齿倾斜程度的重要参数。β越大，其传动优点越显著，但轴向力也越大，一般β取 8°～20°。

图 5-25 所示为斜齿轮旋向。轮齿螺旋线方向分为左旋和右旋。判断方向时，将齿轮轴线竖直放置，沿齿向左高右低为左旋，反之为右旋。

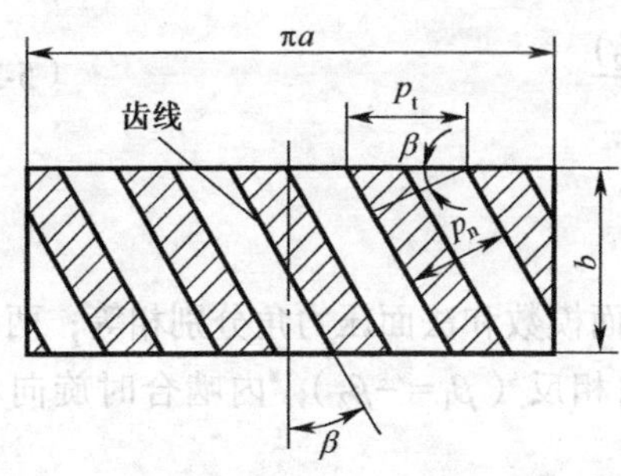

图 5-24 斜齿轮沿分度圆柱面展开

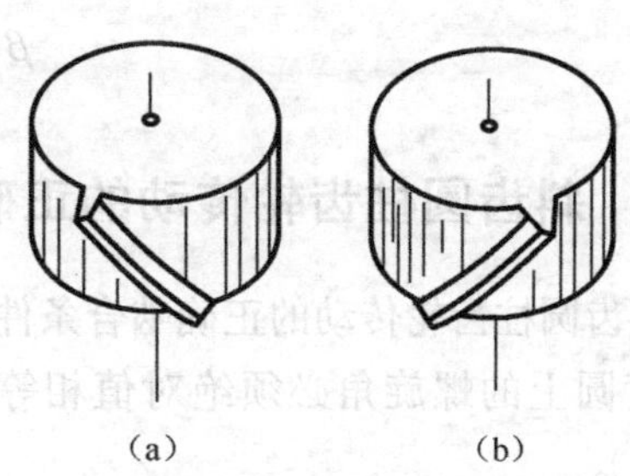

图 5-25 斜齿轮旋向

斜齿圆柱齿轮由于齿向的倾斜，其主要参数有法面参数和端面参数之分。法面参数在垂直于轮齿方向的平面上度量，端面参数在垂直于齿轮轴线的平面上度量。以 m_n 表示法面模数，α_n 表示法面压力角，m_t 表示端面模数，α_t 表示端面压力角。

加工圆柱齿轮时，常用滚刀或成形铣刀切齿。这些刀具在切齿时沿着轮齿螺旋线方向进刀，要求轮齿的法面参数与标准刀具的参数一致。因此，斜齿圆柱齿轮的法面参数为标准值。而斜齿圆柱齿轮的几何尺寸计算应按端面参数进行，故需将轮齿的法面参数换算成端面参数。根据理论分析，法面参数和端面参数的换算公式如下：

$$m_t = m_n/\cos\beta \tag{5-21}$$

$$\tan\alpha_t = \tan\alpha_n/\cos\beta \tag{5-22}$$

式中，β——斜齿轮的螺旋角。

标准斜齿圆柱齿轮传动几何尺寸的计算公式见表 5-11。

表 5-11 标准斜齿圆柱齿轮几何尺寸计算公式（外啮合）

名称	符号	计算公式
法面模数	m_n	取标准值
端面模数	m_t	$m_t = m_n/\cos\beta$
法面压力角	α_n	$\alpha_n = 20°$
端面压力角	α_t	$\tan\alpha_t = \tan\alpha_n/\cos\beta$
螺旋角	β	$\beta_1 = -\beta_2$（外啮合），$\beta_1 = \beta_2$（内啮合）
法面周节	p_n	$p_n = \pi m_n$
端面周节	p_t	$p_t = \pi m_t = p_n/\cos\beta$
分度圆直径	d	$d = m_t z = m_n z/\cos\beta$
齿顶高	h_a	$h_a = h_{an}^* m_n$
齿根高	h_f	$h_f = (h_{an}^* + C_n^*)m_n$
全齿高	h	$h = h_a + h_f$
齿顶圆直径	d_a	$d_a = d + 2h_a$
齿根圆直径	d_f	$d_f = d - 2h_f$
中心距	a	$a = \dfrac{d_1 + d_2}{2} = \dfrac{m_n(z_1 + z_2)}{2\cos\beta}$

斜齿圆柱齿轮传动的中心距，一般要求圆整为 5 的倍数，以便于加工和检验。由表 5-11 中斜齿圆柱齿轮传动中心距 a 的计算式可见，当模数和齿数不变时，可通过调整螺旋角 β 配凑中心距。

$$\beta = \arccos \frac{m_n(z_1+z_2)}{2a} \tag{5-23}$$

3. 斜齿圆柱齿轮传动的正确啮合条件

斜齿圆柱齿轮传动的正确啮合条件是：两齿轮的法面模数和法面压力角分别相等；两齿轮在分度圆上的螺旋角必须绝对值相等；外啮合时旋向相反（$\beta_1=-\beta_2$）；内啮合时旋向相同（$\beta_1=\beta_2$）。

即 $$m_{n1}=m_{n2}=m，\alpha_{n1}=\alpha_{n2}=\alpha，\beta_1=\pm\beta_2 \tag{5-24}$$

4. 斜齿圆柱齿轮的当量齿数

斜齿圆柱齿轮的加工原理、采用的刀具和机床与加工直齿圆柱齿轮相同，只是机床的调整有所不同。

用仿形法切制斜齿轮轮齿时，刀具需根据斜齿轮的法面齿形（见图5-26）选择；斜齿轮轮齿的弯曲强度也与法面齿形有关。与斜齿轮法面齿形十分相近的直齿圆柱齿轮，称为斜齿轮的当量齿轮，它的齿数称为斜齿轮的当量齿数，用 z_v 表示。

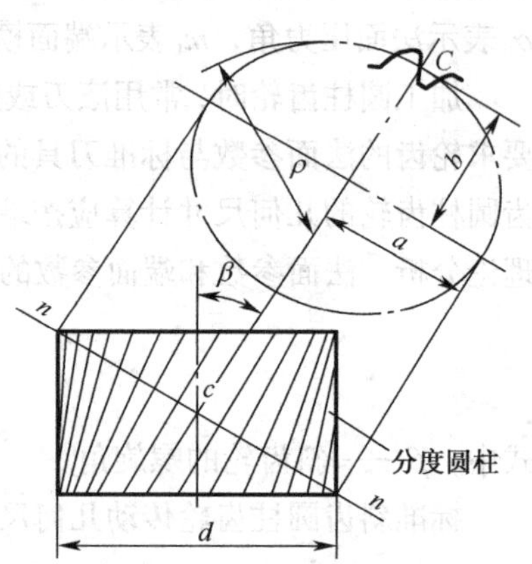

图 5-26 斜齿轮的法面齿形

由理论推导可得

$$z_v = z/\cos^3\beta \tag{5-25}$$

式中，z——斜齿轮的实际齿数。

因此，标准斜齿轮不发生根切齿的最少实际齿数为

$$z_{min} = z_{v\,min}\cos^3\beta = 17\cos^3\beta$$

显然，斜齿轮不产生根切的最少齿数小于17，斜齿轮可以得到比直齿轮更为紧凑的结构。

应当注意：当量齿数并非真实齿数，应用时 z_v 不必圆整为整数。

【例 5-3】 为改装某设备，需配一对斜齿圆柱齿轮传动。已知传动比 $i=3.5$，法面模数 $m_n=2$mm，中心距 $a=92$mm。试计算该对齿轮的几何尺寸。

解：（1）先选定小齿轮的齿数 $z_1=20$，则大齿轮齿数 $z_2=iz_1=3.5\times20=70$。

（2）知道齿数、法向模数及中心距，可由下式计算斜齿轮的分度圆螺旋角

$$a=\frac{m_n(z_1+z_2)}{2\cos\beta}$$

$$\cos\beta=\frac{m_n(z_1+z_2)}{2a}=\frac{2\times(20+70)}{2\times92}=0.978260$$

$$\beta=11°58'7''$$

（3）按表5-11的公式计算其他几何尺寸

分度圆直径 $$d_1=\frac{m_n z_1}{\cos\beta}=\frac{2\times20}{\cos11°58'7''}=40.89\,(\text{mm})$$

$$d_2=\frac{m_n z_2}{\cos\beta}=\frac{2\times70}{\cos11°58'7''}=143.11\,(\text{mm})$$

齿顶圆直径 $d_{a1}=d_1+2m_n=40.89+2\times2=44.89\,(\text{mm})$

$d_{a2}=d_2+2m_n=143.11+2\times2=147.11\,(\text{mm})$

齿根圆直径 $d_{f1}=d_1-2.5m_n=40.89-2.5\times2=35.89\,(\text{mm})$

$d_{f2}=d_2-2.5m_n=143.11-2.5\times2=138.11\,(\text{mm})$

5. 斜齿圆柱齿轮传动的承载能力计算

（1）斜齿圆柱齿轮的受力分析

图 5-27 所示为斜齿圆柱齿轮传动主动轮 1 上的受力情况。图中 F_{n1} 作用在齿轮的法面内，忽略摩擦力的影响，F_{n1} 可分解成三个互相垂直的分力，即圆周力 F_{t1}、径向力 F_{r1} 和轴向力 F_{a1}，其中

圆周力 $$F_{t1}=2T_1/d_1=2T_2/d_2 \tag{5-26}$$

径向力 $$F_{r1}=F_{t1}\tan\alpha_n/\cos\beta \tag{5-27}$$

轴向力 $$F_{a1}=F_{t1}\tan\beta \tag{5-28}$$

根据作用力与反作用力定律可知，两轮所受的圆周力 F_t、径向力 F_r 和轴向力 F_a 大小分别相等，方向分别相反，即

$$F_{t1}=-F_{t2}，F_{r1}=-F_{r2}，F_{a1}=-F_{a2} \tag{5-29}$$

主动轮上的圆周力和径向力方向的判定方法与直齿圆柱齿轮相同，即在主动轮上圆周力 F_t 的方向与啮合点速度方向相反，在从动轮上与啮合点速度方向相同。径向力 F_r 的方向分别由啮合点指向各自的轮心。轴向力 F_a 的方向可根据左、右手法则判定，先以主动轮为受力分析对象，右旋斜齿轮用右手判定，左旋斜齿轮用左手判定，弯曲的四指表示齿轮的转向，拇指的指向即为主动轮受的轴向力方向，如图 5-28 所示。作用于从动轮上的力可根据作用力与反作用力原理予以判定。

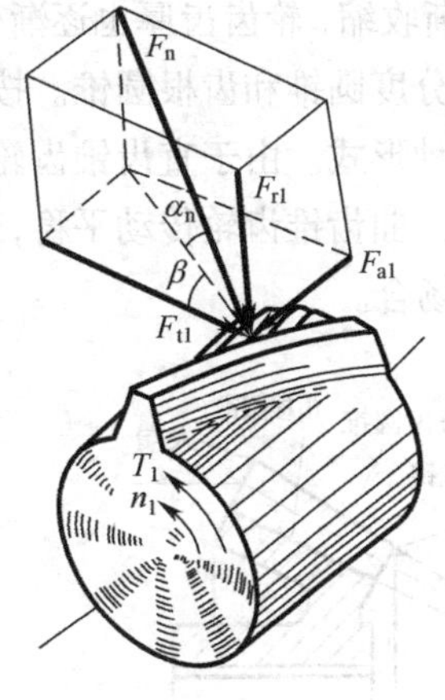

图 5-27 斜齿轮的受力分析

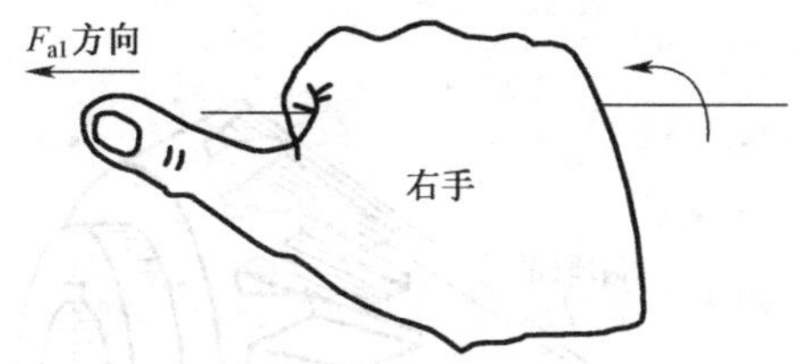

图 5-28 轴向力方向判定

（2）斜齿圆柱齿轮的强度计算

① 齿面接触疲劳强度计算

斜齿轮的强度计算与直齿轮类似，但斜齿轮齿面上的接触线是倾斜的，故轮齿往往是局部折断，其计算按法面当量直齿轮进行、以法面参数为依据。具体如下：

$$\sigma_{\mathrm{H}}=650\sqrt{\frac{KT_1(u\pm1)}{bd_1^{\,2}u}}\leqslant[\sigma_{\mathrm{H}}] \tag{5-30}$$

或
$$d_1\geqslant\sqrt[3]{\left(\frac{650}{[\sigma_{\mathrm{H}}]}\right)^2\frac{KT_1}{\psi_{\mathrm{d}}}\frac{u\pm1}{u}} \tag{5-31}$$

② 齿根弯曲疲劳强度计算

$$\sigma_{\mathrm{F}}=\frac{1.6KT_1\cos\beta}{bm_{\mathrm{n}}^{\,2}z_1}Y_{\mathrm{FS}}\leqslant[\sigma_{\mathrm{F}}] \tag{5-32}$$

或
$$m_{\mathrm{n}}\geqslant\sqrt[3]{\frac{1.6KT_1\cos^2\beta\cdot Y_{\mathrm{FS}}}{\psi_{\mathrm{d}}z_1^{\,2}[\sigma_{\mathrm{F}}]}} \tag{5-33}$$

以上诸式中，式（5-30）、式（5-32）为校核公式，式（5-31）、式（5-33）为设计公式，Y_{FS}为齿形系数，应根据当量齿数z_{v}确定，其他符号代表的意义、单位及确定方法均与直齿圆柱齿轮相同。

5.12 直齿锥齿轮传动

1. 直齿锥齿轮传动的特点

锥齿轮传动用于传递两相交轴之间的运动和动力。一对锥齿轮两轴之间的交角Σ可由传动需要而决定，一般机械中常采用$\Sigma=90°$。如图 5-29 所示，锥齿轮轮齿分布在一个截锥体外表面上，由大端向小端逐渐收缩，轮齿齿厚也逐渐变薄。单个锥齿轮同圆柱齿轮一样，有齿顶圆锥、分度圆锥和齿根圆锥。按齿线的走向，锥齿轮可分为直齿、斜齿和曲齿三种形式。由于直齿锥齿轮的设计、制造和安装较为方便，故应用最为广泛。曲齿锥齿轮传动平稳，承载能力强，但加工复杂，常用于高速、重载的场合。

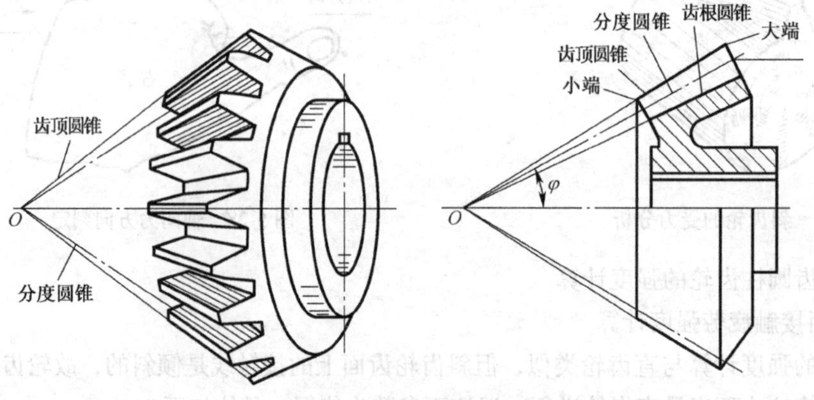

图 5-29　锥齿轮结构

2. 直齿锥齿轮的正确啮合条件

如图 5-30 所示，锥齿轮传动相当于锥顶重合的一对圆锥做纯滚动。做纯滚动的圆锥称为节圆锥。标准锥齿轮正确安装时，节圆锥与分度圆锥重合。δ_1 和 δ_2 分别为小齿轮和大齿轮的分度锥角，显然 $\Sigma=\delta_1+\delta_2=90°$。

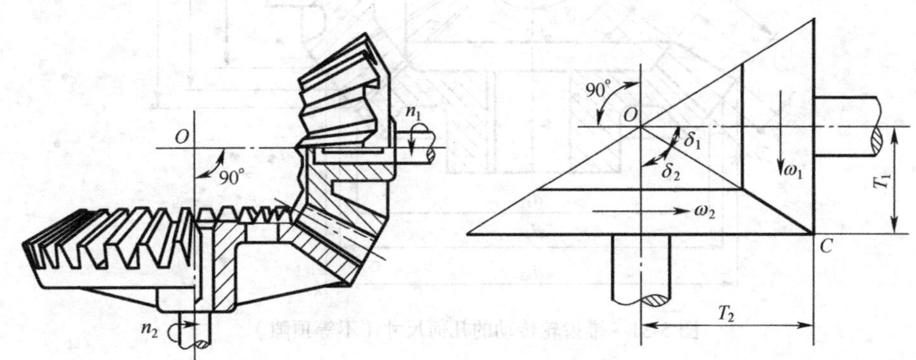

图 5-30 标准直齿锥齿轮传动

直齿锥齿轮正确啮合条件是：两齿轮大端模数和压力角分别相等，即 $m_1 = m_2 = m$，$\alpha_1 = \alpha_2 = \alpha$。

3. 直齿锥齿轮传动的主要参数和几何尺寸

（1）主要参数

由于直齿锥齿轮的加工切削是从大端开始切入，为了便于测量和计算，并减少测量误差，所以锥齿轮的标准参数都规定在大端。标准直齿锥齿轮的基本参数有 δ、z、m、α、h_a^* 和 c^*。我国规定了锥齿轮大端模数的标准系列，见表 5-12，大端分度圆标准压力角 $\alpha = 20°$。当模数大于 1 时，齿顶高系数 $h_a^*=1$，顶隙系数 $c^*=0.25$；当模数小于 1 时，齿顶高系数 $h_a^*=1$，顶隙系数 $c^*=0.2$。

表 5-12 锥齿轮的标准模数（摘自 GB/T 12369—2008） （单位：mm）

0.1	0.35	0.9	1.75	3.25	5.5	10	20	36
0.12	0.4	1	2	3.5	6	11	22	40
0.15	0.5	1.125	2.25	3.75	6.5	12	25	45
0.2	0.6	1.25	2.5	4	7	14	28	50
0.25	0.7	1.375	2.75	5.5	8	16	30	—
0.3	0.8	1.5	3	5	9	18	32	—

（2）几何尺寸

图 5-31 所示为两轴交角 $\Sigma= 90°$ 的标准直齿锥齿轮传动。它的各部分名称及几何尺寸的计算公式见表 5-13。

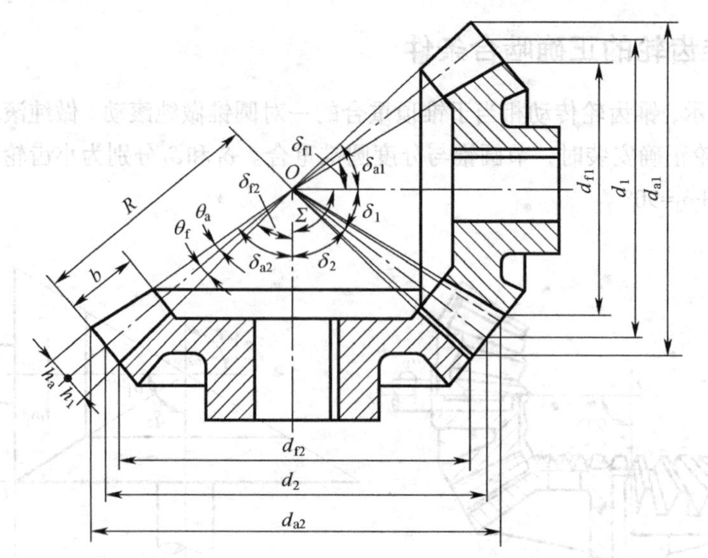

图 5-31　锥齿轮传动的几何尺寸（不等顶隙）

表 5-13　　　标准直齿圆锥齿轮传动的主要几何尺寸（Σ=90°）

名称	代号	小齿轮	大齿轮
齿数	z	z_1	z_2
传动比	i	$i=\dfrac{z_2}{z_1}=\cot\delta_1=\tan\delta_2$	
分度圆锥角	δ	$\delta_1=\arctan\dfrac{z_1}{z_2}$	$\delta_2=90°-\delta_1$
齿顶高	h_a	$h_a=h_a^* m$	
齿根高	h_f	$h_f=(h_a^*+c^*)m$	
分度圆直径	d	$d_1=mz_1$	$d_2=mz_2$
齿顶圆直径	d_a	$d_{a1}=d_1+2h_a\cos\delta_1$	$d_{a2}=d_2+2h_a\cos\delta_2$
齿根圆直径	d_f	$d_{f1}=d_1-2h_f\cos\delta_1$	$d_{f2}=d_2-2h_f\cos\delta_2$
锥距	R	$R=\dfrac{d_1\sqrt{u^2+1}}{2}=\dfrac{m\sqrt{z_1^2+z_2^2}}{2}$	
齿宽	b	$b=\psi_R R$　一般取齿宽系数 ψ_R=0.25～0.33	
齿顶角	θ_a	$\theta_a=\arctan\dfrac{h_a}{R}$	
齿根角	θ_f	$\theta_f=\arctan\dfrac{h_f}{R}$	
顶锥角	δ_a	$\delta_{a1}=\delta_1+\theta_a$	$\delta_{a2}=\delta_2+\theta_a$
根锥角	δ_f	$\delta_{f1}=\delta_1-\theta_f$	$\delta_{f2}=\delta_2=\theta_f$

4. 轮齿受力分析

一对直齿圆锥齿轮啮合传动时，如果不考虑摩擦力的影响，轮齿间的作用力可以近似简化为作用于齿宽中点节线的集中载荷 F_n，其方向垂直于工作齿面。图 5-32 所示为一主动锥齿轮的受力情况，轮齿间的法向作用力 F_n 可分解为三个互相垂直的分力：圆周力 F_t、径向力 F_r 和轴向力 F_a。

圆周力的方向在主动轮上与啮合点速度方向相反，在从动轮上与啮合点速度方向相同；径向力的方向分别指向各自的轮心；轴向力的方向分别由小端指向大端。根据作用力与反作用力的原理得主、从动轮上三个分力之间的关系：$F_{t1}=-F_{t2}$、$F_{r1}=-F_{a2}$、$F_{a1}=-F_{r2}$，负号表示方向相反。

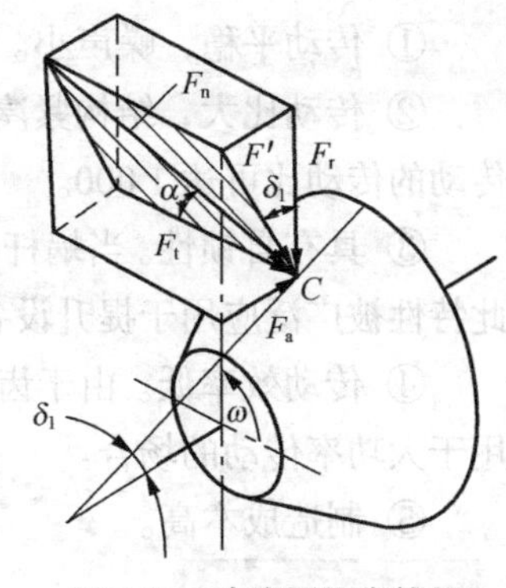

图 5-32　直齿圆锥齿轮的轮齿受力分析

5.13 蜗杆传动

1. 蜗杆传动的类型及特点

如图 5-33 所示，蜗杆传动由蜗杆和蜗轮组成，用于传递空间交错轴间的运动和动力。两轴间的交错角Σ=90°。根据蜗杆的形状，常用的蜗杆传动可分为圆柱蜗杆传动和圆弧面蜗杆传动两大类。圆柱蜗杆传动按蜗杆齿形又分为阿基米德蜗杆（ZA 蜗杆）、渐开线蜗杆（ZI 蜗杆）、法向直廓蜗杆（ZN 蜗杆）、圆弧圆柱蜗杆（ZC 蜗杆）、锥面包络蜗杆（ZK 蜗杆）等。

观察一级蜗杆减速器

阿基米德蜗杆是用直线切削刃刀具车削或铣削加工的。如图 5-34 所示，切削阿基米德蜗杆（ZA 蜗杆）时，切削刃顶平面通过蜗杆轴线，蜗杆在垂直于轴线的截面内，齿形为阿基米德螺旋线，在轴向截面 *I-I* 内为齿条形直线齿廓，在法向截面 *N-N* 内为曲线齿廓。由于这种蜗杆加工测量最为方便，故在机械传动中应用较广泛。阿基米德蜗杆传动又称为普通蜗杆传动，本节仅介绍此种传动。

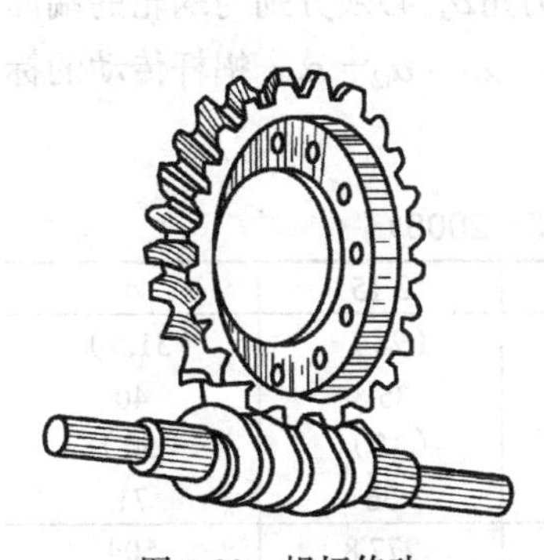
图 5-33　蜗杆传动

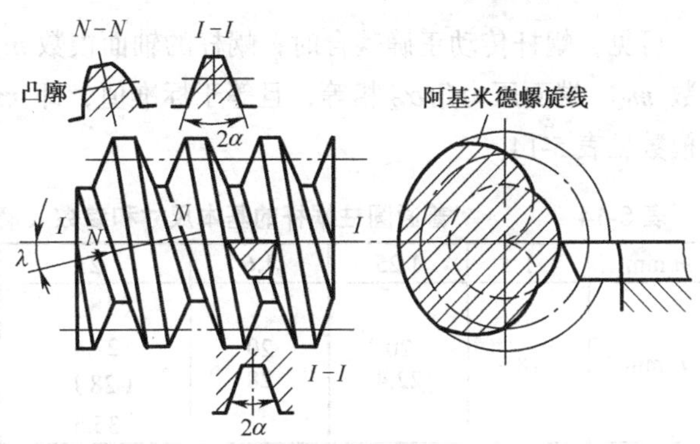

图 5-34　阿基米德蜗杆

蜗杆传动可近似地看作是由螺旋传动变化而来的。蜗杆传动的特点如下所述。

① 传动平稳，噪声小。

② 传动比大，结构紧凑。在一般动力传动中，传动比 i=5～80。当用于传递运动时，蜗杆传动的传动比可达 1 000。

③ 具有自锁性。当蜗杆导程角较小时，蜗杆传动可实现反向自锁，即只能由蜗杆带动蜗轮。此特性被广泛应用于提升设备中。

④ 传动效率低。由于齿面间相对滑动速度大，摩擦损耗大，故效率低。蜗杆传动一般不宜用于大功率传动的场合。

⑤ 制造成本高。

普通圆柱蜗杆的结构

2. 蜗杆传动的主要参数和几何尺寸

（1）模数（m）和压力角（α）

如图 5-35 所示，通过蜗杆轴线并垂直于蜗轮轴线的平面称为中间平面。在中间平面内蜗杆与蜗轮的啮合相当于齿条与齿轮的啮合传动。因此，规定中间平面（即蜗杆的轴面和蜗轮的端面）上的参数为标准值。

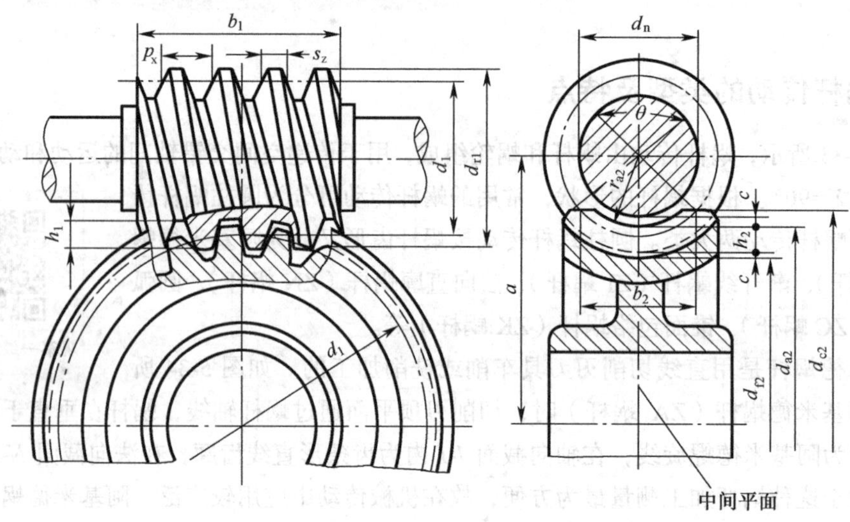

图 5-35　蜗杆传动的几何尺寸

可见，蜗杆传动正确啮合时，蜗杆的轴面模数 m_{x1}、轴面压力角 α_{x1} 必须分别与蜗轮的端面模数 m_{t2}、端面压力角 α_{t2} 相等，且等于标准值，即 $m_{x1}=m_{t2}=m$，$\alpha_{x1}=\alpha_{t2}=\alpha$。蜗杆传动的标准模数见表 5-14。

表 5-14　　普通圆柱蜗杆的基本尺寸和参数（摘自 GB 10085—2008）

m/mm	1	1.25	1.6	2	2.5	3.15	4
d_1/mm	18	20 22.4	20 28	（18） 22.4 （28） 35.5	（22.5） 28 （35.5） 45	（28） 35.5 （45） 56	（31.5） 40 （50） 71
m^2d_1/mm^3	18	31.25 35	51.2 1.68	72 89.6 112 142	140 175 221.9 281	277.8 352.2 446.5 556	504 640 800 1 136

续表

m/mm	5	6.3	8	10	12.5	16	20
d_1/mm	(40) (50) (63) 90	(50) 63 (80) 112	(63) 80 (100) 140	(71) 90 (112) 160	(90) 112 (140) 200	(112) 140 (180) 250	(140) 160 (224) 315
m^2d_1/mm^3	1 000 1 250 1 575 2 250	1 985 2 500 3 175 4 445	4 032 5 376 6 400 8 960	7 100 9 000 11 200 16 000	14 062 17 500 21 875 31 250	28 672 35 840 46 080 64 000	56 000 64 000 89 000 126 000

注：括号内数据尽可能不采用。

（2）蜗杆分度圆直径（d_1）和蜗杆导程角（γ）

蜗杆上齿厚与齿槽宽相等的圆柱称为蜗杆的分度圆柱，其直径以 d_1 表示。蜗杆螺旋线有单头、多头之分，其头数用 z_1 表示。蜗杆的导程角γ是指圆柱螺旋线的切线与端平面之间所夹的锐角。如果将直径为 d_1 的蜗杆分度圆柱展开，如图 5-36 所示，则有

$$\tan\gamma=\frac{z_1p_x}{\pi d_1}=\frac{z_1m}{d_1} \tag{5-34}$$

式中，z_1——蜗杆螺旋线头数，即蜗杆齿数；

p_x——蜗杆轴向齿距，单位为 mm；

m——蜗杆轴面（蜗轮端面）模数，单位为 mm。

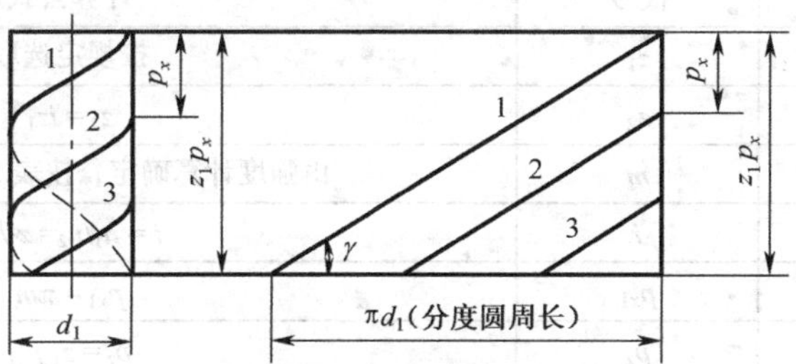

图 5-36 蜗杆展开图

加工蜗轮所用的滚刀与配对蜗杆的外形尺寸和参数几乎完全相同。由式（5-34）可知，同一标准模数 m，如果导程角γ不同，就会有无限多直径不同的蜗杆，则需要无限多的滚刀去切制蜗轮，因此经济性差。为了减少蜗轮滚刀的数目，以便于刀具标准化，国家标准规定每一模数下的蜗杆分度圆直径 d_1 为标准值，见表 5-15。

蜗杆导程角大，传动效率高。当$\gamma \leqslant 3°30'$时，蜗杆传动可实现反行程自锁，此时应采用单头蜗杆（z_1=1）。

蜗轮轮齿和斜齿轮相似，齿的旋向与轴线之间的夹角称为螺旋角，用β表示。

轴交角Σ=90° 的蜗杆传动正确啮合时，其导程角γ应等于蜗轮分度圆柱面上的螺旋角β，且两者的螺旋方向必须相同，即$\gamma=\beta$。

（3）蜗杆传动的正确啮合条件

由上述可知，蜗杆传动的正确啮合条件为

$$m_{x1}=m_{t2}=m，\alpha_{x1}=\alpha_{t2}=\alpha，\gamma=\beta \tag{5-35}$$

（4）蜗杆头数 z_1、蜗轮齿数 z_2 和传动比 i

蜗杆头数通常为 z_1=1、2、4、6。单头蜗杆容易切削，导程角小，自锁性好，效率低。为了提高效率，可采用多头蜗杆。蜗杆头数越多，加工越困难，分度误差越大。

蜗轮齿数 $z_2=iz_1$，i 为传动比。蜗杆传动比 i 是蜗杆转速 n_1 与蜗轮转速 n_2 之比，为

$$i=\frac{n_1}{n_2}=\frac{z_2}{z_1} \tag{5-36}$$

为了避免产生切齿干涉现象，取 $z_2\geqslant27$，动力蜗轮 $z_2=28\sim83$。若 z_2 过多，会使结构尺寸过大，蜗杆长度也随之增加，影响蜗杆的刚度和啮合精度。通常蜗轮齿数按传动比来确定，蜗杆头数 z_1 和蜗轮齿数 z_2 的推荐值见表 5-15。

应当注意：蜗杆传动 $d_1\neq mz_1$，传动比 $i\neq d_2/d_1$。

表 5-15　圆柱蜗杆传动的 i 与 z_1、z_2 推荐值

i	5～8	7～16	15～32	30～83
z_1	6	4	2	1
z_2	30～48	28～64	30～64	30～83

（5）蜗杆传动几何尺寸计算

蜗杆与蜗轮几何尺寸计算公式见表 5-16。

表 5-16　阿基米德蜗杆传动几何尺寸计算

名称	代号	计算公式
蜗杆头数	z_1	按规定选取
蜗轮齿数	z_2	$z_2=iz_1$
模数	m	由强度计算确定，按表 5-14 取标准值
传动比	i	$i=n_1/n_2=z_2/z_1$
蜗杆轴向齿距	p_{x1}	$p_{x1}=\pi m$
蜗杆导程	p_z	$p_z=z_1\,p_{x1}$
蜗杆分度圆直径	d_1	由强度计算确定，按表 5-14 取标准值
蜗轮分度圆直径	d_2	$d_2=mz_2$
齿顶高	h_a	$h_{a1}=h_{a2}=m$（正常齿）
齿根高	h_f	$h_{f1}=h_{f2}=1.2m$（正常齿）
蜗杆齿顶圆直径	d_{a1}	$d_{a1}=d_1+2h_{a1}=d_1+2m$
蜗杆齿根圆直径	d_{f1}	$d_{f1}=d_1-2h_{f1}=d_1-2.4m$
蜗轮分度圆直径	d_{a2}	$d_{a2}=d_2+2h_{a2}=m(z_2+2)$
蜗轮齿根圆直径	d_{f2}	$d_{f2}=d_2-2h_{f2}=m(z_4-2.4)$
蜗杆分度圆导程角	γ	$\tan\gamma=mz_1/d_1$
蜗轮分度圆螺旋角	β	$\beta=\gamma$
蜗杆螺旋部分宽度	b_1	$b_1\approx(11+0.06z_2)m$　（$z_1\leqslant2$） $b_1\approx(12.5+0.09z_2)m$　（$z_1>2$）
蜗轮齿宽	b_2	$b_2\leqslant0.75d_{a1}$　（$z_1\leqslant3$） $b_2\leqslant0.67d_{a1}$　（$z_1>3$）

续表

名称	代号	计算公式
蜗轮轮齿包角	θ	$\theta = 2\arcsin\frac{b_2}{d_1}$
中心距	a	$a=\frac{d_1+d_2}{2}=\frac{d_1+mz_2}{2}$

3. 蜗杆和蜗轮的结构

蜗杆一般与轴制成一体，称为蜗杆轴，如图 5-37 所示。

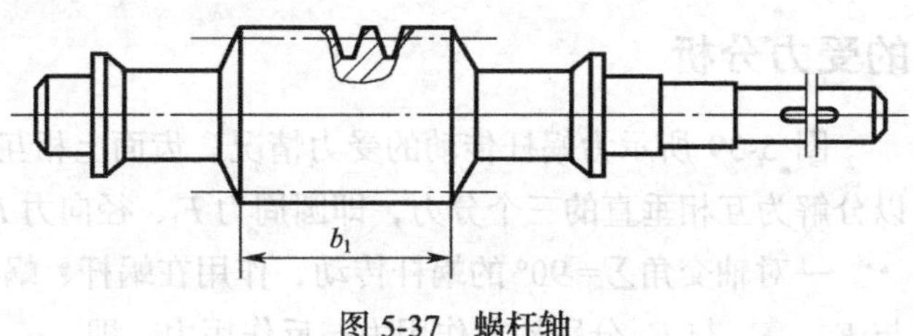

图 5-37 蜗杆轴

蜗轮结构可分为整体式和组合式两种。铸铁蜗轮和直径小于 100mm 的青铜蜗轮，均采用整体式，如图 5-38（a）所示。为了节约材料，直径较大的青铜蜗轮，采用青铜齿圈配以铸铁或铸钢的轮心，制成组合式蜗轮，如图 5-38（b）、（c）所示，可以将青铜齿圈用过盈配合或螺栓与轮心连接起来。

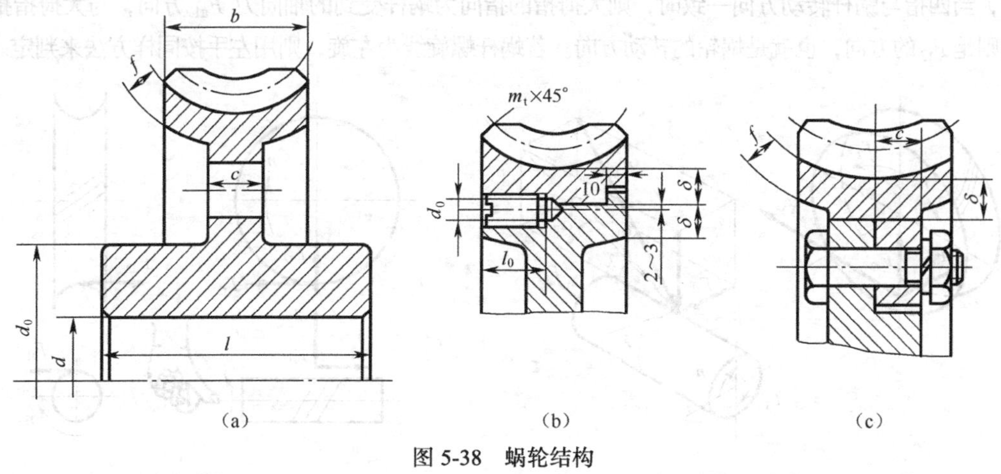

图 5-38 蜗轮结构

4. 蜗杆传动的材料

根据蜗杆传动的失效形式，对蜗杆传动副材料组合的要求是有良好的减摩性、导热性和抗胶合性，且有足够的强度。

蜗杆常用碳钢或合金钢制造。如选用 45、40Cr、42SiMn 等，经调质或高频淬火；或选用 20Cr、18CrMnTi、15CrMn 等，经渗碳和淬火处理。

蜗轮材料的选择要考虑齿面相对滑动速度。对于高速而重要的蜗杆传动，蜗轮常用锡青铜，如 ZCuSn10Pb1、ZCuSn5Pb5Zn5 等；当滑动速度较低时，可选用价格较低的铝青铜，如 ZCuAl10Fe3 等；对于低速、轻载传动，可选用灰铸铁等材料，如 HT150、HT200 等。

5. 蜗杆传动的失效形式及设计准则

蜗杆传动的失效主要是轮齿失效。由于蜗轮材料的强度往往较蜗杆材料强度低，所以失效大多发生在蜗轮的轮齿上。与齿轮传动类似，蜗杆传动的失效形式有点蚀、胶合、磨损和折断。由于相对滑动速度大，传动效率低，因此更容易产生胶合和磨损。实践表明，在闭式传动中，蜗轮的失效形式主要是胶合与点蚀；在开式传动中，失效形式主要是磨损；当过载时，会发生轮齿折断现象。

因此，对于闭式蜗杆传动，一般只对蜗轮轮齿进行齿面接触疲劳强度计算。对于效率不高且又连续工作的闭式传动，因温升过高可能导致失效，故还需对其进行热平衡验算。对于开式传动，只对蜗轮轮齿进行齿根弯曲强度计算即可。蜗杆的强度可按轴的强度计算方法进行计算。

6. 蜗杆传动的受力分析

蜗杆传动的受力分析

图 5-39 所示为蜗杆传动的受力情况。齿面上相互作用的法向力 F_n 可以分解为互相垂直的三个分力，即圆周力 F_t、径向力 F_r 和轴向力 F_a。

一对轴交角 $\Sigma = 90°$ 的蜗杆传动，作用在蜗杆、蜗轮的 F_{t1} 与 F_{a2}、F_{r1} 与 F_{r2}、F_{a1} 与 F_{t2} 分别构成作用力与反作用力。即

$$F_{t1} = -F_{a2},\ F_{r1} = -F_{r2},\ F_{a1} = -F_{t2} \tag{5-37}$$

蜗杆传动三个分力的方向判别：圆周力 F_t、径向力 F_r 方向判别同圆柱齿轮传动；轴向力 F_{a1} 可由“左、右手定则”来判定，如图 5-40 所示，蜗杆螺旋线为右旋，用“右手定则”来判定。伸出右手半握拳，当四指与蜗杆转动方向一致时，则大拇指的指向为蜗杆受到的轴向力 F_{a1} 方向，与大拇指指向相反则是 F_{t2} 的方向，也就是蜗轮的转动方向。若蜗杆螺旋线为左旋，则用左手按同样方法来判定。

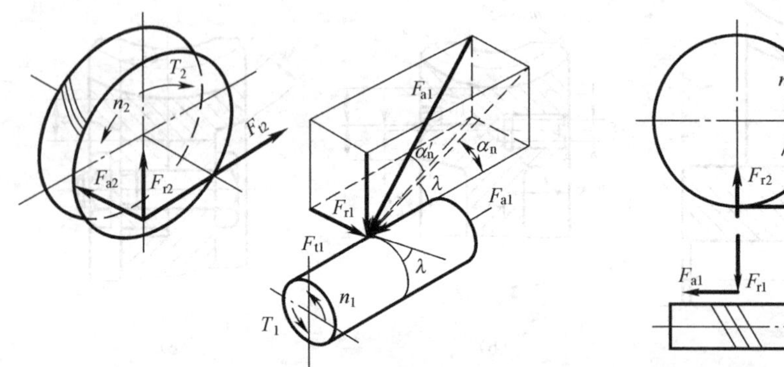

图 5-39 蜗杆传动受力分析

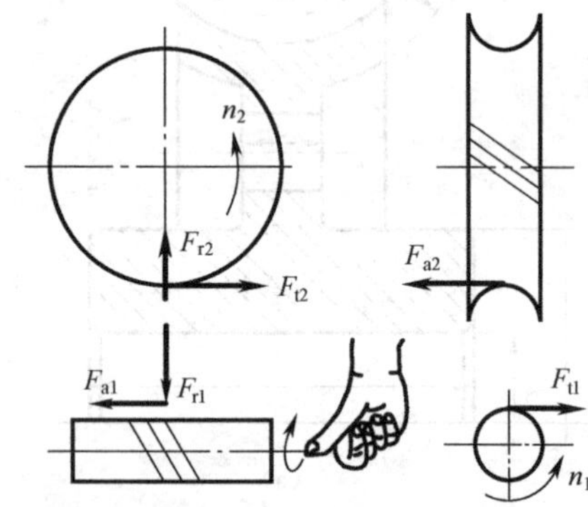

图 5-40 蜗轮转向的判定

需要提醒的是，单级的斜齿轮传动、锥齿轮传动及蜗杆传动都存在轴向分力，这对机械系统的设计很不利。但若由以上机构组成的多级传动，则可通过合理的布置减轻或消除这种轴向载荷。例如，图 5-41（a）所示为一由右旋蜗杆蜗轮、斜齿轮及锥齿轮组成的三级传动系统，为使轴Ⅱ、Ⅲ上的轴向力都能相互抵消部分，应合理设计蜗杆的转动方向及斜齿轮的螺旋角旋向。可以按照以下的顺序确定蜗杆的转动方向：因为轴Ⅲ上锥齿轮 5 受到的轴向力必定向右，则斜齿轮 4 受到的轴向力必须向左，从而斜齿轮 3 受到的轴向力必须向右，推导出蜗轮 2 受到的轴向力必须向左，其向右的反作用力即为蜗杆受到的圆周力。故蜗杆（主动件）必须设定成顺时针转动，如图 5-41（a）标注所示。同理可分析出斜齿轮 3 的螺旋角右旋，斜齿轮 4 的螺

旋角左旋。图 5-41（b）所示为轴Ⅱ上传动件综合受力情况，若设计参数时使两轴向力 F_{a2}、F_{a3} 大小相等，轴Ⅱ即能实现轴向自主平衡。

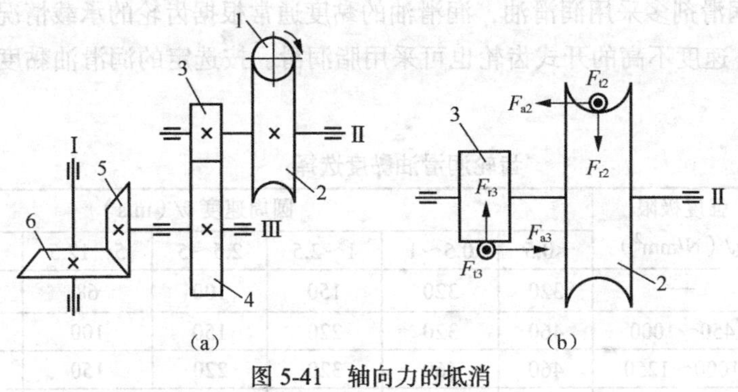

图 5-41　轴向力的抵消

5.14 齿轮传动的润滑与维护

1. 齿轮传动的润滑方式

润滑对齿轮传动具有很大的影响。正确而良好的润滑可以提高齿轮的承载能力，延长使用寿命，并提高工作效率。正确选择润滑剂和润滑方式是润滑的重要问题。

润滑剂有润滑油和润滑脂两种。只要黏度足够，应当优先采用润滑油。只有在低速运行场合，如开式传动或间歇运行的闭式传动中，才采用润滑脂。

润滑方式可按传动的发热情况而定。对于闭式齿轮传动，当齿轮的圆周速度 $v \leqslant 12$m/s 时，常将大齿轮浸入油池进行油浴润滑，如图 5-42（a）所示；当齿轮圆周速度 $v > 1.5$m/s 时，可借助齿轮的传动，将油带到啮合齿面，同时也可将油甩到箱壁上，用以润滑轴承或散热。圆柱齿轮浸入油中的深度，最深为齿高的 3 倍，最浅为 1/3 齿高。

当齿轮圆周速度 $v > 12$m/s 时，为避免搅油损失过大，常采用喷油润滑，即由油泵或中心给油站以一定的压力给油并经喷嘴射向齿轮啮合处，如图 5-42（b）所示。

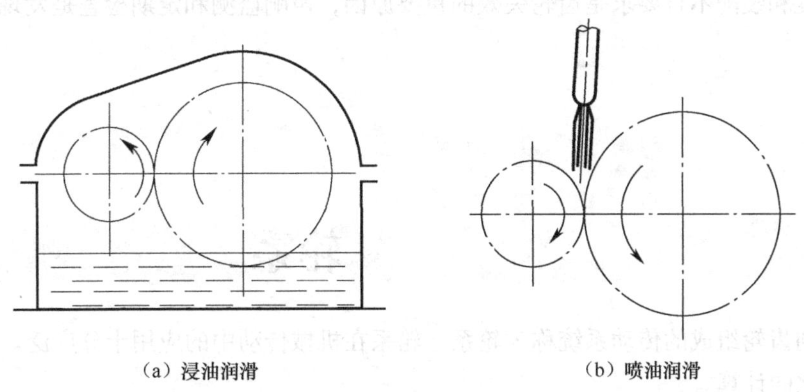

（a）浸油润滑　　（b）喷油润滑

图 5-42　齿轮润滑方式

2. 齿轮润滑油的选择

齿轮传动的润滑剂多采用润滑油，润滑油的黏度通常根据齿轮的承载情况和圆周速度来选取（见表 5-17）。速度不高的开式齿轮也可采用脂润滑。按选定的润滑油黏度即可确定润滑油的牌号。

表 5-17　　　　齿轮润滑油黏度选择　　　　（单位：mm^2/s）

<table>
<tr><th rowspan="2">齿轮材料</th><th rowspan="2">强度极限
σ_b/（N/mm^2）</th><th colspan="7">圆周速度 v/（m/s）</th></tr>
<tr><th><0.5</th><th>0.5～1</th><th>1～2.5</th><th>2.5～5</th><th>5～12.5</th><th>12.5～25</th><th>>25</th></tr>
<tr><td>铸铁、青铜</td><td>—</td><td>320</td><td>320</td><td>150</td><td>100</td><td>68</td><td>46</td><td>—</td></tr>
<tr><td rowspan="3">钢</td><td>450～1000</td><td>460</td><td>320</td><td>220</td><td>150</td><td>100</td><td>68</td><td>46</td></tr>
<tr><td>1000～1250</td><td>460</td><td>460</td><td>320</td><td>220</td><td>150</td><td>100</td><td>68</td></tr>
<tr><td>1250～1600</td><td rowspan="2">1000</td><td rowspan="2">460</td><td rowspan="2">460</td><td rowspan="2">320</td><td rowspan="2">220</td><td rowspan="2">150</td><td rowspan="2">100</td></tr>
<tr><td colspan="2">渗碳或表面淬火钢</td></tr>
</table>

3. 齿轮传动的维护

齿轮的正确维护是保证齿轮传动正常工作、延长齿轮使用寿命的必要条件。日常维护工作主要有以下内容。

① 安装与跑合。齿轮安装时，其固定和定位应符合技术要求。使用一对新齿轮，先要进行跑合运转，即在空载及逐步加载的方式下，运转十几至几十小时，然后清洗箱体，更换新油，才能使用。

② 正确使用齿轮传动。在启动、加载、卸载及换挡的过程中应力求平稳，避免产生冲击载荷，以免引起断齿等故障。

③ 经常检查润滑系统的状况，如润滑油量、供油状况、润滑油质量等。按照使用规则定期更换、补充规定牌号的润滑油。

④ 监控运转状态。通过看、摸、听，监视有无不正常的声音或箱体过热现象，禁止齿轮“带病工作”。对高速、重载或重要场合的齿轮传动，可采用自动监测装置，确保齿轮传动的安全、可靠。

⑤ 装防护罩。对于开式齿轮传动，应装防护罩，防止灰尘、切屑等杂物侵入齿面，导致加速齿面磨损，同时也保护人身安全。

润滑不良和装配不合要求是齿轮失效的重要原因，声响监测和定期检查是发现齿轮损伤的主要方法。

5.15 轮系

由一系列齿轮组成的传动系统称为轮系。轮系在机械传动中的应用十分广泛。本节主要介绍轮系传动比的计算。

由一对齿轮组成的机构是齿轮传动的最简单形式，但是在工程实际中为了满足不同的工作要求，常采用若干个彼此啮合的齿轮进行传动，即把原动机的运动和动力按照需要传递给工作机构或执行机构，或者将输入、输出轴的运动关联起来。轮系可以分为三种类型：定轴轮系、周转轮系和复合轮系。

如图 5-43 所示，轮系运转时，如果轮系中各齿轮的轴线相对机架的位置不变，则称为定轴轮系。

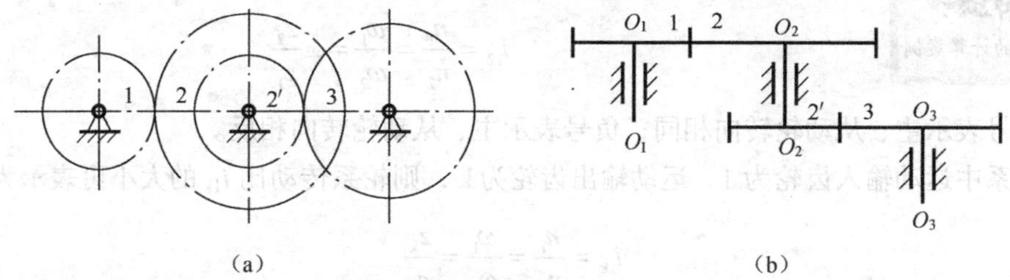

图 5-43　定轴轮系

轮系运转时，若其中至少有一个齿轮的几何轴线相对于机架不固定，而是绕着其他定轴齿轮轴线转动，这种轮系就称为周转轮系。

图 5-44 所示为周转轮系，主要由行星轮、行星架（系杆）和太阳轮组成。图中小齿轮 2 即为行星轮，其轴线是不固定的，它除了能绕自身的几何轴线 O_2 转动（自转）外，同时又绕固定轴线 O 转动（公转）。轮 1 和轮 3 的轴线固定，称为太阳轮。支撑行星轮的构件 H 称为行星架或系杆。

观察图 5-44 所示的两个周转轮系，分别计算轮系自由度，不难发现图 5-44（a）的自由度为 2，而图 5-44（b）的自由度为 1。自由度为 1 的周转轮系称为行星轮系，自由度为 2 的周转轮系称为差动轮系。

在各种实际机械中所用的轮系，很多都是不单纯地由定轴轮系或周转轮系组成，而经常是由定轴轮系与周转轮系组合而成，如图 5-45（a）所示，或将几个周转轮系组合，如图 5-45（b）所示，这种复杂的轮系称为复合轮系。

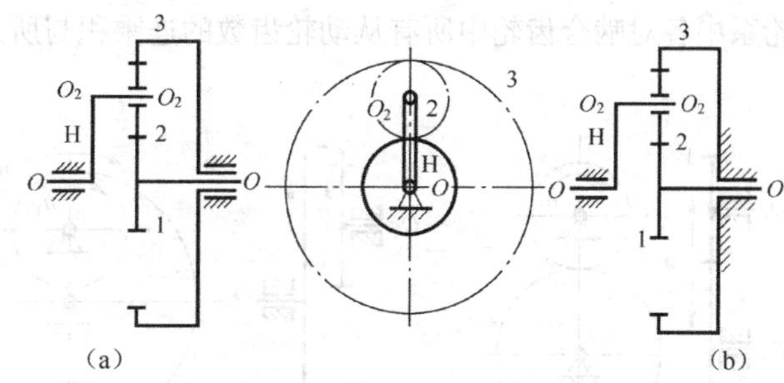

图 5-44　周转轮系

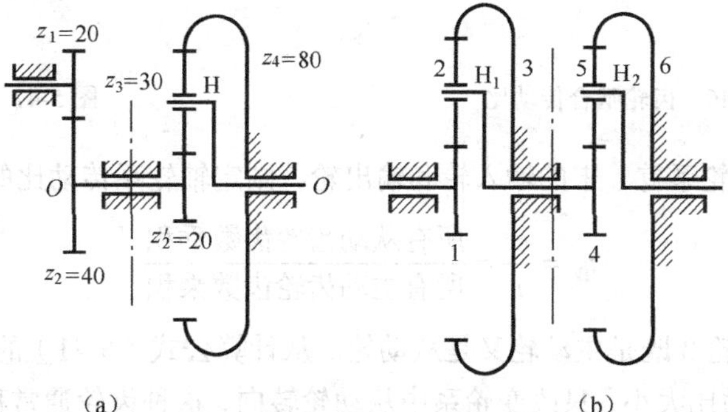

图 5-45　复合轮系

1. 定轴轮系的传动比计算

轮系的传动比是指轮系中运动输入齿轮与运动输出齿轮的角速度或转速之比。对于一对齿轮传动，无论是圆柱齿轮传动、锥齿轮传动还是蜗杆蜗轮传动，其传动比都是主、从动轮的角速度或转速之比，也等于两者齿数的反比。如图 5-46 所示，若主动轮为 1，从动轮为 2，则其传动比 i_{12} 为

定轴轮系的计算案例

$$i_{12}=\frac{n_1}{n_2}=\frac{\omega_1}{\omega_2}=\pm\frac{z_2}{z_1} \tag{5-38}$$

其中，正号表示主、从动轮转向相同；负号表示主、从动轮转向相反。

若轮系中运动输入齿轮为 1，运动输出齿轮为 k，则轮系传动比 i_{1k} 的大小可表示为

$$i_{1k}=\frac{n_1}{n_k}=\frac{\omega_1}{\omega_k}=\frac{z_k}{z_1} \tag{5-39}$$

图 5-47 所示的定轴轮系中，设运动从动齿轮 1 输入，通过几对齿轮传动后，从动齿轮 4 输出，则每对齿轮的传动比大小分别为

$$i_{12}=\frac{n_1}{n_2}=\frac{z_2}{z_1}，\quad i_{2'3}=\frac{n_{2'}}{n_3}=\frac{z_3}{z_{2'}}，\quad i_{34}=\frac{n_3}{n_4}=\frac{z_4}{z_3} \tag{5-40}$$

因为齿轮 2 和 2′ 同轴，故 $n_2=n_{2'}$，所以

$$i_{14}=\frac{n_1}{n_4}=\frac{n_1}{n_2}\frac{n_{2'}}{n_3}\frac{n_3}{n_4}=i_{12}i_{2'3}i_{34}=\frac{z_2z_3z_4}{z_1z_{2'}z_3} \tag{5-41}$$

式（5-41）表明：定轴轮系传动比大小等于该轮系中各对齿轮传动比的连乘积；也等于该轮系中各对啮合齿轮中所有从动轮齿数的连乘积与所有主动轮齿数的连乘积之比。

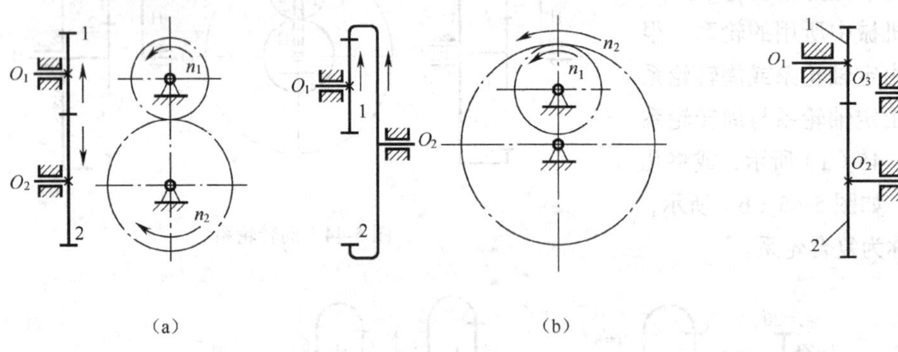

图 5-46　齿轮啮合传动比

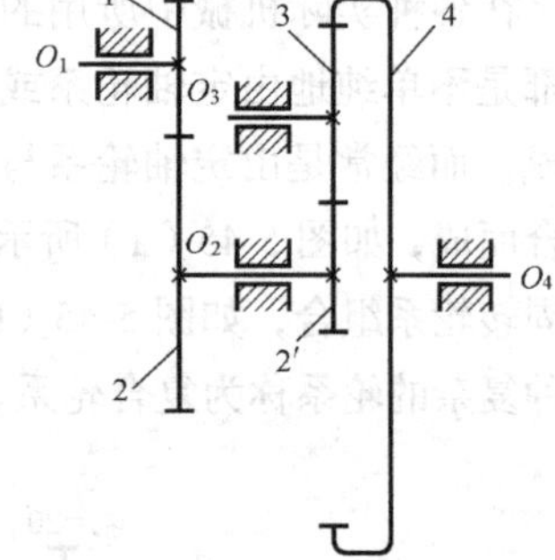

图 5-47　定轴轮系传动比计算

设 1、k 分别代表轮系首、末的输入轮和输出轮，则定轴轮系传动比的计算式为

$$i_{1k}=\frac{n_1}{n_k}=\frac{\text{所有从动齿轮齿数乘积}}{\text{所有主动齿轮齿数乘积}} \tag{5-42}$$

在图 5-47 中，齿轮 3 既是主动轮又是从动轮。从计算公式（5-41）的简化结果可知，齿轮 3 的齿数 z_3 不影响传动比大小，只改变轮系中从动轮转向，这种齿轮通常称为惰轮或过桥齿轮。

在工程实际中，除了知道轮系传动比的大小以外，在主动轮转向已知的情况下还需要确定

从动轮的转向，下面介绍两种确定方法。

（1）在机构图上用箭头表示各轮转向

轮系是由一对对啮合齿轮组合而成的。根据齿轮传动的类型，可以逐对判定相对转向：一对圆柱齿轮外啮合时其转向箭头方向相反，内啮合时其转向箭头方向相同；一对锥齿轮转向箭头同时指向啮合节点，或同时背离啮合节点；一对蜗杆蜗轮转向箭头按左、右手法则确定。这种方法主要用于轴线不平行或首末两轮轴线平行、中间轴线不平行轮系的转向判别。

（2）通过计算确定各轮转向

如果轮系中所有齿轮轴线平行，则可以用$(-1)^m$来判定，其中 m 为外啮合的次数，正号表示主、从动轮转向相同，负号表示转向相反，针对平行定轴轮系有

$$i_{1k}=\frac{n_1}{n_k}=(-1)^m\frac{\text{所有从动齿轮齿数乘积}}{\text{所有主动齿轮齿数乘积}} \tag{5-43}$$

对于图 5-47 所示轮系，$m=2$，所以其传动比为

$$i_{14}=(-1)^2\frac{z_2z_3z_4}{z_1z_{2'}z_3}=+\frac{z_2z_3z_4}{z_1z_{2'}z_3}$$

式中，正号表明齿轮 4 与齿轮 1 转向相同，这与用逐个标方向得出的结论是一致的。

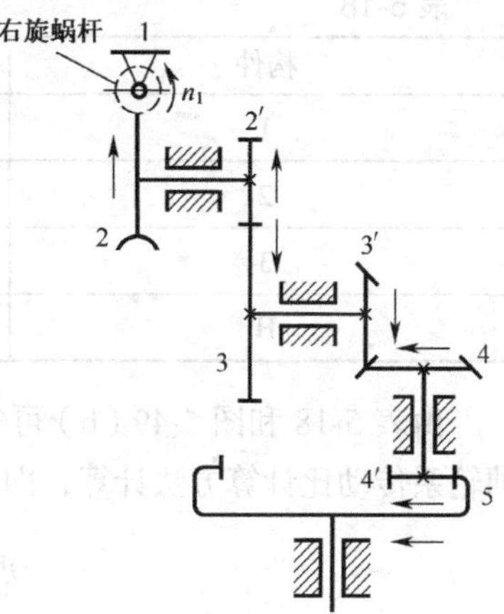

图 5-48　例 5-4 图

【例 5-4】　图 5-48 所示的轮系中，设蜗杆 1 为右旋，转向如图所示，$z_1=2$，$z_2=40$，$z_{2'}=18$，$z_3=36$，$z_{3'}=20$，$z_4=40$，$z_{4'}=18$，$z_5=45$。若蜗杆转速 n_1=1 000r/min。求内齿轮 5 的转速 n_5 和转向。

解：本轮系是定轴轮系，但不属于平行轴轮系，应用式（5-42）计算轮系传动比的大小为

$$i_{15}=\frac{n_1}{n_5}=\frac{z_2z_3z_4z_5}{z_1z_{2'}z_{3'}z_{4'}}=\frac{40\times36\times40\times45}{2\times18\times20\times18}=200$$

所以

$$n_5=\frac{n_1}{i_{15}}=\frac{1\,000}{200}\text{r/min}=5\text{r/min}$$

蜗杆的转向已知，根据传动路线依次用箭头标出各级传动的转向，最后获得内齿轮 5 的转向。

2. 周转轮系的传动比计算

图 5-49（a）所示的周转轮系中，太阳轮 1 和 3 以及行星架 H 各绕固定的、互相重合的几何轴线 O 转动。而行星轮 2 则活套在构件 H 的小轴上，既做自转又做公转运动。该轮系的传动比计算不能像定轴轮系那样直接用齿数积反比的形式来计算，通常用“转化机构法”来求解。

周转轮系的计算案例

“转化机构法”的涵义为：在不改变机构中各构件相对运动的情况下，假想给整个轮系机构加上一个绕中心轮轴线旋转的角速度“$-\omega_H$”的附加转动，使行星架“固定”，这样就得到图 5-49（b）所示的转化轮系。在转化轮系中各构件的角速度变化见表 5-18。

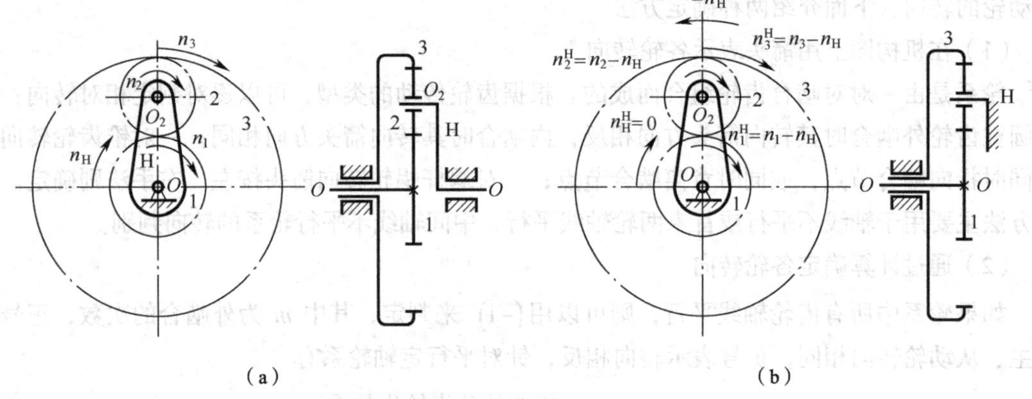

图 5-49 周转轮系

表 5-18 各构件的角速度变化

构件	原来的角速度	转化轮系中的角速度
1	ω_1	$\omega_1^{\mathrm{H}}=\omega_1-\omega_{\mathrm{H}}$
2	ω_2	$\omega_2^{\mathrm{H}}=\omega_2-\omega_{\mathrm{H}}$
3	ω_3	$\omega_3^{\mathrm{H}}=\omega_3-\omega_{\mathrm{H}}$
H	ω_{H}	$\omega_{\mathrm{H}}^{\mathrm{H}}=\omega_{\mathrm{H}}-\omega_{\mathrm{H}}=0$

由表 5-18 和图 5-49（b）可知，转化轮系演变为“定轴轮系”，则转化轮系传动比 i_{13}^{H} 可用定轴轮系传动比计算方法计算，即

$$i_{13}^{\mathrm{H}}=\frac{\omega_1^{\mathrm{H}}}{\omega_3^{\mathrm{H}}}=\frac{\omega_1-\omega_{\mathrm{H}}}{\omega_3-\omega_{\mathrm{H}}}=-\frac{z_2\ z_3}{z_1\ z_2}=-\frac{z_3}{z_1} \tag{5-44}$$

其中，“−”表示在转化轮系中齿轮 1 和齿轮 3 转向相反。在计算轮系的传动比时，各齿轮的齿数一般已知。因此 ω_1、ω_3 以及 ω_{H} 三个运动参数中，若已知其中任意两个（包括大小和方向），便可计算确定第三个，从而求出周转轮系传动比。

根据上述原理，不难求出计算周转轮系传动比的一般计算公式。设周转轮系中任意两个齿轮 G 和 K 的转速分别为 ω_{G} 和 ω_{K}，H 为系杆，则其转化机构传动比 $i_{\mathrm{GK}}^{\mathrm{H}}$ 可表示为

$$i_{\mathrm{GK}}^{\mathrm{H}}=\frac{\omega_{\mathrm{G}}^{\mathrm{H}}}{\omega_{\mathrm{K}}^{\mathrm{H}}}=\frac{\omega_{\mathrm{G}}-\omega_{\mathrm{H}}}{\omega_{\mathrm{K}}-\omega_{\mathrm{H}}}=\pm\frac{z_{\mathrm{G+1}}\ z_{\mathrm{G+2}}\ \cdots\ z_{\mathrm{K}}}{z_{\mathrm{G}}\ z_{\mathrm{G+1}}\ \cdots\ z_{\mathrm{K-1}}} \tag{5-45}$$

式（5-45）表明转化轮系中传动比大小为转化轮系中所有从动轮齿数连乘与所有主动轮齿数连乘之比。其中正负号的确定与定轴轮系相同：“+”表示齿轮 G、K 转向相同；“−”则表示相反。

应用式（5-45）时，应注意以下几点。

① 只适用于转化机构的首、末轮与系杆回转轴线平行或重合的周转轮系。

② 将 ω_{G}、ω_{K}、ω_{H} 代入公式中计算时，应分别用带有正、负号的数值代入。

③ 式中转化轮系传动比正负号的判定，按定轴轮系中判定主、从动轮转向关系的方法确定。

④ $i_{\mathrm{GK}}^{\mathrm{H}}$ 只表示转化轮系的传动比，实际轮系的传动比应是 $i_{\mathrm{GK}}=\frac{n_{\mathrm{G}}}{n_{\mathrm{K}}}$。

⑤ 对于行星轮系，由于它的一个中心轮（如齿轮 K）固定不动，即可以用 $\omega_{\mathrm{K}}=0$ 代入计算，使计算得以简化。

【例 5-5】 图 5-50 所示锥齿轮组成的行星轮系中，各轮的齿数为 $z_1 = 18$、$z_2 = 27$、$z_{2'} = 40$、$z_3 = 80$，已知 $n_1 = 100\text{r/min}$。求系杆 H 的转速和转向。

解： 根据转化机构法原理，齿轮 1、3 和系杆轴线相重合，所以根据式（5-44）进行计算

$$i_{13}^{H} = \frac{n_1 - n_H}{n_3 - n_H} = -\frac{z_2 z_3}{z_1 z_{2'}}$$

式中，负号表示在转化轮系中，根据齿轮传动啮合关系标注各级传动后，1、3 转向相反。但实际上在原周转轮系中，齿轮 3 是固定不动的。

设齿轮 1 的转向为正，则

$$\frac{100 - n_H}{0 - n_H} = -\frac{27 \times 80}{18 \times 40}$$

解得

$$n_H = 25\text{r/min}$$（正号表示转向与齿轮 1 转向相同）。

【例 5-6】 图 5-51 所示的差动轮系中，已知 $z_1 = 20$、$z_2 = 30$、$z_3 = 80$，齿轮 1 和齿轮 3 的转速大小为 10r/min，方向相反。求系杆 H 的转速及传动比 i_{H1}。

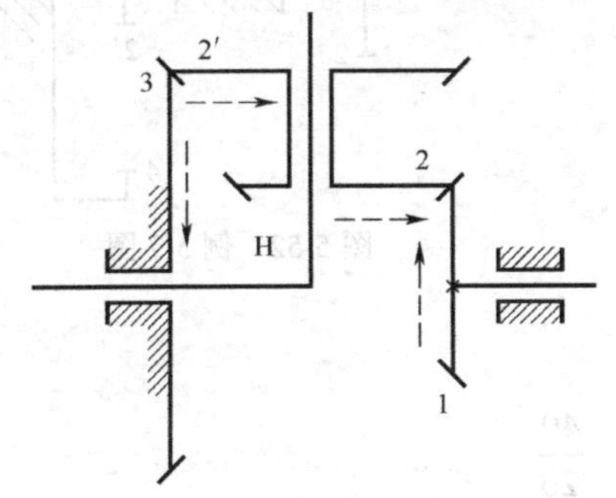

图 5-50 例 5-5 图

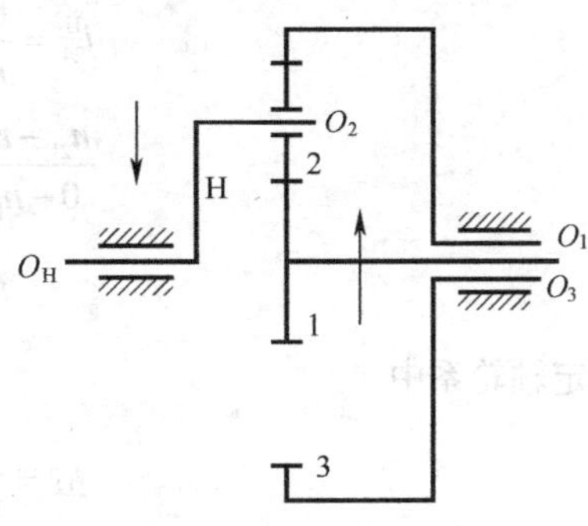

图 5-51 例 5-6 图

解： 设齿轮 1 转向为正，则 $n_1 = 10\text{r/min}$，$n_3 = -10\text{r/min}$。

由

$$i_{13}^{H} = \frac{n_1^H}{n_3^H} = \frac{n_1 - n_H}{n_3 - n_H} = -\frac{z_3}{z_1} = -\frac{80}{20}$$

即

$$\frac{n_1 - n_H}{n_3 - n_H} = -4$$

$$\frac{10 - n_H}{-10 - n_H} = -4$$

$$n_H = -6\text{r/min}$$

式中，负号表示系杆 H 与齿轮 1 的转向相反。

因此，$i_{H1} = \dfrac{n_H}{n_1} = -\dfrac{6}{10} = -0.6$。

3. 复合轮系传动比计算

在工程中，经常用到既有定轴轮系又有周转轮系的复合轮系。因此，不能用同一个计算公式来计算齿轮系传动比，具体步骤如下所述。

（1）把复合轮系中的定轴轮系和周转轮系划分开。

（2）分别按不同的计算公式计算它们的传动比。

（3）联立方程求解。

具体解题时应注意以下几点。

① 划分轮系。首先必须找出行星轮系，关键在于找出行星轮，即找出几何轴线不固定的齿轮，再依次找出与行星轮相啮合的太阳轮和支持行星轮的系杆。找出周转轮系后，剩下的部分就是定轴轮系。注意在一个复杂的复合轮系中，周转轮系可能不止一个，每个系杆对应一个周转轮系，因此要找出所有周转轮系。

② 注意符号。传动比计算公式中的正负号不能弄错或遗漏。

③ 联立求解。对每个定轴轮系和周转轮系分别列传动比计算方程，最后联立求解。

【例 5-7】 在图 5-52 所示的轮系中，已知各齿轮齿数分别为 $z_1=20$、$z_2=40$、$z_{2'}=20$、$z_3=30$、$z_4=80$。求传动比 $i_{1\mathrm{H}}$。

解：齿轮 3、2'、4 及系杆 H 组成周转轮系，齿轮 1 和齿轮 2 组成定轴轮系。因此，该轮系为复合轮系。

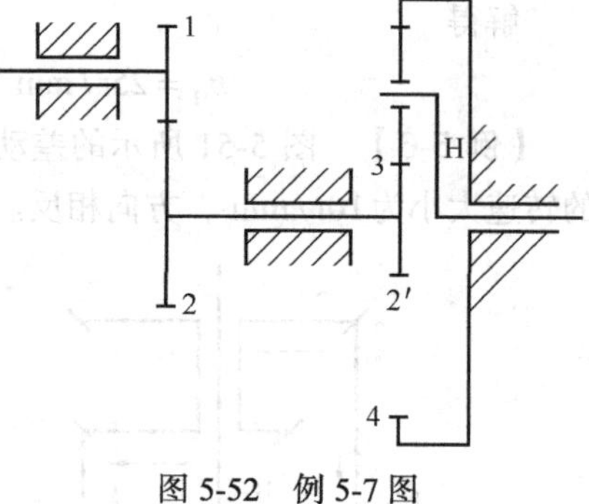

图 5-52　例 5-7 图

在周转轮系中

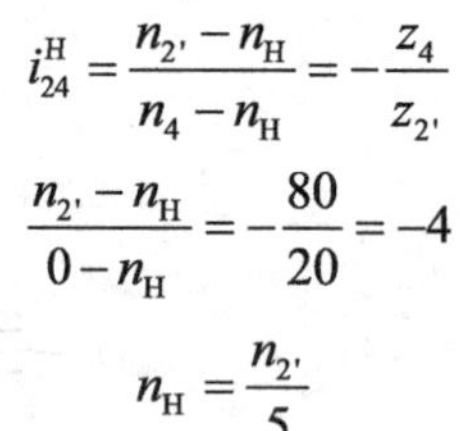

$$i_{24}^{\mathrm{H}}=\frac{n_{2'}-n_{\mathrm{H}}}{n_4-n_{\mathrm{H}}}=-\frac{z_4}{z_{2'}}$$

$$\frac{n_{2'}-n_{\mathrm{H}}}{0-n_{\mathrm{H}}}=-\frac{80}{20}=-4$$

$$n_{\mathrm{H}}=\frac{n_{2'}}{5}$$

在定轴轮系中

$$i_{12}=\frac{n_1}{n_2}=\frac{n_1}{n_{2'}}=-\frac{z_2}{z_1}=-\frac{40}{20}$$

$$n_1=-2n_{2'}$$

综合得

$$i_{1\mathrm{H}}=\frac{n_1}{n_{\mathrm{H}}}=\frac{-2n_{2'}}{\frac{1}{5}n_{2'}}=-10$$

计算结果为负值，表明系杆 H 的转向与齿轮 1 转向相反。

4. 轮系的应用

（1）实现远距离传动

齿轮传动中，当主、从动轴间的距离较远时，如图 5-53 所示，若只用一对齿轮 1、2 来传动，会使齿轮尺寸很大；但若采用由齿轮 3、4、5、6 组成的轮系来传动，其功能与前者完全相同，但齿轮尺寸减小了，这样既减小了机器的结构尺寸和质量，又节约了材料，同时给制造、安装带来了方便。

使用轮系实现分路传动

（2）实现分路传动

利用齿轮系可以使一个主动轴带动多个从动轴同时运动，从不同的传动路线传给执行构件以实现分路传动。

图 5-54 所示为滚齿机上实现轮坯与滚刀分路运动的传动简图。轴 I 为

主动轴，分析图中传动路线可知，轴Ⅰ的运动和动力经过锥齿轮 1、2 传给滚刀，同时轴Ⅰ的运动又经过齿轮 3、4、5、6、7 和蜗杆传动 8、9 传给轮坯，这样使滚刀与齿坯的传动满足传动比要求。

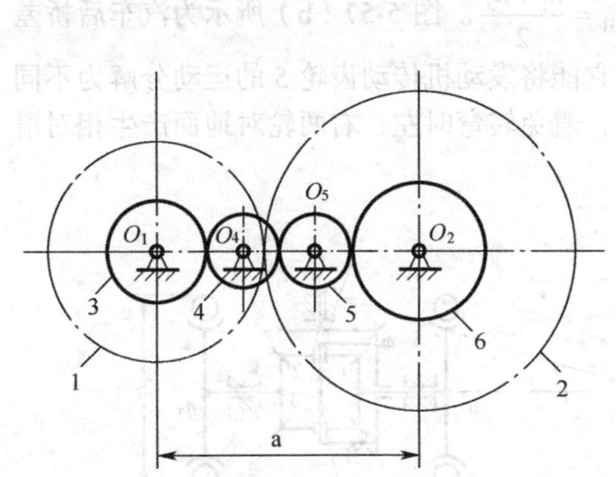

图 5-53　利用轮系实现远距离传动

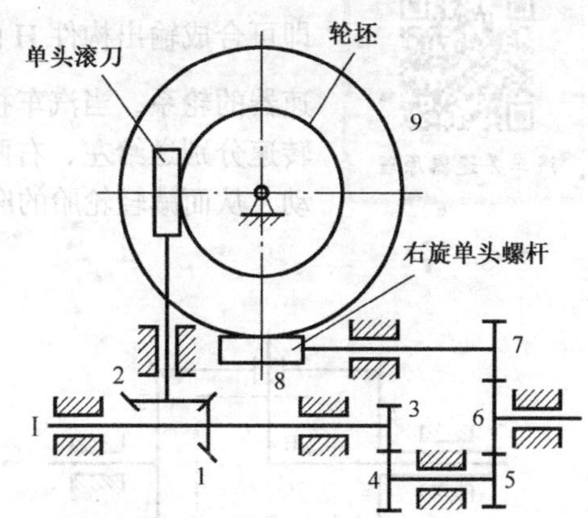

图 5-54　利用轮系实现分路传动

（3）实现变速和换向传动

当主动轴转速不变，利用轮系可以使从动轴获得多种不同的转速或转向，这种传动称为变速传动。在汽车、机床、起重机等许多机械中都需要采用变速传动。

在图 5-55（a）所示的轮系中，用滑动键和轴Ⅰ相连的三联齿轮块 1-2-3 处于三个不同位置，齿轮 1 与 1′、2 与 2′、3 与 3′分别相啮合，可获得三种不同的传动比，实现三级变速。图 5-55（b）所示为三星轮换向机构，轮 1 为主动轮，旋转手柄 a 可以使一个中间齿轮 3（见图中虚线位置）或两个中间齿轮 2 和齿轮 3（见图中实线位置）分别参与啮合，从而使从动轮 4 实现正向或反向转动。

（4）实现大传动比传动

一对齿轮的传动比不能很大，一般取 i_{max}=5～7，但是采用周转轮系即可获得较大的传动比。若采用定轴轮系，需要多级齿轮传动，致使传动装置的机构复杂而庞大，这给制造安装带来很大不便；若采用周转轮系，只需要很少的几个齿轮就可获得很大的传动比。

在图 5-56 所示的轮系中，套装在构件 H 转臂小轴上的齿轮块 2−2′分别与齿轮 1、3 相啮合，构件 H 又绕固定轴线 O−O 旋转。若各轮齿数分别为 $z_1=100$ 、$z_2=101$ 、$z_{2'}=100$ 、$z_3=99$，当齿轮 3 固定不动时，经计算求得构件 H 和齿轮 1 的传动比 i_{H1} 高达 10 000。

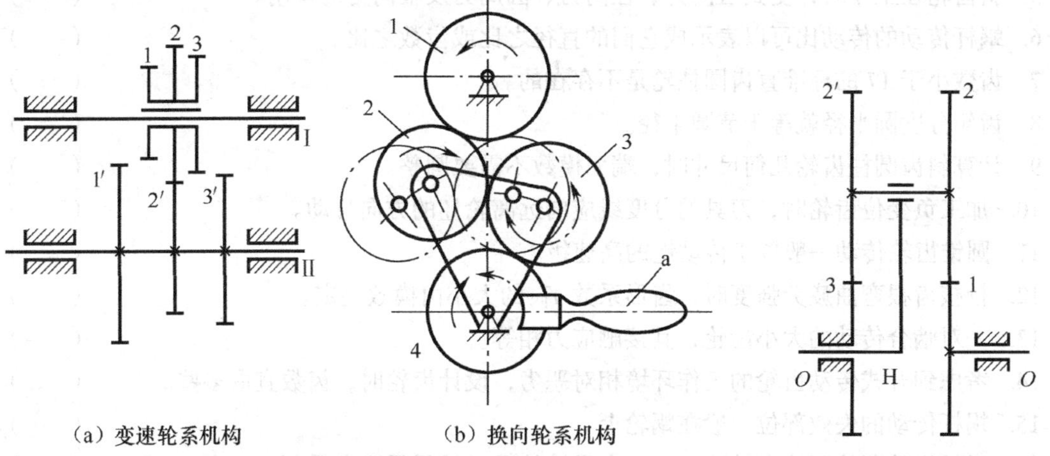

（a）变速轮系机构　　（b）换向轮系机构

图 5-55　利用轮系实现变速和换向传动

图 5-56　利用轮系实现大传动比传动

（5）实现运动合成或分解

在图 5-57（a）所示的轮系中，齿轮 1 和齿轮 3 分别独立输入转速，即可合成输出构件 H 的转速 $n_H = \frac{n_1 + n_3}{2}$。图 5-57（b）所示为汽车后桥差速器的轮系，当汽车拐弯时，它能将发动机传动齿轮 5 的运动分解为不同转速分别送给左、右两个车轮，避免转弯时左、右两轮对地面产生相对滑动，从而减轻轮胎的磨损。

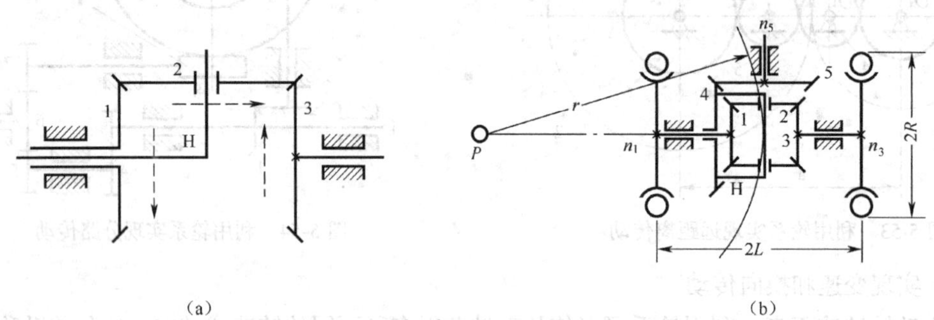

图 5-57 利用轮系实现运动合成或分解

习 题

一、判断题

1. 齿轮传动最大的优点在于能保证恒定的传动比。 （ ）
2. 渐开线标准齿轮的齿根圆一定大于基圆。 （ ）
3. 齿轮的模数类似于一个比例系数。 （ ）
4. 斜齿轮具有法面和端面两种参数，其中以端面参数作为标准参数。 （ ）
5. 斜齿轮在工作时，受到法向力、径向力、圆周力及轴向力的作用。 （ ）
6. 蜗杆传动的传动比可以表示成它们的直径之比或齿数之比。 （ ）
7. 齿数小于 17 的标准直齿圆柱轮是不存在的。 （ ）
8. 齿轮分度圆半径就等于节圆半径。 （ ）
9. 计算斜齿圆柱齿轮几何尺寸时，端面模数不需要圆整。 （ ）
10. 加工负变位齿轮时，刀具的分度线应向远离轮坯的方向移动。 （ ）
11. 圆锥齿轮传动一般置于传动链的高速级。 （ ）
12. 校核齿根弯曲疲劳强度时，齿形系数 Y_{FS} 的大小由模数决定。 （ ）
13. 一对啮合传动的大小齿轮，其接触应力相等。 （ ）
14. 考虑到开式传动齿轮的工作环境相对恶劣，设计齿轮时，齿数宜取多些。 （ ）
15. 蜗杆传动的失效部位一般在蜗轮上。 （ ）
16. 过桥齿轮既然不改变转速大小，在设计轮系时就尽量避免采用。 （ ）

二、选择题

1. 渐开线齿廓的形状完全取决于齿轮的（　　）。

A. 模数　　B. 基圆半径　　C. 齿数

2. 齿轮渐开线在（　　）上的压力角最小。

A. 齿根圆　　B. 齿顶圆　　C. 分度圆

3. 渐开线标准齿轮的 m、α、h_a^*、c^* 均为标准值，且分度圆齿厚（　　）齿槽宽。

A. 小于　　B. 大于　　C. 等于

4. 一对渐开线齿轮要正确啮合，它们的（　　）必须相等。

A. 直径　　B. 模数　　C. 齿数

5. 正常标准直齿圆柱齿轮的齿根高（　　）。

A. 与齿顶高相等　　B. 比齿顶高大　　C. 比齿顶高小

6. 渐开线直齿圆柱齿轮传动的重合度是实际啮合线段与（　　）的比值。

A. 分度圆齿距　　B. 基圆齿距　　C. 齿厚

7. 用标准齿条形刀具加工渐开线正常标准直齿轮时，不发生根切的最少齿数是（　　）。

A. 14　　B. 15　　C. 17

8. 增大斜齿轮传动的螺旋角，将引起（　　）。

A. 重合度减小，轴向力增加　　B. 重合度减小，轴向力减小

C. 重合度增加，轴向力增加

9. 与标准齿轮相比较，正变位齿轮分度圆上的齿厚（　　），齿槽（　　）。

A. 增大，减小　　B. 增大，增大　　C. 减小，增大

10. 标准直齿锥齿轮规定其（　　）的几何参数为标值。

A. 小端　　B. 大端　　C. 中端

11. 在其他条件相同时，斜齿圆柱齿轮传动比直齿圆柱齿轮传动重合度（　　）。

A. 小　　B. 相等　　C. 大

12. 由直齿和斜齿圆柱齿轮组成的减速器，为使传动平稳，应将直齿圆柱齿轮布置在（　　）。

A. 高速级　　B. 低速级　　C. 无法判断

13. 在两轴的交错角 $\Sigma = 90°$ 的蜗杆蜗轮传动中，蜗杆与蜗轮的螺旋线旋向（　　）。一对外啮合平行轴斜齿圆柱齿轮的螺旋角旋向（　　）。

A. 必须相反　　B. 必须相同　　C. 相同相反都可以

14. 模数为2mm，压力角 $\alpha=20°$，齿数 $z=20$，齿顶圆直径 $d_a=43.2$ mm 的渐开线直齿圆柱齿轮是（　　）齿轮。

A. 标准　　B. 正变位　　C. 负变位

15. 对于闭式软齿面齿轮传动，在工程设计中，一般（　　）。

A. 按接触疲劳强度设计，校核弯曲疲劳强度

B. 只需按接触疲劳强度设计

C. 按弯曲疲劳强度设计，校核接触疲劳强度

D. 只需按弯曲疲劳强度设计

16. 一对传动齿轮，通常应使小齿轮材料或硬度要大于大齿轮的，这是因为小轮齿的（　　）。

A. 接触应力大　　B. 应力循环次数多　　C. 传递功率大

17. 齿轮设计时，为抵抗轮齿折断，应首先考虑增大（　　）。为防止疲劳点蚀失效应增大（　　），为提高传动平稳性则应增大（　　）。

A. 模数　　B. 齿数　　C. 分度圆直径

18. 设计一对齿数不同的轮齿时，若需校核其弯曲强度时，一般（　　）。

A. 对大、小齿轮分别校核　　B. 只需校核小齿轮

C. 只需校核大齿轮

19. 在下面的各种方法中，（　　）不能增加齿轮轮齿的弯曲疲劳强度。

A. 直径不变增大模数　　B. 齿轮负变位

C. 由调质改为淬火　　D. 适当增加齿宽

20. 对圆柱齿轮，常把小齿轮的宽度做得比大齿轮宽些，是为了（　　）。

A. 使传动平稳　　B. 提高传动效率

C. 提高小轮的接触强度和弯曲强度　　D. 便于安装，保证接触线长

21. 设计齿轮传动时，齿轮的结构形式由（　　）决定，精度等级由（　　）决定，润滑方式由（　　）决定。

A. 传递功率　　B. 圆周速度　　C. 齿顶圆直径　　D. 模数

22. 蜗杆蜗轮传动的标准中心距 a 可表示为（　　）。

A. $\dfrac{m}{2}(z_1+z_2)$　　B. $\dfrac{d_2+mz_1}{2}$　　C. $\dfrac{d_1+mz_2}{2}$

23. 自由度为 2 的周转轮系称为（　　）。

A. 定轴轮系　　B. 差动轮系　　C. 行星轮系　　D. 复合轮系

三、综合题

1. 一标准直齿圆柱齿轮，已知齿距 p=12.566 mm，齿数 z=25，正常齿制。求该齿轮的分度圆直径、齿顶圆直径、齿根圆直径、基圆直径、齿高以及齿厚。

2. 一对正常齿制的外啮合直齿圆柱齿轮传动，大齿轮已经丢失。测得两轮轴孔中心距 a=112.5mm，小齿轮齿数 z_1=38，齿顶圆直径 d_{a1}=100 mm。试求大齿轮的齿数 z_2。

3. 当 $\alpha=20°$ 的正常齿渐开线标准齿圆柱齿轮的齿根圆和基圆相重合时，其齿数应为多少？

4. 已知一对渐开线标准直齿圆柱齿轮，其 z_1=20，z_2=40，m=5mm。试计算：

（1）这对齿轮正确安装时的啮合角 α' 和中心距 a；

（2）将上述中心距 a 加大 2mm，求此时的啮合角 α' 及此时两轮的节圆半径 r_1'、r_2'。

5. 两个标准直齿圆柱齿轮，已测得齿数 z_1=22、z_2=98，小齿轮齿顶圆直径 d_{a1}=240 mm，大齿轮全齿高 h=22.5 mm，试判断这两个齿轮能否正确啮合传动？

6. 已知一正常齿标准斜齿圆柱齿轮的模数 m=3 mm，齿数 z=76，分度圆螺旋角 $\beta=8°6'34''$。试求其分度圆直径、齿顶圆直径、齿根圆直径和当量齿数。

7. 在渐开线齿轮设计中为使机构结构尺寸紧凑，确定采用齿数 z=16 的齿轮。试问：

（1）若用标准齿条刀具范成法切制 z=16 的直齿圆柱标准齿轮将会发生什么现象？为什么？

（2）为了避免上述现象，范成法切制 z=16 的直齿圆柱齿轮应采取什么措施？

（3）范成法切制 z=16，β=12°的斜齿圆柱齿轮，会不会产生根切？

8. 某闭式渐开线标准直齿圆柱齿轮传动，中心距 a=120mm。现有两种方案。

方案一：z_1=18，z_2=42，m=4mm，α=20°，b=60mm。

方案二：z_1=36，z_2=84，m=2mm，α=20°，b=60mm。

如小齿轮均为 40Cr 钢，表面淬火，齿面硬度 52HRC；大齿轮为 45 钢，表面淬火，表面硬度 45HRC。问：

① 哪种方案接触疲劳强度较高？

② 哪种方案弯曲疲劳强度较高？

③ 哪种方案运转较平稳？

④ 如用于简易磨床，应选哪种方案？如用于简易冲床呢？

9. 试设计直齿圆柱齿轮减速器中的齿轮传动。已知：传递功率 P=5kW，小齿轮转速 n_1=970r/min，大齿轮转速 n_2=250r/min。电动机驱动，工作载荷比较平稳，单向传动，预期使用寿命 8 年。材料选 45 钢，调质 210HBW；大齿轮材料选 45 钢，正火 180HBW。

10. 图 5-58 所示为斜齿圆柱齿轮减速器。

（1）已知主动轮 1 的螺旋角旋向及转向，为了使轮 2 和轮 3 的中间轴的轴向力最小，试确定齿轮 2、3、4 的螺旋角旋向。

（2）已知 m_{n2}=3mm，z_2=57，β_2=16°，m_{n3}=4mm，z_3=20。试问β_3应为多少时，才能使中间轴上两齿轮产生的轴向力相互抵消？

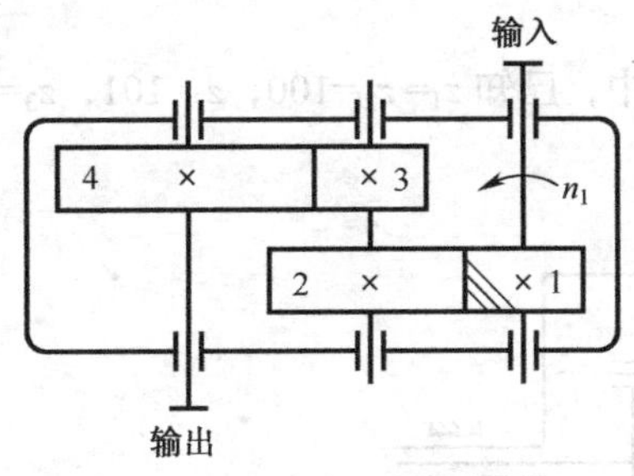

图 5-58 综合题 10 图

11. 试判定图 5-59 中蜗杆和蜗轮的转动方向或螺旋方向，其中蜗杆均为主动。

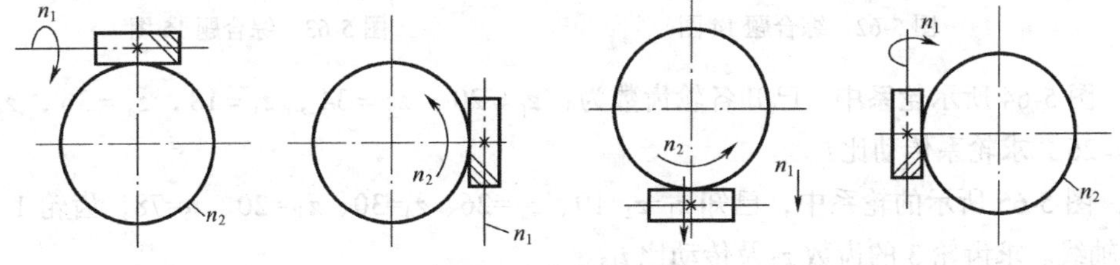

图 5-59 综合题 11 图

12. 图 5-60 所示为某直齿圆锥－斜齿轮二级减速器简图，此减速器用于重载、中速。其输入轴 I 轴的转向如图 5-60 所示。试问：

（1）此减速器中斜齿轮宜选__________齿面为宜，轮齿材料可以是__________，轮齿的主要失效形式为__________，故先按__________设计计算，求出参数__________，再按__________校核。

（2）请在简图上画出有利于改善轴 II 轴向受力情况的各斜齿轮的旋向。

（3）在图上画出锥齿轮 1、斜齿轮 4 在啮合点处所受各分力的方向。

13. 在图 5-61 所示轮系中，已知：蜗杆为单头且右旋，转速 $n_1=1440$r/min，转动方向如图所示，其余各轮齿数为：$z_2=40$，$z_{2'}=20$，$z_3=30$，$z_{3'}=18$，$z_4=54$。

（1）说明轮系属于何种类型。

（2）求齿轮 4 的转速 n_4 的大小和方向。

（3）作出蜗杆 1 和蜗轮 2 的轮齿受力图。

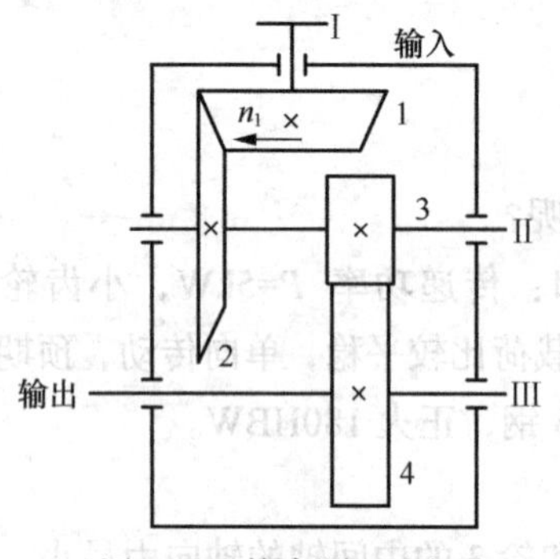

图 5-60　综合题 12 图

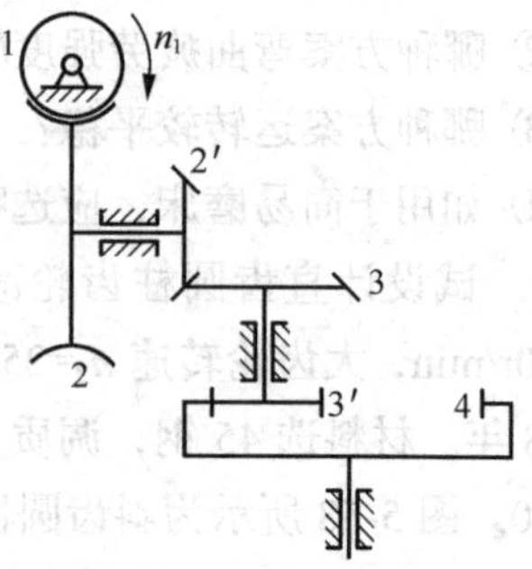

图 5-61　综合题 13 图

14. 图 5-62 所示轮系中，所有齿轮均为标准齿轮，又知齿数 $z_1 = 30$，$z_4 = 68$。试问：

（1）该轮系属于何种轮系？

（2）求齿数 z_2 和 z_3。

15. 在图 5-63 所示的轮系中，已知 $z_1 = z_{2'} = 100$，$z_2 = 101$，$z_3 = 99$。试求传动比 i_{21}。

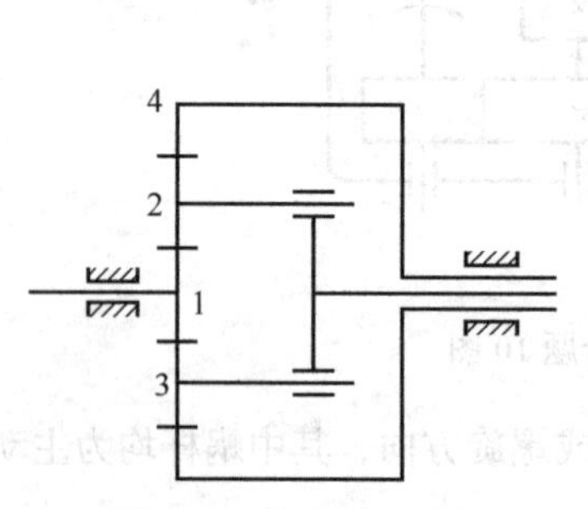

图 5-62　综合题 14 图

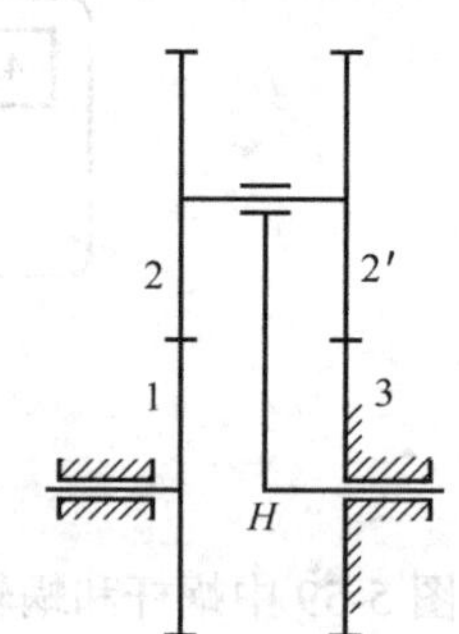

图 5-63　综合题 15 图

16. 图 5-64 所示轮系中，已知各轮齿数为：$z_1 = 20$，$z_2 = 34$，$z_3 = 18$，$z_4 = 36$，$z_5 = 78$，$z_6 = z_7 = 26$，求轮系传动比 i_{1H}。

17. 图 5-65 所示的轮系中，已知 $z_1 = z_2 = 19$、$z_{3'} = 26$、$z_4 = 30$、$z_{4'} = 20$、$z_5 = 78$，齿轮 1 与齿轮 3、5 同轴线。求齿轮 3 的齿数 z_3 及传动比 i_{15}。

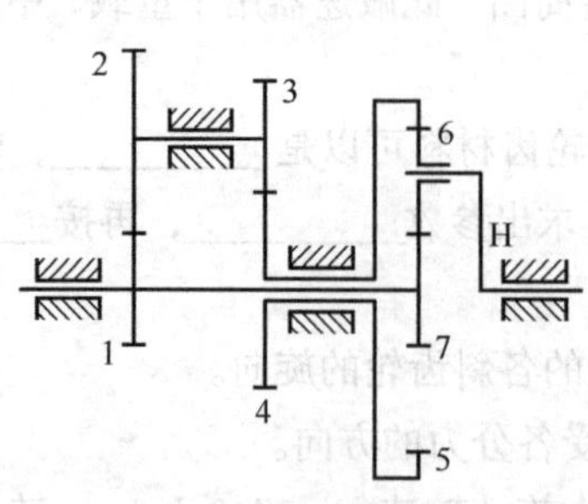

图 5-64　综合题 16 图

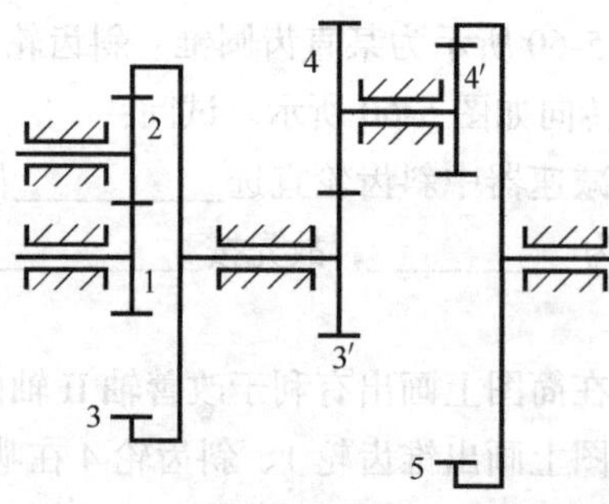

图 5-65　综合题 17 图

18. 在图 5-66 所示的回归轮系中，已知：z_1=20，z_2=48，m_1=m_2=2mm，z_3=18，z_4=36，m_3=m_4=2.5mm。该两对齿轮均为渐开线直齿圆柱齿轮，且安装中心距相等。α=20°，h^*=1，c^*=0.25。求：

（1）两对齿轮的标准中心距分别为多少？

（2）当以 1 与 2 齿轮的标准中心距为安装中心距时，3 与 4 齿轮应采取何种传动能保证无侧隙啮合？其啮合角α_{34}'及节圆半径r_3'各为多大？

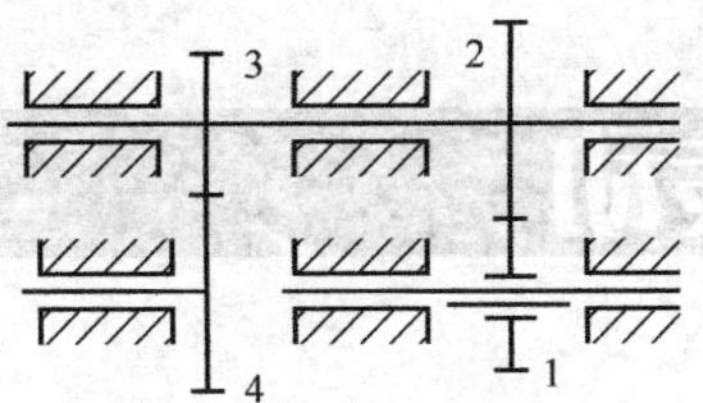

图 5-66　综合题 18 图

第6章 带传动和链传动

【学习目标】

- 了解带传动、链传动的类型及应用特点
- 理解带传动的弹性滑动及打滑现象
- 理解V带传动的截面工作应力性质及设计准则
- 理解并掌握V带传动、链传动结构参数的选择方法
- 了解带传动和链传动的布置、张紧与维护措施

带传动和链传动是机械传动中常用的挠性传动。本章主要介绍带传动和链传动的工作原理、运动特性、应用特点、结构标准、设计计算方法以及使用维护的基本知识和基本方法。

6.1 带传动的应用特点和结构

认识带传动

带传动在各类机械中是应用非常广泛的挠性传动，它是通过中间挠性件传递运动和动力的。带传动传动平稳，结构简单，成本低廉，适用于两轴中心距较大的场合，常用于减速运动。

如图6-1所示，带传动是由主动轮1、从动轮2和适度张紧在两轮上的传动带3组成的。

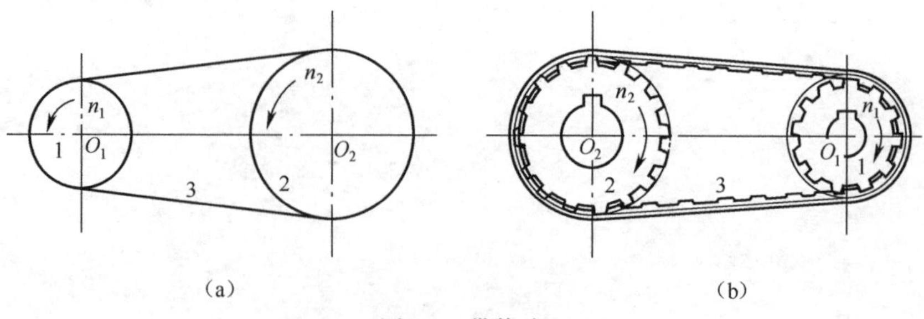

图6-1 带传动

1．带传动的类型

按工作原理不同，带传动分为摩擦型和啮合型两大类。图 6-2 所示为摩擦型带传动，由于带紧套在带轮上，使带与带轮之间的接触面间产生正压力。当驱动力矩使主动轮转动时，带和带轮之间将产生摩擦力而驱动带运动，带又靠摩擦力使从动轮克服阻力矩而转动。图 6-3 所示为啮合型带传动，依靠带内侧的齿与齿形带轮的啮合来传递运动和动力，也称为同步带传动。

摩擦带传动，按带的截面形状可分为平带、V 带、多楔带和圆带，如图 6-2 所示。与摩擦带传动相比，啮合型带传动依靠正压力传动，传递功率大，效率高，如图 6-3 所示。

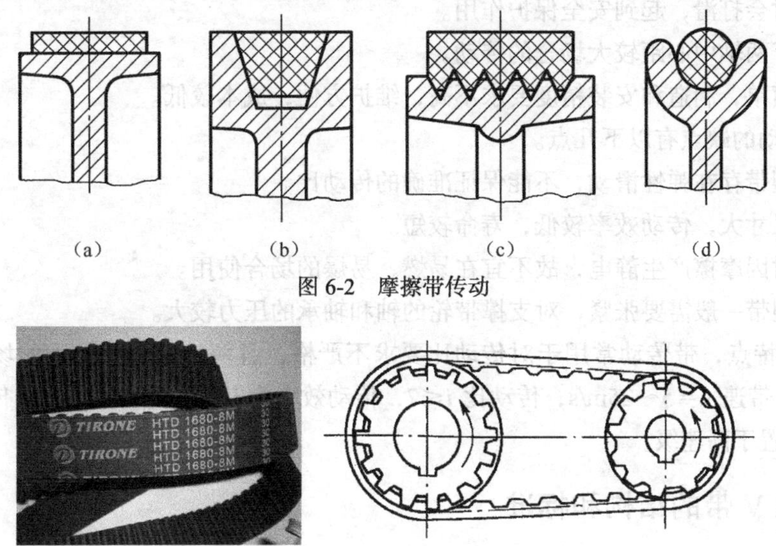

图 6-2　摩擦带传动

图 6-3　啮合带传动

（1）平带传动

如图 6-4（a）所示，平带截面为扁平矩形，工作面为内表面。平带传动结构简单，带轮制造容易，常用于中心距较大的场合，也广泛用于高速带传动。

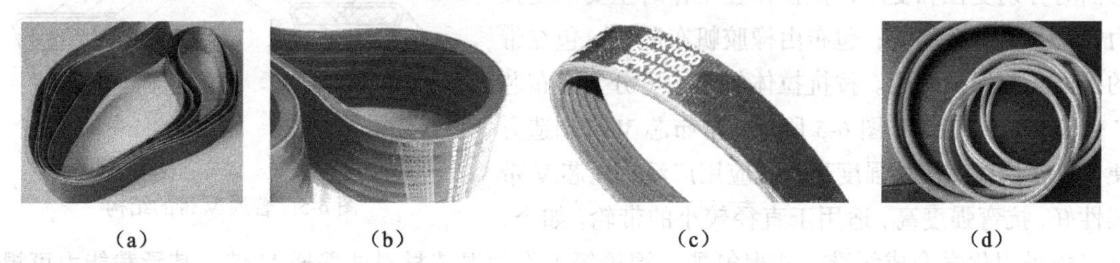

图 6-4　带的类型

（2）V 带传动

如图 6-4（b）所示，V 带的横截面为等腰梯形，工作面为两侧面。工作时两侧面与轮槽侧面接触，其楔形效应使正压力增大，从而产生的摩擦力较大，传递的功率比平带大得多，且结构紧凑，因此广泛用于动力传动。

（3）多楔带传动

如图 6-4（c）所示，多楔带兼有平带和 V 带的优点，工作面为楔的侧面。带与带轮接触面数较多，摩擦力和横向刚度较大，故常用于传递功率较大且要求结构紧凑的场合。

（4）圆带传动

如图 6-4（d）所示，圆带的横截面为圆形。它传递的功率较小，一般用于低速、轻载传动，如缝纫机、仪表、牙科医疗器械等。

2. 带传动的应用特点

摩擦带传动的优点有以下几点。

① 带有良好的弹性，能缓冲减震，因而传动平稳，噪声小。

② 过载时会打滑，起到安全保护作用。

③ 适用于两轴中心距较大场合的传动。

④ 结构简单，制造和安装精度要求不高，维护方便，成本较低。

摩擦带传动的缺点有以下几点。

① 摩擦型带存在弹性滑动，不能保证准确的传动比。

② 外廓尺寸大，传动效率较低，寿命较短。

③ 工作时因摩擦产生静电，故不宜在易燃、易爆的场合使用。

④ 摩擦型带一般需要张紧，对支撑带轮的轴和轴承的压力较大。

根据上述特点，带传动常用于对传动比要求不严格，且两轴中心距较大的场合。传递功率 $P<50\text{kW}$，带速 $v=5\sim25\text{m/s}$，传动比 $i\leqslant7$，传动效率为 0.94～0.97。在多级传动系统中，常将带传动配置于高速级。

3. 普通 V 带的结构和标准

V 带有普通 V 带、窄 V 带、宽 V 带、联组 V 带等多种类型。其中普通 V 带应用最广，近年来窄 V 带的应用也越来越广。本节主要介绍普通 V 带和带轮。

普通 V 带呈无接头环形，其结构如图 6-5 所示，由包布、顶胶、抗拉体和底胶组成。顶胶和底胶在带弯曲时分别受拉和受压；抗拉体在工作时主要承受拉力，是主要承载部分；包布由橡胶帆布制成，包在带的外面，起保护作用。按抗拉体的结构可分为帘布芯 V 带和绳芯 V 带，如图 6-5 所示。帘布芯 V 带制造方便，价格低廉，抗拉强度高，故应用广泛；绳芯 V 带柔性好，抗弯强度高，适用于直径较小的带轮。如今，已出现采用化学合成纤维（如聚氨酯、锦纶等）作为绳芯材料的普通 V 带，其承载能力可提高 33%。

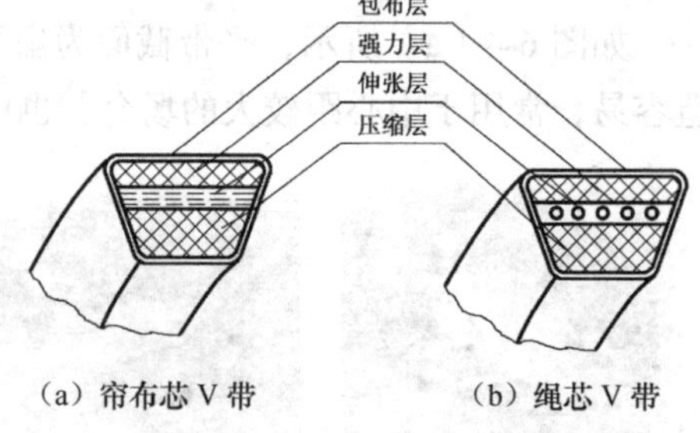

图 6-5　普通 V 带的结构

普通 V 带是标准件，其截面尺寸和长度已经标准化。按截面尺寸由小到大分为 Y、Z、A、B、C、D、E 7 种，其截面尺寸见表 6-1。同样条件下，截面尺寸越大，V 带的承载能力越大。

当 V 带在带轮上弯曲时，带中保持原有长度不变的周线称为节线。由全部节线组成的面称为节面，节面宽度称为节宽，以 b_p 表示。当带弯曲时，节宽保持不变。

带的节线长度称为带的基准长度，即带的公称长度，以 L_d 表示。各种型号普通 V 带的基准长度见表 6-2。

表 6-1　　普通 V 带截面尺寸和单位带长质量（摘自 GB/T 11544—2012）

参数	V 带型号						
	Y	Z	A	B	C	D	E
节宽 b_p/mm	5.3	8.5	11	14	19	27	32
顶宽 b/mm	6	10	13	17	22	32	38
截面高度 h/mm	4	6	8	11	14	19	23
每米带长质量 q/（kg/m）	0.04	0.06	0.10	0.17	0.30	0.62	0.90
楔角 θ/（°）	40						

表 6-2　　普通 V 带基准长度系列及带长修正系数

基准长度 L_d/mm	修正系数 K_L							基准长度 L_d/mm	修正系数 K_L						
	Y	Z	A	B	C	D	E		Y	Z	A	B	C	D	E
200	0.81							2 000			1.03	0.98	0.88		
224	0.82							2 240			1.06	1.00	0.91		
250	0.84							2 500			1.09	1.03	0.93		
280	0.87							2 800			1.11	1.05	0.95	0.83	
315	0.89							3 150			1.13	1.07	0.97	0.86	
355	0.92							3 550			1.17	1.09	0.99	0.89	
400	0.96	0.87						4 000			1.19	1.13	1.02	0.91	
450	1.00	0.89						4 500				1.15	1.04	0.93	0.90
500	1.20	0.91						5 000				1.18	1.07	0.96	0.92
560		0.94						5 600					1.09	0.98	0.95
630		0.96	0.81					6 300					1.12	1.00	0.97
710		0.99	0.83					7 100					1.15	1.03	1.00
800		1.00	0.85					8 000					1.18	1.06	1.02
900		1.03	0.87	0.82				9 000					1.21	1.08	1.05
1 000		1.06	0.89	0.84				10 000					1.23	1.11	1.07
1 120		1.08	0.91	0.86				11 200						1.14	1.10
1 250		1.11	0.93	0.88				12 500						1.17	1.12
1 400		1.14	0.96	0.90				14 000						1.20	1.15
1 600		1.16	0.99	0.92	0.83			16 000						1.22	1.18
1 800		1.18	1.01	0.95	0.86										

在使用中，带的标记压印在带的外表面上。普通 V 带的标记方法为带型—基准长度—标准号。如基准长度为 2 000mm 的 A 型普通 V 带，标记为 A—2000—GB/T 11544—2012。

图 6-6 所示为窄 V 带的横截面结构图。窄 V 带是一种新型 V 带，抗拉体材料为高强度的涤纶绳芯，其位置高于普通 V 带，使中性层上移。顶面为弓形，受载后抗拉层仍处于同一平面内。两侧面为内凹曲面，当带在带轮上弯曲时，侧面变直，与带轮槽面接触良好。

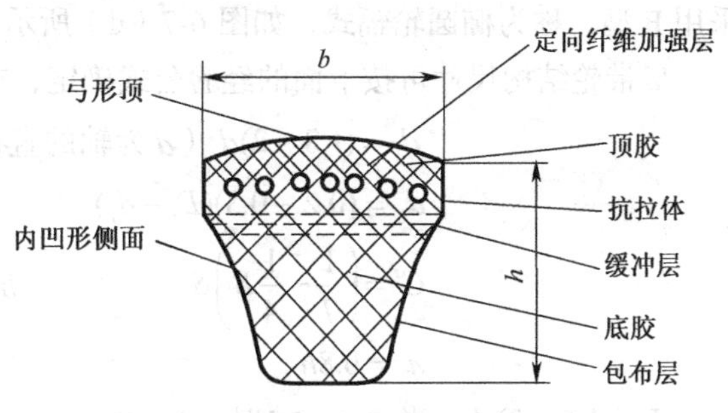

图 6-6　窄 V 带的结构

在相同的工作条件下，窄 V 带的承载能力比普通 V 带高 1.5～2.5 倍以上，速度达 40～50m/s。在传递相同功率时，其结构尺寸可比普通 V 带小，使用寿命长。目前国外已普遍采用，我国也已制订了相应的标准。

窄 V 带有四种截面形状：SPZ、SPA、SPB、SPC，其节宽与普通 V 带的 Z、A、B、C 型相同，只是高度尺寸大一些。其截面高度和节宽之比约为 0.9，而普通 V 带截面高度和节宽之比约为 0.7。

窄 V 带的标记同普通 V 带一样，如 SPA—1600—GB/T 11544—2012 是基准长度为 1 600mm 的 SPA 型窄 V 带。

4. V 带轮的结构和材料

V 带轮由轮缘、轮辐和轮毂三部分组成。轮缘是安装带的部分，轮毂是与轴配合的部分，连接轮缘和轮毂的部分称为轮辐。

V 带轮轮缘及轮槽尺寸见表 6-3。通常 V 带节宽与轮槽基准宽度重合，即 $b_p = b_d$，轮槽基准宽度所在圆称为基准圆，其直径 d_d 称为带轮的基准直径。

表 6-3　　普通 V 带轮缘及轮槽尺寸（摘自 GB/T 13575.1—2008）

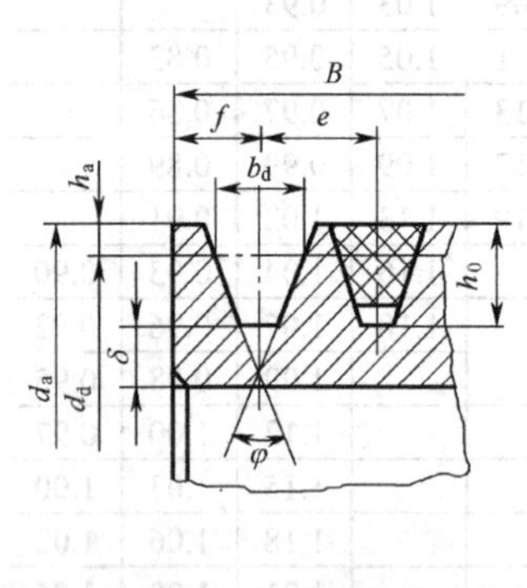

h_0/mm			6.3	9.5	12	15	20	28	33
$h_{a\,min}$/mm			1.6	2.0	2.75	3.5	5.8	8.1	9.6
e/mm			8	12	15	19	25.5	37	45.5
f/mm			7	8	10	12.5	17	23	29
b_d/mm			5.3	8.5	11.0	15.0	19.0	27.0	32.0
δ/mm			5	5.5	6	7.5	10	12	15
B/mm			$B=(z-1)e+2f$，z 为带根数						
φ	32°	d_d/mm	≤60						
	34°			≤80	≤118	≤190	≤315		
	36°		>60					≤475	≤600
	38°			>80	>118	>190	>315	>475	>600

各种型号的 V 带楔角 α 均为 40°，但当带绕上带轮而弯曲时，带的截面楔角变小。而且带轮直径越小，这种现象越明显。为使带与轮槽侧面接触良好，应使轮槽角小于 V 带的楔角。故 V 带轮的轮槽角规定为 32°、34°、36° 和 38°，可根据带轮直径的不同进行选择。

V 带轮结构形式根据带轮直径的大小决定。当带轮基准直径 $d_d \leqslant 3d$（d 为轴的直径）时，采用 S 型，称为实心式，如图 6-7（a）所示；中等直径的带轮采用 P 型，称为腹板式，如图 6-7（b）所示；也可采用 H 型，称为孔板式，如图 6-7（c）所示；当带轮直径 $d_d \geqslant 350$mm 时，可采用 E 型，称为椭圆轮辐式，如图 6-7（d）所示。

V 带轮结构尺寸可按下面的经验公式确定，或查设计手册。

$d_1=(1.8\sim 2)d$（d 为轴的直径）　　$D_0=0.5(D_1+d_1)$

$d_0=(0.2\sim 0.3)(D_1-d_1)$

$C'=\left(\frac{1}{7}\sim\frac{1}{4}B\right)S$　　$b_1=0.4h_1$　　$b_2=0.8b_1$　　$f=0.2h_1$

$h_2=0.8h_1$

$L=(1.5\sim 2)d$；当 $B<1.5d$ 时，$L=B$

$h_1=290\sqrt[3]{\frac{P}{nz_a}}$（$P$ 为功率，单位为 kW；n 为转速，单位为 r/min；z_a 为轮辐数）。

V 带轮通常采用灰铸铁、钢或非金属制造。一般带速 $v<25\text{m/s}$ 时，采用灰铸铁 HT150 或 HT200；带速更高时，可采用铸钢；单件生产时宜用钢板冲压、焊接带轮；小功率时可用铸铝或工程塑料。

(a) (b)

(c) (d)

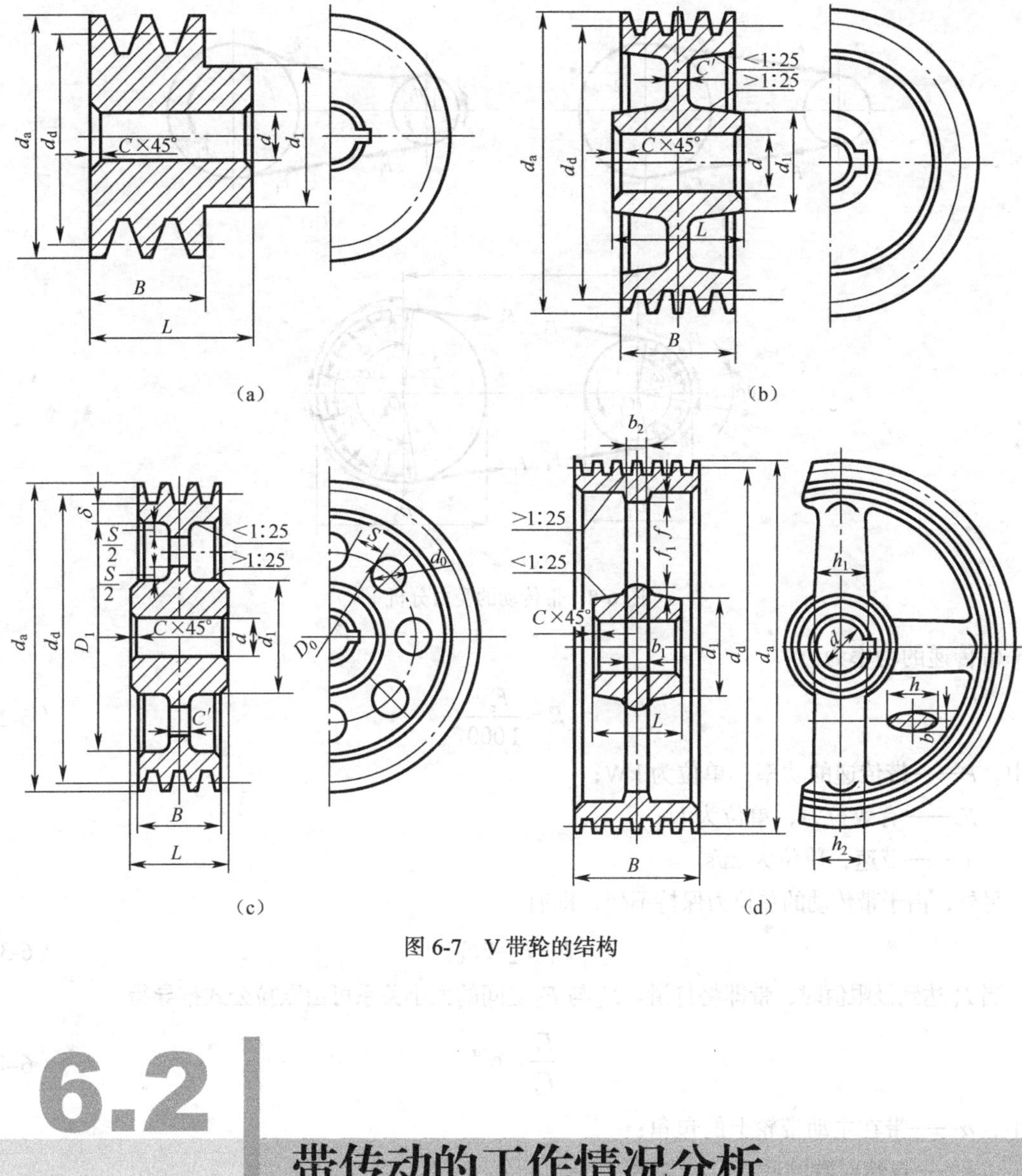

图 6-7 V 带轮的结构

6.2 带传动的工作情况分析

1. 带传动的受力分析

带传动安装时，带必须以一定的初拉力张紧在带轮上。静止时，如图 6-8（a）所示，带上各处所受拉力均相等，此拉力称为初拉力或张紧力，用 F_0 表示。

传动时，如图 6-8（b）所示，带与带轮之间产生摩擦力，主动轮对带的摩擦力 F_f 的方向与带的运动方向相同，从动轮对带的摩擦力 F_f 的方向与带的运动方向相反。由于摩擦力的作用，带绕入主动轮的一边被拉紧，称为紧边，紧边拉力由 F_0 增加到 F_1；带绕入从动轮的一边则被放松，称为松边，松边拉力由 F_0 减小到 F_2。两边的拉力差（F_1-F_2）就是带传动中起传递动力作用的有效拉力 F_e，即

$$F_e = F_1 - F_2 \tag{6-1}$$

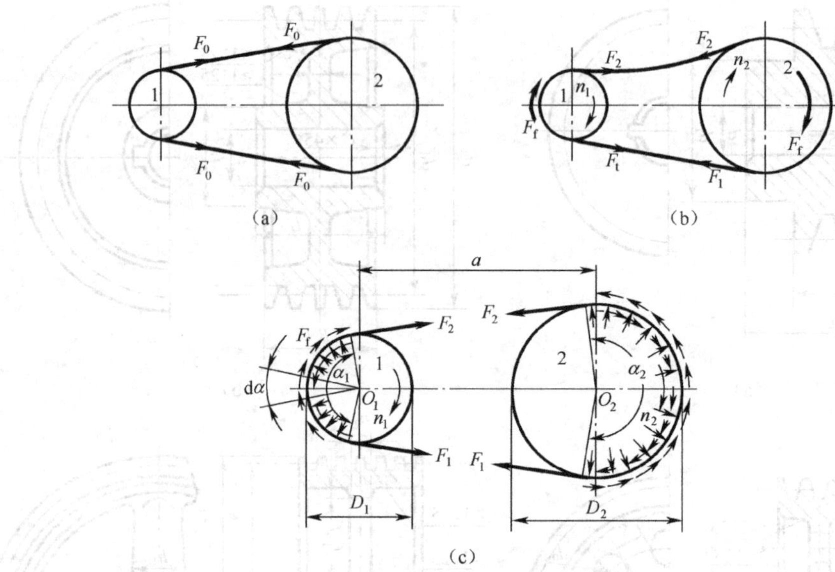

图 6-8　带传动的受力分析

带传递的功率为

$$P = \frac{F_e v}{1000} \tag{6-2}$$

式中，P——带传递的功率，单位为 kW；

F_e——有效拉力，单位为 N；

v——带速，单位为 m/s。

另外，由于带传动的总拉力保持不变，即有

$$F_1+F_2=2F_0 \tag{6-3}$$

当 F_e 达到极限值时，带即将打滑。F_1 与 F_2 之间的大小关系可由欧拉公式推导得

$$\frac{F_1}{F_2} = e^{f\alpha} \tag{6-4}$$

式中，α——带在主动带轮上的包角；

e——自然对数的底，e = 2.718；

f——摩擦系数。对于 V 带，用当量摩擦系数 f_v 代替 f，$f_v = f/\sin(\varphi/2)$；

φ——V 带轮轮槽楔角，见表 6-3。

可知，带传动的工作能力与初拉力 F_0、摩擦系数和包角有关。增大初拉力、摩擦系数和包角均可增加摩擦力，并增大有效拉力，从而提高带传动的工作能力。但初拉力过大，会加剧带的磨损，降低带的使用寿命。由于大带轮上的包角 α_2 总是大于小带轮上的包角 α_1，一般要求 $\alpha_1 \geqslant 120°$。当量摩擦系数 f_v 与带轮的材料、表面粗糙度和工作条件有关。

2. 带传动的截面应力分析

带传动工作时，带截面上将产生以下三种应力。

（1）由拉力产生的拉应力

带的紧、松边拉力 F_1 和 F_2 产生的拉应力分别为 σ_1 和 σ_2。

$$\begin{cases}\sigma_1=\dfrac{F_1}{A}\\ \sigma_2=\dfrac{F_2}{A}\end{cases} \qquad (6\text{-}5)$$

式中，A——带的横截面积，单位为 mm^2。

（2）由离心力产生的拉应力

带在带轮上做圆周运动时将产生惯性离心力，由此力在带中产生离心拉应力。力在带全长各截面处均匀分布，其值为

$$\sigma_c=\frac{qv^2}{A} \qquad (6\text{-}6)$$

式中，q——传动带单位长度的质量，单位为 kg/m；

v——带的圆周速度，单位为 m/s；

A——带的横截面积，单位为 mm^2。

（3）由带弯曲产生的弯曲应力

带绕在带轮上时，带中将产生弯曲应力 σ_b，由材料力学可知，其值为

$$\sigma_b\approx E\frac{h}{d_d} \qquad (6\text{-}7)$$

式中，E——带的弹性模量，单位为 MPa；

h——带的高度，单位为 mm；

d_d——带的基准直径，单位为 mm。

可知，弯曲应力只发生在带的弯曲部分。带轮直径越小，带越厚，弯曲应力越大，而带离开带轮后弯曲应力消失。

带工作时应力沿带长的分布情况如图 6-9 所示。由图可见，带在运转过程中，应力是变化的，此种传动条件下，带的最大应力位于带的紧边进入小带轮处，其值为

$$\sigma_{max}=\sigma_1+\sigma_c+\sigma_{b1} \qquad (6\text{-}8)$$

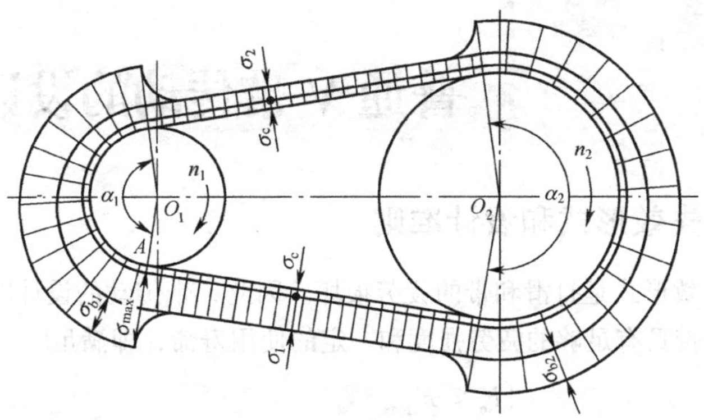

图 6-9 传动带的应力分布

6.3 带传动的弹性滑动和打滑

带是弹性体，受力时会产生弹性变形。由于带在紧、松边上所受的拉力不同，因而产生的弹性变形也不同。在主动轮上，带由紧边运动到松边，所受的拉力由 F_1 逐渐降低到 F_2，带的弹性变形量也随之逐渐减小，即带一方面由于摩擦力的作用随着带轮前进，同时又因弹性变形的减小而向后收缩，使带的速度小于主动轮的圆周速度。也就是说带与主动轮之间发生了相对滑动。同理，在从动轮上，带由松边运动到紧边，所受的拉力由 F_2 逐渐增加到 F_1，带的弹性变形量也随之逐渐增大，即带一方面由于摩擦力的作用随着带轮前进，同时又因弹性变形的增大而向前伸长，使带的速度大于从动轮的圆周速度。也就是说带与从动轮之间也发生了相对滑动。

带的弹性滑动与打滑

这种由于带的弹性变形及拉力差而引起的带与带轮间的相对滑动现象，称为带的弹性滑动。弹性滑动是带传动时不可避免的物理现象。由于弹性滑动的存在，使带的速度 v 低于主动轮的圆周速度 v_1，而从动轮的圆周速度 v_2 又低于带的速度 v，其圆周速度的相对降低率称为滑动率 ε。

$$\varepsilon=\frac{v_1-v_2}{v_1} \tag{6-9}$$

滑动率 ε 的值与带的材料和受力大小等因素有关，难以获得准确值，因此带传动不能获得准确的传动比。带传动的滑动率为 1%～2%，在一般计算中可忽略不计。

带传动设计案例

随着带传动载荷的增大，有效拉力也相应增大。当有效拉力超过带与小带轮之间所产生的极限摩擦力（即过载）时，带将沿带轮的整个接触弧面发生相对滑动，这种现象称为打滑。打滑加剧了带的磨损，从动轮转速急剧降低甚至停止运动，导致传动失效。为了保证带传动的正常工作，应避免出现过载打滑现象。但当传动突然超载时，打滑可以起到过载保护的作用，避免其他零件损坏。

6.4 普通 V 带传动的设计

1. 带传动的失效形式和设计准则

带传动的主要失效形式是打滑和带的疲劳损坏。因此，带传动的设计准则是在保证带传动不打滑的前提下，使带具有足够的疲劳强度和一定的使用寿命，即满足

$$\begin{cases} F_e \leqslant F_{e\max} \\ \sigma_{\max}=\sigma_1+\sigma_c+\sigma_{b1} \leqslant [\sigma] \end{cases} \tag{6-10}$$

2. 单根 V 带所能传递的基本额定功率

通过试验和理论计算，可获得在特定试验条件下，即载荷平稳、包角 α_1 为 180°、传动比 $i=1$、特定基准带长，单根 V 带所能传递的基本额定功率 P_0，见表 6-4。

当传动比 $i \neq 1$ 时，带在从动轮上的弯曲应力将减小，从而使带的承载能力提高，因此就需要对基本额定功率 P_0 进行修正，即在 P_0 的基础上加上实际条件下的功率增量 ΔP_0。ΔP_0 值也列于表 6-4 中。

表 6-4 单根普通 V 带的基本额定功率 P_0 及功率增量 ΔP_0（摘自 GB/T 13575.1—2008）

型号	小带轮转速 n_1/（r/min）	小带轮基准直径 d_{d1}/mm								传动比 i					
		单根 V 带的额定功率 P_0/kW								1.13～1.18	1.19～1.24	1.25～1.34	1.35～1.51	1.52～1.99	≥2.00
										额定功率增量 ΔP_0/kW					
A		75	90	100	112	125	140	160	180						
	700	0.04	0.61	0.74	0.90	1.07	1.26	1.51	1.76	0.04	0.05	0.06	0.07	0.08	0.09
	800	0.45	0.68	0.83	1.00	1.19	1.41	1.69	1.97	0.04	0.05	0.06	0.08	0.09	0.10
	950	0.51	0.77	0.95	1.15	1.37	1.62	1.95	2.27	0.05	0.06	0.07	0.08	0.10	0.11
	1 200	0.60	0.93	1.14	1.39	1.66	1.96	2.36	2.74	0.07	0.08	0.10	0.11	0.13	0.15
	1 450	0.68	1.07	1.32	1.61	1.92	2.28	2.73	3.16	0.08	0.09	0.11	0.13	0.15	0.17
	1 600	0.73	1.15	1.42	1.74	2.07	2.45	2.94	3.40	0.07	0.11	0.13	0.14	0.17	0.19
	2 000	0.84	134	1.66	2.04	2.44	2.87	3.42	3.93	0.11	0.13	0.16	0.19	0.22	0.24
B		125	140	160	180	200	224	250	280						
	400	0.84	1.05	1.32	1.59	1.85	2.17	2.50	2.89	0.06	0.07	0.08	0.10	0.11	0.13
	700	1.30	1.64	2.09	2.53	2.96	3.47	5.00	5.61	0.10	0.12	0.15	0.17	0.20	0.22
	800	1.44	1.82	2.32	2.81	3.30	3.86	1.46	5.13	0.11	0.14	0.17	0.20	0.23	0.25
	950	1.64	2.08	2.66	3.22	3.77	5.42	5.10	5.85	0.13	0.17	0.20	0.23	0.26	0.30
	1 200	1.93	2.47	3.17	3.85	5.50	5.26	6.14	6.90	0.17	0.21	0.25	0.30	0.34	0.38
	1 400	2.19	2.82	3.62	5.39	5.13	5.97	6.82	7.76	0.20	0.25	0.31	0.36	0.40	0.46
	1 600	2.33	3.00	3.86	5.68	5.46	6.33	7.20	8.13	0.23	0.28	0.34	0.39	0.45	0.51
C		200	224	250	280	315	355	400	450						
	500	2.87	3.58	5.33	5.19	6.17	7.27	8.52	9.81	0.20	0.24	0.29	0.34	0.39	0.44
	600	3.30	5.12	5.00	6.00	7.14	8.45	9.82	11.3	0.24	0.29	0.35	0.41	0.47	0.53
	700	3.69	5.64	5.64	6.76	8.09	9.50	11.0	12.6	0.27	0.34	0.41	0.48	0.55	0.62
	800	5.07	5.12	6.23	7.52	8.92	11.4	12.1	13.8	0.31	0.39	0.47	0.55	0.63	0.71
	950	5.58	5.78	7.04	8.49	10.0	11.7	13.4	15.2	0.37	0.47	0.56	0.65	0.74	0.83
	1 200	5.29	6.71	8.21	9.81	11.5	13.3	15.0	16.6	0.47	0.59	0.70	0.82	0.94	1.06
	1 450	5.84	7.45	9.04	10.7	12.4	15.1	15.3	16.7	0.58	0.71	0.85	0.99	1.14	1.27

若带长、包角与特定试验条件不同时，还应引入相应的带长修正系数 K_L 和包角修正系数对基本额定功率 P_0 进行修正。K_L 取值可查表 6-2，K_α 取值可查表 6-5。

表 6-5 包角修正系数 K_α（摘自 GB/T 13575.1—2008）

包角 α_1/（°）	K_α	包角 α_1/（°）	K_α	包角 α_1/（°）	K_α	包角 α_1/（°）	K_α
70	0.56	110	0.78	150	0.92	190	1.05
80	0.62	120	0.82	160	0.95	200	1.10
90	0.68	130	0.86	170	0.98	210	1.15
100	0.73	140	0.89	180	1.00	220	1.20

由此，实际工作条件下，单根 V 带所能传递的功率为

$$[P_0]=(P_0+\Delta P_0)K_\alpha K_L \tag{6-11}$$

3. V 带传动的设计计算

V 带传动的设计是指在给定的条件下，确定带传动的参数。

给定条件包括带传动的用途和工作情况、传递的功率、大小带轮的转速等。

设计内容包括 V 带的类型、基准长度和根数、带传动的中心距、带轮的结构与尺寸、计算初拉力与作用在轴上的压力。

普通 V 带传动的一般设计步骤如下。

（1）确定计算功率 P_c，初选 V 带型号

计算功率的公式为

$$P_c=K_A P \tag{6-12}$$

式中，P——带传递的名义功率，单位为 kW；

K_A——工作情况系数，见表 6-6。

表 6-6　　工作情况系数 K_A

工况		K_A					
		空载、轻载启动			重载启动		
		每天工作时间数/h					
		<10	10～16	>16	<10	10～16	>16
载荷变动最小	液体搅拌机、通风机和鼓风机（≤7.5kW）、离心式水泵和压缩机，轻载荷输送机	1.0	1.1	1.2	1.1	1.2	1.3
载荷变动小	带式输送机（不均匀负荷）、通风机（>7.5kW）、旋转式水泵和压缩机（非离心式）、发电机、金属切削机床、印刷机、旋转筛、锯木机和木工机械	1.1	1.2	1.3	1.2	1.3	1.4
载荷变动较大	制砖机、斗式提升机、往复式水泵和压缩机、起重机、磨粉机、冲剪机床、橡胶机械、振动筛、纺织机械、重载输送机	1.2	1.3	1.4	1.4	1.5	1.6
载荷变动很大	破碎机（旋转式、颚式等）、磨碎机（球磨、棒磨、管磨）	1.3	1.4	1.5	1.5	1.6	1.8

注：1. 空载、轻载启动——电动机（交流启动、三角启动、直流并励）、四缸以上的内燃机、装有离心式离合器、液力联轴器的动力机。

2. 重载启动——电动机（联机交流启动、直流复励或串励）、四缸以下的内燃机。

根据设计功率 P_c 和小带轮转速 n_1，由图 6-10 选择 V 带的型号。当坐标点（P_c，n_1）位于图中型号分界线附近时，可初选两种相邻的型号作为两个方案进行设计计算，最后比较选优。

（2）确定带轮的基准直径

带轮基准直径越小，带传动结构越紧凑，但带的弯曲应力也越大，从而使带的疲劳强度降低，使用寿命缩短。因此，带的直径不宜太小。为限制带所受的弯曲应力过大，规定了带轮最

小基准直径 d_{min}，带轮的最小基准直径见表 6-7。

表 6-7　　带轮的最小基准直径

V 带型号	Y	Z	A	B	C	D	E
最小基准直径 d_{min}/mm	20	50	75	125	200	355	500

设计时，应使 $d_{d1} \geqslant d_{min}$，并根据所选带型按图 6-10 给出的带轮直径取值范围和表 6-8 中的带轮基准直径系列尺寸，确定小带轮的直径；大带轮的直径按式 $d_{d2} = id_{d1}$ 计算，并按表 6-8 中带轮的基准直径系列圆整。

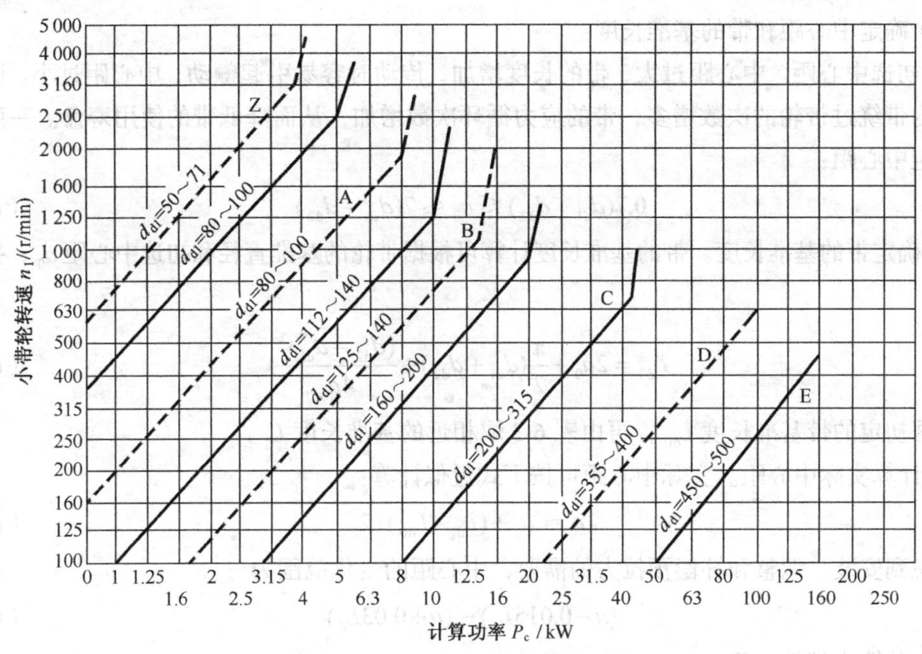

图 6-10　普通 V 带选型图

表 6-8　　各型号 V 带带轮基准直径系列

型号	基准直径 d_d/mm													
Y	20 100	22.4 112	25 125	25	31.5	35.5	40	45	50	56	63	71	80	90
Z	50 180	56 200	63 224	71 250	75 280	80 315	90 355	100 100	112 500	125 630	132	140	150	160
A	75 180	80 200	(85) 224	90 250	(95) 280	100 315	(106) 355	112 400	(118) 450	125 500	(132) 560	140 630	150 710	150 800
B	125 450	(132) 500	140 560	150 (500)	160 630	(170) 710	180 (750)	200 800	224 (900)	250 1 000	280 1 120	315	355	400
C	200 560	212 600	221 630	236 710	250 750	(265) 800	280 900	300 1 000	315 1 120	(335) 1 250	335 1 400	400 1 600	450 2 000	500
D	335	(375) 1 000	400 1 060	425 1 120	450 1 250	(475) 1 400	500 1 500	560 1 600	(600) 1 800	630 2 000	710	750	800	900
E	500	530 1 600	560 1 800	600 2 000	630 2 240	670 2 500	710	800	900	1 000	1 120	1 250	1 400	1500

注：括号内的数字尽量不用。

（3）验算带速

带速的计算公式为

$$v=\frac{\pi d_{d1}n_1}{60\times 1\,000} \tag{6-13}$$

若带速太高，离心力较大，会使带与带轮之间的摩擦力减小，降低带的传动能力；同时在单位时间内应力循环次数增加，使带疲劳寿命降低。反之，若带速太低，由 $P=F_e v$ 可知，当传递的功率一定时，要求有效拉力过大，所需带的根数较多，从而造成载荷分布不均匀。一般取 $v=5\sim25$m/s，当 $v=10\sim20$m/s 时更佳。

（4）确定中心距和带的基准长度

① 初选中心距。中心距过大，带的长度增加，传动时容易引起颤动；中心距过小，则在单位时间内带绕过带轮的次数增多，带的应力循环次数增加，从而降低带的使用寿命。一般可按下式初定中心距：

$$0.7(d_{d1}+d_{d2})\leqslant a_0\leqslant 2(d_{d1}+d_{d2}) \tag{6-14}$$

② 确定带的基准长度。带的基准长度计算可根据带轮的基准直径和初选中心距 a_0，按下式计算：

$$L_{d0}=2a_0+\frac{\pi}{2}(d_{d1}+d_{d2})+\frac{(d_{d2}-d_{d1})^2}{4a_0} \tag{6-15}$$

根据初定的带基准长度 L_{d0}，再由表 6-3 取相近的基准长度 L_d。

③ 计算实际中心距。实际中心距可按下式近似计算：

$$a\approx a_0+(L_d-L_{d0})/2 \tag{6-16}$$

考虑到安装、调整和补偿预拉力的需要，中心距的变化范围为

$$(a-0.015L_d)\sim(a+0.03L_d) \tag{6-17}$$

（5）验算小带轮包角

包角越小，则摩擦力越小，同时带的传动能力也会降低。小带轮包角可按下式计算：

$$\alpha_1=180^\circ-\frac{d_{d2}-d_{d1}}{a}\times\frac{180^\circ}{\pi}\geqslant120^\circ \tag{6-18}$$

一般要求 $\alpha_1\geqslant120^\circ$。若不满足要求，可增大中心距，减小传动比或增设张紧轮。

（6）确定 V 带的根数

带的根数 z 可按下式计算：

$$z\geqslant\frac{P_c}{[P_0]}=\frac{P_c}{(P_0+\Delta P_0)K_\alpha K_L} \tag{6-19}$$

z 应圆整为整数。为使各带受力均匀，带的根数不宜过多，一般 $z\leqslant8$。当 z 过大时，应改选带的型号或带轮基准直径，重新设计。

（7）计算初拉力

初拉力 F_0 过小，则产生的摩擦力小，从而不能充分发挥带的传动能力，容易出现打滑；F_0 过大，会降低带的使用寿命，且增大对轴及轴承的压力。单根 V 带的初拉力可按下式计算：

$$F_0=500\times\frac{(2.5-K_\alpha)P_c}{K_\alpha zv}+qv^2 \tag{6-20}$$

式中，q——带单位长度质量，单位为kg/m，见表6-1。

当传动无张紧装置时，F_0应增大50%。

（8）计算带传动作用于轴上的压力

为了衔接后续带轮的轴及轴承的设计，必须计算带轮对轴的压力。如图6-11所示，可由下式近似计算：

$$F_Q = 2zF_0 z\sin\frac{\alpha_1}{2} \tag{6-21}$$

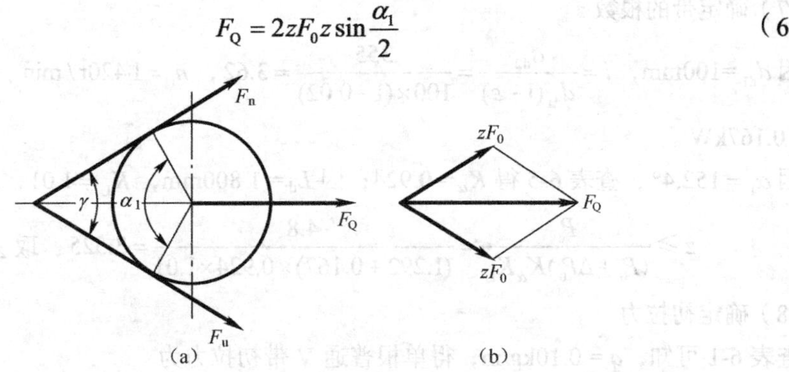

图6-11　带传动作用在轴上的压力

【例6-1】　设计一带式运输机中的普通V带传动。原动机采用Y系列三相异步电动机，其额定功率$P=4$kW，满载转速$n_1=1420$r/min，从动轮转速$n_2=420$r/min，每天工作12h，载荷变动较小，要求中心距$a\leqslant 550$mm。

解：（1）确定计算功率P_c

由表6-6查得$K_A=1.2$，故$P_c=K_AP=1.2\times4=4.8\,(\text{kW})$。

（2）选择带型

根据$P_c=4.8$kW、$n_1=1420$r/min，参考图6-10初步选择A型带。

（3）确定带轮基准直径d_{d1}和d_{d2}

由表6-7、表6-8，取$d_{d1}=100$mm。假定传动时滑动率$\varepsilon=0.02$，则

$$d_{d2}=\frac{n_1}{n_2}d_{d1}(1-\varepsilon)=\frac{1420}{420}\times100\times(1-0.02)=331.3\,(\text{mm})$$

由表6-8，取d_{d2}=355mm。

（4）验算带速v

$$v=\frac{\pi d_{d1}n_1}{60\times1000}=\frac{\pi\times100\times1420}{60\times1000}=7.44\,(\text{m/s})$$

带速在5～25m/s范围内合适。

（5）确定中心距a和带基准长度L_d

初选中心距$a_0=450$mm，符合$0.7(d_{d1}+d_{d2})\leqslant a_0\leqslant 2(d_{d1}+d_{d2})$，则

$$L_{d0}=2a_0+\frac{\pi}{2}(d_{d1}+d_{d2})+\frac{(d_{d2}-d_{d1})^2}{4a_0}$$

$$=\left(2\times450+\frac{3.14}{2}\times(100+355)+\frac{(355-100)^2}{4\times450}\right)=1650.5\,(\text{mm})$$

由表6-2选用基准长度L_d=1800mm，计算实际中心距：

$$a \approx a_0 + (L_d - L_{d0})/2 = [450 + (1800-1650.5)/2] = 525.25\ (\text{mm})$$

满足中心距 $a \leqslant 550\text{mm}$ 的要求。

（6）验算小带轮包角 α_1

$$\alpha_1 = 180^\circ - \frac{d_{d2} - d_{d1}}{a} \times \frac{180^\circ}{\pi} = 180^\circ - \frac{355-100}{527.2} \times 57.3 = 152.4^\circ > 120^\circ$$，满足要求。

（7）确定带的根数 z

因 $d_{d1} = 100\text{mm}$，$i = \dfrac{d_{d2}}{d_{d1}(1-\varepsilon)} = \dfrac{355}{100 \times (1-0.02)} = 3.62$，$n_1 = 1\,420\text{r/min}$，查得 $P_0 = 1.292\text{kW}$、$\Delta P_0 = 0.167\text{kW}$。

因 $\alpha_1 = 152.4^\circ$，查表 6-5 得 $K_\alpha = 0.924$；因 $L_d = 1\,800\text{mm}$，$K_L = 1.01$，则带的根数

$$z \geqslant \frac{P_c}{(P_0 + \Delta P_0) K_\alpha K_L} = \frac{4.8}{(1.292 + 0.167) \times 0.924 \times 1.01} = 3.525$$，取 $z = 4$ 根

（8）确定初拉力

查表 6-1 可知，$q = 0.10\text{kg/m}$，得单根普通 V 带初拉力为

$$F_0 = 500 \times \frac{(2.5 - K_\alpha) P_c}{K_\alpha z v} + q v^2 = 143.1\ (\text{N})$$

（9）计算压轴力

$$F_Q = 2 F_0 z \sin\frac{\alpha_1}{2} = 1\,111.75\ (\text{N})$$

（10）带传动结构设计（略）

6.5 链传动的应用特点和类型

1. 链传动的应用特点

链传动是由主、从动链轮以及绕在两轮上的挠性链条组成的，如图 6-12 所示。工作时，靠链轮轮齿与链节的啮合传递运动和动力，能得到准确的平均传动比，链传动属于具有中间挠性件的啮合传动。

链传动的工作原理

与带传动相比，链传动的主要优点是没有弹性滑动和打滑；需要的张紧力小，作用在轴和轴承上的压力也较带传动小；适于两轴间距离较大的传动；传递功率大，传动效率高；能在潮湿、多尘、高温、有油污等恶劣条件下工作。与齿轮传动相比，链传动的制造和安装精度也较低，故成本低廉，易于实现较大中心距的传动。

链传动的主要缺点是瞬时链速和瞬时传动比不恒定。因此传动平稳性差，工作时冲击、振动和噪声较大，且载荷变化大和急速反向转动时性能差。

由于上述特点，链传动广泛用于中心距较大、要求平均传动比准确的传动；环境恶劣的开

式传动；低速、重载传动和润滑良好的高速传动中，如农业机械、矿山机械、机床及摩托车等。通常链传动的传动比 $i \leqslant 8$，传递功率 $P < 100\text{kW}$，中心距 $a = 5 \sim 6\text{m}$，链速 $v \leqslant 15\,\text{m/s}$，传动效率 η 为 0.94～0.98。

2. 链传动的类型

按用途不同，链可分为传动链、起重链和输送链。传动链主要用来传递运动和动力，是链传动的主要组成之一；起重链和输送链主要用于起重和运输机械。

传动链主要包括滚子链和齿形链（见图 6-13）。齿形链又称无声链，与滚子链相比，它具有运转平稳、噪声小、承受冲击载荷能力强等优点，但重量大、结构较复杂、成本较高，一般只用于高速传动。本节仅介绍应用广泛的滚子链传动。

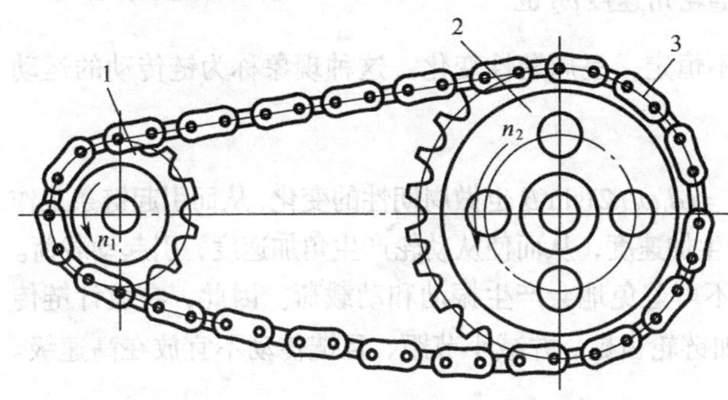

图 6-12　链传动
1—主动链轮　2—从动链轮　3—链条

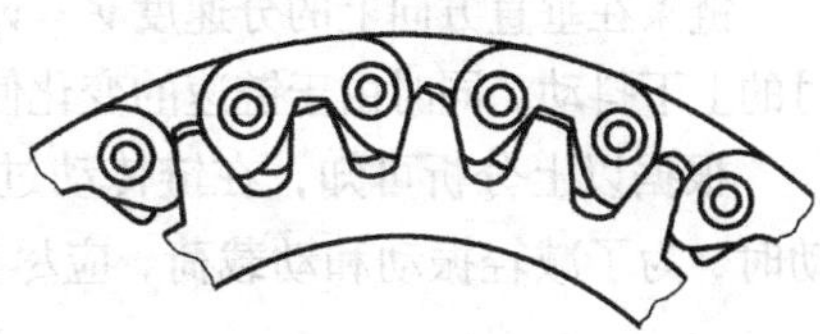
图 6-13　齿形链

3. 链传动的运动特性

（1）平均链速和平均传动比

链条进入链轮后，呈正多边形绕在链轮上，正多边形的边长为链节距 p，边数等于链轮的齿数 z。链轮转动一周，链条移动的距离为多边形的周长 zp，则链的平均速度为

$$v = \frac{z_1 p n_1}{60 \times 1\,000} = \frac{z_2 p n_2}{60 \times 1\,000} \tag{6-22}$$

由式（6-22）可得到链的平均传动比为

$$i = \frac{n_1}{n_2} = \frac{z_2}{z_1} \tag{6-23}$$

式中，v——链速，单位为 m/s；

p——链节距，单位为 mm；

n_1、n_2——分别为主、从动链轮的转速，单位为 r/min；

z_1、z_2——分别为主、从动链轮的齿数。

（2）瞬时链速和瞬时传动比

由上述分析可知，链传动的平均速度和传动比均是定值。但事实上，由于多边形效应，瞬时链速和瞬时传动比都是变化的。图 6-14 所示为铰链 A 进入啮合时的瞬时位置。设主动链轮以等角速度 ω_1 回转，并设链条的紧边在传动中始终处于水平位置，链的瞬时速度 v 等于链轮分

度圆上 A 点圆周速度 v_1 的水平分量，其值为

$$v = v_1 \cos\beta = \frac{d_1\omega_1}{2}\cos\beta \tag{6-24}$$

式中，β 为铰链的圆周速度 v_1 与水平线的夹角。在一个链节从进入啮合到完成啮合的过程中，β 角的大小随链轮的转动而变化，其变化范围为 $-(180^\circ/z_1) \sim +(180^\circ/z_2)$。当 $\beta = 0^\circ$ 时，链速最大，$v_{max} = d_1\omega_1/2$；当 $\beta = \pm 180^\circ/z_1$ 时，链速最小，$v_{min} = (d_1\omega_1/2)\cos(180^\circ/z_1)$。由此可知，链速的变化趋势是由小变大，再由大变小，且每转过一个链节周期性地变化一次。

图 6-14　链传动的速度分析

由于链速 v 周期性地变化，导致从动链轮角速度 ω_2 也做周期性的变化。故瞬时传动比 $i = \frac{\omega_1}{\omega_2}$ 也不恒定，呈周期性变化。这种现象称为链传动的运动不均匀性。

链条在垂直方向上的分速度 $v' = v_1 \sin\beta = (d_1\omega_1/2)\sin\beta$ 也做周期性的变化，从而引起链条工作时的上下抖动。同时由于链速的变化使链产生加速度，从而使从动轮产生角加速度，引起动载荷。

根据以上分析可知，在链传动过程中不可避免地会产生振动和动载荷。因此，在设计链传动时，为了减轻振动和动载荷，应尽量增加链轮齿数，并减小节距，且链传动不宜放在高速级。

6.6 滚子链传动的结构和参数

1. 滚子链的结构

滚子链的结构如图 6-15 所示，它由外链板 1、内链板 2、销轴 3、套筒 4 和滚子 5 五部分组成。销轴与外链板、套筒与内链板之间采用过盈配合；而销轴与套筒、套筒与滚子之间采用间隙配合，以保证套筒可绕销轴、滚子可绕套筒转动。当链与链轮啮合时，滚子沿链轮齿廓滚动，以减少链条和轮齿之间的磨损。链板一般做成“8”字形，以减轻重量，并使链板各截面接近强度相等。

滚子链的结构

2. 滚子链的参数

滚子链的主要参数是链节距，以 p 表示。它是链条相邻两销轴中心的距离，节距越大，链的各部分尺寸越大，链的可传递功率也越大。当传递较大功率时，可以采用多排链。但排数越多，链轮的轴向尺寸加大，装配精度要求也越高，各链之间受载不均匀的现象越严重，故排数一般不超过 4。最常用的是双排滚子链。

滚子链已标准化，分为 A、B 两个系列。其中 A 系列起源于美国，流行于全世界；B 系列起源于英国，主要流行于欧洲。两个系列在我国都有使用，设计中优先推荐 A 系列。表 6-9 列出了 A 系列滚子链的主要参数及极限拉伸载荷。我国国家标准规定链节距采用米制，因此链节

距 p =（链号 × 25.4/16）mm。

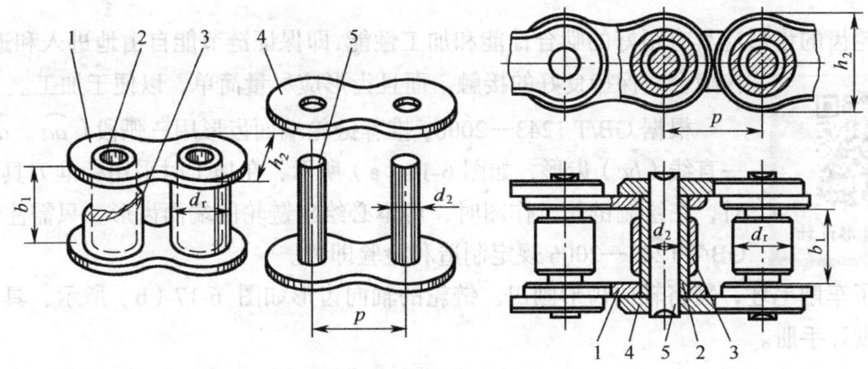

图 6-15 滚子链结构

1—外链板 2—内链板 3—销轴 4—套筒 5—滚子

表 6-9 滚子链的主要参数和极限拉伸载荷（GB/T 1243—2006）

链号	链节距 p/mm	滚子外径 d_1/mm	销轴直径 d_2/mm	内链节内宽 b_1/mm	内链节外宽 b_2/mm	内链板高度 h_2/mm	排距 p_t/mm	单排每米质量 q/(kg/m)	单排链板限拉伸载荷 F_Q/N
08A	12.70	7.95	3.96	7.85	11.18	12.07	15.38	0.6	13 800
10A	15.875	10.16	5.08	9.40	13.84	15.09	18.11	1.0	21 800
12A	19.05	11.91	5.94	12.57	17.75	18.08	22.78	1.5	31 100
16A	25.40	15.88	7.92	15.88	22.61	25.13	29.29	2.6	55 600
20A	31.75	19.05	9.53	18.90	27.46	30.18	35.76	3.8	86 700
24A	38.10	22.23	11.10	25.22	35.46	36.20	45.44	5.6	124 600
28A	45.45	25.40	12.70	25.22	37.19	42.24	48.87	7.5	169 000
32A	50.80	28.58	15.27	31.55	45.21	48.26	58.55	10.10	222 400
40A	63.50	39.68	19.84	37.85	55.89	60.33	71.55	16.10	347 000
48A	76.20	47.63	23.80	47.35	67.82	72.39	87.83	22.60	500 400

滚子链的标记方法如下：链号−排数×链节数 标准编号

如 10A−1 × 80 GB/T 1243—2006，表示节距为 15.875mm、单排、80 节的 A 系列滚子链。链条长度以链节数表示。当链节数为偶数时，恰好内链板与外链板相连接，接头处可用开口销［见图 6-16（a）］或弹簧夹锁紧［见图 6-16（b）］；当链节数为奇数时，需要采用过渡链节，如图 6-16（c）所示。过渡链节在工作中链板受拉时将受到附加弯矩的作用，使强度降低，应尽量避免，故设计时链节数最好取偶数。

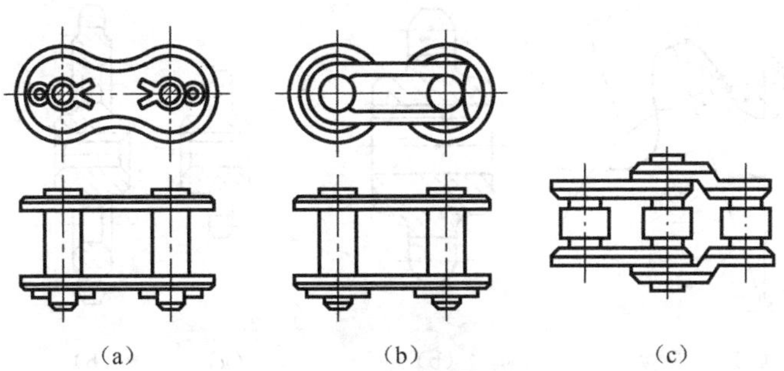

图 6-16 滚子链的接头形式

3. 链轮齿形

链轮轮齿的齿形应具有很好的啮合性能和加工性能,即保证链节能自由地进入和退出啮合。

在啮合时保持良好的接触，而且齿形应尽量简单，以便于加工。

根据 GB/T 1243—2006，推荐链轮端面齿形用三弧段（$\widehat{aa}$、$\widehat{ab}$、$\widehat{cd}$ 和一直线（bc）齿形，如图 6-17（a）所示，在加工时采用标准刀具加工。此时，在绘制链轮工作图时，可不必绘出链轮的端面齿形，只需注明齿形按 GB/T 1243—2006 规定制造和检验即可。

但为了车削毛坯，需将轴向齿形画出。链轮的轴向齿形如图 6-17（b）所示，具体尺寸可查阅机械设计手册。

4. 链轮的主要几何尺寸

链轮的基本参数有节距 p、齿数 z、分度圆直径 d 和滚子直径 d_1。链轮上链条销轴中心所在的圆称为链轮的分度圆，它是计算链轮几何尺寸的基准圆。链轮主要几何尺寸有分度圆直径 d、齿顶圆直径 d_a 和齿根圆直径 d_f，其计算公式如下：

$$\left\{\begin{array}{l} d=\dfrac{p}{\sin\dfrac{180^\circ}{z}} \\ d_a=p\left(0.54+\cot\dfrac{180^\circ}{z}\right) \\ d_f=d-d_1 \end{array}\right. \tag{6-25}$$

式中，d_1——链轮滚子外径，单位为 mm；

d——分度圆直径，单位为 mm；

z——齿数；

p——滚子链节距，单位为 mm。

5. 链轮的结构

链轮的结构如图 6-18 所示。小直径链轮可制成实心式结构，如图 6-18（a）所示；中等直径的链轮多采用孔板式结构，如图 6-18（b）所示；大直径链轮则可设计成组合式结构，如图 6-18（c）、（d）所示。轮齿磨损后只需更换齿圈即可。链轮轮毂尺寸可参考带轮设计。

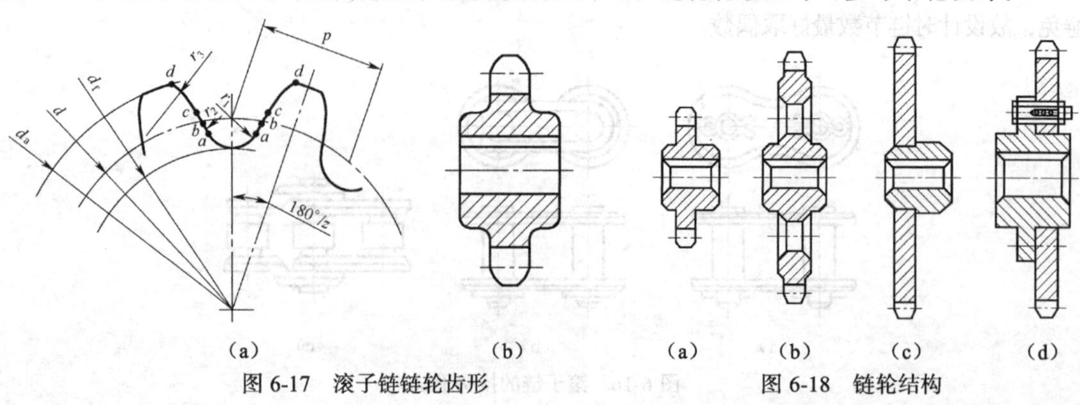

图 6-17 滚子链链轮齿形

图 6-18 链轮结构

6.7 滚子链传动的设计

1. 链传动的主要失效形式

链传动的失效主要是链条的失效。常见的失效形式主要有以下 5 种：链条的疲劳破坏、链条铰链的磨损、滚子套筒的冲击疲劳破坏、链条的过载拉断、销轴与套筒的胶合。

（1）链条的疲劳破坏

在润滑良好的条件下，链条在变应力作用下经过一定的循环次数后，链板可能发生疲劳破坏，且滚子和套筒可能出现疲劳点蚀和裂纹。此时，链条的疲劳破坏是链传动的主要失效形式。链条的疲劳强度是决定链传动工作能力的主要因素。

（2）链条铰链的磨损

链条工作时，销轴和套筒之间有相对转动，会产生摩擦磨损，使链节变长。当磨损达到一定程度时，将引起跳齿和脱链，从而导致传动失效。

链轮的结构及选择

（3）滚子套筒的冲击疲劳破坏

由于链条受到周期性的冲击载荷以及经常启动、制动、反转，使滚子、套筒等元件可能在疲劳破坏前发生冲击疲劳破坏，导致传动失效。该现象主要发生在中高速链传动中。

（4）链条的过载拉断

在低速重载或严重过载的工作条件下，当链条所承受的载荷超过静强度时，链条会被拉断。

（5）销轴与套筒的胶合

当转速过高或润滑不良时，铰链处销轴和套筒的工作表面可能出现瞬间高温而产生胶合。因此，必须限制链传动的极限转速。

2. 滚子链的额定功率曲线

滚子链的额定功率曲线是链传动设计计算的基本依据。图 6-19 所示为 A 系列滚子链在标准实验条件下得到的额定功率 P_0 曲线图。

如果链传动的润滑不良或不能保证按推荐润滑方式润滑，应将图 6-19 查得的 P_0 值降低。当链速 $v \leqslant 1.5$ m/s 时，P_0 值降低 50%；当链速 1.5m/s $< v <$ 7m/s 时，P_0 值降低 75%；当链速 $v >$ 7m/s 时，不宜采用滚子链。

当实际工作条件与特定实验条件不相符时，还应将上述确定的 P_0 值加以修正。

链传动设计案例

3. 滚子链传动的设计计算

（1）中高速链传动

对于 $v \geqslant 0.6$ m/s 的中高速链传动，其主要失效形式是链条的疲劳破坏或冲击破坏，一般按图 6-19

所示的功率曲线图进行设计。其设计准则是链传动名义传递功率的计算值 P_c 小于许用功率值。

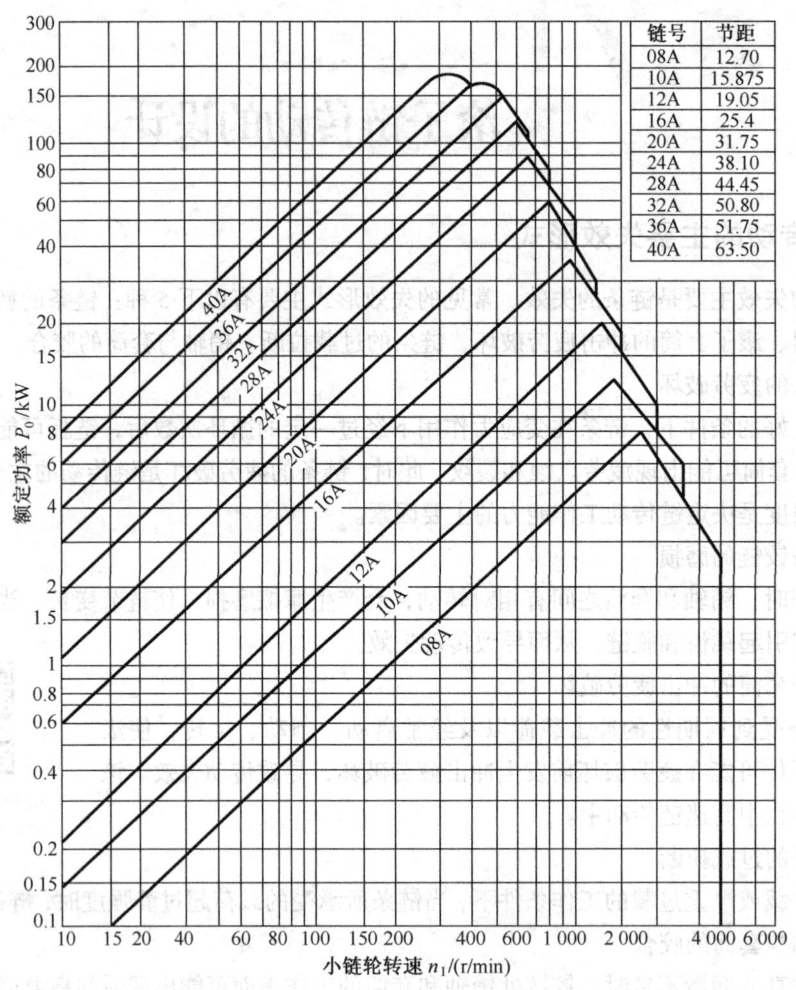

图 6-19　A 系列滚子链的额定功率曲线图

当实际工作条件与标准试验条件不同时，应对图 6-19 查得的 P_0 值进行修正。许用功率值即为修正以后的功率值。因此有

$$P_c = K_A P \leqslant P_0 K_z K_m \tag{6-26}$$

式中，K_A——工作情况系数，见表 6-10；

K_z——小链轮齿数系数（滚子或套筒破坏时为 K_{za}，链板破坏时为 K_{zb}），见表 6-11；

K_m——多排链排数系数，见表 6-12；

P——所传递的名义功率，单位为 kW。

表 6-10　　工作情况系数 K_A

载荷种类	原动机	
	电动机或汽轮机	内燃机
载荷平稳	1.0	1.2
中等冲击	1.3	1.4
较大冲击	1.5	1.7

表 6-11　　小链轮齿数系数 K_z

Z_1	17	18	19	20	21	22	23	24	25	26	27	28	29	30
K_{za}	0.887	0.943	1.00	1.06	1.11	1.17	1.23	1.29	1.35	1.40	1.46	1.52	1.58	1.64
K_{zb}	0.846	0.992	1.00	1.08	1.16	1.25	1.33	1.42	1.51	1.60	1.69	1.79	1.89	1.98

表 6-12　　多排链排数系数 K_m

排数	1	2	3	4	5	6
K_m	1.0	1.7	2.5	3.3	5.0	5.6

（2）低速链传动

对于 $v<0.6$m/s 的低速链传动，其主要失效形式是过载拉断，设计时应进行静强度计算。通常是校核链的静强度安全系数：

$$s=\frac{nF_Q}{K_A F}\geqslant[s] \tag{6-27}$$

式中，n——链条排数；

F——单排链的极限拉伸载荷，单位为 N；

K_A——工作情况系数；

$[s]$——静强度的许用安全系数，$[s]$=4～8，多排链取较大值；

F_Q——链的工作拉力，单位为 N。其计算式如下：

$$F_Q=\frac{1000P}{v}$$

式中，P——传动名义功率，单位为 kW；

v——链速，单位为 m/s。

4. 参数的选择及设计计算

（1）链轮齿数 z

链轮的齿数直接影响到链传动的平稳性和使用寿命。齿数过少，会增加链传动的不均匀性，且增大动载荷和冲击；齿数过多，则会因磨损而引起节距增长，导致出现脱链和跳齿现象。通常，小链轮齿数不宜过少，取 $z_1\geqslant z_{\min}$，$z_{\min}=17$，可根据链速从表 6-13 中选取；大链轮齿数 $z_2=iz_1$，大链轮齿数不宜过多，通常取 $z_2\leqslant120$。

表 6-13　　小链轮齿数 z_1 的选择

链速 v/（m/s）	0.6～3	3～8	＞8
z_1	≥17	≥21	≥35

为了保证磨损均匀，链轮齿数应与链节数互为质数。由于链节数常取偶数，因此链轮齿数一般取奇数，并优先选用下列数值：17、19、21、23、25、38、57、76、95、114。

（2）链节距 p

链节距越大，链条承载能力越强，但转速很高时冲击也越大。故转速较高时宜选用小节距的链条。高速重载时宜选多排小节距链，低速重载时可选单排大节距链。

选择链节距时，可根据小链轮的转速 n_1 和额定功率 P_0 从图 6-19 中得到一个工作点，由此确定链条型号和节距。当工作点落在图中曲线顶点左侧区域时，主要失效形式为链板疲劳破坏；在右侧时，主要为滚子套筒的冲击疲劳破坏。

（3）中心距 a 和链节数 L_p

链传动中心距大小要适当，过小时在小链轮上的包角也小，同时参与啮合的齿数少，会使轮齿磨损严重，链条寿命降低；过大时链传动结构不紧凑，松边垂度过大，传动平稳性差。一般初选 $a_0=(30\sim50)L_p$，最大 $a_{max}=80p$。

链条的长度用链节数 L_p 表示，其计算公式如下：

$$L_p=\frac{2a_0}{p}+\frac{z_1+z_2}{2}+\left(\frac{z_1-z_2}{2\pi}\right)^2\frac{p}{a_0} \quad (6\text{-}28)$$

计算得到的 L_p 应圆整为整数，且尽量取偶数，避免使用过渡链节。然后根据圆整后的 L_p 再计算实际中心距 a。

$$a=\frac{p}{4}\left[\left(L_p-\frac{z_1+z_2}{2}\right)+\sqrt{\left(L_p-\frac{z_1+z_2}{2}\right)^2-8\left(\frac{z_2-z_1}{2\pi}\right)^2}\right] \quad (6\text{-}29)$$

通常，中心距做成可调整的，以便在链条伸长后能调节其松紧程度。

（4）验算链速 v

$$v=\frac{z_1n_1p}{60\times1\,000}\leqslant15\text{m/s} \quad (6\text{-}30)$$

（5）选择润滑方式

链传动的润滑方式可根据已确定的链节距和链速按图 6-20 所示的润滑方式进行选择。

（6）计算链轮对轴的压力 F_Q

$$F_Q\approx(1.2\sim1.3)F \quad (6\text{-}31)$$

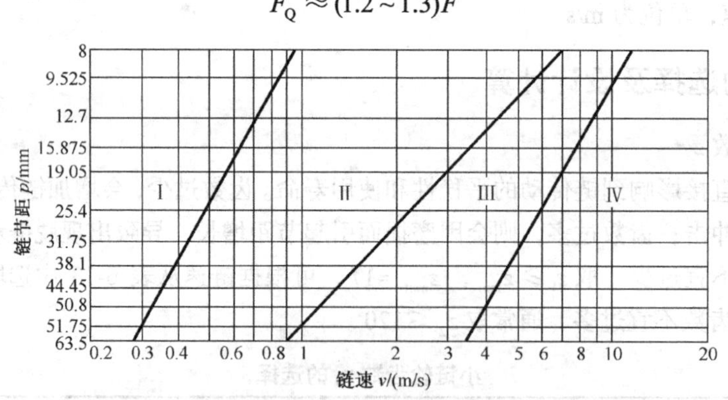

图 6-20　链传动的润滑方式

Ⅰ—人工定期润滑　Ⅱ—滴油润滑　Ⅲ—油浴润滑　Ⅳ—压力喷油润滑

6.8 带传动和链传动的布置与维护

1. 带传动的布置及张紧

带传动的布置比较自由，当水平布置带传动时，宜使紧边在下，松边在上，以增大小带轮包角，提高带的承载能力。带工作一段时间后，由于塑性变形会伸长、松弛，张紧力降低，从而影响带的传动能力。为了保持一定的张紧力，一般还需要设置张紧装置。图 6-21（a)、(b）所示的张紧装置为定期张紧装置。定期张紧装置需要进行定期调整，当带需要张紧时，通过调整螺栓，来改变电动机的位置，增大中心距，以获得所需的张紧力。图 6-21（c）所示为自动张紧装置，电动机是固定在摆动架上的。自动张紧装置靠电动机与摆架的自重自动实现张紧，且不需要人工调整。图 6-21（d）所示为采用张紧轮的张紧装置，用于中心距不可调节的场合。张紧轮应装在松边内侧，使带只受单向弯曲。并靠近大带轮处，避免小带轮的包角减少太多。

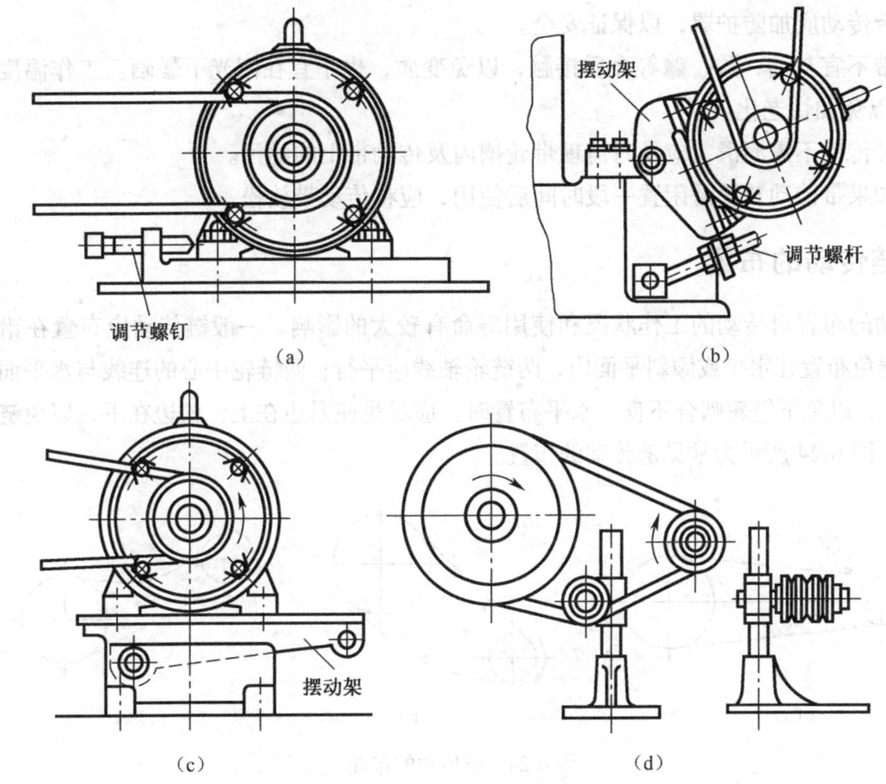

图 6-21　带传动的张紧装置

2. 带传动的使用和维护

为保证带传动能正常工作和延长寿命，正确使用和维护十分重要。一般应注意以下事项。

（1）安装时，两带轮轴线必须保持规定的平行度。两轮轮槽中心线应对正，且与轴线垂直，以防止带磨损加速，降低使用寿命，如图 6-22 所示。

（2）同时使用多根 V 带时，应采用相同型号、同一厂家生产的配组带，以免各带受力不均匀。若其中一根带过度松弛或损坏，应全部更换。新、旧带不能同时使用。

（3）安装 V 带时，应按规定的初拉力 F_0 张紧。对于中等中心距的带传动，也可凭经验张紧，带的张紧程度以大拇指能将带按下 15mm 为宜，如图 6-23 所示。新带使用前，最好预先拉紧一段时间后再使用。

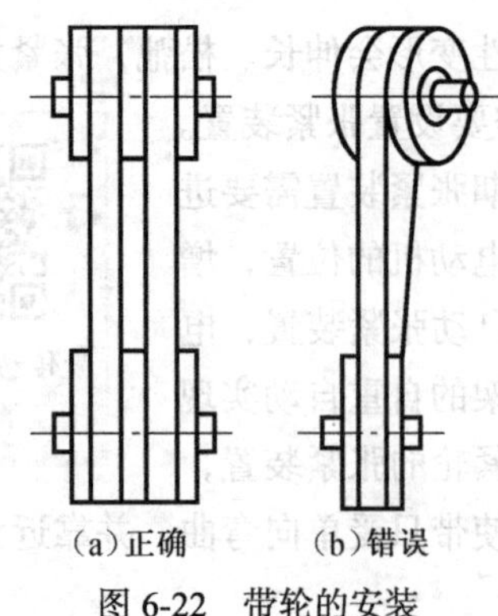

图 6-22 带轮的安装

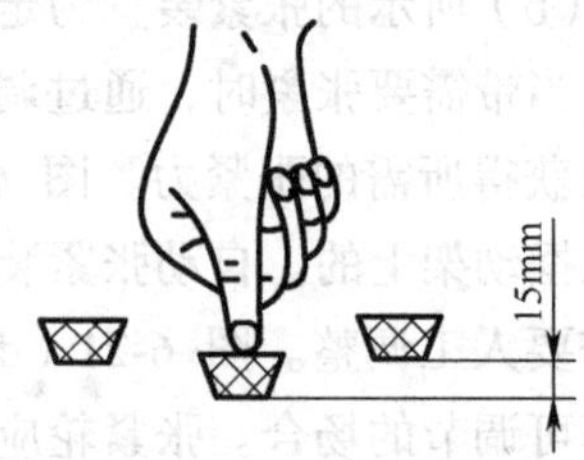

图 6-23 V 带的张紧程度

（4）带传动应加防护罩，以保证安全。

（5）带不宜与油、酸、碱等介质接触，以免变质，也不宜在阳光下暴晒。工作温度不宜超过 60℃，以免加快老化。

（6）带传动不需润滑，应及时清理带轮槽内及传动带上的油污。

（7）如果带传动装置需闲置一段时间后使用，应将传动带放松。

3. 链传动的布置

链传动的布置对传动的工作状况和使用寿命有较大的影响。一般链传动应布置在铅垂平面内，尽量避免布置在水平或倾斜平面内，两链轮轴线应平行；两链轮中心的连线与水平面的夹角应小于 45°，以免下链轮啮合不良；水平布置时，应尽量使紧边在上，松边在下，以免链与轮齿互相干涉。图 6-24 所示为常见链传动的布置。

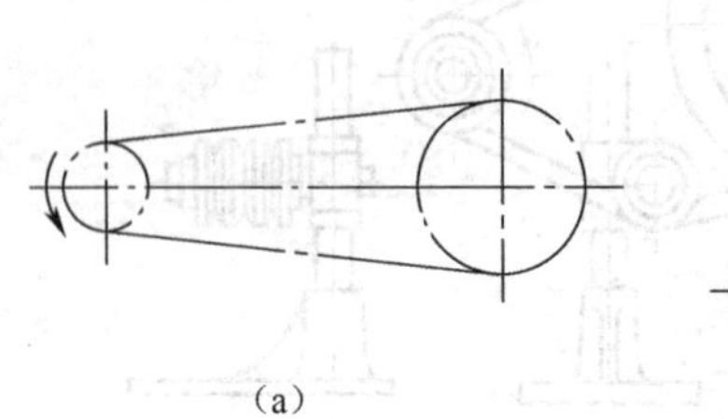
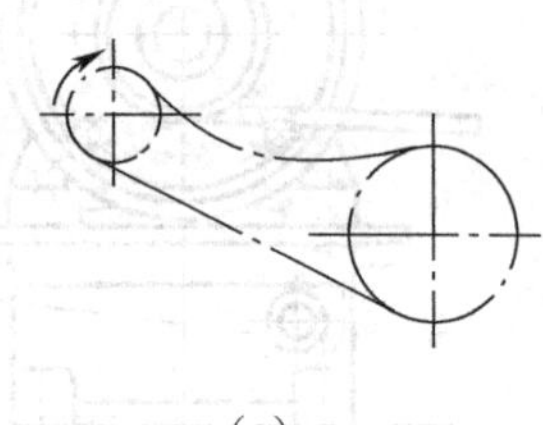
(a) (b) (c)

图 6-24 链传动的布置

4. 链传动的张紧和润滑

（1）链传动的张紧

链传动是靠链条与链轮的啮合传递动力，不需要很大的张紧力。链传动的张紧目的主要是避免链条松边垂度过大、增大包角及补偿链条磨损后的伸长，保证链轮与链条啮合良好，减轻振动。链传动的张紧如图 6-25 所示，张紧轮宜位于松边外侧靠近小链轮处。

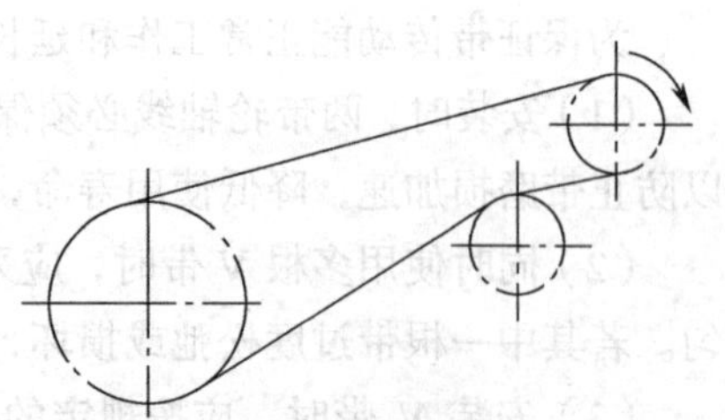
图 6-25 链传动的张紧

（2）链传动的润滑

润滑对于链传动具有十分重要的作用，尤其对高速、重载的链传动更是如此。良好的润滑可以缓和冲击、减小摩擦和减轻磨损，使链传动达到预期的使用寿命。推荐的润滑油牌号有 L-AN32、L-AN46、L-AN68 等全损耗系统用油。温度低时，选黏度较低的润滑油；温度高时，选黏度较高的润滑油。对于不便使用润滑油的场合，可用润滑脂，并定期清洗和更换。

习 题

一、判断题

1. 凡是带传动都是靠摩擦力传递载荷的。（ ）
2. 在传动系统中，带传动往往放在高速级是因为它可以传递较大的扭矩。（ ）
3. V 型带的公称长度是指它的内周长。（ ）
4. 弹性滑动是带传动的固有现象，不可避免。（ ）
5. 设计 V 带时，由功率即可确定带的型号。（ ）
6. 为增大摩擦力，可将带轮表面做的粗糙些。（ ）
7. 中心距的改变不影响带传动及链传动的平均传动比。（ ）
8. 要减小链传动的运动不均匀性，在设计时应选择较小节距的链。（ ）
9. 链轮齿数的选择与链速大小有关。（ ）
10. 为增大小带轮的包角，带传动的张紧轮宜置于松边外侧靠近小带轮处。（ ）

二、选择题

1. 平带、V 带传动主要依靠（ ）来传递运动和动力。

A. 带的紧边拉力　B. 带的预紧力　C. 带和带轮接触面间的摩擦力

2. 下列普通 V 带中，以（ ）型带的截面尺寸最小。

A. A　B. C　C. E　D. Z

3. 在初拉力相同的条件下，V 带比平带能传递较大的功率，是因为 V 带（ ）。

A. 强度高　B. 尺寸小　C. 有楔形增压作用　D. 没有接头

4. 带传动正常工作时不能保证准确的传动比，是因为（ ）。

A. 带的材料不符合胡克定律　B. 带容易变形和磨损

C. 带在带轮上打滑　D. 带的弹性滑动

5. 带传动在工作时产生弹性滑动，是因为（ ）。

A. 带的初拉力不够　B. 带存在紧边和松边

C. 带绕过带轮时有离心力　D. 带和带轮间摩擦力不够

6. 带传动发生打滑总是（ ）。

A. 在小轮上先开始　B. 在大轮上先开始

C. 在两轮上同时开始　D. 不定在哪轮先开始

7. 带传动中，v_1 为主动轮的圆周速度，v_2 为从动轮的圆周速度，v 为带速，这些速度之间存在的关系是（ ）。

A. $v_1 = v_2 = v$　B. $v_1 > v > v_2$　C. $v_1 < v < v_2$　D. $v_1 = v > v_2$

8. V 带传动设计中，限制小带轮的最小直径主要是为了（ ）。限制带速主要是为了（ ）。

限制小带轮上的包角是为了（ ）。

A. 限制离心应力　　B. 限制弯曲应力

C. 保证带和带轮接触面间有足够摩擦力

9. 与齿轮传动相比，带传动的最大优点是（　　），链传动的最大优点是（　　）。

A. 能过载保护　　B. 承载能力大　　C. 传动效率高　　D. 传动的中心距大

10. 在带传动中，若小带轮为主动轮，则带的最大拉应力发生在带开始（　　）。

A. 进入从动轮处　　B. 退出主动轮处　C. 退出从动轮处　　D. 进入主动轮处

11. 链传动能保证恒定的（　　）。

A. 瞬时传动比　　B. 平均传动比　　C. 链速　　D. 从动轮转速

12. 设计链传动时，链条节数宜取（　　）。链轮齿数宜取（　　）。

A. 偶数　　B. 奇数　　C. 5 的倍数

13. 在一定转速下，要减小链传动的运动不均匀性和动载荷，应该（　　）。

A. 减小链条节距和链轮齿数　　B. 增大链条节距和链轮齿数

C. 增大链条节距，减小链轮齿数　　D. 减小链条节距，增大链轮齿数

14. 链传动设计中，对高速重载传动，宜选用（　　），对低速重载传动，宜选用（　　）。

A. 大节距单排链　　B. 小节距多排链　C. 大节距多排链

三、综合题

1. V 带带轮的基准直径指的是哪个直径？三角胶带传动的最小带轮直径由什么条件限制？小带轮包角范围如何确定？

2. 在相同的条件下，为什么 V 带比平带的传动能力大？

3. 带传动有哪两种滑动现象？各由什么原因造成的？对传动有什么影响？

4. 带工作时，带截面上存在着哪几种应力？工作应力对带轮直径、带速大小、中心距、预紧力的选择有什么要求？

5. 有一普通 V 带传动，已知用笼鼠型交流异步电机驱动，载荷轻微变动，中心距 $a \approx 850$mm，带轮基准直径 $d_{d1} = 140$mm，$d_{d2} = 375$mm，从动轴转速 $n_2 = 358$r/min，B 型带三根，基准长度 $L_d = 2\,500$mm，三班制工作。求该 V 带可以传递的最大功率。

6. 分析图 6-26 所示减速装置的传动方案中有何不合理之处，并写出正确的传动路线图。

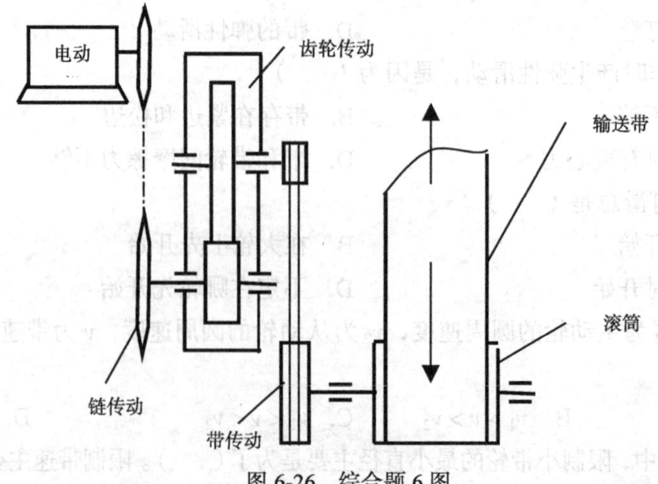

图 6-26　综合题 6 图

第7章 其他常用机构

【学习目标】

- 了解常见间歇运动机构的工作原理及运动特点
- 理解螺旋机构的特点及运动规律
- 了解串联式组合机构的构成原理及特性

在机械中，除前面讨论过的平面连杆机构、凸轮机构、齿轮机构、带传动及链传动机构外，我们还经常会用到间歇运动机构和螺旋机构等类型繁多、功能各异的机构。此外，在现代机械中，广泛应用着利用各种基本机构按照一定的规律组合而成的复杂机构，它们统称为组合机构。

7.1 间歇运动机构

在机器工作时，常常需要某些机构的主动件做连续运动，从动件则产生周期性的时动时停的间歇运动，能实现周期性时动时停运动转换的装置称为间歇运动机构。如牛头刨床的进给机构；自动机床的进给、送料和刀架转位机构；印刷机的进纸机构；包装机的送进机构等。

棘轮机构的工作原理

间歇运动机构类型很多，常见的有棘轮机构、槽轮机构和不完全齿轮机构。

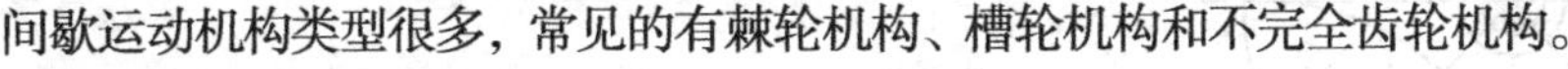

1. 棘轮机构

典型的棘轮机构如图 7-1 所示，该机构由棘轮 1、棘爪 2、摇杆 3 和止动爪 4 等组成。弹簧 5 使止动爪 4 和棘轮 1 始终保持接触。当摇杆逆时针摆动时，棘爪便插入棘轮的齿间，推动棘轮转过一定角度。当摇杆顺时针摆动时，止动爪阻止棘轮顺时针转动，同时棘爪在棘轮的齿面上滑过，故棘轮静止不动。这样，当摇杆连续往复摆动时，棘轮便得到单向的间歇运动。

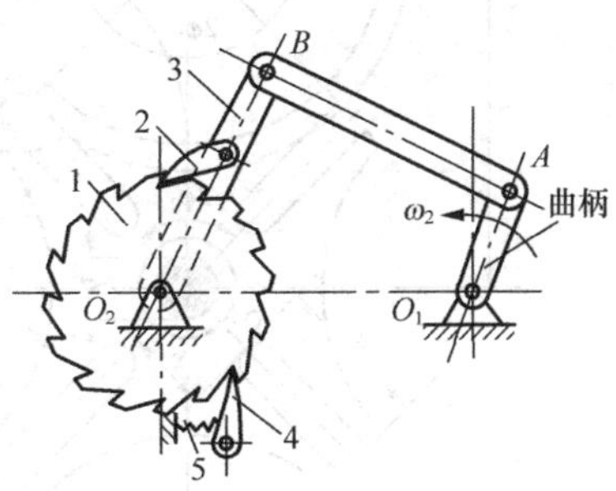

图 7-1 棘轮机构

1—棘轮 2—棘爪 3—摇杆

4—止动爪 5—弹簧

棘轮机构结构简单，制造方便，运转可靠，转角大小调节方便；但是棘爪和棘轮开始接触的瞬间会发生冲击，传动平稳性较差。因此常用于低速、轻载或转角需要调节的场合，如机器的进给、送料机构和起重设备中的停止器中。

2. 槽轮机构

槽轮机构又称马氏机构。如图 7-2 所示，它由具有径向圆销的主动拨盘 1、具有径向槽的槽轮 2 和机架组成。

当构件 1 做均匀连续转动时，槽轮时而转动，时而静止。在构件 1 中的圆销 A 尚未进入槽轮的径向槽时，槽轮内凹锁住弧β被构件 1 的外凸圆弧α卡住，因而槽轮静止不动。图中所示为构件 1 的圆销开始进入槽轮径向槽的位置，这时锁住弧被松开，因此圆销便驱使槽轮转动。当圆销开始脱出径向槽时，槽轮的另一内凹锁住弧又被构件 1 的外凸锁住弧卡住，致使槽轮静止不动，直到圆销在进入另一径向槽时，两者又重复上述的运动循环。图 7-2 所示为具有四个槽的槽轮机构，当原动件回转一周时，从动件只转 1/4 周。同理，具有 n 个槽的槽轮机构，当原动件回转一周时，槽轮转过 $1/n$ 周。如此重复循环，使槽轮实现单向间歇转动。

槽轮机构的工作原理

槽轮机构的特点是结构简单，工作可靠，机械效率高，在进入和脱离接触时运动较平稳，能准确控制转动的角度，但槽轮的转角不可调节，故只能用于定转角的间歇运动机构中，如自动机床、电影机械、包装机械等。

不完全齿轮机构的工作原理

3. 不完全齿轮机构

不完全齿轮机构的主动轮上只有一个或数个轮齿，而从动轮上的轮齿分布视机构运动时间与静止时间的要求而定。如图 7-3 所示，主动轮 1 连续转动一周，从动轮 2 分别转 1/8［见图 7-3（a）］和 1/4［见图 7-3（b）］周，达到主动轮连续转动，从动轮做间歇转动的目的。为防止从动轮在静止时间内游动，主、从动轮上分别有外凸圆弧和内凹锁住弧。

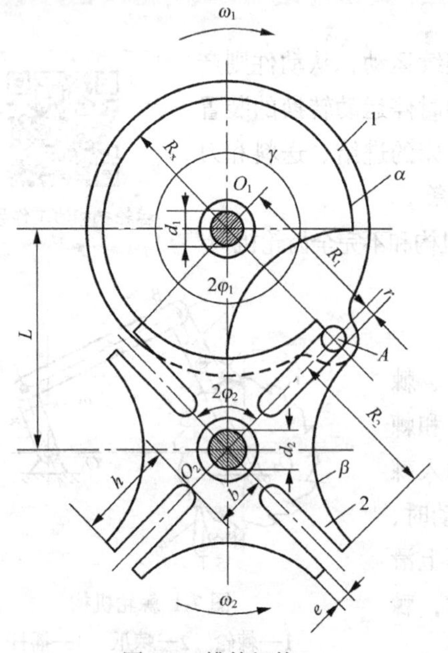

图 7-2 槽轮机构

1—拨盘 2—槽轮

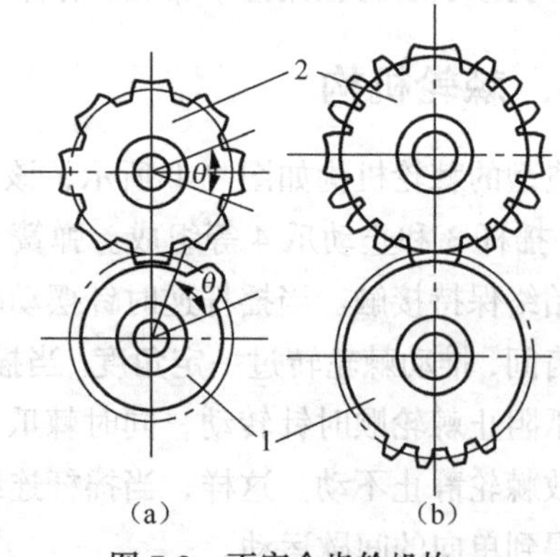

图 7-3 不完全齿轮机构

1—主动轮 2—从动轮

不完全齿轮机构与其他间歇机构相比，只要适当地选取齿轮的齿数、锁住弧的段数和锁住弧之间的齿数，就能使从动轮得到预期的停歇次数、停歇时间及每次转过的角度。

但不完全齿轮机构在从动轮进入或退出啮合时，因速度突变，会引起刚性冲击，故一般只用于低速轻载场合，常在计数器和某些间歇进给机构中采用。

7.2 螺旋机构

螺旋传动是一种能将转动变为直线移动的常见传动形式。例如，机床进给机构中采用螺旋传动实现刀具或工作台的直线进给，车用螺旋千斤顶（见图 7-4）的工作部分的直线运动都是利用螺旋传动来实现的。

图 7-4　车用螺旋千斤顶

螺旋机构由螺杆、螺母和机架组成（一般把螺杆和螺母之一作为机架），能将旋转运动变换为直线运动，并具有增力性能。螺旋机构具有结构简单、工作连续平稳、传动比大、承载能力强、传递运动准确，易实现自锁等优点，但传动效率较低。

按用途和受力情况，螺旋机构可分为传递运动、传递动力和用于调整三种类型；按螺旋副的摩擦性质，螺旋机构可分为滑动螺旋机构、滚动螺旋机构和静压螺旋机构三种类型，这里只讨论滑动螺旋机构。螺旋机构的主要功能和应用如表 7-1 所示。

认识螺旋机构

滑动螺旋机构的螺旋副间存在着较大的滑动摩擦，传动效率低（一般为 0.3～0.4）。滚动螺旋机构和静压螺旋机构则改变了螺旋副间的摩擦状态，传动效率达到了 0.9 以上，是新型理想的传动机构，但其结构复杂、制造困难、成本较高。随着制造技术的不断发展，其应用正在得到不断推广。

图 7-5 所示为最简单的滑动螺旋传动（单螺旋传动）。其中螺母 3 相对支架 1 可做轴向移动。设螺杆的导程为 S，螺距为 p，螺纹线数为 n，因此螺母的位移 L 和螺杆的转角 φ（单位为 rad）有如下关系：

$$L=\frac{S}{2\pi}\varphi=\frac{np}{2\pi}\varphi \tag{7-1}$$

图 7-6 所示为一种差动滑动螺旋传动（双螺旋传动），螺杆 2 分别与支架 1、螺母 3 组成螺旋副 A 和 B，导程分别为 S_A 和 S_B，螺母 3 只能移动不能转动。若左、右两段螺纹的螺旋方向相同，则螺母 3 的位移 L 与螺杆 2 的转角 φ（rad）有如下关系：

$$L=(S_A-S_B)\frac{\varphi}{2\pi} \tag{7-2}$$

由式（7-2）可知，若 A、B 两螺旋副的导程 S_A 和 S_B 相差极小时，则位移 L 也很小，这种差动滑动螺旋传动广泛应用于各种微动装置中。

若图 7-6 所示两段螺纹的螺旋方向相反，则螺杆 2 的转角 φ 与螺母 3 的位移 L 之间的关系为

$$L=(S_A+S_B)\frac{\varphi}{2\pi} \tag{7-3}$$

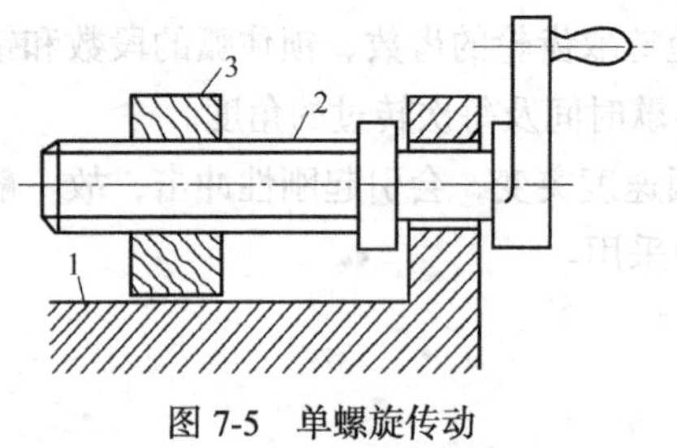

图 7-5 单螺旋传动

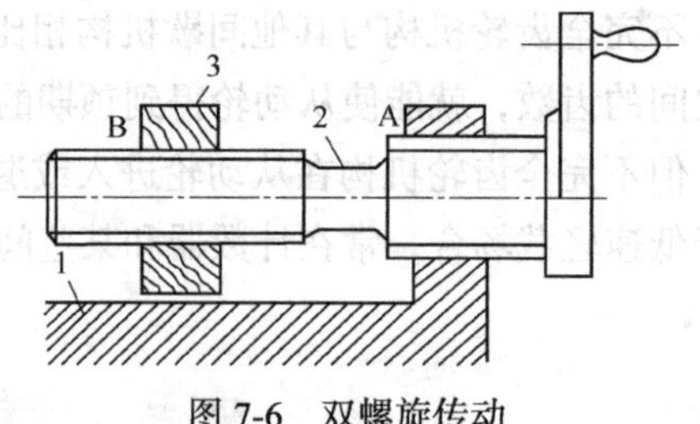

图 7-6 双螺旋传动

这时，螺母 3 将获得较大的位移，它能使被连接的两构件快速接近或分开。这种差动滑动螺旋传动常用于要求快速夹紧的夹具或锁紧装置中，如钢索的拉紧装置、某些螺旋式夹具等。

表 7-1 螺旋机构的主要功能及应用

功能	应用示例	说明
传递运动和动力		台虎钳定心夹紧机构，由平面夹爪 1 和 V 形夹爪 2 组成定心机构 螺杆 3 的 A 端是右旋螺纹，B 端为左旋螺纹，采用导程不同的复式螺旋。当转动螺杆 3 时，夹爪 1 与 2 夹紧工件 4
转变运动形式	防转机构 (a) 防转机构 (b) (c) (d)	（a）螺杆转动，螺母移动； （b）螺母转动，螺杆移动； （c）螺母固定，螺杆转动和移动； （d）螺杆固定，螺母转动和移动
机构调整		利用螺旋机构调节曲柄长度。螺杆（构件 1）与曲柄（构件 2）组成转动副 B，与螺母（构件 2）组成螺旋副 C。曲柄 2 的长度 *AK* 可通过转动螺杆 1 改变螺母 3 的位置来调整
微调与测量		镗床镗刀的微调机构。螺母 2 固定于镗杆 3，螺杆 1 与螺 2 组成螺旋副 A，同时又与螺母组成螺旋副 B。4 的末端是镗刀，它与 2 组成移动副 C。螺旋副 A 与 B 旋向相同而导程不同，当转动螺杆 1 时，镗刀相对镗杆做微量的移动，以调整镗孔时的进给量

7.3 组合机构

在现代化的机械制造业中，为了生产各种复杂零件及满足各种运动和性能要求，对机构运动形式、运动规律和机械性能等方面提出了更多重复杂的要求。各种基本机构的运动和动力性能等具有一定的局限性，采用其中某一种基本机构往往不能满足设计要术，因而常需把几种基本机构联合起来，组成一种组合机构来使用。利用组合机构不仅能满足生产上的多种要求，而且能综合应用和发挥各种基本机构的特性。

组台机构可以是同一类型的基本机构的组合，也可以是不同类型的基本机构的组合。机构组合的形式分串联组合与并联组合，其中尤以串联组合机构应用最普遍。

1. 串联组合机构的主要形式

（1）前置机构为连杆机构

当前置机构为连杆机构时，其输出构件可以是连架杆，它能实现往复摆动、往复移动、等速、变速等输出，可具有急回性质。其输出构件可以是连杆，连杆的刚体导引性质、连杆上某点的轨迹特性常被串联组合设计时利用。常采用的后置机构有连杆机构、凸轮机构、齿轮机构及间歇运动机构。

（2）前置机构为凸轮机构

凸轮机构为主动构件的机构，虽然可以输出任意的运动规律，但受到机构压力角的限制行程不能太大，若串联后置机构，其既可以实现增程、增力，又能满足特殊运动规律的要求。后置机构通常是连杆机构。

（3）前置机构为齿轮机构

若前置机构为齿轮机构，其后置机构可以是连杆机构、凸轮机构、齿轮机构或其他机构。其功能是要是减速、增速等。

（4）前置机构为其他机构

前置机构所用的其他机构有非圆齿轮机构、间歇运动机构、挠性件传动机构等。串联后可实现特殊要求的运动规律，或可以改善后置机构输出构件的动力特性。

（5）多级串联机构

多级串联机构是指三个或三个以上的基本机构的串联。串联后的机构可以实现工作要求的运动规律，又可以实现增程等多种功能。

2. 串联式组合机构可实现的功能

（1）增程机构

图 7-7 所示为一增程机构，因工艺要求实现大行程的往复移动，所以进行了串联组合。它由前置的曲柄摇杆机构和后置的摇杆滑块机构组成。机构组合后，其行程的大小可以由摇杆 3 的长度来确定。

而在图 7-8 所示的凸轮连杆机构中，摆动从动件盘形凸轮机构为前置机构，摆动导杆机构为后置机构。在凸轮机构中，摆杆的摆动角受机构传力要求的限制，应小于 2 倍的压力角，一般最大只能达到 50°。为了实现运动规律的要求，又要实现大摆角的输出，只能采用串联组合形式。增大摆杆 2 的尺寸，减小摆杆 5 的尺寸，就可以使摆杆 5 输出较大的摆角。

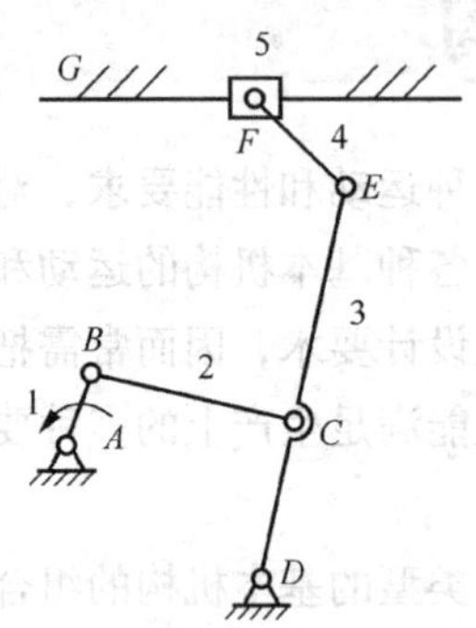

图 7-7　连杆增程机构

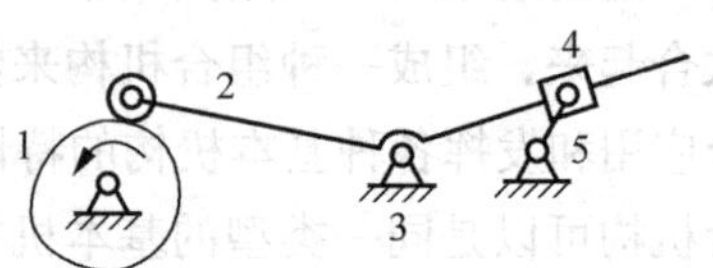

图 7-8　凸轮增程机构

（2）实现输出构件的特定运动规律

常见的特定的运动规律有：输出构件的部分行程要求等速、减速、停歇或当主动构件完成一个行程时，输出构件能实现多个行程等。

图 7-9 所示为一行星齿轮连杆机构。该机构是利用了行星齿轮机构中的行星齿轮输出的特殊运动轨迹，再与特殊的连杆机构串联组合后，使输出的构件满足特定的运动规律要求。

（3）改善输出构件的动力特性

如前所述，槽轮机构常用于转位机构和分度机械装置中，但其运动与动力特性不太理想，尤其是在槽轮数较少的外槽轮机构中，其角速度与角加速度的波动均达到很大数值，造成工作台转位的不稳定。分析原因，是因为主动拨盘一般是做匀速运动，并且回转半径是不变的。当运动传递给槽轮时，收于主动拨盘的滚销在槽轮的传动槽内沿径向相对滚移，致使槽轮作用点也沿径向位置发生变化。为改善这种状态，可采用串联式组合方式。图 7-10 所示的串联机构，可在较高速度的条件下运行，并且转位平稳、锁止可靠、结构简单，远胜于普通的槽轮机构。

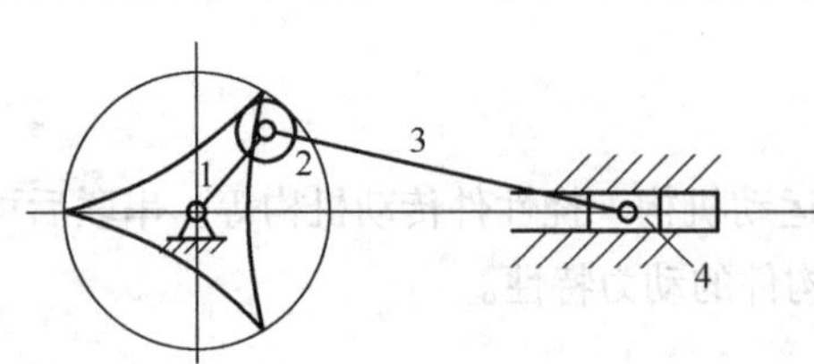

图 7-9　行星齿轮连杆机构

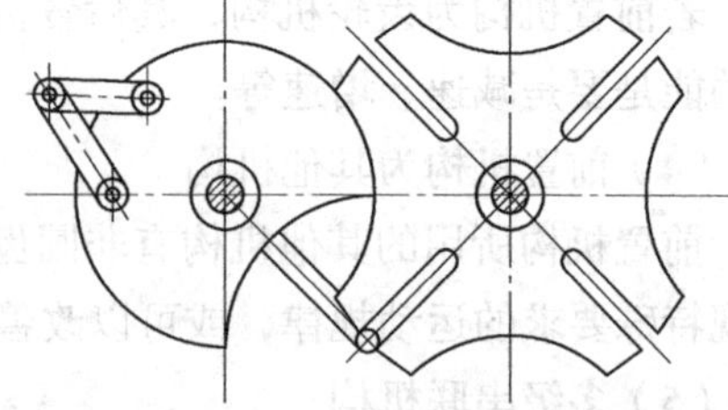

图 7-10　双曲柄机构与槽轮机构的串联组合

习　题

一、判断题

1. 棘轮机构的主动件是棘轮，槽轮机构的主动件是槽轮。　　（　）
2. 槽轮机构和棘轮机构一样，可以方便地调节转角的大小。　　（　）

3. 槽轮的转向与主动件的转向相反。 （　　）

4. 不完全齿轮机构，因为是齿轮传动，所以无传动冲击。 （　　）

5. 差动螺旋传动可以产生极小的位移，能够实现微量调节。 （　　）

二、选择题

1. 间歇运动机构（　　）把间歇运动转换成连续运动。

A. 不能　　B. 能

2. 一般而言，（　　）机构运动平稳性好；（　　）机构的转角大小可调。

A. 棘轮机构　　B. 槽轮机构　　C. 不完全齿轮机构

3. 棘轮机构的主动件，是做（　　）的。

A. 往复摆动　　B. 往复直线运动　　C. 连续旋转运动

4. 槽轮的槽形是（　　）。

A. 轴向槽　　B. 径向槽

5. 利用（　　）可以防止不完全齿轮机构的从动件反转；利用（　　）可以防止棘轮的反转。

A. 锁止圆弧　　B. 止回棘爪

6. 螺旋千斤顶采用的螺旋传动形式是（　　）。

A. 螺母不动，螺杆回转并做直线运动

B. 螺杆不动，螺母回转并做直线运动

C. 螺杆原位回转，螺母做直线运动

三、综合题

1. 棘轮机构、槽轮机构和不完全齿轮机构是怎样组成的？它们如何实现从动件的单向间歇运动？

2. 台虎钳的螺旋传动中，若螺杆为双线螺纹，螺距为 5 mm，当螺杆回转 3 周时，活动钳口移动的距离是多少？

3. 图 7-11 所示为一差动螺旋机构。螺杆与机架固联，其螺纹为右旋，导程 S_A=4 mm，滑块在机架上只能左右移动。差动杆内螺纹与螺杆形成螺纹副 A，外螺纹与滑块形成螺纹副 B，当沿箭头方向转动 5 圈时，滑块向左移动 5 mm。试求螺纹副 B 的导程 S_B 和旋向。

4. 图 7-12 所示螺旋机构中，已知螺旋副 A 为右旋，导程 S_A=2.8mm；螺旋副 B 为左旋，导程 S_B 为 3mm，C 为移动副。试问螺杆 1 转多少转时才使螺母 2 相对构件 3 移动 10.6mm。

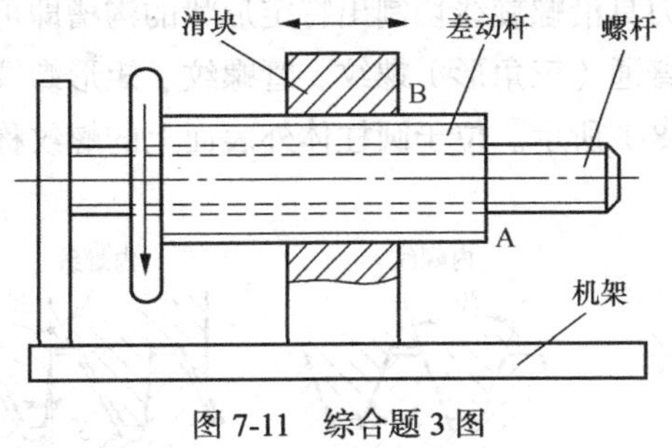

图 7-11　综合题 3 图

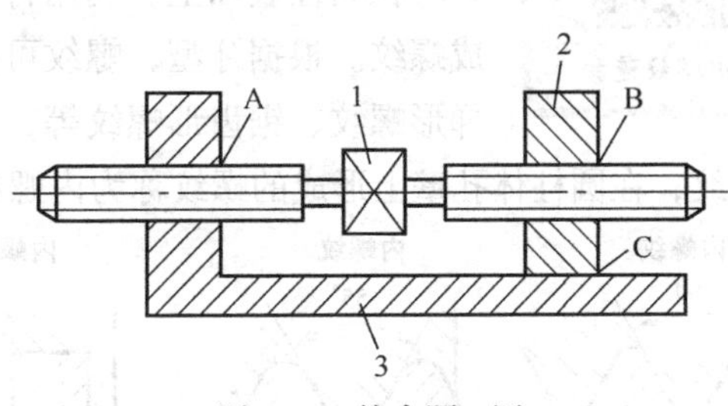

图 7-12　综合题 4 图

第8章 连接

【学习目标】

- 理解并掌握螺纹连接的类型及应用特点
- 了解单个螺栓连接的强度计算
- 理解键连接的应用特点及强度计算
- 了解销连接、联轴器及离合器的类型及应用

由于使用、结构、制造、安装、运输和维修等方面的原因，机械中广泛使用各种连接。所谓连接，就是指连接件与被连接件的组合结构，其中起连接作用的零件称为连接件，如螺栓、螺母、键、销等；需要被连接起来的零件，如齿轮与轴等，称为被连接件。本章主要介绍螺纹连接、键连接、销连接和联轴器、离合器等机械中常用连接形式的类型特点及结构设计。

8.1 螺纹连接概述

1. 螺纹的形成及分类

在圆柱表面上，利用特定的刀具沿螺旋线切制出特定形状的沟槽即可形成螺纹。根据牙型，螺纹可分为普通（三角形）螺纹、管螺纹、矩形螺纹、梯形螺纹、锯齿形螺纹等，如图 8-1 所示。位于圆柱体外表面上的螺纹称为外螺纹；在圆柱体孔壁上形成的螺纹称为内螺纹。

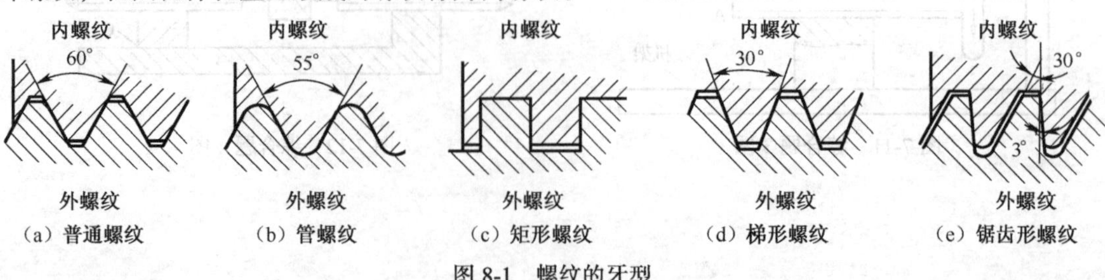

（a）普通螺纹　（b）管螺纹　（c）矩形螺纹　（d）梯形螺纹　（e）锯齿形螺纹

图 8-1　螺纹的牙型

主要起连接作用的螺纹称为连接螺纹；主要起传动作用的螺纹称为传动螺纹。三角形螺纹主要用于连接；矩形、梯形和锯齿形螺纹主要用于传动。根据螺纹旋向，螺纹又分左旋和右旋，如图 8-2 所示，机械中常用右旋，有特殊要求时才用左旋，如汽车左车轮轮毂的固定螺栓。左旋螺纹的标准紧固件应制有左旋标记。此外，螺纹还分单线、双线、三线等，如图 8-2 所示。

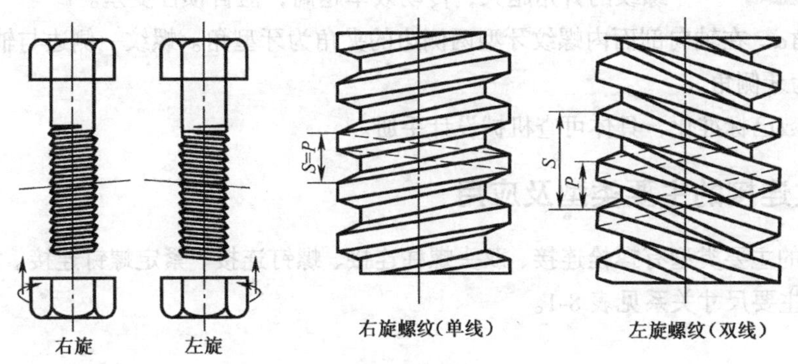

图 8-2　螺纹的旋向和线数

2. 螺纹的主要参数

螺纹的主要参数如图 8-3 所示，主要有大径（d）、小径（d_1）、中径（d_2）、螺距（P）、导程（S）和牙型角（α）。

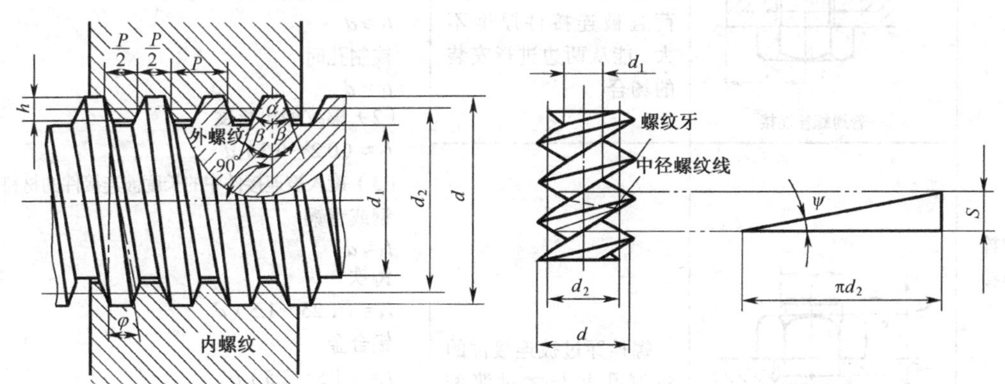

图 8-3　螺纹的主要参数

① 大径 d。螺纹的最大直径，标准中规定为公称直径。

② 小径 d_1。螺纹的最小直径。

③ 中径 d_2。螺纹轴向截面内，牙型上沟槽和凸起宽度相等处假想圆柱的直径即为中径。中径是确定螺纹几何参数和配合性质的直径。

④ 螺距 P。螺距是螺纹相邻两牙在中径线上对应两点间的轴向距离。

⑤ 导程 S。在同一条螺旋线上，相邻两牙在中径线上对应两点间的轴

向距离即为导程。如果螺纹线数为 n，则 S与P 的关系为

$$S = nP$$

螺纹自锁的形成原因

⑥ 螺旋升角 ψ。在中径圆柱面上，螺旋线的切线与垂直于轴线平面间的夹角即为螺旋升角。其计算式为

$$\tan\psi = \frac{S}{\pi d_2} = \frac{nP}{\pi d_2}$$

螺纹的升角越大，传动效率越高，但自锁性变差。

⑦ 牙型角 α。在轴向剖面内螺纹牙型两侧边的夹角为牙型角。螺纹一侧边与轴线垂直线间的夹角 β，称为牙侧角。

螺纹的参数已标准化，具体可查机械设计手册。

3. 螺纹连接的主要类型及应用

螺纹连接的主要类型有螺栓连接、双头螺柱连接、螺钉连接、紧定螺钉连接。它们的结构、特点、应用和主要尺寸关系见表 8-1。

表 8-1　　螺纹连接的主要类型

类型	构造	特点及应用	主要尺寸关系
螺栓连接	d, l_2, l_1, d_0, e 普通螺栓连接	螺栓穿过被连接件的通孔，与螺母组合使用，装拆方便，成本低，不受被连接件材料限制。广泛用于传递轴向载荷且被连接件厚度不大，能从两边进行安装的场合	（1）螺纹预留长度 静载荷 $l_1 \geqslant (0.3 \sim 0.5)\ d$ 变载荷 $l_1 \geqslant 0.75d$ 冲击、弯曲载荷 $l_1 \geqslant d$ 铰制孔时 $l_1 \approx d$ （2）螺纹伸出长度 $l_2 \approx (0.2 \sim 0.3)\ d$ （3）旋入被连接件中的长度被连接件的材料为钢或青铜 $l_3 \approx d$ 铸铁 $l_3 = (1.25 \sim 1.5)\ d$ 铝合金 $l_3 = (1.5 \sim 2.5)\ d$ （4）螺纹孔的深度 $l_4 = l_3 + (2 \sim 0.5)\ P$ （5）钻孔深度 $l_5 = l_3 + (3 \sim 3.5)\ P$ （6）螺栓轴线到被连接件边缘的距离 $e = d + (3 \sim 6)$ mm （7）通孔直径 $d_0 \approx 1.1d$ （8）紧定螺钉直径 $d = (0.2 \sim 0.3)\ d_{轴}$
	d, l_2, l_1, d_0, e 铰制孔用螺栓连接	螺栓穿过被连接件的铰制孔并与之过渡配合，与螺母组合使用，适用于传递横向载荷或需要精确固定被连接件的相互位置的场合	

续表

类型	构造	特点及应用	主要尺寸关系
双头螺柱连接	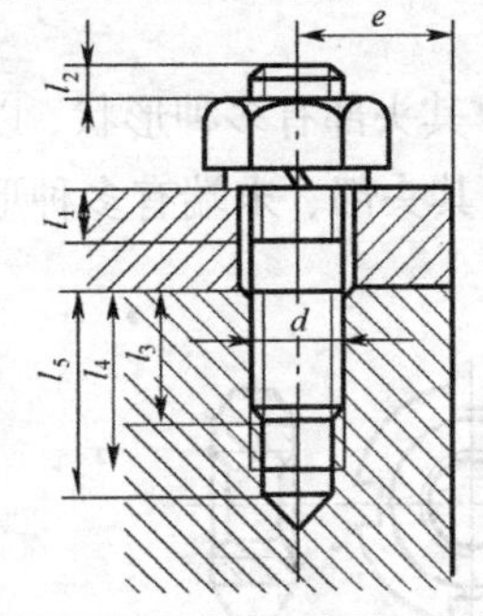	双头螺柱的一端旋入较厚被连接件的螺纹孔中并固定，另一端穿过较薄被连接件的通孔，与螺母组合使用，适用于被连接件之一较厚、材料较软且经常装拆，连接紧固或紧密程度要求较高的场合	（1）螺纹预留长度 静载荷 $l_1 \geqslant (0.3\sim0.5)\,d$ 变载荷 $l_1 \geqslant 0.75d$ 冲击、弯曲载荷 $l_1 \geqslant d$ 铰制孔时 $l_1 \approx d$ （2）螺纹伸出长度 $l_2 \approx (0.2\sim0.3)\,d$ （3）旋入被连接件中的长度被连接件的材料为 钢或青铜 $l_3 \approx d$ 铸铁 $l_3 = (1.25\sim1.5)\,d$ 铝合金 $l_3 = (1.5\sim2.5)\,d$ （4）螺纹孔的深度 $l_4 = l_3 + (2\sim0.5)\,P$ （5）钻孔深度 $l_5 = l_3 + (3\sim3.5)\,P$ （6）螺栓轴线到被连接件边缘的距离 $e = d + (3\sim6)$ mm （7）通孔直径 $d_0 \approx 1.1d$ （8）紧定螺钉直径 $d = (0.2\sim0.3)\,d_{轴}$
螺钉连接	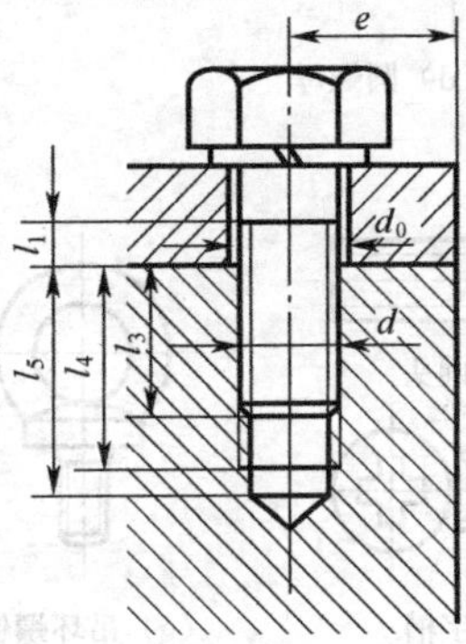	螺钉穿过较薄被连接件的通孔，直接旋入较厚被连接件的螺纹孔中，不用螺母，结构紧凑，适用于被连接件之一较厚，受力不大，且不经常装拆，连接紧固或紧密程度要求不太高的场合	
紧定螺钉连接	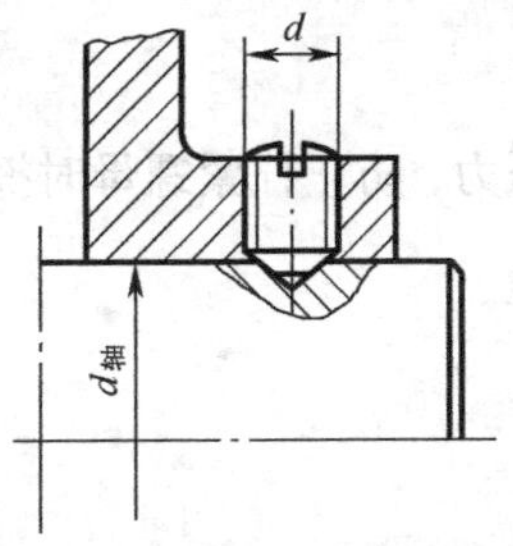	紧定螺钉旋入一被连接件的螺纹孔中，并用尾部顶住另一被连接件的表面相应的凹坑中，固定它们的相对位置，还可传递不大的力或转矩	

螺纹连接件的品种、类型很多，在机械制造中常用的螺纹连接件有螺栓、螺钉、螺母、垫圈和防松零件等。其结构形式、尺寸都已标准化，设计时可根据有关标准选用。

① 螺栓。螺栓有普通螺栓和铰制孔螺栓等，如图 8-4 所示。螺栓头部多为六角形，杆部有部分螺纹和全螺纹两种。

② 双头螺柱。双头螺柱的两头螺纹长度，有相等的和不相等的两类。形式有 A 型、B 型两种，如图 8-5 所示。

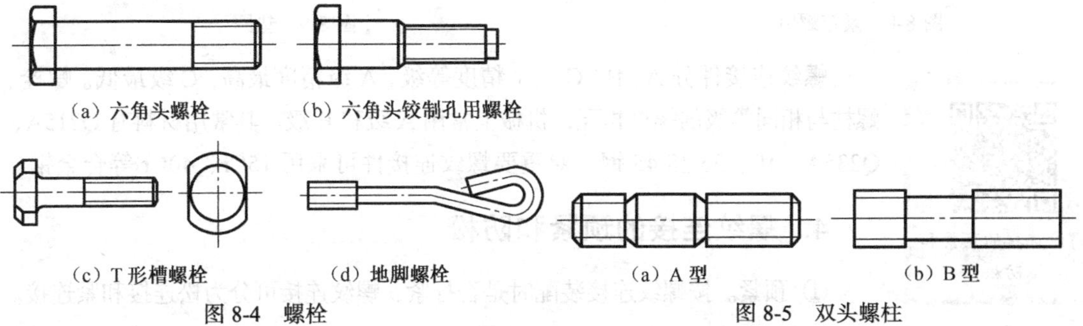

（a）六角头螺栓　（b）六角头铰制孔用螺栓

（c）T 形槽螺栓　（d）地脚螺栓

图 8-4　螺栓

（a）A 型　（b）B 型

图 8-5　双头螺柱

③ 螺母。螺母与螺栓或螺柱的螺纹部分组成具有自锁性能的螺旋副，可保持静载时连接不松动。六角螺母最常用，此外还有方形螺母、圆螺母等。按螺母厚度的不同，可分为普通螺母、薄螺母和厚螺母，如图 8-6 所示。

④ 连接螺钉和紧定螺钉。连接螺钉的螺杆部分与螺栓相同，其头部有多种形状，以适应不同的装配要求，如图 8-7 所示。紧定螺钉用末端顶住被连接件，其头部、末端有多种形状，如图 8-8 所示。

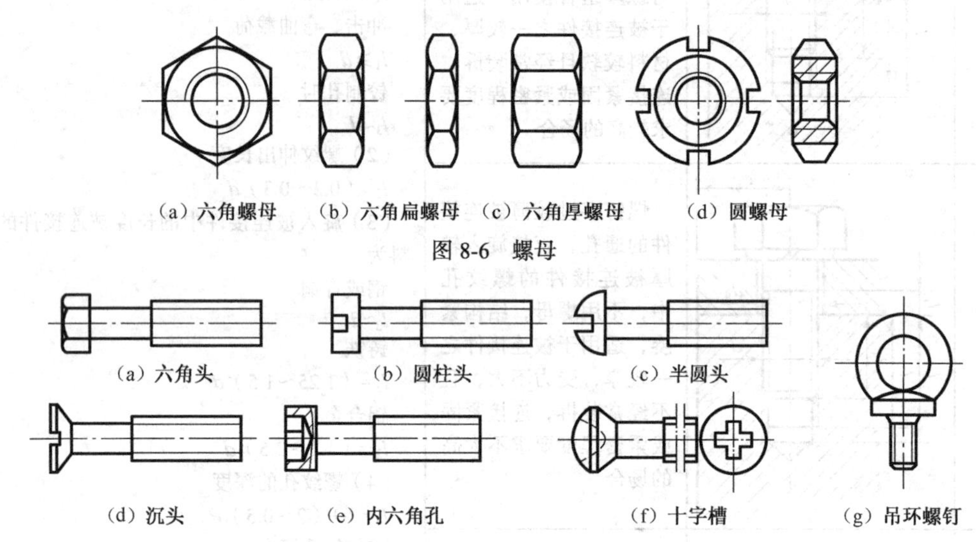

图 8-6　螺母

图 8-7　连接螺钉

⑤ 垫圈。其作用是增大被连接件的支撑面，降低支撑面的压力，防止拧紧螺母时擦伤被连接件的表面。常用的垫圈有平垫圈和弹簧垫圈等，如图 8-9 所示。

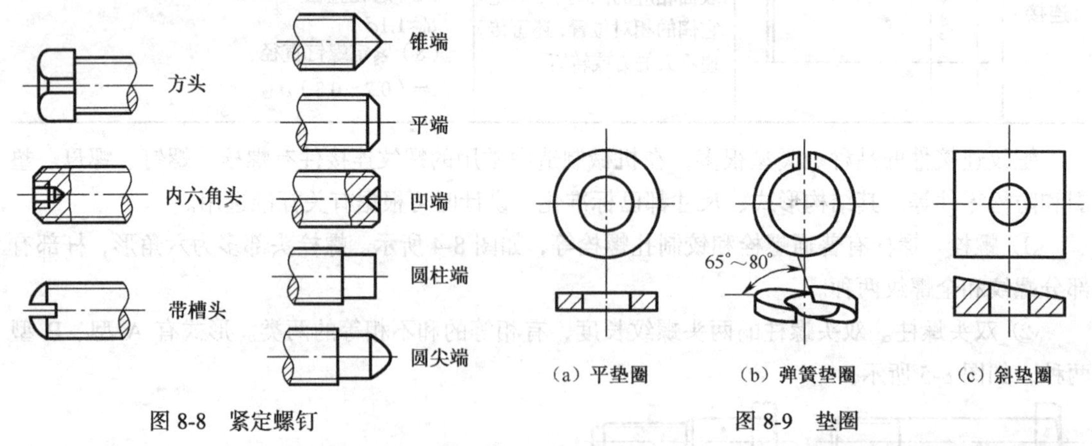

图 8-8　紧定螺钉

图 8-9　垫圈

螺纹连接件分 A、B、C 三个精度等级，A 级精度最高，C 级最低。螺栓、螺柱与相同等级的螺母相配，机械上常用 A 级和 B 级。其常用材料有 Q215A、Q235A、10、35 和 45 钢，对重要螺纹连接件可采用 15Cr、40Cr 等合金钢。

螺纹连接的预紧和防松

4. 螺纹连接的预紧和防松

① 预紧。按螺纹连接装配时是否拧紧，螺纹连接可分为松连接和紧连接。

松连接在装配时不拧紧，这种连接只在承受外载荷时才受到力的作用，连接时可用普通扳手、风动或电动扳手拧紧螺母，其应用较少。在实际应用中，绝大多数螺纹连接在装配时都需要拧紧，螺纹连接预紧的目的是增强连接的可靠性、紧密性和防松能力。预紧时如果预紧力太小，则会使连接不可靠；如果预紧力太大，又会使连接件过载甚至被拉断。因此，对于一般的连接，可凭经验来控制预紧力的大小。而重要连接，则要严格控制其预紧力，预紧力的大小及扳手力矩可通过计算获得。预紧时，通常采用测力矩扳手（见图 8-10）或定力矩扳手来拧紧螺母，控制其大小。

② 防松。螺纹连接防松的实质就是防止工作时螺栓和螺母相对转动。螺纹连接一般采用单线螺纹，且满足自锁条件。此外，拧紧以后，螺母和螺栓头部等支撑面上的摩擦力也有防松作用，所以在静载荷和工作温度变化不大时，螺纹连接不会自动松脱。但对于拧紧的螺纹连接，一般只在前 8 个螺距的螺纹才受力，所以螺母不宜过厚。另外，在冲击、振动或变载荷作用下，或当温度变化较大时，连接可能松动，甚至松开，其危害很大。因此必须采取防松措施，常见的防松方法有摩擦防松、机械防松及破坏螺纹副防松，见表 8-2。

图 8-10　测力矩扳手

表 8-2　螺纹连接常用的防松方法

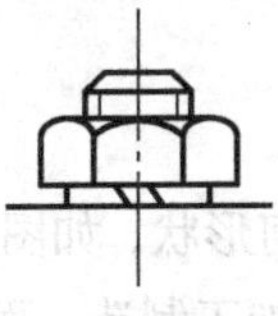 弹簧垫圈	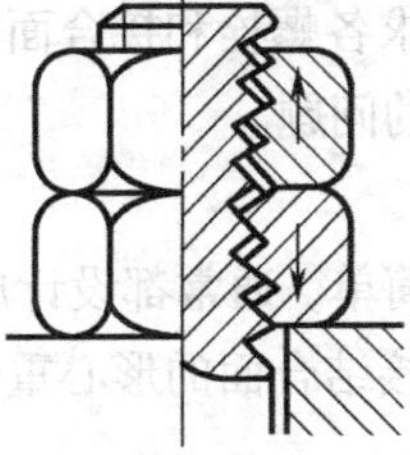 对顶螺母	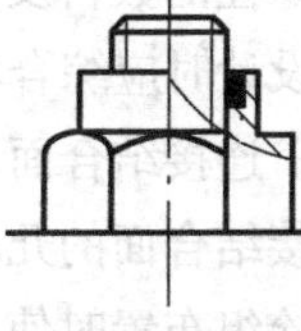 尼龙圈锁紧螺母
弹簧垫圈材料为弹簧钢，装配后垫圈被压平，其反弹力能使螺纹间保持压紧力和摩擦力	利用两螺母的对顶作用使螺栓始终受到附加拉力和附加摩擦力的作用。结构简单，可用于低速、重载场合	螺母中嵌有尼龙圈，拧上后尼龙圈内孔被胀大而箍紧螺栓
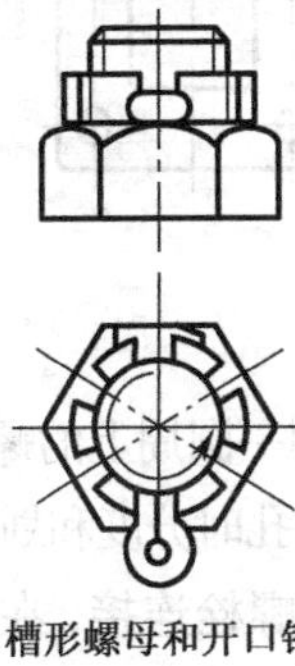 槽形螺母和开口销	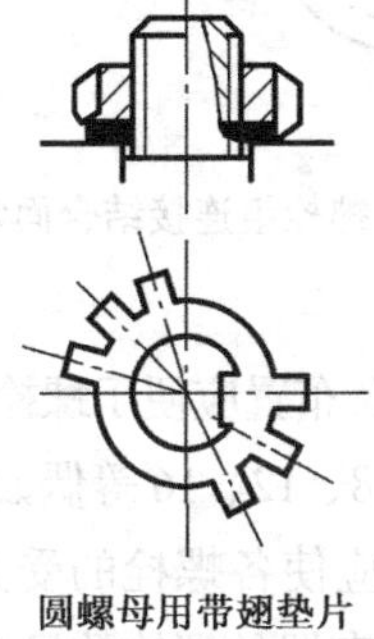 圆螺母用带翅垫片	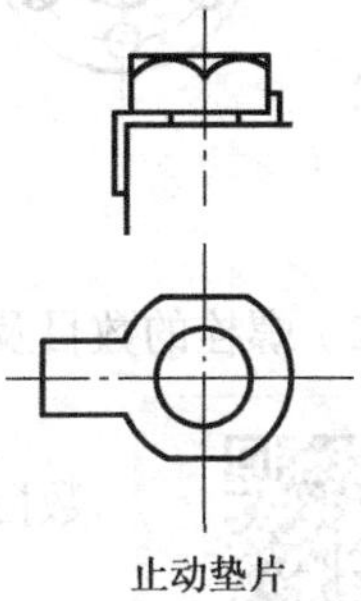 止动垫片
槽形螺母拧紧后，用开口销穿过螺栓尾部小孔和螺母的槽，也可以用普通螺母拧紧后再配钻开口销孔	使垫片内翅嵌入螺栓（轴）的槽内，拧紧螺母后将垫片外翅之一折嵌于螺母的一个槽内	将垫片折边以固定螺母和被连接件的相对位置

续表

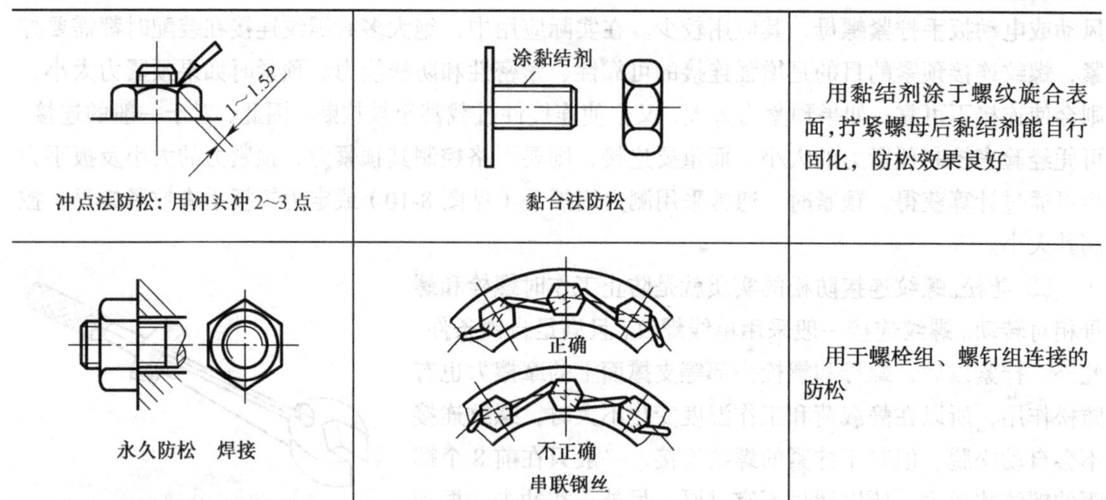

冲点法防松：用冲头冲 2~3 点	黏合法防松	用黏结剂涂于螺纹旋合表面，拧紧螺母后黏结剂能自行固化，防松效果良好
永久防松　焊接	串联钢丝	用于螺栓组、螺钉组连接的防松

5. 螺纹连接的结构设计

螺纹连接的设计应包括结构设计和强度计算两部分内容。在工程实际中对一般的连接，其尺寸的选择大多采用类比法或凭经验确定。对于比较重要的螺纹连接，则需进行受力分析和强度计算。

结构设计是螺纹连接的重要设计内容。它的主要目的就在于合理地确定连接结合面的几何形状、螺栓的数目及其布置形式，力求各螺栓和接合面间受力均匀、合理，便于加工和装配。为此，设计时应综合考虑以下几方面的问题。

（1）连接结合面设计

连接结合面的几何形状应对称、简单，通常都设计成轴对称的简单几何形状，如图 8-11 所示。螺栓组布置时使其对称中心和连接结合面的形心重合。这样不但便于加工制造，而且保证连接结合面受力均匀。

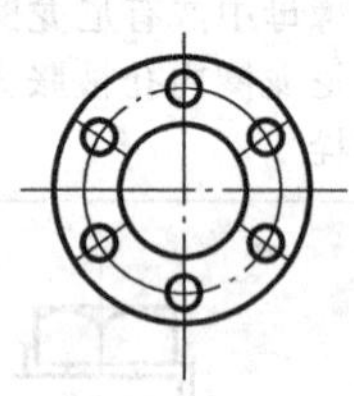
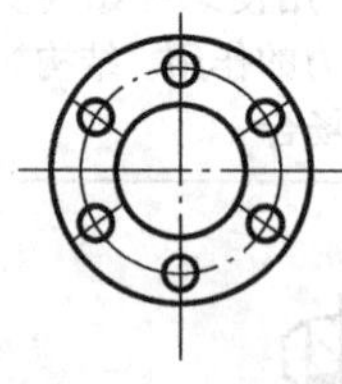
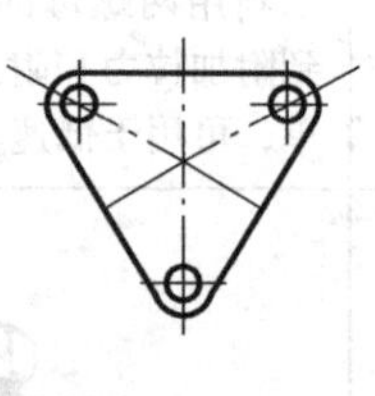
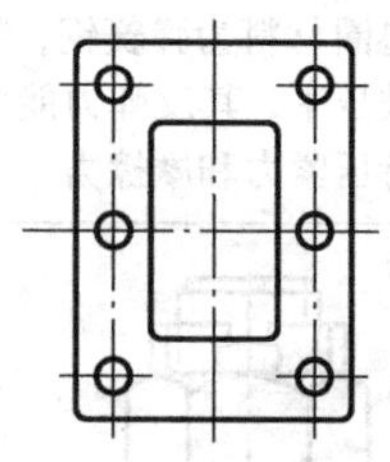

图 8-11　螺栓组连接结合面常用的形状

（2）螺栓的数目及布置

认识螺纹的切削加工

① 螺栓的数目及布置应便于螺栓孔的加工。分布在同一圆周上的螺纹连接数目应尽量是 4、6、8、12、16 等偶数，以便于在圆周上钻孔时分度和划线。

② 螺栓的布置应使各螺栓的受力合理。对于铰制孔螺栓连接，在平行于工作载荷方向上成排布置的螺栓数目不应超过 8 个，以免载荷分布不均。对于承受弯矩或转矩的螺栓连接，应使螺栓尽量布置在靠近连接结合面的边缘处，以减少螺栓的受力，如图 8-12 所示。

③ 螺栓的布置应有合理的间距和边距，以保证连接的紧密性和装配时扳手所需的活动空

间，如图 8-12 所示。扳手活动空间的尺寸可查有关标准。

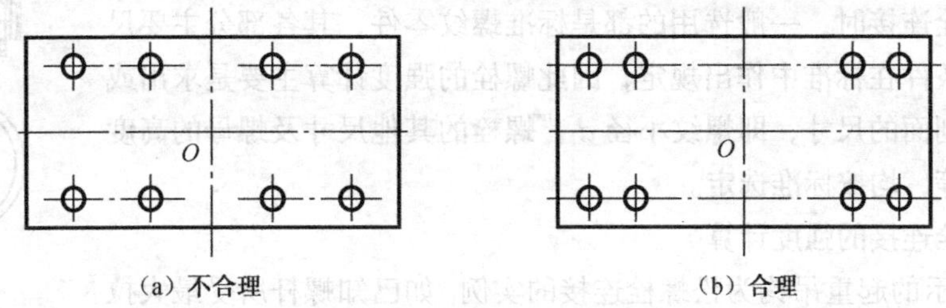

（a）不合理　（b）合理

图 8-12　螺栓的合理布置

④ 同一螺纹连接的连接件材料、规格应相同。同一产品上采用的连接件类型、规格越少越好。

（3）避免螺栓承受偏心载荷

为避免螺栓承受由于偏心载荷引起的附加弯曲应力，应保证被连接件、螺母和螺栓头部的支撑面平整，并与螺栓轴线垂直。在铸、锻件等的粗糙表面上安装螺栓时，应制成凸台或沉头座。当支撑面为倾斜表面时，应采用斜面垫圈等。

（4）选用合适的螺栓等级

常用螺栓分 3.6 级，4.6 级，4.8 级，5.6 级，5.8 级，6.8 级，8.8 级，9.8 级，10.9 级，12.9 级共 10 个性能等级。螺栓性能等级标号由两部分数字组成，分别代表螺栓的公称抗拉强度值和屈强比值。如性能等级为 4.8 级的高强度螺栓，其含义为：数字 4 表示螺栓材质公称抗拉强度σ_b为 4×100=400MPa；数字 0.8 指螺栓材质的屈强比值，螺栓材质的公称屈服强度σ_s为 400×0.8=320MPa。

8.2 单个螺栓连接的强度计算

本节主要讨论单个螺栓连接的强度计算，它也适用于双头螺柱和螺钉连接。

螺栓连接的受载形式很多，它所传递的载荷主要有两类：一类为沿螺栓轴线方向的外载荷，称轴向载荷；一类为垂直于螺栓轴线方向的外载荷，称横向载荷。

按照受力性质分，螺栓可分成普通螺栓（也称受拉螺栓）和铰制孔螺栓（也称受剪螺栓）两大类，普通螺栓又可分为不预紧的松螺栓连接和有预紧的紧螺栓连接。受轴向载荷的螺栓必须采用普通螺栓，而受横向载荷的螺栓，既可以采用普通螺栓，也可用铰制孔螺栓。

当采用普通螺栓传递横向载荷时，靠螺栓连接的预紧力使被连接件结合面间产生的摩擦力来传递横向载荷，此时螺栓所受的是预紧力，仍为轴向拉力；当采用铰制孔用螺栓传递横向载荷时，螺杆与铰制孔间是过渡配合，工作时靠螺杆受剪，杆壁与孔相互挤压来传递横向载荷，此时螺杆受剪切和挤压。

1. 普通螺栓的强度计算

静载荷作用下受拉螺栓常见的失效形式多为螺纹的塑性变形或断裂。实践表明，螺栓断裂多发生在开始传力的第一、第二圈旋合螺纹的牙根处，因其应力集中的影响较大。

在设计螺栓连接时，一般选用的都是标准螺纹零件，其各部分主要尺寸已按等强度条件在标准中作出规定，因此螺栓的强度计算主要是求出或校核螺纹危险剖面的尺寸，即螺纹小径 d_1。螺栓的其他尺寸及螺母的高度和垫圈的尺寸等，均按标准选定。

（1）松螺栓连接的强度计算

图 8-13 所示的起重吊钩为松螺栓连接的实例。如已知螺杆所受最大拉力为 F，则螺纹部分的强度条件为

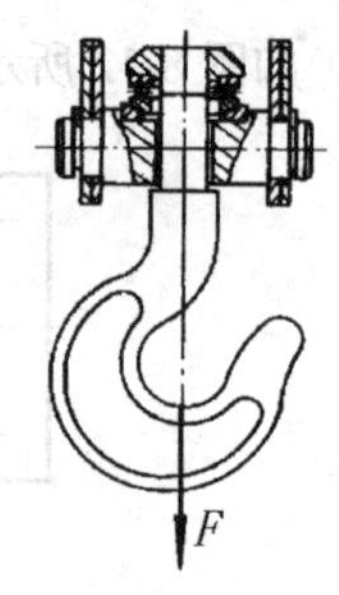

图 8-13　松螺栓连接

$$\sigma = \frac{F}{\pi d_1^2/4} \leqslant [\sigma] \tag{8-1}$$

式中，d_1 为螺纹小径（mm）；F 为螺栓承受的轴向工作载荷（N）；σ 和$[\sigma]$分别为松螺栓联的实际拉应力和许用拉应力（MPa），$[\sigma]$可由表 8-3 结合安全系数后确定。

表 8-3　螺纹紧固件常用材料的力学性能　（单位：MPa）

钢号	Q215	Q235	35	45	40Cr
强度极限σ_b	340～420	410～470	540	650	750～1000
屈服极限σ_s	220	240	320	360	650～900

（2）紧螺栓连接的强度计算

① 只受预紧力作用的螺栓

预紧螺栓连接在拧紧螺母时，螺栓杆除沿轴向受预紧力 F'的拉伸作用外，还受螺纹力矩的扭转作用。预紧力和扭矩将分别使螺纹部分产生拉应力σ及扭转剪应力τ，因一般螺栓采用塑性材料，故可用第四强度理论求得其当量应力。整理得螺纹部分的强度条件为

$$\sigma = \frac{1.3F'}{\pi d_1^2/4} \leqslant [\sigma] \tag{8-2}$$

式中，F'为螺栓承受的预紧力（N），其余符号同式（8-1）。比较式（8-1）和式（8-2）可知，只受预紧力作用的螺栓，应考虑扭转剪应力的影响，其影响效果相当于把螺栓的预紧力增大30%。

② 受预紧力及横向载荷共同作用的螺栓

图 8-14（a）所示为受横向载荷 R 作用的紧螺栓连接，这种连接的螺栓与被连接件的孔壁间有间隙。拧紧螺母后，依靠螺栓的预紧力 F'使被连接件相互压紧。当被连接件受到横向工作载荷 R 作用时，由预紧力产生的接合面间的摩擦力，将抵抗横向力 R 从而阻止摩擦面间产生相对滑动。因此，这种连接正常工作的条件为被连接件彼此不产生相对滑动，即

$$F'zfm \geqslant KR \tag{8-3}$$

式中，f 为被连接件接合面间的摩擦系数，钢或铸铁零件干燥表面取 f=0.10～0.16；m 为被连接件结合面的对数；z 为连接螺栓的数目；K 为连接的可靠性系数，通常取 K=1.1～1.3。

图 8-14（b）所示受转矩作用的紧螺栓连接的预紧力按式（8-3）计算时，应先将转矩转化为横向载荷 R，$R=2000T/D_0$，D_0 为螺栓所分布圆周的直径（mm）；T 为传递的转矩（N·m）。

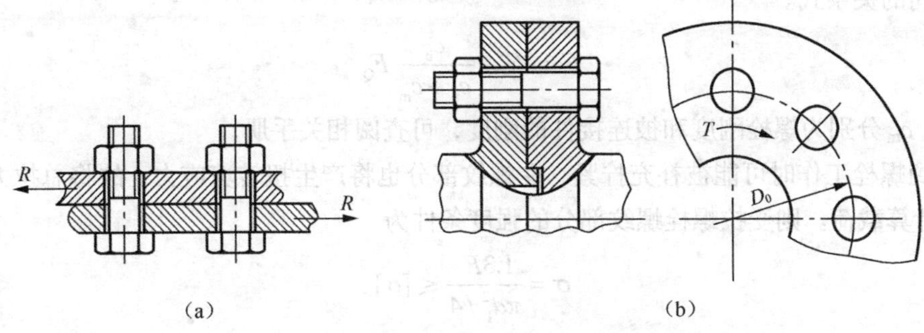

(a)　　　　　　(b)

图 8-14　受预紧力及横向载荷共同作用的螺栓

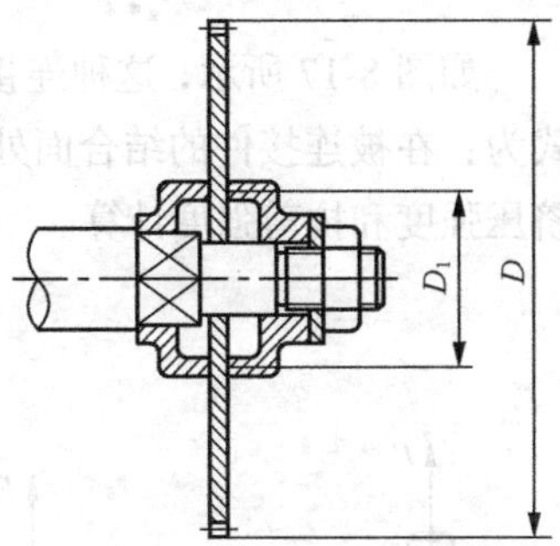

图 8-15　例 8-1 图

【例 8-1】 图 8-15 所示为一圆盘锯，锯片直径 D =500 mm，用螺母将其压紧在压板中间。如锯片外圆的工作阻力 F_t = 400N，压板和锯片间的摩擦系数 f = 0.15，压板的平均直径 D_1=150mm，取可靠性系数 K = 1.2，轴的材料为 45 钢，屈服极限 σ_s =360MPa，安全系数 S = 1.5，试确定轴端的螺纹直径。

解： 此题为受横向工作载荷的普通螺栓连接，螺栓只受预紧力 F'，因只有左侧压板和轴之间有轴毂连接，即只有一个滑移面，是锯片和左侧压板之间，m =1。

（1）求最大外载荷

$$T = F_t \cdot \frac{D}{2} = 400\times\frac{500}{2} = 100\,000\,(\text{N}\cdot\text{m})$$

（2）求作用于压板处的横向工作载荷

$$R = \frac{2T_1}{D_1} = \frac{2\times100\,000}{150} = 1\,333\,(\text{N})$$

（3）根据不滑移条件计算预紧力

$$F' \geqslant \frac{KR}{fmz} = \frac{1.2\times1\,333}{0.15\times1\times1} = 10\,667\,(\text{N})$$

（4）计算螺栓直径

许用应力
$$[\sigma] = \frac{\sigma_s}{S} = \frac{360}{1.5} = 240\,(\text{MPa})$$

根据公式（8-2），求螺栓的最小直径为

$$d_1 \geqslant \sqrt{\frac{4\times1.3F'}{\pi[\sigma]}} = \sqrt{\frac{4\times1.3\times10\,667}{3.14\times240}} = 8.58\,(\text{mm})$$

查粗牙普通螺纹基本标准，选用 M12 的螺栓，其小径 d_1 = 10.106 mm。

③ 受预紧力及轴向载荷共同作用的螺栓

这种连接比较常见，图 8-16 所示的气缸盖螺栓连接就是典型的实例。由于螺栓和被连接件都是弹性体，在受有预紧力 F'的基础上，因受到两者弹性变形的相互制约，故总拉力 F 并不等于预紧力 F'与工作拉力 F_Q之和，它们的受力关系属静不定问题。根据静力平衡条件和变形协调条件，可求

螺纹连接强度校核案例

出各力之间的关系式。

$$F = F' + \frac{c_b}{c_b + c_m} F_Q \tag{8-4}$$

式中，c_b、c_m分别为螺栓刚度和被连接件的刚度，可查阅相关手册。

考虑到螺栓工作时可能被补充拧紧，在螺纹部分也将产生扭转剪应力，故将总拉力 F 增大30%作为计算载荷。则受拉螺栓螺纹部分的强度条件为

$$\sigma = \frac{1.3F}{\pi d_1^2 / 4} \leqslant [\sigma] \tag{8-5}$$

2. 铰制孔用螺栓连接的强度计算

如图 8-17 所示，这种连接是将螺栓穿过与被连接件上的铰制孔并与之过渡配合。其受力形式为：在被连接件的结合面处螺栓杆受剪切；螺栓杆表面与孔壁之间受挤压。因此，应分别按挤压强度和抗剪强度计算。

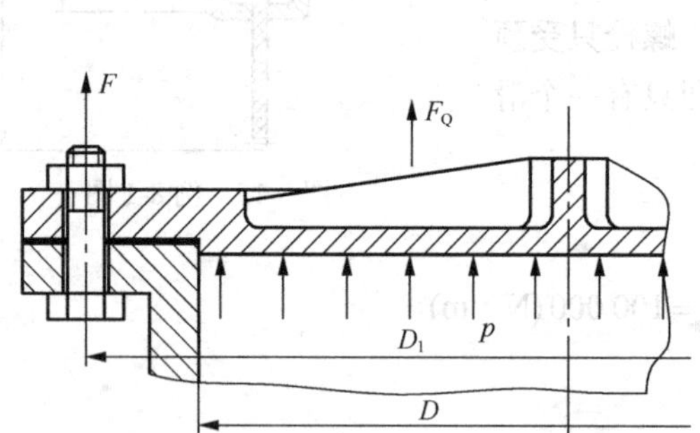

图 8-16　受预紧力及轴向载荷共同作用的螺栓

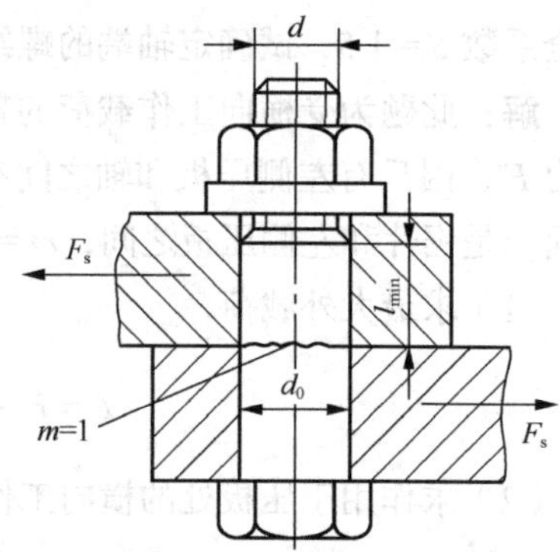

图 8-17　铰制螺纹孔受力

这种连接所受的预紧力很小，所以在计算中不考虑预紧力和螺纹摩擦力矩的影响。

螺栓杆与孔壁的挤压强度条件为

$$\sigma_p = \frac{F_s}{d_0 \delta} \leqslant [\sigma]_p \tag{8-6}$$

螺栓杆的抗剪强度条件为

$$\tau = \frac{F_s}{m\pi d_0^2 / 4} \leqslant [\tau] \tag{8-7}$$

式中，F_s为单个螺栓所受的横向工作载荷（N）；δ为螺栓杆与孔壁挤压面的最小高度（mm）；d_0为螺栓剪切面的直径（mm）；m 为螺栓受剪面数；$[\sigma]_p$为螺栓或孔壁材料中较弱者的许用挤压应力（MPa）；$[\tau]$为螺栓材料的许用切应力（MPa）。

8.3 键连接

键连接主要用于轴和轴上零件之间的周向固定，以传递转矩。按键在连接中的松紧状态可

分为松键连接和紧键连接两类。

1. 键连接的类型及特点

（1）松键连接

松键分普通平键、半圆键、导向键及花键等多种类型。

① 普通平键。图 8-18 所示为普通平键，按照平键端部形状可分为圆头（A 型）、平头（B 型）和单圆头（C 型）三种。A、C 型键的轴上键槽用键槽铣刀切制，如图 8-19（a）所示，端部应力集中较大；B 型键的轴上键槽用盘铣刀铣出如图 8-19（b）所示，轴上应力集中较小，但对于尺寸较大的键，要用紧定螺钉压紧，以防松动。轮毂的键槽一般采用插刀或拉刀加工。

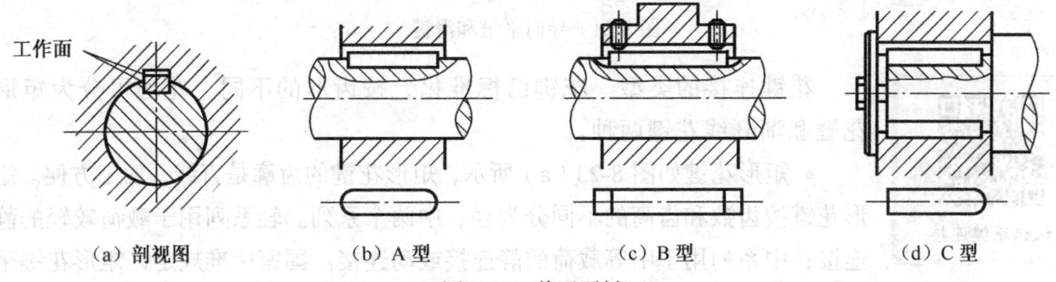

图 8-18 普通平键

② 半圆键。如图 8-20 所示，半圆键呈半圆形，轴槽也是相应的半圆形，轮毂槽开通。半圆键能在轴的键槽内摆动，键槽窄而深，对轴的强度削弱较大，主要用于轻载连接，尤其适用于锥形轴头与轮毂的连接。

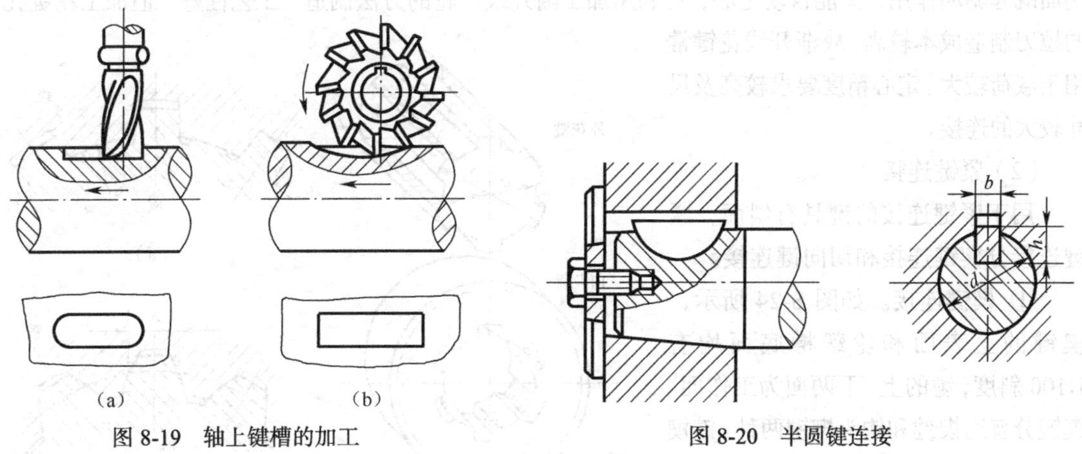

图 8-19 轴上键槽的加工　　图 8-20 半圆键连接

③ 导向平键和滑键。如图 8-21 所示，导向平键和滑键用于轮毂需做轴向移动的动连接，一般用螺钉固定在轴槽中。如图 8-21（a）所示，导向平键与轮毂的键槽采用间隙配合，一般用于轮毂可沿导向平键轴向移动的场合。为了装拆方便，键中间设有起键螺孔，导向平键适用于轮毂移动距离不大的场合。当轴上零件移动距离较长时，宜采用滑键，如图 8-21（b）所示。

④ 花键。图 8-22 所示为花键连接，花键连接由周向均布多个键齿的花键轴（外花键）和多个键槽的花键毂（内花键）组成。工作时，花键连接靠键齿侧面互相挤压传递转矩。与平键连接相比，花键连接的优点是键齿数多，有较强的承载能力；轴上零件和轴的对中性和导向性好；键齿分布均

匀，受力均匀；键槽浅，齿根应力集中小，对轴的强度削弱小。花键连接的缺点是一般需用专门的设备加工，成本较高。因此，花键连接适用于载荷较大、定心精度要求较高的场合。

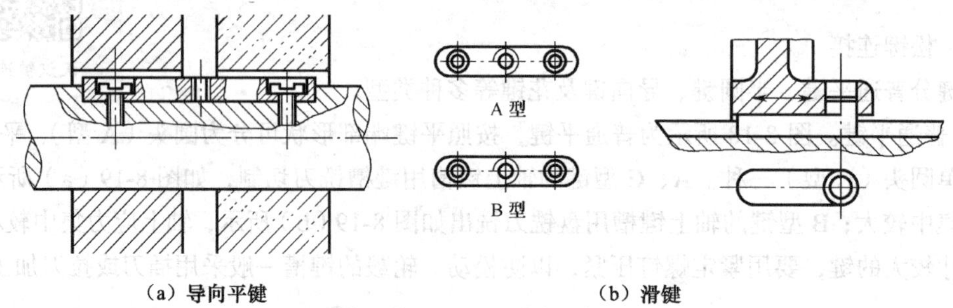

（a）导向平键　　（b）滑键

图 8-21　导向平键和滑键

花键连接的类型。花键已标准化，按齿形的不同，花键可分为矩形花键和渐开线花键两种。

• 矩形花键如图 8-23（a）所示，矩形花键的齿廓是直线，加工方便。矩形花键按齿数和齿高的不同分为轻、中两个系列。轻系列用于载荷较轻的静连接；中系列用于中等载荷的静连接或动连接。国家标准规定，矩形花键采用热处理后磨削过的小径定心，轴和孔在热处理后都可以磨削，因而制造精度和定心精度高，导向性能好，故应用广泛。

• 渐开线花键如图 8-23（b）所示，渐开线花键的齿廓为渐开线，标准压力角有 30° 及 45° 两种。与矩形花键相比，渐开线齿廓齿根较厚，应力集中较小，连接强度较高，寿命长，受载时齿的侧面既起驱动作用，又能自动定心，可利用加工渐开线齿轮的方法制造，工艺性好。但加工花键孔的拉刀制造成本较高，故渐开线花键常用于载荷较大、定心精度要求较高及尺寸较大的连接。

（2）紧键连接

用于紧键连接的键具有斜面，紧键连接分楔键连接和切向键连接。

① 楔键连接。如图 8-24 所示，楔键的上表面和轮毂槽底面均有 1:100 斜度，键的上、下两面为工作面。楔键分普通楔键和钩头楔键两种。键楔入键槽后，工作表面产生很大的预紧力，工作时靠表面摩擦力传递转矩，并能承受单向的轴向力和起轴向固定作用。在键楔紧后，轴和毂产生偏心，因此主要用于毂类零件定心精度要求不高和低转速的场合。

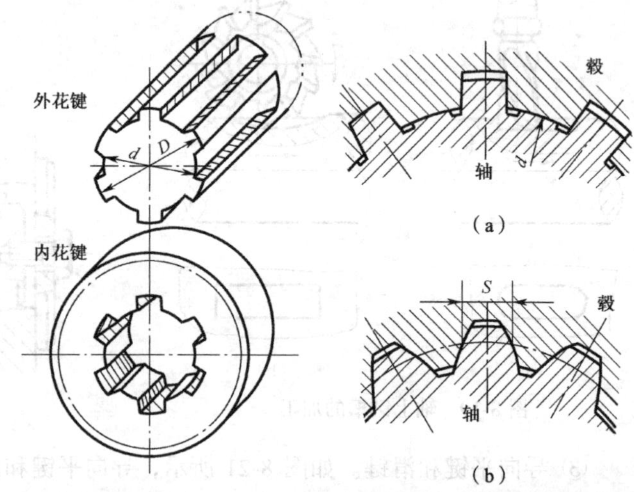

图 8-22　花键连接　　图 8-23　矩形花键和渐开线花键

② 切向键连接。如图 8-25 所示，切向键连接由两个普通楔键组成，工作面是上、下相互平行的窄面。工作时主要依靠工作面直接传递转矩；装配时两个键分别自轮毂两端楔入。采用一组切向键只能传递单方向的转矩；要传递双向转矩，必须采用两组切向键，两键应相隔 120° ～135° 。切向键能传递很大的转矩，常用于重型机械。

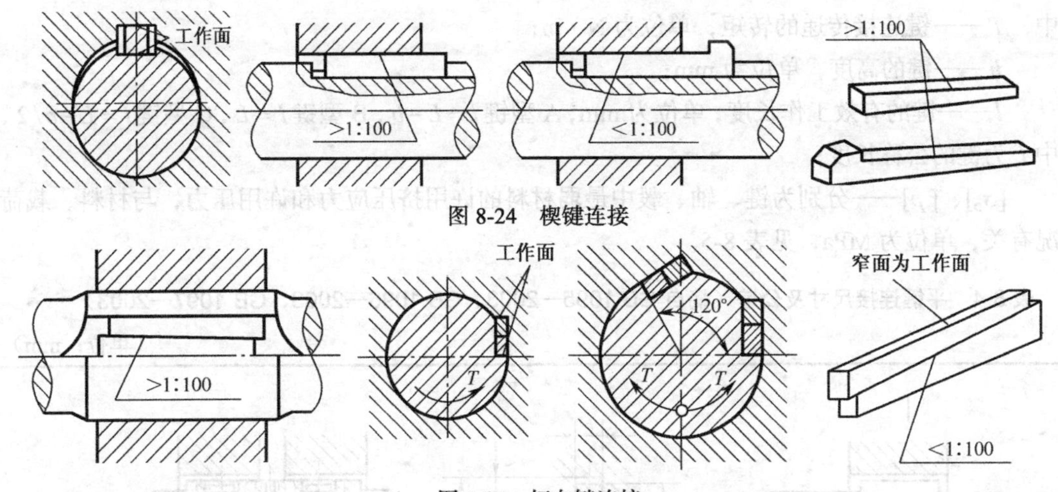

图 8-24 楔键连接

图 8-25 切向键连接

2. 平键连接的设计

（1）平键的选择

① 类型选择：根据键连接的工作要求和使用特点，综合考虑传递力矩的大小、对中性要求、轮毂是否滑移等来选择平键类型。

② 尺寸选择：如图 8-26 所示，平键的主要尺寸为键宽 b、键高 h 与长度 L。按照轴的公称直径 d，从国家标准中选择键的剖面尺寸 $b \times h$。表 8-4 摘录了部分平键的尺寸。普通平键的长度 L 按轮毂的宽度而定，一般短于轮毂宽度 5～10mm；而导向键则按轮毂的宽度及其滑动距离而定。所选长度 L 还应符合键的标准长度系列值。

（2）承载能力校核

根据图 8-26 所示平键连接的受力情况分析，键连接的失效形式有压溃、磨损和剪切。由于键为标准件，若按照标准选取键的尺寸，其剪切强度一般是足够的。因此对于静连接的普通平键，其主要失效形式是工作面被压溃，故其承载能力主要由工作面上的挤压强度决定，其挤压强度校核公式为

$$\sigma_{\mathrm{p}} = \frac{4T \times 10^3}{hld} \leqslant [\sigma_{\mathrm{p}}] \qquad (8\text{-}8)$$

对于滑键、导向键组成的动连接，其主要失效形式为磨损，其强度校核公式为

$$p = \frac{4T \times 10^3}{hld} \leqslant [p] \qquad (8\text{-}9)$$

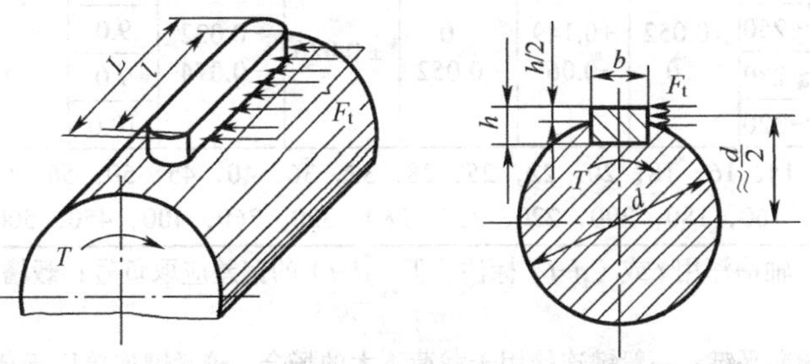

图 8-26 平键的主要尺寸及受力分析

式中，T——键连接传递的转矩，单位为 N·m；

h——键的高度，单位为 mm；

l——键的有效工作长度，单位为 mm，A 型键 $l=L-b$，B 型键 $l=L$，C 型键 $l=L-b/2$，其中 L 为键的公称长度；

$[\sigma_p]$、$[p]$——分别为键、轴、毂中最弱材料的许用挤压应力和许用压力，与材料、载荷情况有关，单位为 MPa，见表 8-5。

表 8-4 平键连接尺寸及公差（摘自 GB 1095—2003、GB 1096—2003、GB 1097—2003）

（单位：mm）

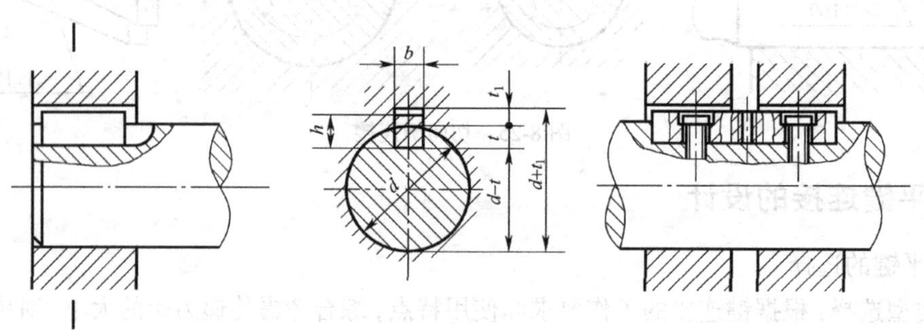

轴	键			键槽										
公称直径 d	b（h9）	h（h11）	L（h14）	宽度 b 极限偏差 较松键连接		一般松紧键连接		较紧键连接	深度 轴 t		深度 毂 t_1		半径 r	
				轴 H9	毂 D10	轴 N9	毂 Js9	轴和毂 P9	公称尺寸	极限偏差	公称尺寸	极限偏差	最小	最大
10～12	4	4	8～45	+0.030 0	+0.078 +0.030	0 −0.030	±0.015	−0.012 −0.042	2.5	+0.1 0	1.8	+0.1 0	0.08	0.16
12～17	5	5	10～56						3.0		2.3		0.16	0.25
17～22	6	6	14～70						3.5		2.8			
22～30	8	7	18～90	+0.036 0	+0.098 +0.040	0 −0.036	±0.018	−0.015 −0.051	4.0	+0.2 0	3.3	+0.2 0		
30～38	10	8	22～110						5.0		3.3		0.25	0.40
38～44	12	8	28～140	+0.043 0	+0.120 +0.050	0 −0.043	±0.021	−0.018 −0.061	5.0		3.3			
44～50	14	9	36～160						5.5		3.8			
50～58	16	10	45～180						6.0		4.3			
58～65	18	11	50～200						7.0		4.4			
65～75	20	12	56～220	+0.052 0	+0.149 +0.065	0 −0.052	±0.026	−0.022 −0.074	7.5		4.9		0.40	0.60
75～85	22	14	63～250						9.0		6.4			
85～95	25	14	70～280						9.0		6.4			
95～100	28	16	80～320						10.0		6.4			
L 系列	6，8，10，12，14，16，18，20，22，25，28，32，36，40，45，50，56，63，70，80，90，100，110，125，140，160，180，200，220，250，280，320，360，400，450，500													

注：1. 在工作图中，轴槽深用 t 或（$d-t$）标注，但（$d-t$）的偏差应取负号；毂槽深用 t_1 或（$d+t_1$）标注；轴槽的长度公差用 H14。

2. 较松键连接用于导向平键；一般键连接用于载荷不大的场合；较紧键连接用于载荷较大、有冲击和双向转矩的场合。

表 8-5　　键连接材料的许用应力和许用压力

许用值	轮毂材料	载荷性质		
		静载荷	轻微冲击	冲击
$[\sigma_p]$	钢	125～150	100～120	60～90
	铸铁	70～80	50～60	30～45
$[p]$	钢	50	40	30

如果键连接的强度不足，在结构允许时可适当增加轮毂的宽度和键长，或间隔 180° 布置两个键。考虑到制造误差及载荷在各键上的分布不均匀，双键连接按一个键接触面积的 1.5 倍计算。

【例 8-2】　已知某减速器有一ϕ45r6 的轴与ϕ45H7 的齿轮内孔配合，齿轮和轴的材料都是铸钢，用普通平键连接，需传递转矩 T=200N · m，载荷有轻微冲击。如图 8-27 所示，试设计此键连接。

解：（1）选择键连接类型

为了保证齿轮传动啮合良好，要求轴毂对中性好，故选用 A 型普通平键连接。

（2）选择平键尺寸

根据 d = 45mm，查得键的截面尺寸宽度 b=14mm，高度 h=9mm；由轮毂宽度得键长 L =[80 - (5～10)]mm，参考键的长度系列，取键长 L=70mm。

（3）校核键连接承载能力

A 型普通平键，l=L−b=56mm；查得$[\sigma_p]$=50～60MPa。由普通平键静连接强度校核公式得

$$\sigma_p = \frac{4T\times10^3}{hld} = \frac{4\times200\times10^3}{9\times56\times45}\text{MPa} = 35.27\text{MPa} < [\sigma_p]$$

可见挤压强度足够。

键的标记：键 14 × 70 GB 1096—2003。

（4）标注键连接的轴毂键槽尺寸及公差

选择一般松紧的连接，其轴毂键槽尺寸及公差如图 8-27 所示。

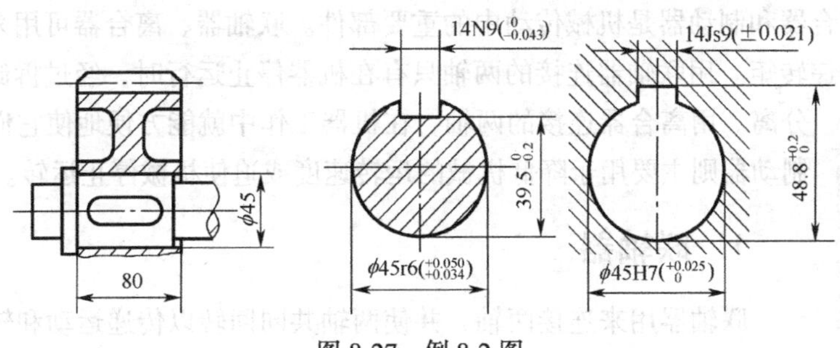

图 8-27　例 8-2 图

8.4 销连接

销连接主要用于固定零件之间的相对位置，如图 8-28（a）的定位销；也可用于轴与毂的连接，如图 8-28（b）的连接销；还可充当安全装置中的过载剪断元件，如图 8-28（c）的安全销。

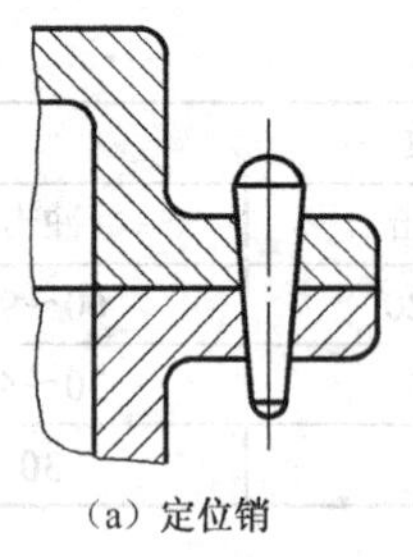
（a）定位销

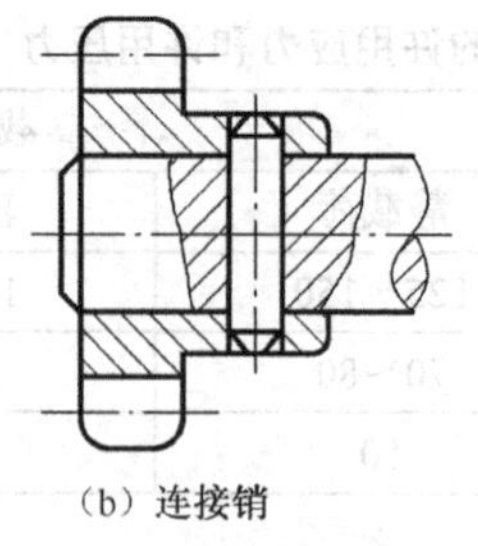
（b）连接销

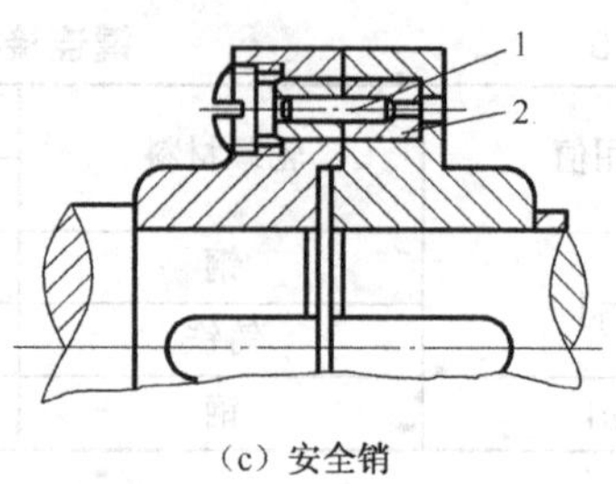

（c）安全销

图 8-28 销连接

销按形状可分为圆柱销、圆锥销和异形销三类。圆柱销与销孔采用过盈配合，为保证定位精度和连接的紧固性，不宜经常拆装，主要用于定位。圆锥销具有 1:50 的锥度，小端直径为公称直径，自锁性能好，定位精度高，主要用于定位，也可作为连接销，以传递一定的载荷，应用较广，适用于还动件的连接。圆柱销和圆锥销的销孔均需铰制。异形销种类很多，其中开口销工作可靠、拆装方便，常与槽形螺母配合使用，用于螺纹连接的防松。销还有许多特殊形式，如对不通孔和拆卸困难的连接和可采用螺尾圆锥销或内螺纹圆锥销等。

认识销连接

实际中可根据工作要求选择销连接的类型。定位销一般不受载荷，其直径按结构确定，数目不少于 2 个；连接销能传递较小的载荷，其直径也按结构或经验确定，必要时可校核其剪切和挤压强度；安全销的直径应按照销的剪切强度极限计算，过载 20%～30%时应被剪断。

8.5 联轴器、离合器和制动器

联轴器、离合器和制动器是机械传动中的重要部件。联轴器、离合器可用来连接两轴，使之一起回转并传递转矩。用联轴器连接的两轴只有在机器停止运行时，经过拆卸后才能把它们分离。用离合器连接的两轴，在机器工作中就能方便地使它们分离或接合。制动器则主要用于降低机械的运转速度或迫使机械停止运转。

认识联轴器

1. 联轴器

联轴器用来连接两轴，并使两轴共同回转以传递运动和转矩。对联轴器的一般要求是工作可靠，结构紧凑，调整容易，装拆方便，价格低廉。

联轴器所连接的两轴，由于制造和安装误差、受载变形、温度变化和机座下沉等原因，可能产生轴线的径向、轴向、角向或综合偏移。因而，要求联轴器在传递转矩的同时，还应具有一定范围的补偿轴线偏移、缓冲吸振的能力。

联轴器的分类及其工作原理

（1）联轴器的类型

联轴器的类型繁多，根据其轴连接的性质及有、无补偿轴线偏移和缓冲吸振的能力，大致可以分为以下几类，如图 8-29 所示。

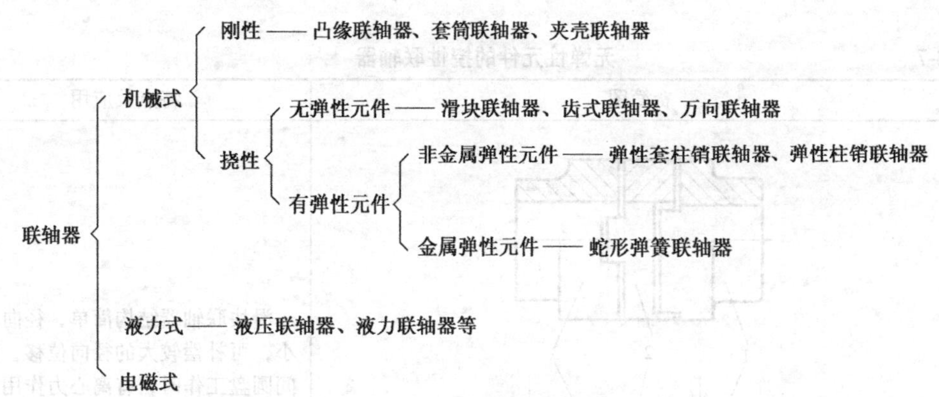

图 8-29 联轴器的类型

各类机械式联轴器的特点及应用见表 8-6、表 8-7 及表 8-8。

表 8-6 常见的刚性固定式联轴器

名称	结构图	特点及应用
套筒联轴器	d d （GT 型）	套筒联轴器结构简单，制造容易，径向尺寸最小，但要求两轴安装精度高，装拆时需做轴向移动。该联轴器适用于低速、轻载和经常正反转的传动，且要求两轴对中性好，工作平稳无冲击载荷
夹壳联轴器	L　A　d　D　A A—A （GJ 型）	夹壳联轴器装拆方便，无补偿性能，适用于低速传动的水平轴或垂直轴连接
凸缘联轴器	d （GY、GYD 型）	凸缘联轴器结构简单，成本低，无补偿性能，不能缓冲减震，对两轴安装精度要求较高。该联轴器适用于震动很小的工况条件，连接中、高速和刚度不大且要求对中性较高的两轴

表 8-7　　无弹性元件的挠性联轴器

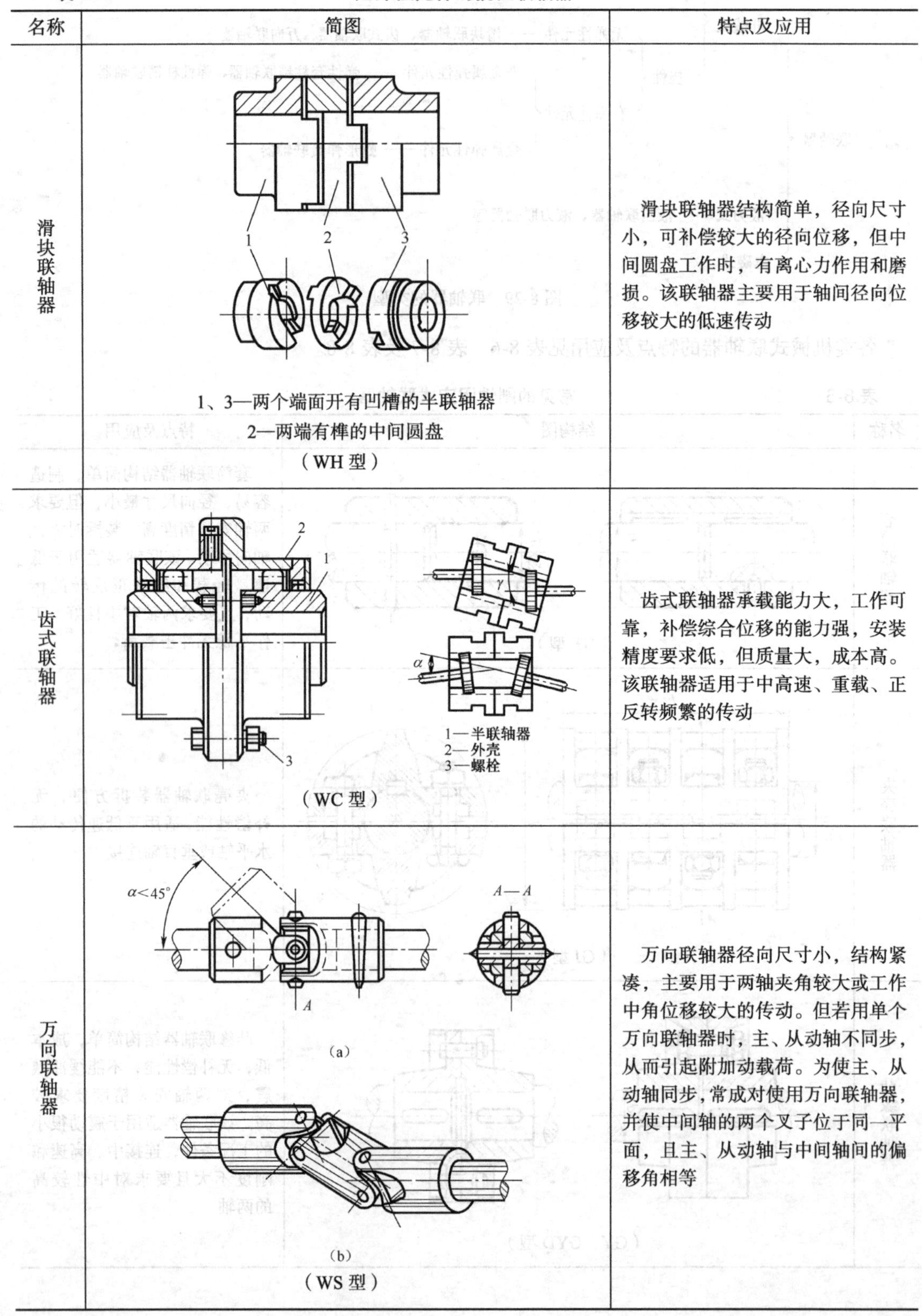

名称	简图	特点及应用
滑块联轴器	1、3—两个端面开有凹槽的半联轴器 2—两端有榫的中间圆盘 （WH 型）	滑块联轴器结构简单，径向尺寸小，可补偿较大的径向位移，但中间圆盘工作时，有离心力作用和磨损。该联轴器主要用于轴间径向位移较大的低速传动
齿式联轴器	1—半联轴器 2—外壳 3—螺栓 （WC 型）	齿式联轴器承载能力大，工作可靠，补偿综合位移的能力强，安装精度要求低，但质量大，成本高。该联轴器适用于中高速、重载、正反转频繁的传动
万向联轴器	$\alpha<45°$　A—A （a） （b） （WS 型）	万向联轴器径向尺寸小，结构紧凑，主要用于两轴夹角较大或工作中角位移较大的传动。但若用单个万向联轴器时，主、从动轴不同步，从而引起附加动载荷。为使主、从动轴同步，常成对使用万向联轴器，并使中间轴的两个叉子位于同一平面，且主、从动轴与中间轴间的偏移角相等

表 8-8　　非金属弹性元件联轴器

名称	结构图	特点及应用
弹性套柱销联轴器	（LT 型）	弹性套柱销联轴器结构简单，制造容易，装拆方便，成本较低。该联轴器适用于转矩小、转速高、频繁正反转，需要缓和冲击振动的场合，广泛应用于高速轴
弹性柱销联轴器	（LH 型）	弹性柱销联轴器使用尼龙、夹布胶木等制造，有一定的弹性且耐磨性好。该联轴器结构简单，制造方便，成本低，适用于转矩小、转速高、正反向变化多、启动频繁的高速轴
轮胎联轴器	（UL 型）	轮胎联轴器结构简单，使用可靠，弹性大，寿命长，不需润滑，但径向尺寸大。该联轴器可用于潮湿多尘、启动频繁的场合

（2）联轴器的选用

联轴器已标准化，在应用联轴器时应正确选择合适的联轴器类型及其尺寸，选用过程如下。

① 选择联轴器类型。根据被连接两轴的对中性、载荷的大小和特性（平稳、变动或冲击等）、工作速度、安装尺寸及安装精度、工作环境温度等，参考各类联轴器的特性及适用条件，选择一种适用的联轴器的类型。

② 计算联轴器的扭矩。由于原动机、工作机的不平稳性及工作阻力的变化，联轴器工作时的扭矩是一个波动值，因此扭矩为

$$T_{ca} = K_A T \tag{8-10}$$

式中，K_A——工作情况系数，从表 8-9 中查取；

T——传动轴上的名义转矩，单位为 N·m。

表 8-9 工作情况系数 K_A

工作机		K_A			
		原动机			
分类	工作情况及举例	电动机、汽轮机	四缸和四缸以上内燃机	双缸内燃机	单缸内燃机
1	扭矩变化很小，如发动机、小型通风机、小型离心泵	1.3	1.5	1.8	2.2
2	扭矩变化很小，如透平压缩机、木工机床、运输机	1.5	1.7	2.0	2.4
3	扭矩变化中等，如搅拌机、增压泵、有飞轮的压缩机、冲床	1.7	1.9	2.2	2.6
4	扭矩变化和冲击载荷中等，如织布机、水泥搅拌机、拖拉机	1.9	2.1	2.4	2.8
5	扭矩变化和冲击载荷大，如造纸机、挖掘机、起重机、碎石机	2.3	2.5	2.8	3.2
6	扭矩变化大并有极强烈的冲击载荷，如压延机、无飞轮的活塞泵、重型初轧机	3.1	3.3	3.6	4.0

③ 确定联轴器型号。根据 $T_{ca} \leq [T]$条件，在联轴器的标准中选用。$[T]$为联轴器的许用扭矩，可查手册确定。

④ 校核最大转速。联轴器的转速 n 不应超过所选联轴器允许的最高转速 n_{max}，即 $n \leq n_{max}$。

⑤ 协调轴孔尺寸和结构形式。多数情况下，每一型号联轴器适用轴的直径均有一个范围。标准中给出轴直径的最大和最小值，或者给出适用直径的尺寸系列，被连接两轴的直径应当在此范围内。

联轴器与轴一般采用键连接。国家标准对联轴器的轴孔和键槽规定了多种形式，并用相应代号表示，具体可查阅设计手册。选用联轴器时，也应与被连接轴相协调，选择相配的结构形式。

⑥ 联轴器的标记。联轴器标记格式如图 8-30 所示。

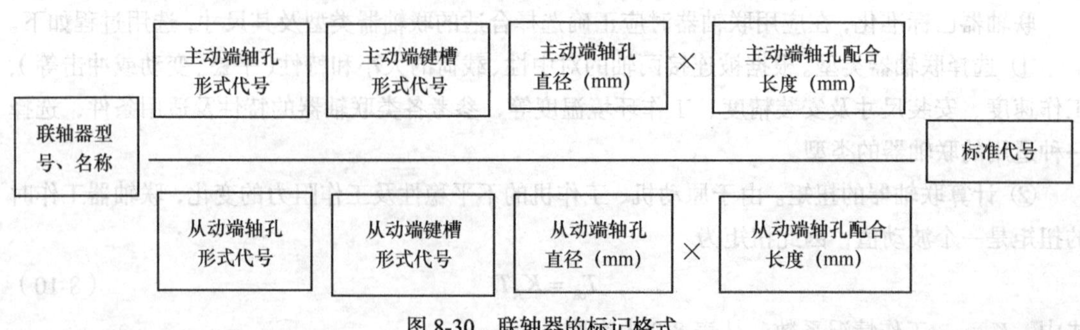

图 8-30 联轴器的标记格式

Y 型轴孔、A 型键槽代号在标记中可省略。当联轴器两端轴孔和键槽形式、尺寸相同时，只标记一端，另一端省略。

【例 8-3】 在电动机与卷扬机的减速器间用联轴器相连接。已知电动机功率 P=7.5kW，轴转速 n=960r/mm，电动机轴直径 d_1=38mm，减速器轴直径 d_2=42mm。试确定联轴器的型号。

解：（1）类型选择

由于轴的转速较高，启动频繁，且载荷有变化，因此宜选用缓冲性较好，同时具有可移性的弹性套柱销联轴器。

（2）联轴器的名义扭矩

$$T = 9\,550\frac{P}{n} = 9\,550\times\frac{7.5}{960} = 74.6\ (\text{N}\cdot\text{m})$$

（3）计算扭矩

取 K_A=1.7，则

$$T_{ca} = K_A T = 1.7\times 74.6 = 126.8\ (\text{N}\cdot\text{m})$$

（4）确定联轴器型号

查弹性套柱销联轴器国家标准手册，选择 LT6 联轴器，其允许最大扭矩[T]=250N·m，允许最高转速 3800r/min。

根据两轴的尺寸和结构形式，主动端选用 Y 型孔、A 型键槽；从动端选用 J_1 型孔、A 型键槽。标记如下

LT6 联轴器 $\frac{38\times 60}{J_1 42\times 84}$ GB 5843—2003　GB 4323—2002。

2. 离合器

（1）离合器的功用和分类

离合器可根据工作需要将两轴接合或分离，以满足机器变速、换向、空载启动、过载保护等方面的要求。对离合器的一般要求是接合迅速、分离彻底、动作准确以及调整、操纵和维护方便、使用寿命长等。

认识离合器

离合器的种类很多，按操纵方式可分为以下几类，如图 8-31 所示。

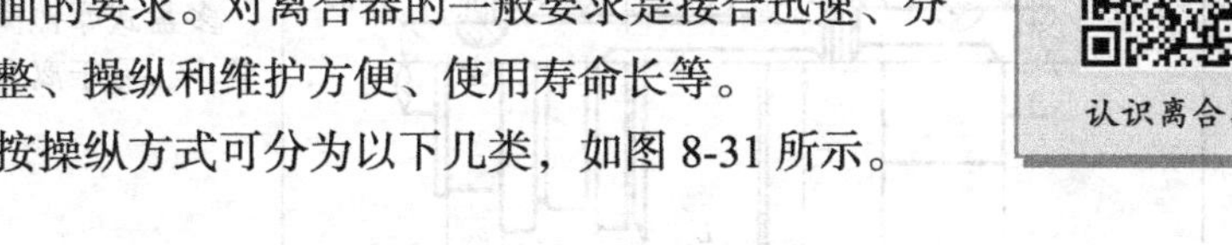

图 8-31　离合器的类型

（2）常用离合器的类型及应用特点

常用离合器的类型及应用特点见表 8-10。

表 8-10　　常用离合器的类型、特点及应用

<table>
<tr><th>名称</th><th>结构简图</th><th>特点及应用</th></tr>
<tr><td>牙嵌离合器</td><td>牙嵌离合器
1—半离合器　2—可动半离合器
3—平键　4—滑块　5—对中环</td><td>牙嵌离合器主要由端面带齿的两个半离合器组成，通过齿面接触来传递转矩。半离合器 1 固定在主动轴上，可动半离合器 2 固定在从动轴上，操纵滑块 4 可使它沿着导向平键 3 移动，以实现离合器的接合与分离，5 为对中环
牙嵌离合器的结构简单、尺寸小、工作时无滑动，应用广泛。但该离合器只宜在两轴不回转或转速差很小时进行离合，否则会因撞击而断齿</td></tr>
<tr><td rowspan="2">摩擦离合器</td><td>单盘式摩擦离合器
1—主动轴　2—从动轴　3、4—圆盘　5—移动滑环</td><td rowspan="2">摩擦离合器可以在不停车或主、从动轴转速差较大的情况下进行离合，且较为平稳。但在接合过程中，两摩擦盘间必然存在相对滑动，会引来摩擦片的发热和磨损。摩擦离合器种类很多，有单盘式、多盘式和圆锥式
单盘式摩擦离合器散热性能好，易于离合，结构简单，但传递转矩较小，且径向尺寸较大，适用于轻载且传动比要求不严的场合
多盘式摩擦离合器承载能力大，径向尺寸较小，易于离合，适用于高速传动</td></tr>
<tr><td>多盘式摩擦离合器
1—主动轴　2—半离合器　3—从动轴　4—套筒
5—外摩擦片　6—摩擦片　7—滑环
8—杠杆　9—弹簧　10—螺母</td></tr>
<tr><td>安全离合器</td><td>销钉
钢套
销钉式安全离合器</td><td>销钉式安全离合器结构类似于刚性凸缘联轴器，但不用螺栓，而用钢制销钉连接。过载时，销钉被剪断，因更换销钉时效率较低，因此不宜用于经常发生过载的场合</td></tr>
</table>

续表

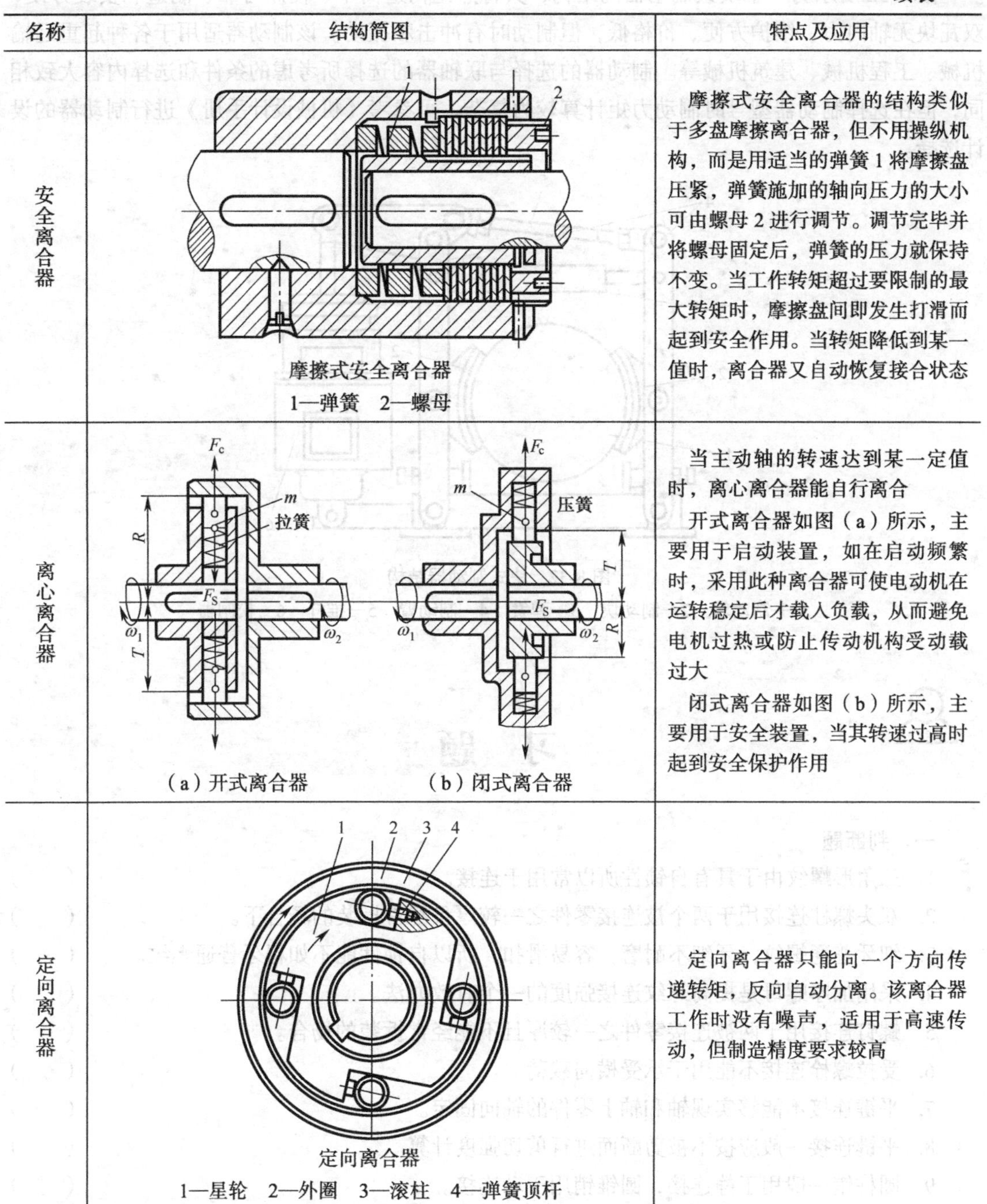

名称	结构简图	特点及应用
安全离合器	摩擦式安全离合器 1—弹簧 2—螺母	摩擦式安全离合器的结构类似于多盘摩擦离合器，但不用操纵机构，而是用适当的弹簧 1 将摩擦盘压紧，弹簧施加的轴向压力的大小可由螺母 2 进行调节。调节完毕并将螺母固定后，弹簧的压力就保持不变。当工作转矩超过要限制的最大转矩时，摩擦盘间即发生打滑而起到安全作用。当转矩降低到某一值时，离合器又自动恢复接合状态
离心离合器	（a）开式离合器 （b）闭式离合器	当主动轴的转速达到某一定值时，离心离合器能自行离合 开式离合器如图（a）所示，主要用于启动装置，如在启动频繁时，采用此种离合器可使电动机在运转稳定后才载入负载，从而避免电机过热或防止传动机构受动载过大 闭式离合器如图（b）所示，主要用于安全装置，当其转速过高时起到安全保护作用
定向离合器	定向离合器 1—星轮 2—外圈 3—滚柱 4—弹簧顶杆	定向离合器只能向一个方向传递转矩，反向自动分离。该离合器工作时没有噪声，适用于高速传动，但制造精度要求较高

3. 制动器

制动器是利用摩擦力矩来实现制动的。如果把制动器的从动部分固定起来，就构成了一个制动器，接合时就起制动作用。制动器应满足的基本要求是能产生足够的制动力（矩）、制动平稳可靠、操纵灵活、散热好、体积小、寿命长、高耐磨性、结构简单、维修方便等。

常用的制动器有锥形制动器、带状制动器、块式制动器、电磁制动器、盘式制动器等。

图 8-32 所示为一个块式制动器的结构，其特点是构造简单、使用可靠、制造和安装方便、双瓦块无轴向力、维护方便、价格低，但制动时有冲击和振动。该制动器适用于各种起重运输机械、工程机械、建筑机械等。制动器的选择与联轴器的选择所考虑的条件和选择内容大致相同，但在选择制动器型号时制动力矩计算较为复杂，可参考《机械设计手册》进行制动器的设计选择。

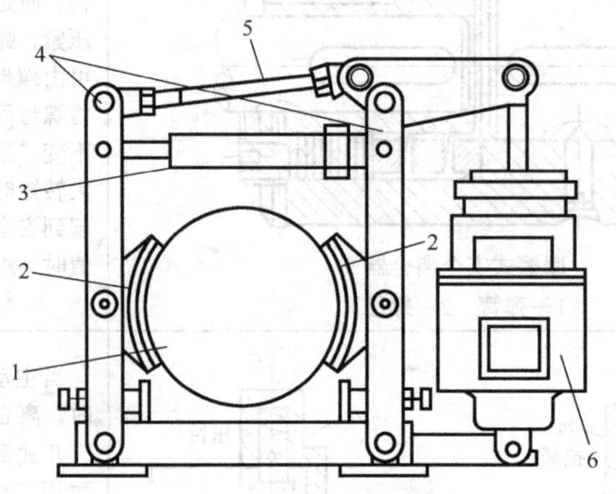

图 8-32　块式制动器结构

1—制动轮　2—制动块　3—弹簧　4—制动臂　5—推杆　6—松闸器

习　题

一、判断题

1. 三角形螺纹由于具有自锁性所以常用于连接。 (　　)
2. 双头螺柱连接用于两个被连接零件之一较厚且经常拆装的场合下。 (　　)
3. 细牙普通螺纹，牙细不耐磨，容易滑扣，所以自锁性能不如粗牙普通螺纹。 (　　)
4. 采用加厚螺母是提高螺纹连接强度的一个有效办法。 (　　)
5. 螺钉连接用于两被连接零件之一较厚且不能经常拆装的场合。 (　　)
6. 受拉螺栓连接不能用于承受横向载荷。 (　　)
7. 平键连接不能够实现轴和轴上零件的轴向固定。 (　　)
8. 平键连接一般应按不被剪断而进行剪切强度计算。 (　　)
9. 圆柱销一般用于静连接，圆锥销用于动连接。 (　　)
10. 弹性柱销联轴器具有一定的缓冲吸振能力。 (　　)

二、选择题

1. 在常用螺纹类型中，主要用于传动的是（　　）。

A. 矩形螺纹、梯形螺纹、普通螺纹　　B. 矩形螺纹、锯齿形螺纹、管螺纹

C. 梯形螺纹、普通螺纹、管螺纹　　D. 梯形螺纹、矩形螺纹、锯齿螺纹

2. 当螺纹公称直径、牙型角线数相同时，细牙螺纹的效率（　　）粗牙螺纹的效率。

A. 大于　　B. 等于　　C. 小于

3. 螺纹连接中最常用的螺纹牙型是（　　）。

A. 三角螺纹　　B. 矩形螺纹　　C. 锯齿形螺纹　　D. 梯形螺纹

4. 同一公称直径的普通螺纹可以有多种螺距，其中，螺距（　　）为粗牙螺纹。

A. 最小　　B. 中间　　C. 最大

5. 在螺纹连接中，按防松原理，采用对顶螺母属于（　　）。

A. 摩擦防松　　B. 机械防松　　C. 破坏螺旋副的关系防松

6. 在同一螺栓组连接中，螺栓的材料、直径和长度均应相同，这是为了（　　）。

A. 外形美观　　B. 安装方便　　C. 受力均匀　　D. 降低成本

7. 在螺纹连接设计中，被连接件与螺母和螺栓头的连接表面加工凸台或沉头座是为了（　　）。

A. 使工作面均匀接触　　B. 使接触面大些，提高防松能力

C. 安装和拆卸时方便　　D. 使螺栓不受附加载荷作用

8. 仅受预紧力作用的紧螺栓连接，螺栓的计算应力为：$\sigma = \dfrac{1.3F'}{\pi d_1^2/4} \leqslant [\sigma]$，式中的 1.3 是考虑（　　）。

A. 安装时可能产生的偏心载荷　　B. 载荷可能有波动

C. 拉伸和扭转的复合作用　　D. 螺栓材料的机械性能不稳定

9. 随着被连接件刚度的增大，螺栓的强度（　　）。

A. 提高　　B. 降低

C. 不变　　D. 可能提高，也可能降低

10. 螺纹连接预紧的目的是（　　）。

A. 增强连接的可靠性和紧密性　　B. 增加被连接件的刚性

C. 减小螺栓的刚性

11. 被连接件受横向载荷作用时，若采用一组普通螺栓连接，则载荷靠（　　）来传递。

A. 螺栓的剪切　　B. 螺栓的挤压　　C. 接合面之间的摩擦力

12. 平键连接的工作面是键的（　　），楔键连接的工作面是键的（　　）。

A. 两个侧面　　B. 上下两面　　C. 两个端面　　D. 侧面和上下面

13. 一般普通平键连接的主要失效形式是（　　）。

A. 剪断　　B. 磨损　　C. 胶合　　D. 压溃

14. 设计普通平键连接时，根据（　　）来选择键的长度尺寸，根据（　　）来选择键的截面尺寸。

A. 传递的转矩　　B. 传递的功率　　C. 轴的直径　　D. 轮毂宽度

15. 花键连接与平键连接相比较，（　　）的观点是错误的。

A. 承载能力较大　　B. 对中性和导向性都比较好

C. 对轴的削弱比较严重　　D. 可采用磨削加工提高连接质量

16. 半圆键连接具有（　　）的特点。

A. 对轴的强度削弱小　　B. 工艺性差、装配不方便

C. 调心性好　　D. 承载能力大

17. 销连接主要用于（　　）。

A. 传递较大载荷　　B. 定位

C. 承受静拉应力　　D. 承受疲劳循环拉应力

18. 联轴器与离合器的主要作用是（　　）。

A. 缓冲、减震　　B. 传递运动和转矩

C. 防止机器发生过载　　D. 补偿两轴的不同心或热膨胀

三、综合题

1. 常用的螺纹连接零件有哪些？螺纹连接有哪几种基本类型？各适用于什么场合？

2. 键连接有哪些类型？各适用于什么场合？

3. 简述联轴器的选择原则。

4. 分析图 8-33 中螺纹连接有哪些不合理之处？画出正确的结构图。

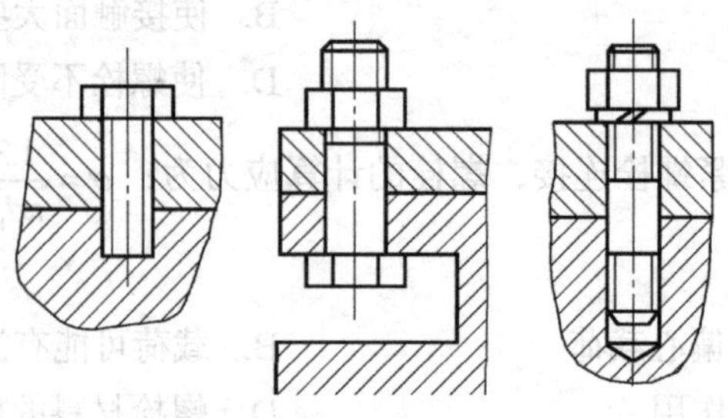

图 8-33　综合题 4 图

5. 如图 8-34 所示，刚性联轴器用 4 个 M16 小六角头铰制孔用螺栓连接，螺栓材料为 45 钢，$[\tau]$=120MPa，受剪面处螺栓直径为 17mm，其许用最大扭矩 T=1.5kN · m，试校核螺栓的强度。

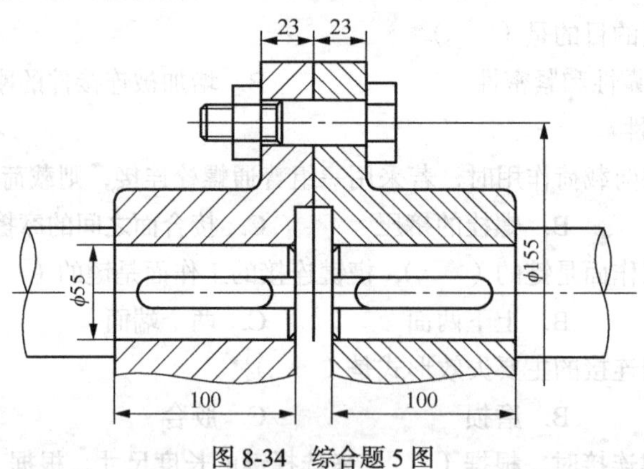

图 8-34　综合题 5 图

6. 图 8-35 所示钢板采用两个 M20 的普通螺栓连接，若被连接件接合面的摩擦系数 f=0.2，可靠系数 K=1.2，螺栓的性能等级为 3.6，试计算该连接允许传递的载荷 F_R。

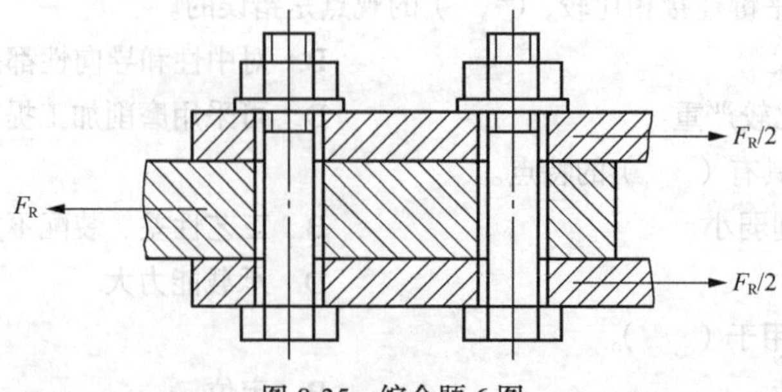

图 8-35　综合题 6 图

7. 图 8-36 所示为一凸缘联轴器，用 4 个 M12 的普通螺栓连接，螺栓中心均匀分布在 D=105mm，且安装时不控制预紧力。已知螺栓材料为 35 钢，性能等级为 4.8 级，联轴器接合面间摩擦系数 f=0.2，可靠系数 K=1.2，该联轴器能传递多大载荷？

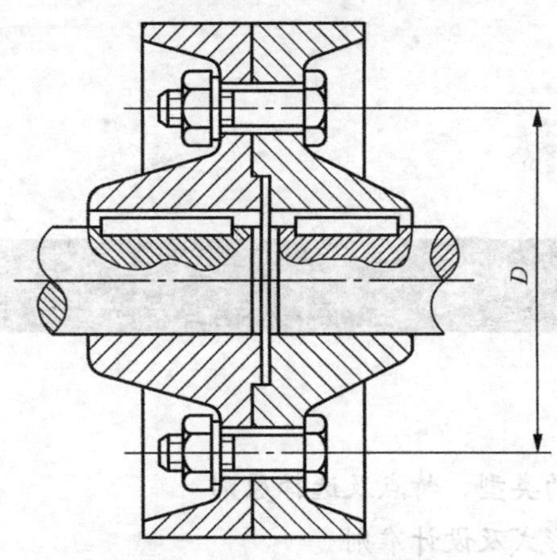

图 8-36 综合题 7 图

8. 如图 8-37 所示，气缸内径 D=150mm，气缸内气体压强 P=1.5MPa，缸盖与缸体间用 6 个 4.8 级的螺栓连接，控制预紧力，试确定螺栓直径。

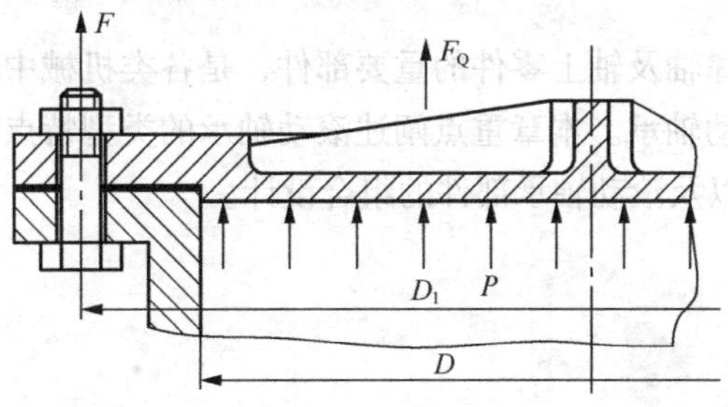

图 8-37 综合题 8 图

9. 某试验台的输出轴端装一卷筒，该处轴的直径 d=15mm，卷筒宽 25mm，选用 A 型平键连接，键及轮毂材料均为 45 钢，载荷平稳，$[\sigma_p]$=130MPa，试求此键连接所能传递的转矩。

第9章 轴承

【学习目标】

- 理解并掌握滚动轴承的类型、特点及选择原则
- 理解滚动轴承的失效形式及设计准则
- 掌握滚动轴承的寿命计算方法
- 理解滚动轴承的组合设计、润滑与密封方法
- 了解非液体滑动轴承的结构、材料及强度计算准则

轴承是机器中用来支撑轴及轴上零件的重要部件，是各类机械中普遍使用的重要标准件。轴承可分为滚动轴承和滑动轴承。本章重点阐述滚动轴承的类型特点、代号含义和标记方法，滚动轴承的承载能力计算以及滚动轴承部件的组合设计。

9.1 轴承的功用和类型

1. 轴承的功用

认识滑动轴承

在众多机械设备中，轴承是用来支撑轴和轴上回转零件的主要部件。轴承主要起两个作用：一是减少摩擦或磨损，从而提高传动效率；二是用来保证工作轴所需的回转精度。

2. 轴承的类型

认识滚动轴承

根据工作时轴承中的摩擦性质，轴承可分为滑动轴承和滚动轴承两大类。

滑动轴承按其摩擦状态可分为液体摩擦滑动轴承和非液体摩擦滑动轴承。在工作时，若轴颈和轴承工作表面之间完全被一层油膜分开而不直接接触，这种轴承称为液体摩擦滑动轴承；若轴颈和轴承工作表面间虽有润滑油而未能将

接触表面完全分开，这种轴承称为非液体摩擦滑动轴承。非液体摩擦滑动轴承具有结构简单、易于制造、安装方便等优点，故一般的机械中使用的滑动轴承大多为此类轴承。但由于液体摩擦滑动轴承本身具有一些独特的优点，使得它在某些特殊场合仍占有重要地位。

滚动轴承具有摩擦阻力小、易启动、适用范围广、轴向尺寸小、润滑和维修方便等优点，故应用广泛。另外，滚动轴承已标准化和系列化，其设计、使用、润滑、维护都很方便，因此在一般机器中应用较广。但滚动轴承径向尺寸大，有振动和噪声，一般由专业工厂大批量生产。

由于滚动轴承的机械效率较高，其轴承的维护要求较低，因此在中、低转速以及精度要求较高的场合得到广泛应用。

3. 滚动轴承的组成、类型及特点

（1）滚动轴承的组成

如图 9-1 所示，滚动轴承通常由外圈 1、内圈 2、滚动体 3 和保持架 4 组成。一般内、外圈均设有滚道，一方面可限制滚动体沿轴向移动，同时又能降低滚动体与内、外圈之间的接触应力。保持架把滚动体彼此隔开，避免滚动体相互接触，以减少摩擦和磨损。工作时，轴承内圈与轴颈配合，外圈与轴承座或机座配合。通常内圈与轴一起转动，外圈固定不动。但有时也可以外圈转动而内圈不动。滚动轴承的构造中，有的无外圈或内圈，有的无保持架，但不能没有滚动体。

滚动轴承的种类及其应用

滚动体有多种形式，以适合不同类型滚动轴承的结构要求。常见的滚动体形状有球形、圆柱形、圆锥形、鼓形、滚针形等多种，如图 9-2 所示。

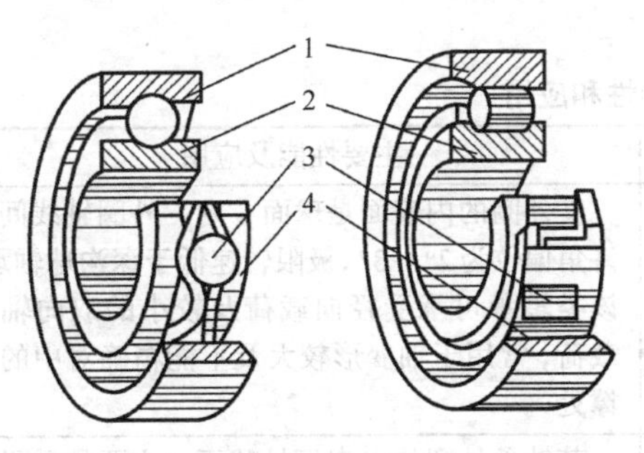

图 9-1　滚动轴承的构造

1—外圈　2—内圈　3—滚动体　4—保持架

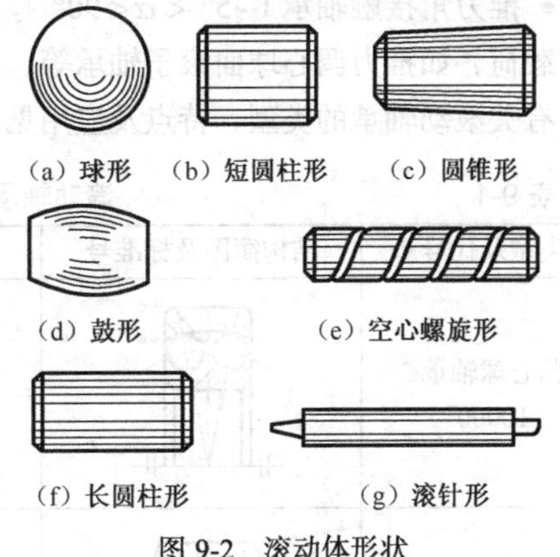

图 9-2　滚动体形状

滚动轴承的外圈、内圈、滚动体均采用强度高、耐磨性好的铬锰高碳钢制造。保持架多用低碳钢或铜合金制造，也可采用塑料及其他材料。

（2）滚动轴承的类型及特点

① 按滚动体的形状分类，滚动轴承可分为球轴承和滚子轴承。

- 球轴承。滚动体是球形，它与滚道之间为点接触，故其承载能力和耐冲击能力较低。但轴承的极限转速较高，球的制造工艺简单，价格低。
- 滚子轴承。除球轴承外，其他轴承均称为滚子轴承。滚动体与滚道之间为线接触，故其承载能力和耐冲击能力较高。但轴承的极限转速低，制造工艺较为复杂，价格较高。

② 按承受载荷的方向分类。滚动体与外圈滚道接触处的法线方向与轴承的径向平面（垂直于轴承轴心线的平面）之间的夹角α称为接触角，如图 9-3 所示。α越大，轴承承受轴向载荷的能力越大。按轴承承载方向滚动轴承可分为向心轴承和推力轴承。

a. 向心轴承。向心轴承主要承受径向载荷，可分为以下两类。

• 径向接触轴承（$\alpha=0°$）。径向接触轴承主要承受径向载荷，也可承受较小的轴向载荷，如深沟球轴承、调心轴承等。

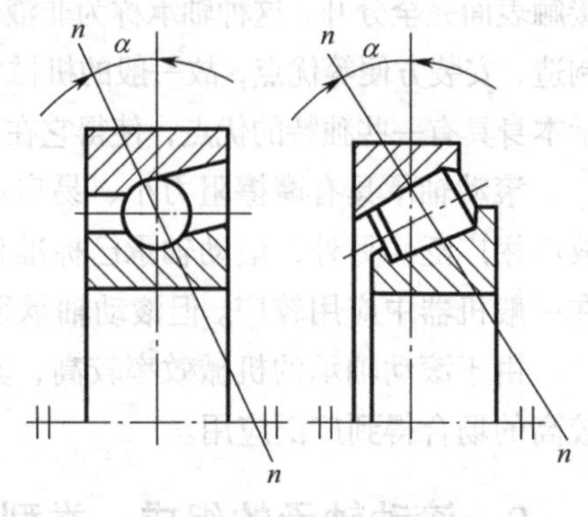

图 9-3 滚动轴承的接触角

• 向心角接触轴承（$0°<\alpha\leqslant45°$）。向心角接触轴承能同时承受径向载荷和轴向载荷的联合作用，如角接触球轴承、圆锥滚子轴承等。接触角越大，承受轴向载荷的相对值也越高。圆锥滚子轴承能同时承受较大的径向和单向载荷，内、外圈沿轴向可以分离，装拆方便，间隙可调。也有的向心轴承不能承受轴向载荷，只能承受径向载荷，如圆柱滚子轴承、滚针轴承等。

b. 推力轴承。推力轴承只能或主要承受轴向载荷，可分为以下几类。

• 轴向接触轴承（$\alpha=90°$）。轴向接触轴承只能承受轴向载荷，如单、双向推力轴承，推力滚子轴承等。推力球轴承两个套圈的内孔直径不同。直径较小的套圈紧配在轴颈上，称为轴圈；直径较大的套圈安放在机座上，称为座圈。由于套圈上滚道深度浅，当转速较高时，滚动体的离心力大，轴承对滚动体的约束力不够，故允许的转速较低。

• 推力角接触轴承（$45°<\alpha<90°$）。推力角接触轴承主要承受轴向载荷，也可承受较小的径向载荷，如推力调心球面滚子轴承等。

有关滚动轴承的类型、特点及应用见表 9-1。

表 9-1 滚动轴承的类型、特性和应用

类型及代号	结构简图及标准号	载荷方向	主要性能及应用
调心球轴承 10000			其外圈的内表面是球面，内、外圈轴线间允许角偏位为2°～3°，极限转速低于深沟球轴承。该类轴承可承受径向载荷及较小的双向轴向载荷，常用于轴变形较大及不能精确对中的支撑处
调心滚子轴承 20000			其轴承外圈的内表面是球面，主要承受径向载荷及一定的双向轴向载荷，但不能承受纯轴向载荷，允许角偏位为 0.5°～2°。该类轴承常用在长轴或受载荷作用后轴有较大的弯曲变形及多支点的轴上
圆锥滚子轴承 30000			该类轴承可同时承受较大的径向及轴向载荷，承载能力大于“7”类轴承。其外圈可分离，装拆方便，一般成对使用
双列深沟球轴承 40000			该类轴承主要承受径向载荷，也能承受一定的双向轴向载荷。其承载能力较深沟球轴承高

续表

类型及代号	结构简图及标准号	载荷方向	主要性能及应用
推力球轴承 51000			该类轴承只能承受轴向载荷，而且载荷作用线必须与轴线相重合，不允许有角偏差，极限转速低
双向推力球轴承 52000			该类轴承能承受双向轴向载荷，其余与推力轴承相同
深沟球轴承 60000			该类轴承可承受径向载荷及一定的双向轴向载荷，内、外圈轴线间有小量的角偏差
角接触球轴承 70000	7000C 型(α=15°) 7000AC 型(α=25°) 7000B 型(α=40°)		该类轴承可同时承受径向及轴向载荷，也可用来承受纯轴向载荷。其承受轴向载荷的能力由接触角的大小决定。接触角大，则其承受轴向载荷的能力高。由于存在接触角，角接触球轴承在承受纯径向载荷时，会产生内部轴向力，使内、外圈有分离的趋势。因此，该类轴承都是成对使用，可以分装于两个支点或同装于一个支点上。另外，该类轴承极限转速较高
推力滚子轴承 80000			该类轴承能承受较大的单向轴向载荷，极限转速低
圆柱滚子轴承 N0000			该类轴承能承受较大的径向载荷，不能承受轴向载荷，极限转速也较高，但允许的角偏位很小，为2′～4′。设计该类轴承时，要求轴的刚度大，对中性好
滚针轴承 NA0000			该类轴承不能承受轴向载荷，不允许有角度偏斜，极限转速较低。滚针轴承结构紧凑，在内径相同的条件下，与其他轴承相比，其外径最小。该类轴承适用于径向尺寸受限制的部件中

9.2 滚动轴承的代号标准及选择

1. 滚动轴承的代号

滚动轴承的类型很多，而各类轴承又有不同的结构、尺寸、精度和技术要求。为了便于组织生产和选用，国家规定了滚动轴承的代号标准。滚动轴承的代号表示方法如图 9-4 所示。

① 内径尺寸代号：右起第一、二位数字表示内径尺寸，表示方法见表 9-2。

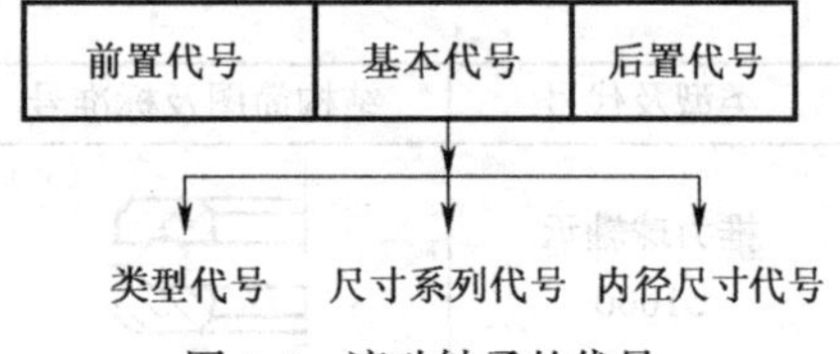

图 9-4 滚动轴承的代号

表 9-2 轴承内径尺寸代号

内径尺寸/mm	代号表示	举例	
		代号	内径/mm
10 12 15 17	00 01 02 03	6200	10
20～480（5 的倍数）	内径/5 的商	23208	40
22、28、32 及 500 以上	/内径	/500 /22	500 22

② 尺寸系列代号：右起第三、四位表示尺寸系列（第四位为 0 时可不写出）。为了适应不同承载能力的需要，同一内径尺寸的轴承，可使用不同大小的滚动体，因而轴承的外径和宽度也随着改变。这种内径相同而外径或宽度不同的变化称为尺寸系列，见表 9-3。

③ 类型代号：右起第五位的数字或字母表示轴承类型，其代号见表 9-1。

④ 前置代号：成套轴承分部件，见表 9-4。

⑤ 后置代号：内部结构、尺寸、公差等，其顺序见表 9-4。常见的轴承内部结构代号和公差等级见表 9-5 和表 9-6。

表 9-3 向心轴承、推力轴承尺寸系列代号表示法

直径系列代号	向心轴承							推力轴承			
	宽度系列代号							高度系列代号			
	窄 0	正常 1	宽 2	特宽 3	特宽 4	特宽 5	特宽 6	特低 7	低 9	正常 1	正常 2
	尺寸系列代号										
超特轻 7	—	17	—	37	—	—	—	—	—	—	—
超轻 8	08	18	28	38	48	58	68	—	—	—	—
超轻 9	09	19	29	39	49	59	69	—	—	—	—
特轻 0	00	10	20	30	40	50	60	70	90	10	—
特轻 1	01	11	21	31	41	51	61	71	91	11	—
轻 2	02	12	22	32	42	52	62	72	92	12	22
中 3	03	13	23	33	—	—	63	73	93	13	23
重 4	04	—	24	—	—	—	—	74	94	14	24

表 9-4 轴承代号排列

轴承代号									
前置代号	基本代号	后置代号							
		1	2	3	4	5	6	7	8
成套轴承部件		内部结构	密封与防尘套圈变型	保持架及其材料	轴承材料	公差等级	游隙	配置	其他

表 9-5 轴承内部结构代号

代号	含义	示例
C	角接触球轴承公称接触角 α=15° 调心滚子轴承 C 型	7005C 23122C
AC	角接触球轴承公称接触角 α=25°	7210AC
B	角接触球轴承公称接触角 α=40° 圆锥滚子轴承接触角加大	7210B 32310B
E	加强型	N207E

表 9-6 轴承公差等级代号

代号	含义	示例
/P0	公差等级符合标准规定的 0 级（可省略不标注）	6205
/P6	公差等级符合标准规定的 6 级	6205/P6
/P6X	公差等级符合标准规定的 6X 级	6205/P6X
/P5	公差等级符合标准规定的 5 级	6205/P5
/P4	公差等级符合标准规定的 4 级	6205/P4
/P2	公差等级符合标准规定的 2 级	6205/P2

注：1. /P2 级等级最高。

2. 6X 只适用于圆锥滚子轴承。

【例 9-1】 试说明轴承代号 6203/P4 和 7312C 的意义。

解：

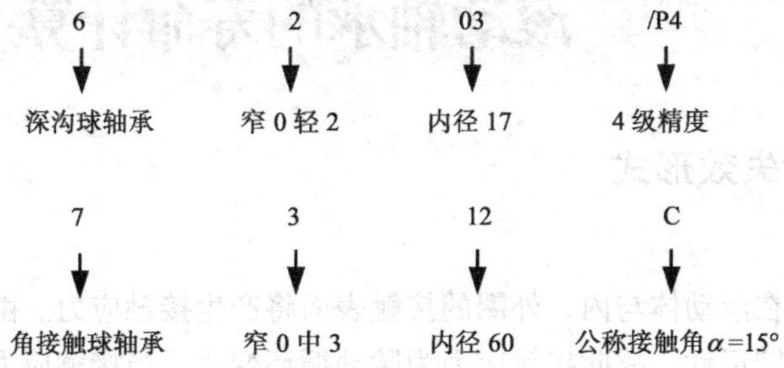

2. 滚动轴承的类型选择

由于各类滚动轴承有不同的特性，因此选择滚动轴承类型时，必须根据轴承的实际工作情况合理选择，从而确定正确的轴承代号。一般应考虑如下因素。

（1）载荷的大小、方向和性质

当载荷小而稳定时，宜选用球轴承；载荷大且有冲击时，宜选用滚子轴承。受纯径向载荷时，宜选用径向接触轴承；受纯轴向载荷时，宜选用推力轴承；同时承受径向载荷和轴向载荷时，应根据两者的比值来考虑。当与径向载荷相比轴向载荷较小时，宜取深沟球轴承（60000 型）或接触角不大的角接触球轴承（70000 型）及圆锥滚子轴承（30000 型）；当与径向载荷相比轴向载荷较大时，可选接触角较大的角接触球轴承（70000AC）及圆锥滚子轴承（30000B 型）；当轴向载荷比径向载荷大很多时，也可选用径向接触轴承和推力轴承的组合结构来配合使用。

（2）轴承转速

轴承转速高时，一般选用球轴承；轴承转速低时，可选用滚子轴承。推力轴承不宜用于高速。若轴向载荷不大时，也可采用径向接触球轴承。在轴承手册中列入了各类轴承的极限转速 $n_{\lim}$（r/min）值，这个转速是指载荷不大、冷却条件正常、公差等级为普通级时轴承的最大允许转速。在选择轴承时，必须使轴承在低于极限转速下工作。

（3）自动调心性能要求

对支点跨距较大、刚度差的轴以及多支点轴或弯曲变形较大的轴，为适应该类轴的变形，应选用能适应内、外圈轴线有较大相对偏斜的调心轴承。

（4）轴承安装尺寸要求

轴承尺寸系列除根据载荷选择外，还要根据轴承安装部位的空间来进行选择。若径向空间受限制，宜用径向尺寸小的轴承，如滚针轴承；若轴向空间受限制，宜用轴向尺寸小的轴承，如宽度系列为 0、1 的球轴承等。

（5）经济性

轴承的选择应考虑到经济性。公差等级越高的轴承，价格越高。当公差等级相同时，球轴承的价格比滚子轴承低。

（6）特殊要求

轴承的选择还要考虑如允许空间、装拆位置、润滑、密封、噪声及其他特殊性能的要求。

9.3 滚动轴承的寿命计算

1. 滚动轴承的失效形式

（1）疲劳点蚀

滚动轴承受载时，在滚动体与内、外圈的接触表面将产生接触应力。由于内、外圈和滚动体在工作时有相对的旋转运动，故此接触应力为脉动循环变化。当接触应力超过极限值时，表层下产生疲劳裂纹，并逐渐扩展到表面，从而使内、外圈滚道和滚动体表面形成疲劳点蚀，使滚动轴承丧失旋转精度，并产生噪声、冲击和振动。因此，疲劳点蚀是滚动轴承的失效形式之一。

（2）塑性变形

当滚动轴承转速很低或仅做摆动时，过大的静载荷或冲击载荷会使轴承滚道和滚动体接触处产生较大的局部应力。该应力超过材料的屈服强度时，轴承将产生较大的塑性变形。若变形量超过一定范围，轴承将不能正常工作。因此，塑性变形是滚动轴承的另一种失效形式。

此外，由于使用、维护和保养不当，或润滑密封不良等原因，也能引起轴承早期磨损、胶合、套圈断裂、滚动体破碎、保持架破损等非正常失效。

2. 滚动轴承的设计准则

① 对于一般运转的轴承，为了防止疲劳点蚀发生，一般以疲劳强度计算为依据，称为轴承

的寿命计算。

② 对于不回转、转速很低或间歇摆动的轴承，为防止塑性变形，一般以静强度计算为依据，称为轴承的静强度计算。

3. 滚动轴承的寿命计算

（1）寿命计算中的基本概念

① 寿命。滚动轴承的寿命是指轴承中任何一个滚动体或内、外圈滚道上出现疲劳点蚀前轴承转过的总转数，或在一定转速下总的工作小时数。

② 基本额定寿命。一批类型、尺寸相同的轴承，由于材料、加工精度、热处理与装配质量不可能完全相同，即使在同样条件下工作，各个轴承的寿命也是不相同的。国标规定以基本额定寿命作为计算依据。基本额定寿命是指一批相同的轴承，在同样条件下工作，其中10%的轴承产生疲劳点蚀时转过的总转数，或在一定转速下总的工作小时数。

③ 额定动载荷。基本额定寿命为10^6转时轴承所能承受的载荷，称为额定动载荷，以“C_r”表示。轴承在额定动载荷作用下，不发生疲劳点蚀的可靠度是90%。常见轴承类型的C_r值可查本书附录。

④ 额定静载荷。轴承工作时，受载最大的滚动体和内、外圈滚道接触处的接触应力达到一定值时的静载荷，称为额定静载荷，用“C_{0r}”表示。

⑤ 当量动载荷。额定动、静载荷是在向心轴承只承受径向载荷、推力轴承只承受轴向载荷的条件下，根据试验确定的。实际上，轴承承受的载荷既有径向载荷又有轴向载荷。因此，必须将实际载荷等效折算为一个假想载荷。这个假想载荷称为当量动载荷，以“P”表示。

（2）寿命计算公式

在实际应用中，额定寿命常用给定转速下运转的小时数表示。考虑到机器振动和冲击的影响，引入了载荷系数f_p（见表9-7）；考虑到工作温度的影响，引入了温度系数f_t（见表9-8）。实用的寿命计算公式为

$$L_h = \frac{10^6}{60n}\left(\frac{f_t C_r}{f_p P}\right)^{\varepsilon} \tag{9-1}$$

式中，ε为寿命指数。球轴承$\varepsilon=3$，滚子轴承$\varepsilon=10/3$。

若当量动载荷P与转速n均已知，预期寿命$[L_h]$已选定，则可得到轴承寿命校核公式

$$L_h \geqslant [L_h] \tag{9-2}$$

表9-7　　载荷系数f_p

载荷性质	无冲击或轻微冲击	中等冲击	强烈冲击
f_p	1.0～1.2	1.2～1.8	1.8～3.0

表9-8　　温度系数f_t

轴承工作温度/℃	100	125	150	200	250	300
f_t	1	0.95	0.90	0.80	0.70	0.60

（3）当量动载荷的计算

当量动载荷是一个假想载荷，在该载荷作用下，轴承的寿命与实际载荷作用下的寿命相同。当量动载荷P的计算公式为

$$P = XF_r + YF_a \tag{9-3}$$

式中，P——当量动载荷，单位为N；

X——径向载荷系数（见表9-9）；

Y——轴向载荷系数（见表9-9）；

F_r——轴承承受的径向载荷，单位为N；

F_a——轴承承受的轴向载荷，单位为N。

对于只承受径向载荷的轴承，当量动载荷为轴承的径向载荷，即$P=F_r$；对于只承受轴向载荷的轴承，当量动载荷为轴承的轴向载荷F_a，即$P=F_a$。

表9-9　向心轴承当量动载荷的X、Y值

轴承类型		F_a/C_{0r}	e	$F_a/F_r>e$		$F_a/F_r\leqslant e$	
				X	Y	X	Y
深沟球轴承	60000	0.014	0.19	0.56	2.30	1	0
		0.028	0.22		1.99		
		0.056	0.26		1.71		
		0.084	0.28		1.55		
		0.11	0.30		1.45		
		0.17	0.34		1.31		
		0.28	0.38		1.15		
		0.42	0.42		1.04		
		0.56	0.44		1.00		
角接触球轴承	70000C（α=15°）	0.015	0.38	0.44	1.47	1	0
		0.029	0.40		1.40		
		0.058	0.43		1.30		
		0.087	0.46		1.23		
		0.12	0.47		1.19		
		0.17	0.50		1.12		
		0.29	0.55		1.02		
		0.44	0.56		1.00		
		0.58	0.56		1.00		
	70000AC（α=25°）	—	0.68	0.41	0.87	1	0
	70000B（α=40°）	—	1.14	0.35	0.57	1	0
圆锥滚子轴承 30000		—	1.5tanα	0.4	0.4cotα	1	0
调心球轴承 10000		—	1.5tanα	0.65	0.65cotα	1	0

（4）向心角接触轴承实际轴向载荷的计算

① 向心角接触轴承的内部轴向力。由于向心角接触轴承有接触角，故轴承在受到径向载荷作用时，承载区内滚动体的法向力分解后，会产生一个轴向分力F_S（见图9-5）。F_S是在径向载荷作用下产生的轴向力，通常称为内部轴向力，其大小按表9-10所列公式求得，方向（相对于轴而言）沿轴向由轴承外圈的宽边指向窄边。

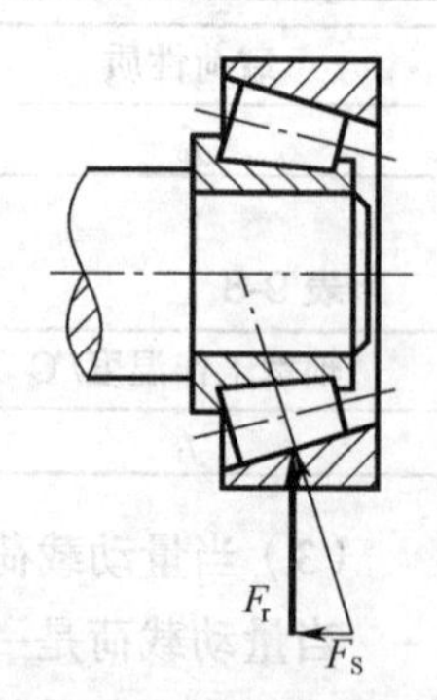

图9-5　内部轴向力

② 向心角接触轴承的实际轴向载荷。向心角接触轴承在使用时实际所受的轴向载荷F_a，除与外加轴向载荷F_x（见图9-6）有关外，还应考虑内部轴向力F_S的影响。计算两支点实际轴向载荷的步骤如下。

a. 先计算出两支点内部轴向力 F_{S1}、F_{S2} 的大小，并标出其方向。

b. 求外加轴向载荷 F_x 及与之同向的内部轴向力之和，然后与另一内部轴向力进行比较，进行轴的移动趋势方向的判别，进而判定一对轴承的“压紧”端与“放松”端。

c. “放松”端轴承的轴向载荷等于它本身的内部轴向力。

d. “压紧”端轴承的轴向载荷等于除了它本身的内部轴向力以外的所有轴上轴向力的代数和。

说明：一对轴承若采用正装，如图 9-6（a）所示，则两个附加轴线力方向为“面对面”，轴移动趋势方向的轴承被“压紧”；若采用反装，如图 9-6（b）所示，则两个附加轴线力方向为“背靠背”，轴移动趋势方向的轴承被“放松”。

表 9-10　　向心角接触轴承的内部轴向力 F_S

角接触球轴承			圆锥滚子轴承
α=15°（70000C 型）	α=25°（70000AC 型）	α=40°（70000B 型）	
$F_S=eF_r$	$F_S=0.68F_r$	$F_S=1.14F_r$	$F_S=F_r/2Y$ （Y 是 $F_a/F_r>e$ 时的轴向系数）

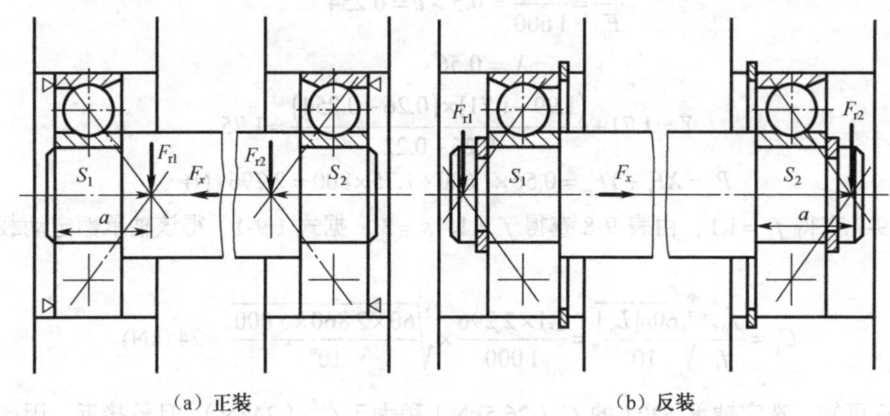

图 9-6　角接触轴承的实际轴向载荷 F_a 的计算

【例 9-2】 深沟球轴承 6207，承受径向载荷 F_r=1 600N，轴向载荷 F_a=800N。试计算其当量动载荷 P。

解：由附表查得 $C_{0r}=15.2\text{kN}$

$$\frac{F_a}{C_{0r}}=\frac{800}{15200}=0.052$$

由表 9-9，用插入法求 e

$$e=0.22+\frac{(0.26-0.22)\times(0.052-0.028)}{0.056-0.028}=0.254$$

$$\frac{F_a}{F_r}=\frac{800}{1\,600}=0.5>e=0.254$$

由表 9-9 查得

$$X=0.56$$

由插入法求得

$$Y = 1.71 + \frac{(1.99-1.71)\times(0.26-0.254)}{0.26-0.22} = 1.75$$

则 $$P = XF_r + YF_a = 0.56\times1\,600 + 1.75\times800 = 2\,296\ (\text{N})$$

【例 9-3】 选择一水泵用深沟球轴承，已知轴颈 d=35mm，轴的转速 n=2 860r/min，径向载荷 F_r=1 600N，轴向载荷 F_a=800N，$[L_h]$=5 000h。

解：本例是径向接触轴承受径向载荷和轴向载荷的复合作用，根据预期寿命选择轴承型号，应先计算当量动载荷。由于轴承型号未定，F_a/C_{0r}、e 值均未知，X、Y 值无法确定。解决本类问题的基本方法是先选定某一型号的轴承进行计算，把计算结果与选定轴承的参数比较，如不合适，重选一个轴承再进行计算，直至选定轴承的参数与计算结果相符。

初选轴承 6207，由附表查得 $C_r = 25.5\text{kN}$、$C_{0r} = 15.2\text{kN}$。

$$\frac{F_a}{C_{0r}} = \frac{800}{15\,200} = 0.052$$

$$e = 0.22 + \frac{(0.26-0.22)\times(0.052-0.028)}{0.056-0.028} = 0.254$$

$$\frac{F_a}{F_r} = \frac{800}{1\,600} = 0.5 > e = 0.254$$

$$X = 0.56$$

$$Y = 1.71 + \frac{(1.99-1.71)\times(0.26-0.254)}{0.26-0.22} = 1.75$$

$$P = XF_r + YF_a = 0.56\times1\,600 + 1.75\times800 = 2\,296\ (\text{N})$$

由表 9-7 查得 $f_p = 1.1$，由表 9-8 查得 $f_t = 1$、$\varepsilon = 3$，据式（9-1）得该轴承额定动载荷的最小值为

$$C_r = \frac{f_p P}{f_t}\sqrt[3]{\frac{60n[L_h]}{10^6}} = \frac{1.1\times2\,296}{1\,000}\times\sqrt[3]{\frac{60\times2\,860\times5\,000}{10^6}} = 24\ (\text{kN})$$

由计算可知，选定轴承 6207 的 C_r（26.5kN）稍大于 C_r'（24kN），且较接近，因此所选的轴承 6207 合适。

【例 9-4】 图 9-7 所示为一工程机械中的传动装置。根据工作条件决定采用一对角接触球轴承，并暂选定型号为 7208AC，已知作用径向载荷为 $F_{r1} = 1\,000\text{N}$、$F_{r2} = 2\,060\text{N}$，外加作用在轴心线上的轴向载荷 $F_A = 880\text{N}$，转速 n=5 000r/min，运转中受中等冲击，预期使用寿命 $[L_h]$=2500h。试校核该轴承寿命。

解：本例为角接触球轴承的校核计算。此类轴承由于有内部轴向力，因此应首先计算内部轴向力。

（1）计算内部轴向力

由表 9-10 查得 7208AC 型轴承内部轴向力

$$F_{S1} = 0.68F_{r1} = 0.68\times1\,000 = 680\ (\text{N})$$

$$F_{S2} = 0.68F_{r2} = 0.68\times2\,060 = 1401\ (\text{N})$$

轴向力的方向如图 9-7 所示。

（2）计算轴承的轴向载荷

$$F_A + F_{S2} = 880 + 1\,401 = 2\,281\ (\text{N}) > F_{S1}$$

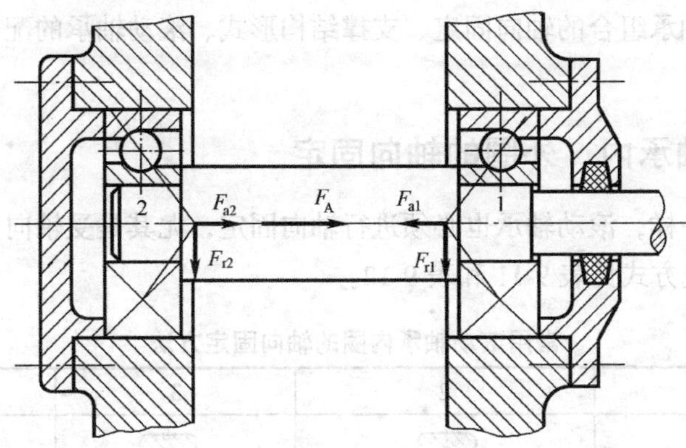

图 9-7　例 9-4 图

因此，整个轴有向右移动的趋势，右端轴承“1”压紧，左端轴承“2”放松，故

$$F_{a1} = F_A + F_{S2} = 880 + 1\,401 = 2\,281\ (\text{N})$$

$$F_{a2} = F_{S2} = 1\,401\ (\text{N})$$

（3）计算当量动载荷

① 轴承 1 的当量动载荷 P_1。由表 9-9 查得 70000AC 型轴承的 e=0.68。

$$\frac{F_{a1}}{F_{r1}} = \frac{2\,281}{1\,000} = 2.28 > e$$

由表 9-9 查得 X=0.41、Y=0.87，则

$$P_1 = XF_{r1} + YF_{a1} = 0.41 \times 1\,000 + 0.87 \times 2\,281 = 2\,394\ (\text{N})$$

② 轴承 2 的当量动载荷 P_2。

$$\frac{F_{a2}}{F_{r2}} = \frac{1\,401}{2\,060} = 0.68 = e$$

由表 9-9 查得 X=1、Y=0，则

$$P_2 = XF_{r2} + YF_{a2} = 1 \times 2\,062 + 0 \times 1\,401 = 2\,062\ (\text{N})$$

两轴承型号相同，而 $P_1 > P_2$，故应按 P_1 计算。

（4）校核轴承基本额定动载荷

由表 9-7 查得 $f_p = 1.5$，由表 9-8 查得 $f_t = 1$、$\varepsilon = 3$，则 $C_r = \dfrac{f_p p_1}{f_t}\sqrt[\varepsilon]{\dfrac{60n[L_h]}{10^6}} = \dfrac{1.5 \times 2\,394}{1\,000} \times$

$$\sqrt[3]{\frac{60 \times 5\,000 \times 2\,500}{10^6}} = 32.6\ (\text{kN})$$

由附表查得，轴承 7208AC 的 C_r(35.2kN) 大于 32.6kN，且数值接近，故所选轴承合适。

9.4 滚动轴承的组合设计

为了保证轴和轴上零件的正常运转，除正确选用轴承类型、型号外，还应解决轴承的组合

结构问题，其中包括轴承组合的轴向固定、支撑结构形式、滚动轴承的配合及滚动轴承的装拆等一系列问题。

1．单个滚动轴承内、外圈的轴向固定

与轴上其他零件一样，滚动轴承也必须进行轴向固定，尤其是受轴向力的滚动轴承，轴向固定更应可靠。其固定方式见表 9-11 和表 9-12。

表 9-11　　常用滚动轴承内圈的轴向固定方法

序号	1	2	3	4
简图	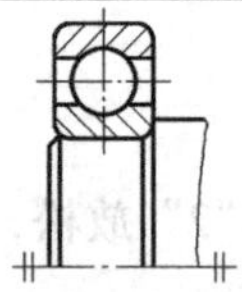	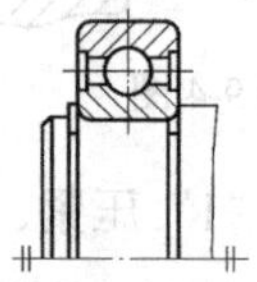	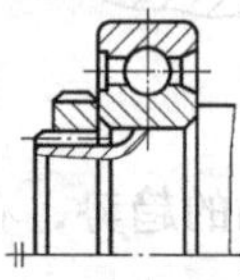	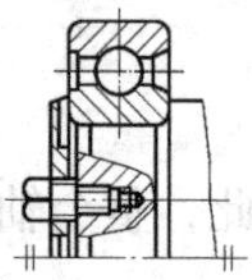
固定方式	内圈靠轴肩定位，结合过盈配合固定	用弹性挡圈紧固	内圈用螺母与止动垫圈紧固	在轴端用压板和螺钉紧固，用弹簧垫片和铁丝防松
特点	结构简单，装拆方便，占用空间小，可用于两端固定的支撑中	结构简单，装拆方便，占用空间小，多用于深沟球轴承的固定	结构简单，装拆方便，紧固可靠	不能调整轴承游隙，多用于轴颈 $d>70$mm 的场合，允许转速较高

表 9-12　　常用滚动轴承外圈的轴向固定方法

序号	1	2	3
简图	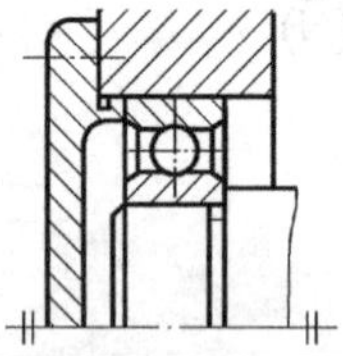	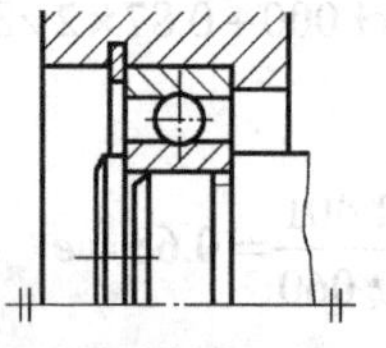	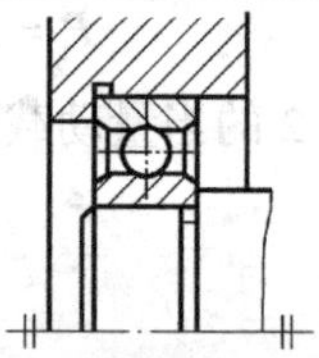
固定方式	外圈用端盖紧固	外圈用弹性挡圈紧固	外圈由挡肩定位，轴系另一端支撑靠螺母或端盖紧固
特点	结构简单，紧固可靠，调整方便	结构简单，装拆方便，占用空间小，多用于向心类轴承	结构简单，工作可靠

序号	4	5
简图	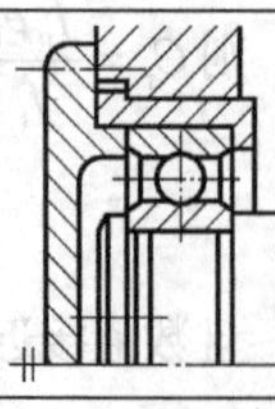	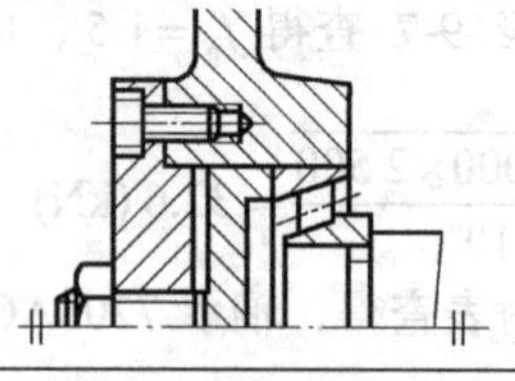
固定方式	外圈由套筒上的挡肩定位再用端盖紧固	外圈用螺钉和调节杯紧固
特点	结构简单，外壳孔可为通孔，利用垫片可调整轴系的轴向位置，装配工艺性好	便于调整轴承游隙，用于角接触轴承的紧固

2．轴系的固定

轴系固定的目的是防止轴工作时发生轴向窜动，保证轴上零件有确定的工作位置。常用的

固定方式有以下两种。

（1）两端单向固定

如图 9-8 所示，两端的轴承都靠轴肩和轴承盖做单向固定，两个轴承的联合作用就能限制轴的双向移动。为了补偿轴的受热伸长，对于深沟球轴承，可在轴承外圈与轴承端盖之间留有补偿间隙 C，一般 $C = 0.25 \sim 0.4$mm；对于向心角接触轴承，应在安装时将间隙留在轴承内部。间隙的大小可通过调整垫片组的厚度实现。这种固定方式结构简单，便于安装，调整容易，适用于工作温度变化不大的短轴。

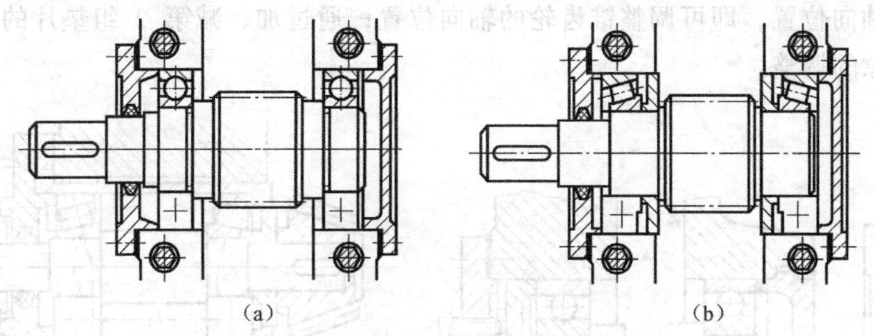

（a）　（b）

图 9-8　两端单向固定支撑

（2）一端固定、一端游动支撑

如图 9-9（a）所示，一端轴承的内、外圈均做双向固定，限制了轴的双向移动；另一端轴承外圈两侧都不固定。当轴伸长或缩短时，外圈可在座孔内作轴向游动。一般将载荷小的一端做成游动，游动支撑与轴承盖之间应留用足够大的间隙，$C = 3 \sim 8$mm。对于角接触球轴承和圆锥滚子轴承，不可能留有很大的内部间隙，有时会将两个同类轴承装在一端做双向固定，另一端采用深沟球轴承或圆柱滚子轴承作游动支撑，如图 9-9（b）所示。这种结构比较复杂，但工作稳定性好，适用于工作温度变化较大的长轴。

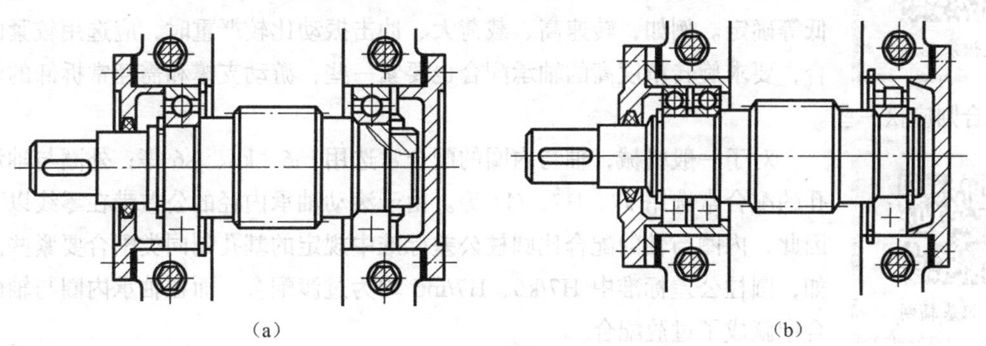

（a）　（b）

图 9-9　一端固定、一端游动支撑

3. 滚动轴承组合结构的调整

滚动轴承组合结构的调整包括轴承间隙的调整和轴系轴向位置的调整。

（1）轴承间隙的调整

轴承间隙的大小将影响轴承的旋转精度、轴承寿命和传动零件工作的平稳性。轴承间隙调整的方法有以下几种。

① 如图 9-10（a）所示，利用加、减轴承端盖与箱体间垫片的厚度进行调整。

② 如图 9-10（b）所示，利用调整环进行调整。调整环的厚度在装配时确定。

③ 如图 9-10（c）所示，利用调整螺钉推动压盖移动滚动轴承外圈进行调整，调整后用螺母锁紧。

（2）轴系轴向位置的调整

轴系轴向位置调整的目的是使轴上零件有准确的工作位置。例如，蜗杆传动，要求蜗轮的中间平面必须通过蜗杆轴线；直齿锥齿轮传动，要求两锥齿轮的锥顶必须重合。图 9-11 所示为锥齿轮轴的轴承组合结构，轴承装在套杯内，通过加、减第 1 组垫片的厚度来调整轴承套杯的轴向位置，即可调整锥齿轮的轴向位置；通过加、减第 2 组垫片的厚度，可以实现轴承间隙的调整。

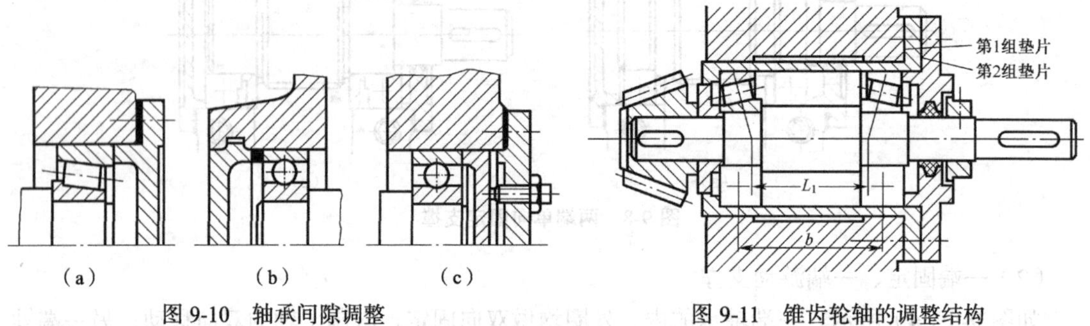

图 9-10　轴承间隙调整　　图 9-11　锥齿轮轴的调整结构

4. 滚动轴承的配合

滚动轴承的配合是指轴承内圈与轴颈、轴承外圈与轴承座孔的配合。由于滚动轴承是标准件，故内圈与轴颈的配合采用基孔制，外圈与轴承座孔的配合采用基轴制。配合的松紧程度根据轴承工作载荷的大小、性质、转速高低等确定。例如，转速高、载荷大、冲击振动比较严重时，应选用较紧的配合，要求旋转精度高的轴承配合也要紧一些；游动支撑和需经常拆卸的轴承的配合则应松一些。

对于一般机械，轴与内圈的配合常选用 m6、k6、js6 等；外圈与轴承座孔的配合常选用 J7、H7、G7 等。由于滚动轴承内径的公差带在零线以下，因此，内圈与轴的配合比圆柱公差标准中规定的基孔制同类配合要紧些。例如，圆柱公差标准中 H7/k6、H7/m6 均为过渡配合，而在轴承内圈与轴的配合中就成了过盈配合。

5. 滚动轴承的装拆

安装和拆卸轴承的力应直接加在紧配合的套圈端面上，不能通过滚动体传递。由于内圈与轴的配合较紧，在安装轴承时要注意以下两点。

① 对中、小型轴承，常用专用压套安装轴承的内、外圈，如图 9-12 所示。

② 对尺寸较大的轴承，可在压力机上压入或把

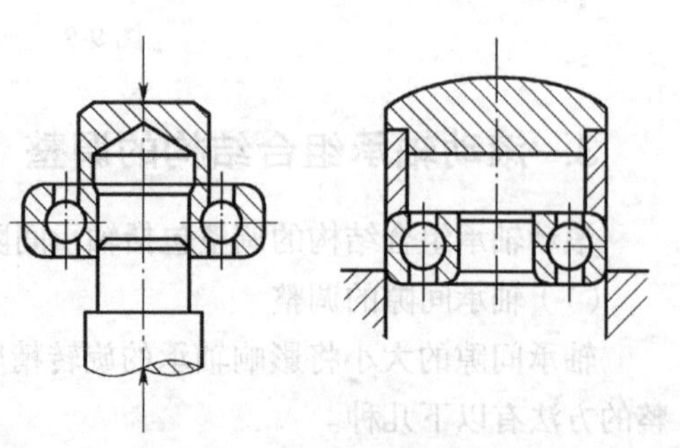

图 9-12　轴承的安装

轴承放在油里加热至 80℃～100℃，然后取出套装在轴颈上。

轴承的拆卸可根据实际情况按图 9-13 所示实施。为使拆卸工具的钩头钩住内圈，应限制轴肩高度。轴肩高度可查机械设计手册。

内、外圈可分离的轴承，其外圈的拆卸可用压力机、套筒或螺钉顶出，也可以用专用设备拉出。为了便于拆卸，座孔的结构一般采用图 9-14 所示的形式。

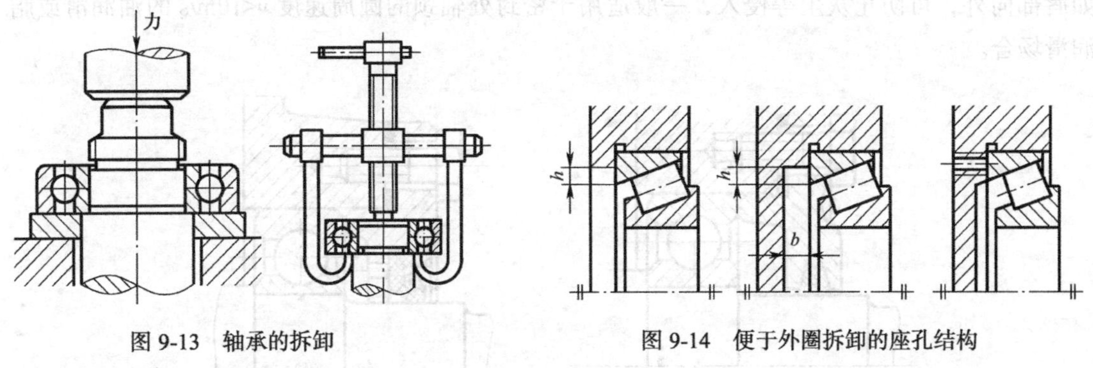

图 9-13　轴承的拆卸

图 9-14　便于外圈拆卸的座孔结构

6. 保证支撑部分的刚度和同轴度

为了保证支撑部分的刚度，轴承座孔壁应有足够的厚度，并设置加强肋以增加刚度。对于向心角接触轴承，可采用反装（外圈宽边相对）来提高支撑刚度。

为保证支撑部分的同轴度，同一轴上两端的轴承座孔必须保持同心。因此，两端轴承座孔的尺寸应尽量相同，以便加工时一次镗出，减少同轴度误差。若轴上装有不同外径尺寸的轴承时，可采用套杯结构。

9.5 滚动轴承的润滑与密封

1. 滚动轴承的润滑

轴承润滑的主要目的是减小摩擦与磨损、缓蚀、吸振和散热，一般采用润滑脂或者润滑油进行润滑。润滑脂黏性大，不易流失，便于密封和维护，且不需经常添加，但转速较高时，功率损失较大。润滑脂的填充量不能超过轴承空间的 1/3～1/2。润滑油的摩擦阻力小，润滑可靠，但需要供油设备和较复杂的密封装置。当采用润滑油润滑时，油面高度不能超出轴承中最低滚动体的中心。高速轴承宜采用喷油或油雾润滑。轴承内径 d（单位为 mm）与轴承转速 n（单位为 r/min）的乘积 dn 值可作为选择润滑方式的依据。具体的润滑剂及润滑方式选择详见机械设计手册。

观察轴承、车床的润滑

2. 滚动轴承的密封

滚动轴承密封的目的是为了防止外部的灰尘、水分及其他杂物进入轴承，并阻止轴承内润滑剂的流失。密封装置可直接设置在轴承上（称为密封轴承），大多数设置在轴承支撑部位。轴承密封分为接触式密封和非接触式密封。

图 9-15 所示为接触式密封的结构。图 9-15（a）所示为毡圈密封，一般适用于密封处轴颈的圆周速度 v<4m/s 的油润滑或脂润滑场合；图 9-15（b）所示为密封圈密封。密封圈由皮革或橡胶制成，利用环形螺旋弹簧将密封圈的唇部压在轴上，如唇部向内，可防止油外泄；如唇部向外，可防止灰尘等侵入，一般适用于密封处轴颈的圆周速度 v<10m/s 的油润滑或脂润滑场合。

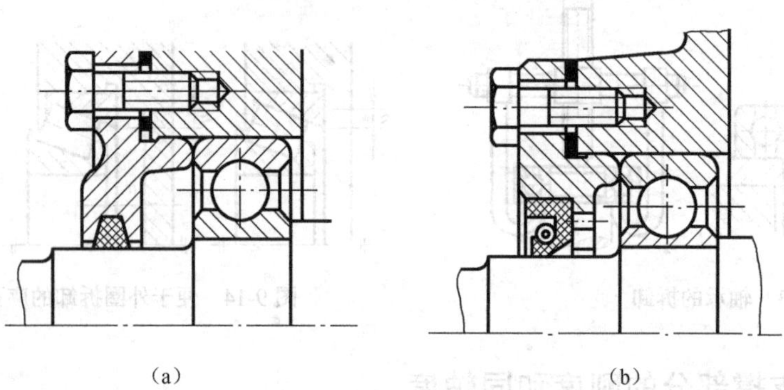

图 9-15 接触式密封的结构

图 9-16 所示为非接触式密封的结构。图 9-16（a）所示为间隙式密封，在轴与轴承之间留有细小的间隙，半径间隙为 0.1～0.3mm，中间填以润滑脂，用于工作环境清洁、干燥的场合。图 9-16（b）所示为迷宫式密封，轴与轴承之间有曲折的间隙。迷宫式密封适用于油润滑和脂润滑，密封可靠，对工作环境要求不高。图 9-16（c）所示为毡圈和迷宫的组合式密封，密封效果更好。

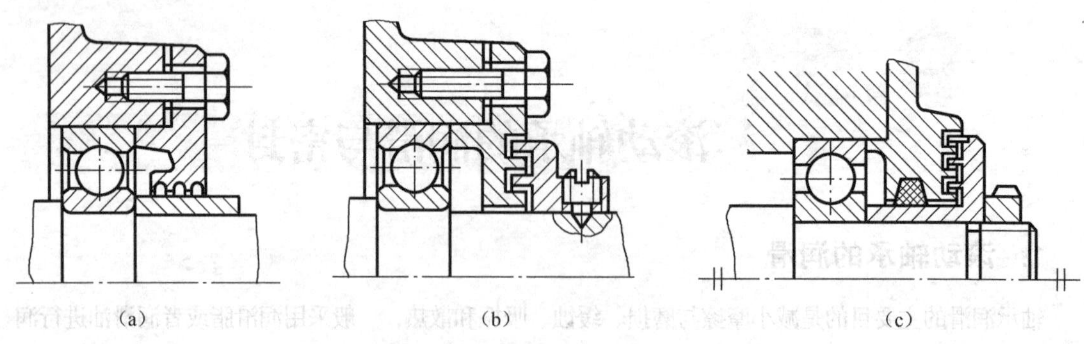

图 9-16 非接触式密封的结构

9.6 滑动轴承

根据轴承所能承受的载荷方向，非液体摩擦滑动轴承可分为径向滑动轴承和推力滑动轴承。径向滑动轴承用于承受径向载荷；推力滑动轴承用于承受轴向载荷。

1. 径向滑动轴承

(1) 结构形式

径向滑动轴承的结构形式有整体式、剖分式、调心式和间隙可调式 4 种。

① 整体式滑动轴承。图 9-17（a）所示为无轴承座的整体式滑动轴承，它是在机架或箱体上直接加工出轴承孔，有时在孔内再安装轴套。图 9-17（b）所示为有轴承座的整体式滑动轴承，它由轴承座和轴瓦组成。使用时，将轴承座用螺栓固定在机架上。这种轴承已标准化，具体结构和尺寸可查阅 JB/T 2560—2007。

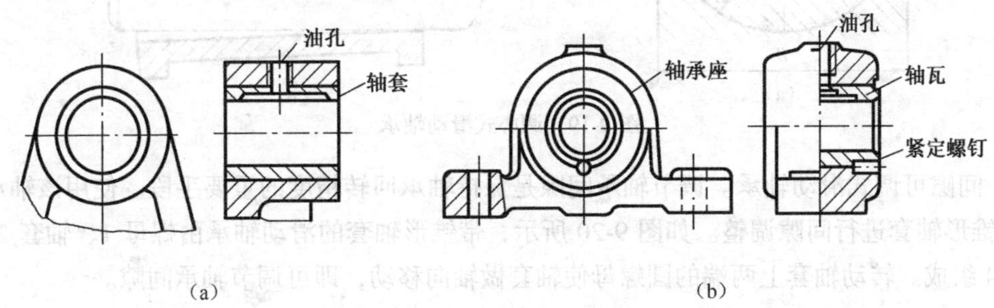

图 9-17 整体式滑动轴承

整体式滑动轴承结构简单，造价低廉，刚度大。但是整体式滑动轴承摩擦表面磨损后，轴颈与轴瓦之间的间隙无法调整，只能更换轴瓦，且装拆时轴或轴承需做轴向移动，使装拆不便，故适用于低速、轻载、间歇工作且不重要的场合。

② 剖分式滑动轴承。图 9-18 所示为剖分式滑动轴承的常见形式，它由轴承座 1、剖分轴瓦 2、轴承盖 3、连接螺栓 4、润滑油杯 5 等组成。为防止轴承盖和轴承座横向错动和便于装配时对中，轴承座和轴承盖的剖分面均设有阶梯形止口，并可放置少量垫片。通过增减轴瓦剖分面间的调整垫片，可调节轴颈和轴承之间的间隙。

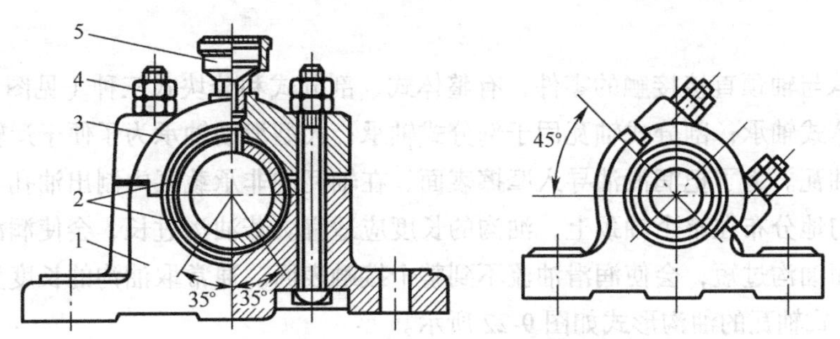

图 9-18 剖分式滑动轴承

1—轴承座 2—剖分轴瓦 3—轴承盖 4—连接螺栓 5—润滑油杯

考虑到径向载荷的不同，剖分式滑动轴承可分为水平式和斜开式两种。剖分面可制成水平或倾斜 45° 的，选用轴承时应保证径向载荷作用线不超出剖分面垂直中心线左、右各 35° 的范围，如图 9-19 所示。这类轴承的间隙可调整，装拆方便，故应用较广。

其结构已标准化，可查阅 JB/T 2561—2007 和 JB/T 2563—2007。

③ 调心式滑动轴承。图 9-19（a）所示为调心式滑动轴承。它的特点是把轴瓦的支撑面做

成球面，利用轴瓦与轴承座间的球面配合使轴瓦可在一定的角度范围内摆动，以适应轴受力后产生的弯曲变形，避免图 9-19（b）所出现的轴与轴承两端局部接触而产生的磨损。但球面不易加工，只用于轴承宽径比（宽度 B 与直径 d 之比）大于 1.5 的场合。

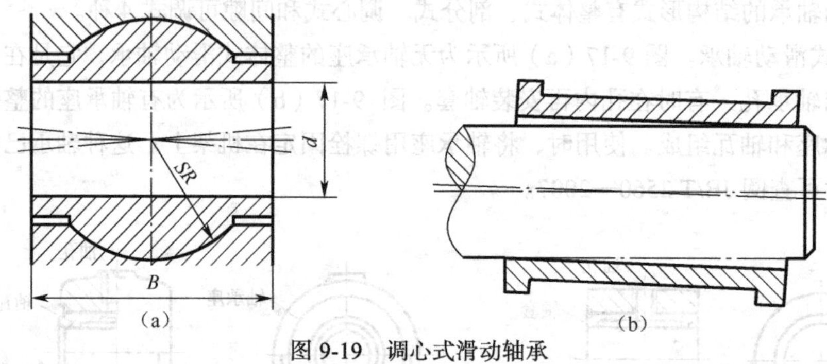

图 9-19　调心式滑动轴承

④ 间隙可调式滑动轴承。调节轴承间隙是保持轴承回转精度的重要手段。使用该轴承时，常采用锥形轴套进行间隙调整。如图 9-20 所示，带锥形轴套的滑动轴承由螺母 1、轴套 2、销 3 和轴 4 组成。转动轴套上两端的圆螺母使轴套做轴向移动，即可调节轴承间隙。

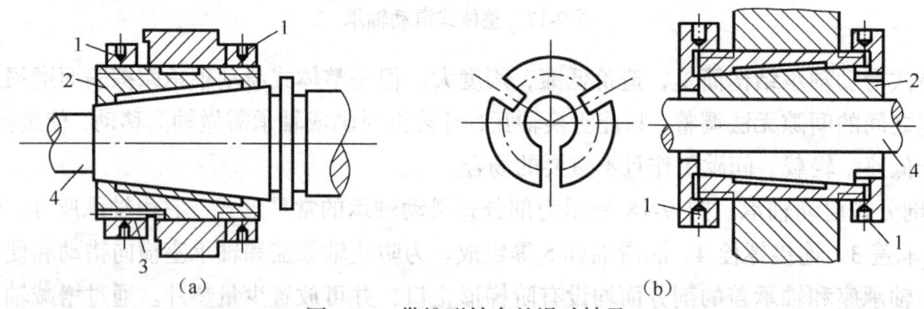

图 9-20　带锥形轴套的滑动轴承

1—螺母　2—轴套　3—销　4—轴

（2）轴瓦

轴瓦是轴承与轴颈直接接触的零件，有整体式、剖分式和分块式三种（见图 9-21）。整体式轴瓦用于整体式轴承；剖分式轴瓦用于剖分式轴承；大型滑动轴承为了便于运输、装配，一般采用分块式轴瓦。为了把润滑油导入摩擦表面，在轴瓦的非承载区内制出油孔与油沟。为了使润滑油能均匀地分布在整个轴颈上，油沟的长度应适宜。若油沟过长，会使润滑油从轴瓦端部大量流失；而油沟过短，会使润滑油流不到整个接触表面。通常取油沟的长度为轴瓦长度的 80%左右。剖分式轴瓦的油沟形式如图 9-22 所示。

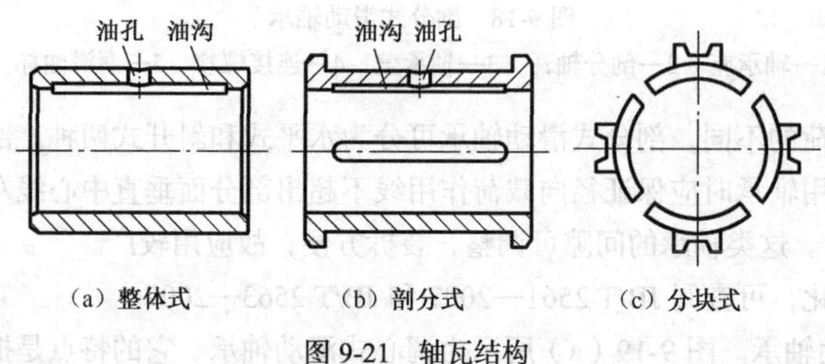

图 9-21　轴瓦结构

（3）轴承衬

为了改善轴表面的摩擦性能，提高承载能力，对于重要轴承，常在轴瓦内表面上浇注一层减摩材料，称为轴承衬（简称轴衬）。轴承衬的厚度从0.5～6mm不等。为了保证轴承衬与轴瓦结合牢固，在轴瓦的内表面应制出沟槽，如图9-23所示。

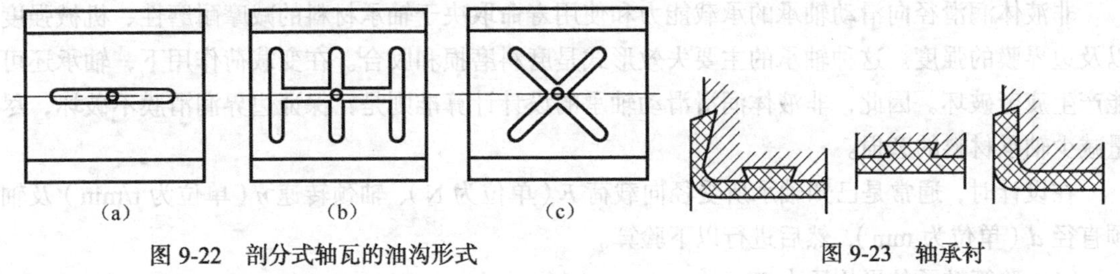

图9-22　剖分式轴瓦的油沟形式

图9-23　轴承衬

2. 推力滑动轴承

推力滑动轴承又称止推轴承，承受轴向载荷。推力滑动轴承的结构如图9-24所示，由轴承座1、轴套2、径向轴瓦3、推力轴瓦4和销钉5组成。轴的端面和推力轴瓦是轴承的主要工作部分，轴瓦的底部为球面，可以自动进行位置调整，以保证轴承摩擦表面的良好接触。销钉是用来防止推力轴瓦随轴转动的。工作时润滑油由下部注入，从上部油管导出。

图9-25所示为推力滑动轴承轴颈的几种常见形式。载荷较小时可采用空心端面轴颈和环形轴颈，如图9-25（a）、（b）所示；载荷较大时采用多环轴颈，如图9-25（c）所示。

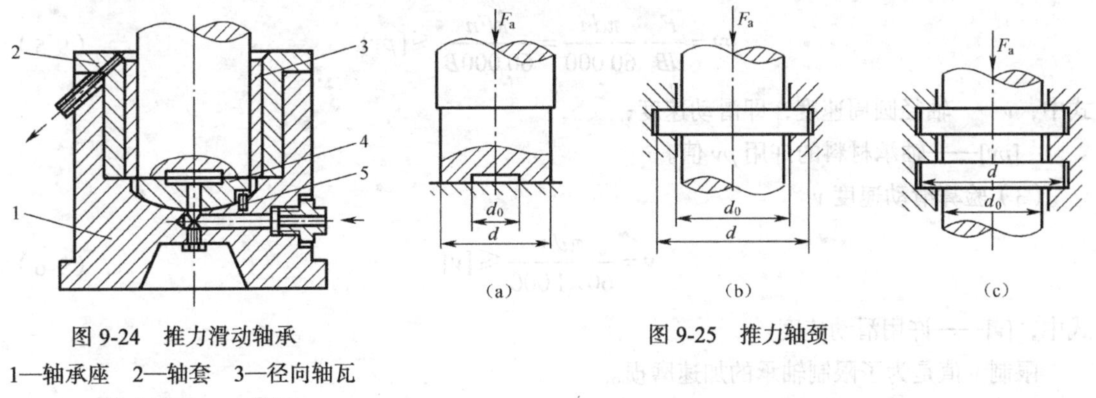

图9-24　推力滑动轴承

1—轴承座　2—轴套　3—径向轴瓦
4—推力轴瓦　5—销钉

图9-25　推力轴颈

3. 轴承材料

轴承材料是指与轴颈直接接触的轴瓦或轴衬的材料。轴承材料应具有以下性能。

① 足够的强度，包括抗压、抗冲击、抗疲劳等强度，以保证较大的承载能力。

② 良好的减摩性、耐磨性和磨合性，以提高轴承的效率及延长使用寿命。

③ 良好的导热性、耐蚀性、工艺性以及价格低廉等。

但是，任何一种材料不可能同时具备上述性能，因而设计时应根据具体工作条件，按主要性能来选择轴承材料。常用的轴承材料有铸造轴承合金、铸造铜合金、铸铁等金属材料，其性能和应用可查阅相关设计手册。

除了上述几种材料外，还可采用非金属材料（如石墨、塑料、尼龙、橡胶、粉末冶金和硬木等）作为轴瓦材料。其中塑料应用最广。塑料具有摩擦小、抗压强度高、耐磨性好等优点，但耐热能力差。因此，使用塑料作轴承材料时，应注意冷却。

4. 非液体润滑径向滑动轴承的计算

非液体润滑径向滑动轴承的承载能力和使用寿命取决于轴承材料的减摩耐磨性、机械强度以及边界膜的强度。这种轴承的主要失效形式是磨料磨损和胶合。在变载荷作用下，轴承还可能产生疲劳破坏。因此，非液体润滑滑动轴承的设计计算准则是：保证边界润滑膜不破坏，尽量减少轴承材料的磨损。

在设计时，通常是已知轴承所受径向载荷 F（单位为 N）、轴颈转速 n（单位为 r/min）及轴颈直径 d（单位为 mm），然后进行以下验算。

（1）验算轴承的平均压力 P

$$P=\frac{F}{dB}\leqslant[p] \tag{9-4}$$

式中，B——轴承宽度；

$[P]$——轴瓦材料的许用压力。

限制 P 值是为了限制轴承的过度磨损。

（2）验算轴承的 pv 值

轴承的发热量与其单位面积上的摩擦功耗 fpv 成正比（f 是摩擦系数），限制 pv 值就是限制轴承的温升。

$$pv=\frac{F}{dB}\cdot\frac{\pi dn}{60\,000}=\frac{\pi Fn}{60\,000B}\leqslant[pv] \tag{9-5}$$

式中，v——轴径圆周速度，即滑动速度；

$[pv]$——轴承材料的许用 pv 值。

（3）验算滑动速度 v

$$v=\frac{\pi dn}{60\times 1\,000}\leqslant[v] \tag{9-6}$$

式中，$[v]$——许用滑动速度

限制 v 值是为了限制轴承的加速磨损。

习 题

一、判断题

1. 轴与滚动轴承内圈的配合类型肯定是过盈配合。 （ ）
2. 滚动轴承装拆时，装拆力应施加于外圈端面上。 （ ）
3. 角接触球轴承和圆锥滚子轴承均必须成对安装使用。 （ ）
4. 滚动轴承的当量动载荷等于其受到的径向力与轴向力之和。 （ ）
5. 设计非液体润滑径向滑动轴承时，限制 pv 值是为了限制磨损。 （ ）

二、选择题

1. （ ）只能承受径向载荷。

A. 深沟球轴承 B. 调心球轴承 C. 圆锥滚子轴承 D. 圆柱滚子轴承

2. （ ）只能承受轴向载荷。

A. 圆锥滚子轴承 B. 推力球轴承 C. 滚针轴承 D. 调心滚子轴承

3. （ ）不能用来同时承受径向载荷和轴向载荷。

A. 深沟球轴承 B. 角接触球轴承 C. 圆柱滚子轴承 D. 调心球轴承

4. 角接触轴承承受轴向载荷的能力，随接触角 α 的增大而（ ）。

A. 增大 B. 减小 C. 不变

5. 跨距较大并承受较大径向载荷的起重机卷筒轴轴承应选用（ ）。

A. 深沟球轴承 B. 圆锥滚子轴承 C. 调心滚子轴承 D. 圆柱滚子轴承

6. 在正常转动条件下工作，滚动轴承的主要失效形式为（ ）。

A. 滚动体或滚道表面疲劳点蚀 B. 滚动体破裂

C. 滚道磨损

7. 一批在同样载荷和相同工作条件下运转的型号相同的滚动轴承（ ）。

A. 寿命相同 B. 90%的寿命相同 C. 最低寿命相同 D. 寿命不相同

8. 进行滚动轴承寿命计算的目的是使滚动轴承不至于早期发生（ ）。

A. 磨损 B. 裂纹 C. 疲劳点蚀 D. 塑性变形

9. 滚动轴承内圈与轴颈、外圈与座孔的配合（ ）。

A. 均为基轴制 B. 前者基轴制，后者基孔制

C. 均为基孔制 D. 前者基孔制，后者基轴制

10. 滚动轴承的类型代号由（ ）表示。

A. 数字 B. 数字或字母 C. 字母 D. 数字加字母

11. 一角接触轴承，内径 85mm，宽度系列 0，直径系列 3，接触角 15°，公差等级为 6 级，游隙 2 组，其代号为（ ）。

A. 7317B/P62 B. 7317AC/P6/C2 C. 7317C/P6/C2 D. 7317C/P62

12. 与滚动轴承相比较，在下述各点中，（ ）不能作为滑动轴承的优点。

A. 径向尺寸小 B. 运转平稳，噪声低 C. 旋转精度高 D. 可用于高速场合

13. 对于工作温度较高的轴，其轴系固定结构可采用（ ）。

A. 两端固定安装的深沟球轴承 B. 两端固定安装的角接触球轴承

C. 一端固定另一端游动的形式 D. 两端游动安装的结构形式

14. 对转速很高（$n > 7000$ r/min）的滚动轴承宜采用（ ）的润滑方式。

A. 滴油润滑 B. 油浴润滑 C. 飞溅润滑 D. 喷油或喷雾润滑

15. 径向滑动轴承的直径增大 1 倍，宽径比不变，载荷及转速不变，则轴承的 pv 值为原来的（ ）倍。

A. 2 B. 1/2 C. 4 D. 1/4

三、综合题

1. 试说明下列滚动轴承代号的含义。

30308、LN203、6210/C3、7210C、51208、N208E/P4、7208AC/P5

2. 滚动轴承的额定寿命、额定动载荷和当量动载荷的含义是什么？

3. 一代号为6304的深沟球轴承，承受径向载荷F_r=2kN，载荷平稳，转速n=960r/min，一般工作温度，试计算该轴承的寿命；若载荷改为F_r=4kN，其他条件不变，此时轴承的寿命是多少？

4. 根据工作条件，某机器传动装置中的轴两端各采用一个深沟球轴承，轴颈d=35mm，转速n=200r/min，每个轴承承受径向载荷F_r=2 000N，一般工作温度，载荷平稳，预期使用寿命[L_h]=8000h。试选择轴承型号。

5. 一矿山机械的转轴，两端用6313深沟球轴承，每个轴承的径向载荷F_r=5 400N，轴上的轴向外载荷F_A=2 650N，轴的转速n=1 250r/min，一般温度下工作，有轻微冲击，预期使用寿命[L_h]=5 000h。试确定该轴承是否适用？

6. 一斜齿轮轴根据工作条件在轴的两端反装两个圆锥滚子轴承，如图9-26所示。已知轴上齿轮受力圆周力F_t=2 200N，径向力F_r=900N，轴向力F_a=400N，齿轮分度圆直径d=314mm，轴转速n=520r/min，运转中有中等冲击载荷，轴承预期计算寿命[L_h]=15 000h，设初选两个轴承型号均为30205。试验算该对轴承能否达到预期寿命要求。

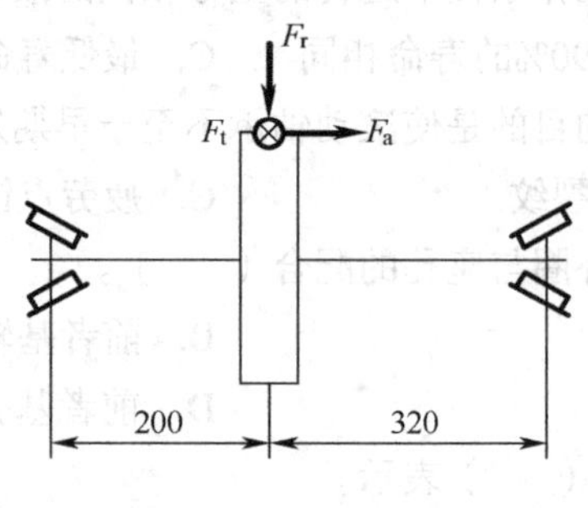

图9-26 综合题6图

7. 校核蜗杆轴的非液体润滑径向轴承，已知：蜗杆轴转速n=60r/min，轴颈直径d=80mm，轴承宽度B=80mm，作用在轴颈上的径向载荷F_r=70N，轴瓦材料为ZQSn10-1，轴材料为45钢，[p]=15MPa，[v]=10m/s，[pv]=15MPa · m/s。

第10章 轴

【学习目标】

- 了解轴的功用、类型及常用材料
- 理解并掌握轴上零件的常用定位方法
- 掌握阶梯轴结构设计的一般方法
- 理解并掌握转轴的设计过程

轴是机械中重要的支撑和传递运动、动力的零件。本章主要介绍阶梯轴的结构设计要求及承载能力校核方法。

10.1 概述

轴是日常生活、生产中经常用到的零件。它的主要功用是用来支撑回转零件，并实现回转运动和传递动力。例如，车轮、齿轮、带轮、链轮、铣刀、砂轮等各种做回转运动的零件，都必须安装在轴上，才能正常运转。凡有回转件的机器，必定有轴。因此，轴是各类机械装置中广泛应用的重要支撑件。

1. 轴的分类

根据轴的受载情况和轴线的形状，轴可进行如下分类。

（1）按受载情况分类

认识传动轴

① 心轴。心轴工作时只承受弯矩，而不承受转矩。心轴又可分为转动心轴和固定心轴。随转动零件一起转动的心轴为转动心轴，图 10-1（a）所示的滑轮轴；不随转动零件转动的心轴为固定心轴，如自行车的前轮轴，如图 10-1（b）所示。转动心轴工作时的弯曲应力为变应力，固定心轴工作时的弯曲应力为静应力。

② 传动轴。传动轴是只受转矩而不受弯矩或所受弯矩很小的轴，图 10-2 所示的汽车中将发动机动力传递给后桥的传动轴等。

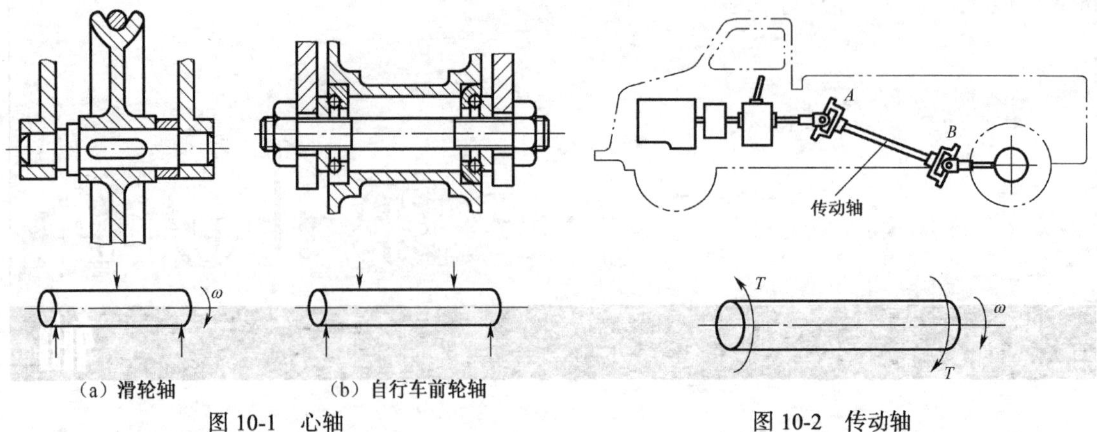

图 10-1 心轴　　图 10-2 传动轴

③ 转轴。同时承受弯矩和转矩的轴称为转轴，如图 10-3 所示。转轴在各种机器中最为常见，如齿轮减速器中的轴。

（2）按轴线的形状分类

① 直轴。轴的截面多为圆形，一般大多制成实心的。直轴常制成近似等强度的由两端向中间逐渐增大的阶梯形，如图 10-3 所示，以便于零件拆装。有些机械，如纺织机械、农业机械等，常采用直径不变的光轴，如图 10-4（a）所示。在某些机器中也有采用空心轴的，如图 10-4（b）所示，以减轻轴的重量或利用空心轴孔输送润滑油、切削液或安装其他零件和穿过待加工的棒料等，如车床的主轴等。

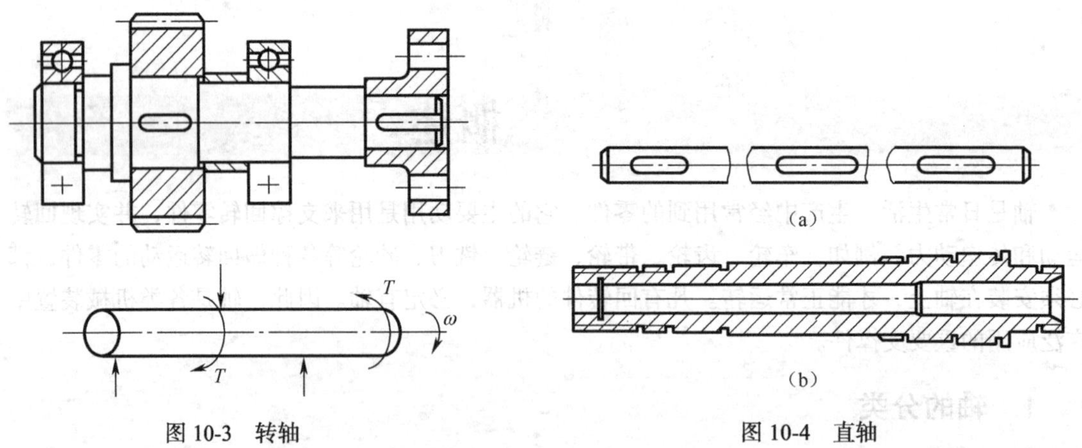

图 10-3 转轴　　图 10-4 直轴

② 曲轴。曲轴是往复式机械中的专用零件，图 10-5 所示为四缸内燃机中的曲轴。

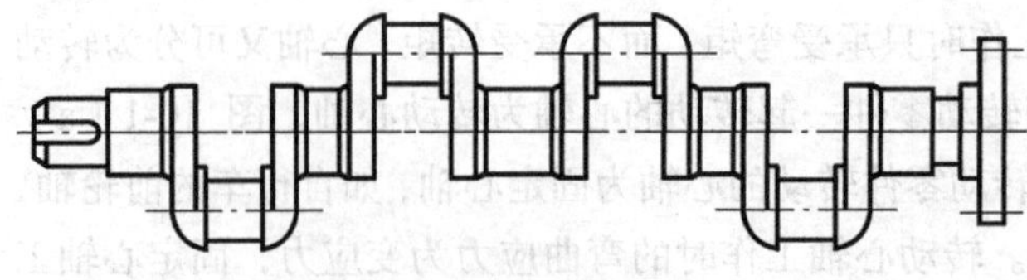
图 10-5 曲轴

③ 挠性软轴。图 10-6 所示的钢丝软轴，是由几层紧贴在一起的钢丝层构成的（见图 10-7）。挠性软轴可以把旋转运动和转矩灵活地传到所需的任何位置，适用于连续振动的场合，且具有

缓和冲击的作用。挠性软轴常用于诊疗器、手提砂轮机等移动设备中。

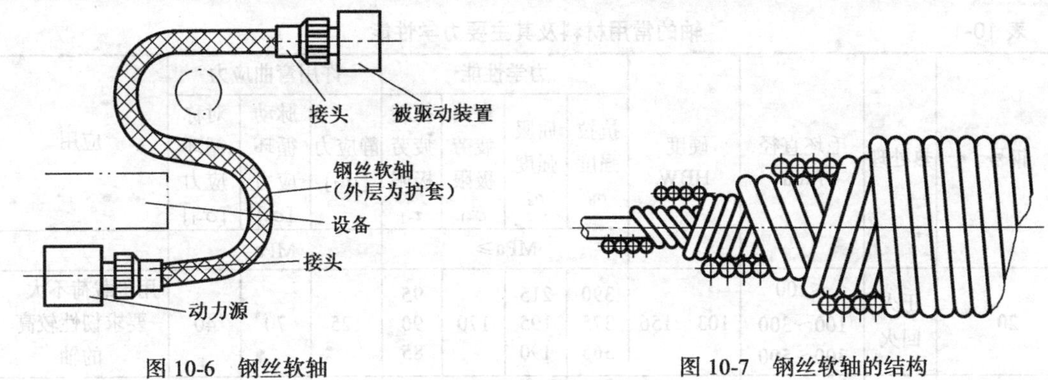

图 10-6　钢丝软轴　　　　图 10-7　钢丝软轴的结构

2. 轴的常用材料

轴工作时的应力大都为周期性的交变应力，轴的失效形式多是疲劳破坏，因此轴的材料要求具有较高的强度、刚度和韧性，且对应力集中的敏感性低。另外，轴与滑动轴承发生相对运动的表面应具有足够的耐磨性。轴的常用材料是碳素钢、合金钢和球墨铸铁。钢轴毛坯多为轧制圆钢或锻件。

（1）碳素钢

碳素钢比合金钢对应力敏感性小，并且价廉，应用广泛。常用的碳素钢大多为 35、45、50 等优质碳素结构钢，最常用的是 45 钢。为了保证其力学性能，可以进行调质或正火处理。受力较小、不重要的轴可以使用 Q235、Q275 等普通碳素结构钢。

（2）合金钢

合金钢具有良好的综合力学性能和热处理性能，常用于重载、高速以及结构要求紧凑、质量较轻、耐磨性较好和有较强耐蚀性的轴。常用的合金钢有 40Cr、35SiMn、40MnB 等。对于耐磨性要求较高的轴，可选用 20Cr、20CrMnTi 等低碳合金结构钢，轴颈部分进行渗碳淬火处理。对于在高温、高速和重载条件下工作的轴，可选用 38CrMoAlA、40CrNi 等合金结构钢。

但应注意，合金钢对应力集中敏感性强，且价格较高。对于合金钢轴，应尽可能从结构、外形和尺寸上减少应力集中。另外，由于在一般工作温度下，碳素钢和合金钢的弹性模量相差无几，因此不能用合金钢代替碳素钢来提高轴的刚度。

（3）球墨铸铁

球墨铸铁强度较高，价格低廉，且有良好的耐磨性、减震性和易切削性，对应力集中的敏感性也较低，适用于铸成形状复杂的轴，如曲轴、凸轮轴等。但球墨铸铁冲击韧度低，可靠性差，工艺过程不易控制，质量不够稳定。常用的球墨铸铁有 QT400-15 等。

表 10-1 所示为轴的常用材料和主要力学性能。

3. 轴的设计要求和一般设计步骤

不同机械对轴的设计有不同要求。对于一般机器中的轴，主要应满足强度和结构的要求，具体要求如下。

① 具有足够的承载能力。轴必须具有足够的疲劳强度，以保证轴能正常工作。对于某些用

途的轴，如机床主轴，工作时不允许有过大的变形，还需具有足够的刚度。

表 10-1　　　　　　　　　　　　**轴的常用材料及其主要力学性能**

钢号	热处理	毛坯直径/mm	硬度HBW	力学性能				许用弯曲应力			应用
				抗拉强度 σ_b	屈服强度 σ_s	弯曲疲劳极限 σ_{-1}	扭转疲劳极限 τ_{-1}	静应力 $[\sigma_{+1}]$	脉动循环应力 $[\sigma_0]$	对称循环应力 $[\sigma_{-1}]$	
				MPa≥				MPa			
20	正火 回火	≤100 100～300 300～500	103～156	390 375 365	215 195 190	170	95 90 85	125	70	40	用于载荷不大，要求韧性较高的轴
35	正火 回火	≤100 100～300	149～187	510 490	265 255	240	120 115	165	75	45	用于要求有一定强度和加工塑性的轴
	调质	≤100 100～300	156～207	550 530	295 275	230	130 125	175	85	50	
45	正火 回火	≤100 100～300 300～500	170～217 162～217 156～217	590 570 540	295 285 275	255 245 230	140 135 130	195	95	55	应用最广泛
	调质	≤200	217～255	640	355	275	155	215	100	60	
40Cr	调质	≤100 100～300 300～500	241～286 229～269	735 685 630	540 490 430	355 335 310	200 185 165	245	120	70	用于载荷较大，而无很大冲击的重要的轴
40MnB	调质	≤200	241～286	735	490	345	195	245	120	70	性能接近 40Cr，用于重要的轴
40CrNi	调质	≤100 100～300	270～300 240～270	900 785	735 570	430 370	260 210	285	130	75	用于很重要的轴
38SiMnMo	调质	≤100 100～300 300～500	229～286 217～269 196～241	735 685 630	590 540 480	365 345 320	210 195 175	275	120	70	性能接近 35CrMo
20Cr	渗碳、 淬火、 回火	≤100	表面 56～62 HRC	640	390	305	160	215	100	60	用于要求强度和韧性均较高的轴
38CrMoAIA	调质	≤60 60～100 100～160	293～321 277～302 241～277	930 835 785	785 685 590	440 410 375	280 270 220	275	125	75	用于要求高耐磨性、高强度且热处理（氮化）变形小的轴
3Cr13	调质	≤100	≥241	835	635	395	230	275	130	75	用于在腐蚀条件下工作的轴
QT400-15	—	—	156～197	400	300	145	125	100	—	—	用于制造形状复杂的轴
QT600-3	—	—	197～269	600	420	215	185	150	—	—	

② 具有合理的结构形状。轴应具有合理的结构、形状和尺寸，使轴上零件能正确定位、固定且易于装拆，并具有良好的加工工艺性，以降低加工成本。

轴的一般设计步骤如下。

① 按工作要求选择材料和热处理方法。

② 初步估算轴的基本直径。

③ 进行轴的结构设计，确定轴的各段直径和长度等结构尺寸。

④ 进行必要的承载能力验算。

⑤ 绘制轴的零件工作图。

10.2 轴的结构设计

1. 轴结构设计的基本要求

图 10-8 所示为轴各部分的名称，其中轴颈是安装轴承的轴段；轴头是安装轮毂的轴段，如装齿轮和联轴器的部分；轴身是连接轴颈和轴头的轴段；截面尺寸变化的台阶处为轴肩；直径较大用于定位的短轴段称为轴环。

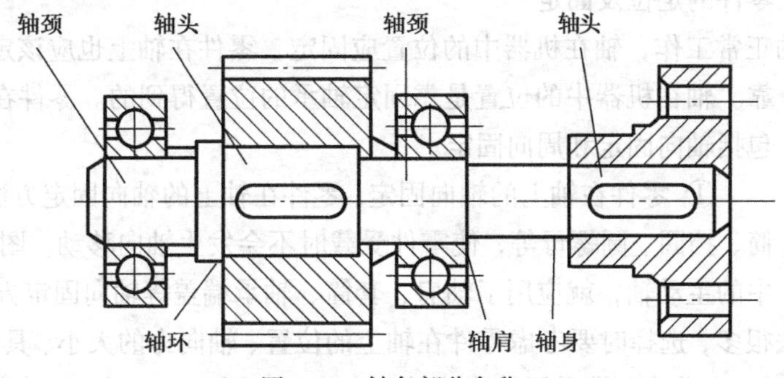

图 10-8 轴各部分名称

轴的结构设计就是合理地确定轴各部分的形状和尺寸。为了保证轴基本的承载能力，可先按转矩计算轴上承受转矩部分的最小直径，然后再根据结构设计要求进行结构设计。

影响轴的结构的因素很多，如轴在机器中的安装位置、轴上零件的布置和固定形式、轴的受力情况、所采用的轴承类型和尺寸、轴的加工和装配工艺要求等。因此，在设计轴的结构时，必须根据轴工作的具体情况来综合考虑。

通常轴结构设计的基本要求有以下几点。

① 轴和轴上零件必须定位准确，固定可靠。

② 轴上的零件应便于装拆和调整。

③ 轴应具有良好的制造和装配工艺性。

④ 轴的受力合理，轴的结构尽可能减少应力集中、有利于节约材料和减轻重量等。

2. 轴结构设计的基本方法

（1）轴上零件的装拆和调整

为了便于轴上零件的装拆，一般将轴做成阶梯轴。轴上零件的装配方向、顺序和相互关系不同，轴的结构形式也不同。图 10-9 所示的装配方案是齿轮、套筒、左端轴承、左端轴承盖、带轮和轴承挡圈依次由轴的左端向右安装，而右端轴承和右端轴承盖则由右向左安装。装配方案确定后，阶梯轴的大体结构基本确定。

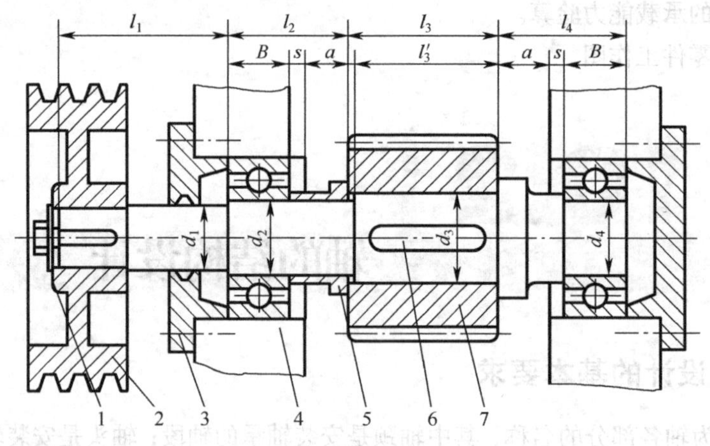

图 10-9　轴的结构分析

1—轴端挡圈　2—V 带轮　3—轴承盖　4—滚动轴承　5—套筒　6—平键　7—齿轮

（2）轴和轴上零件的定位及固定

为了保证轴的正常工作，轴在机器中的位置应固定，零件在轴上也应该定位准确、固定可靠。轴在机器中的位置是靠固定轴承的位置得到的。零件在轴上的固定方法包括轴向固定和周向固定。

① 零件在轴上的轴向固定。零件在轴上的轴向固定方法是利用轴肩、套筒、挡圈、圆螺母等，使零件受载时不会发生轴向移动。图 10-9 所示减速器中的主动轴，就应用了轴肩、套筒、轴承端盖等轴向固定方式。

轴向固定方法很多，选择时要考虑零件在轴上的位置、轴向力的大小、具体的安装条件等。

a. 轴肩和轴环。阶梯轴上常采用轴肩或轴环定位，如图 10-10 所示。轴肩或轴环是阶梯轴上截面变化的部分，由定位面和过渡圆角组成。轴肩结构简单，能承受较大的轴向力，故应用较多。为了保证零件紧靠定位面，轴肩或轴环的圆角半径 r 必须小于相配零件轮毂孔的倒角高度 C_1 或圆角半径 R，轴肩高 h 必须大于 C_1 或 R。图 10-9 中齿轮的右端轴向定位和右端轴承左侧的轴向定位，$h \approx 0.07d \sim 0.1d$，$b \approx 1.4h$。

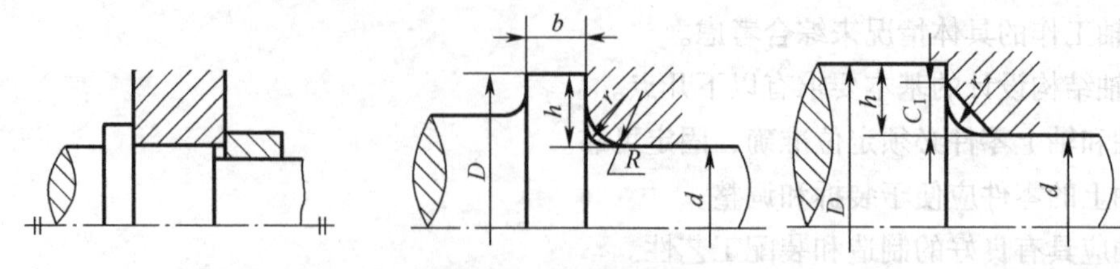

图 10-10　轴肩和轴环

b. 套筒。在轴的中部，当两个零件间距离较小时，常采用套筒作相对固定。图 10-9 中左端轴承与齿轮之间就采用了套筒，因为齿轮与套筒要求的定位直径不同，所以套筒做成阶梯状。使用套筒可简化轴的结构，避免在轴上制出螺纹、环形槽等，能有效地提高轴的疲劳强度，但增加了重量，故套筒不应太长，且因套筒与轴的配合较松，也不宜用于高速轴。

c. 圆螺母。如图 10-11 所示，圆螺母可承受较大的轴向力，但在螺纹处有应力集中，会降低轴的疲劳强度，一般采用细牙螺纹。为防止圆螺母松脱，可采用加止动垫圈或双圆螺母来紧固。

d. 挡圈。挡圈通常与轴肩联合使用定位，常用的有弹性挡圈和轴端挡圈。图 10-12（a）所示为弹性挡圈，此种方法简单，但承受轴向力小，且轴上需设沟槽，也会因应力集中而削弱轴的强度。弹性挡圈常用作滚动轴承的轴向固定。图 10-12（b）所示为轴端挡圈，又称为压板，常用于轴端零件的固定，其工作可靠，应用颇广。图 10-9 中的带轮就是采用了轴端挡圈将带轮压紧在轴上的固定方法。

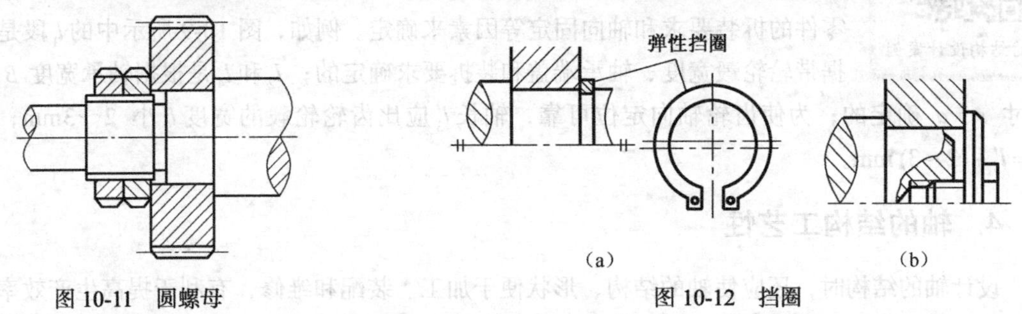

图 10-11　圆螺母

图 10-12　挡圈

e. 锥形轴头。如图 10-13 所示，轴和毂孔利用锥面配合，对中性好，轴上零件装拆方便，且可兼做周向固定，常用于转速较高时的固定。当用于轴端零件的固定时，可与轴端挡圈配合使用，使零件得到双向定位和固定。

在用套筒、圆螺母、轴端挡圈做轴向固定时，为了确保轴上零件定位可靠，轴头的长度应比零件轮毂的宽度小 2～3mm，如图 10-14 所示。

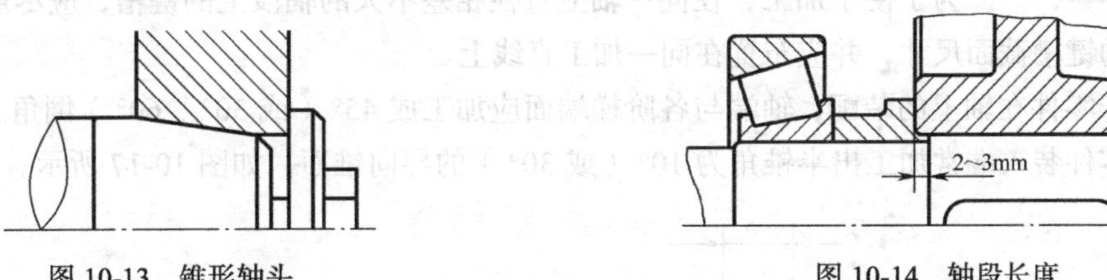

图 10-13　锥形轴头

图 10-14　轴段长度

② 零件在轴上的周向固定。为了传递运动和转矩，防止轴上零件与轴做相对转动，必须有可靠的周向固定。传动零件与轴的周向固定所形成的连接，称为轴毂连接。轴毂连接的形式很多，常用的周向固定方法有平键、花键、销连接和成形、过盈等连接，如图 10-15 所示。连接形式可根据所传递的转矩大小进行选取。

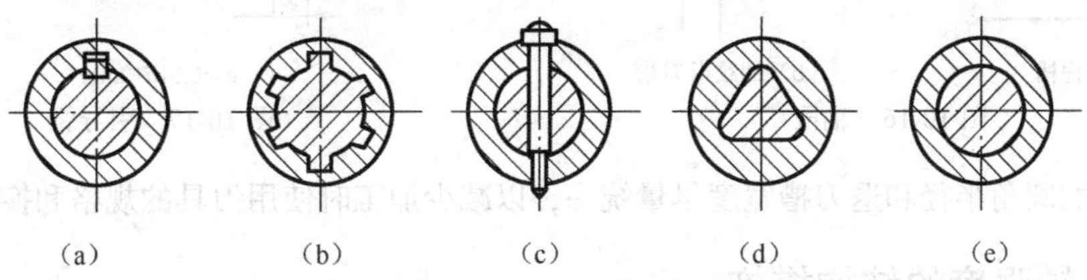

图 10-15　轴上零件常用的周向固定方法

3. 各轴段直径和长度的确定

（1）各轴段直径的确定

以图 10-9 所示为例，按照齿轮从左向右的装配顺序，阶梯轴各轴段的直径从最小直径开始确定，同时应注意如下几点。

① 轴颈处的直径必须按滚动轴承标准规定的内孔直径选取。

② 滚动轴承的定位轴肩直径需按滚动轴承标准规定选取。

③ 安装标准件（如密封装置、联轴器等）的轴段直径应按标准件的标准内径选取。

④ 安装带轮、齿轮的轴径应取标准值。

（2）各轴段长度的确定

轴的各段长度一般由轴上零件的轴向尺寸、相邻零件之间的距离、轴上零件的拆装要求和轴向固定等因素来确定。例如，图 10-9 所示中的 l_1 段是根据带轮轮毂宽度、轴承端盖和装拆要求确定的；l_2 和 l_4 是根据轴承宽度 B 及尺寸 s、a 确定的；为使齿轮轴向定位可靠，轴长 l_3' 应比齿轮轮毂的宽度 l_3 小 2～3mm，即 $l_3 = l_3' + (2 \sim 3)\,\text{mm}$。

4. 轴的结构工艺性

设计轴的结构时，还应使轴的结构、形状便于加工、装配和维修，有利于提高生产效率，并降低生产成本。

对于需要磨削的轴段，应留有砂轮越程槽，并应尽量减少精加工长度，如图 10-16（a）所示；对于需要切削螺纹的轴段，应留有退刀槽，如图 10-16（b）所示。砂轮越程槽通常宽 2～4mm、深 0.5～1mm；螺纹退刀槽与螺纹牙型高度有关。槽的具体尺寸可参看有关设计手册。

为了便于加工，在同一轴上直径相差不大的轴段上的键槽，应尽可能采用同一规格的键槽截面尺寸，并应布置在同一加工直线上。

为了便于零件在轴上的装配，轴端与各阶梯端面应加工成 45°（或 30°、60°）倒角。过盈配合部分的零件装入端常加工出半锥角为 10°（或 30°）的导向锥面，如图 10-17 所示。

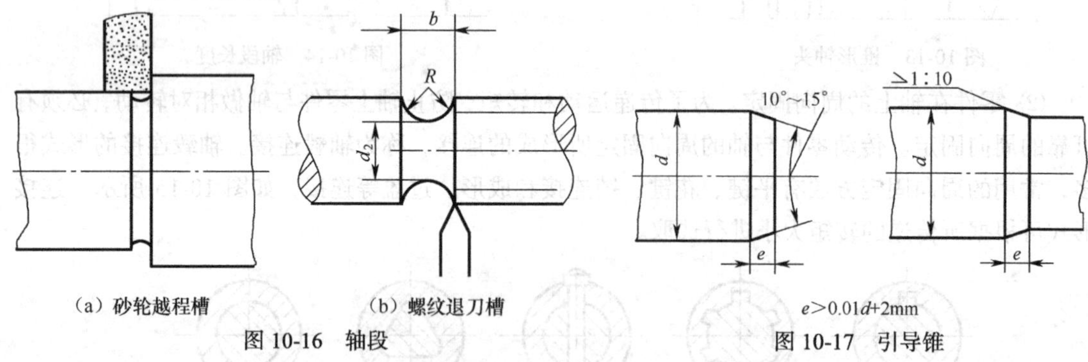

（a）砂轮越程槽　（b）螺纹退刀槽

图 10-16　轴段

图 10-17　引导锥

同一轴上的圆角半径和退刀槽宽度尽量统一，以减少加工时使用刀具的规格和换刀次数。

5. 提高轴强度的结构措施

在结构设计时可采用一些措施以提高轴的强度和刚度。

（1）改进轴的结构，减小应力集中

为了减少应力集中，阶梯轴相邻轴段的直径不宜相差太大，过渡部分的圆角应尽可能取大些，必要时可将过渡部分结构增设阶梯轴段。如图 10-18（a）所示，卸荷槽 B 用以缓和轴的截面变化。如图 10-18（b）、（c）所示，若轴肩处的过渡圆角半径受结构限制难以增大，则可改用凹切圆槽或过渡肩环结构等形式，以减轻圆角应力集中。如图 10-18（d）所示，轴与轴上零件的过盈配合处，在零件轮毂上开卸荷槽 B。

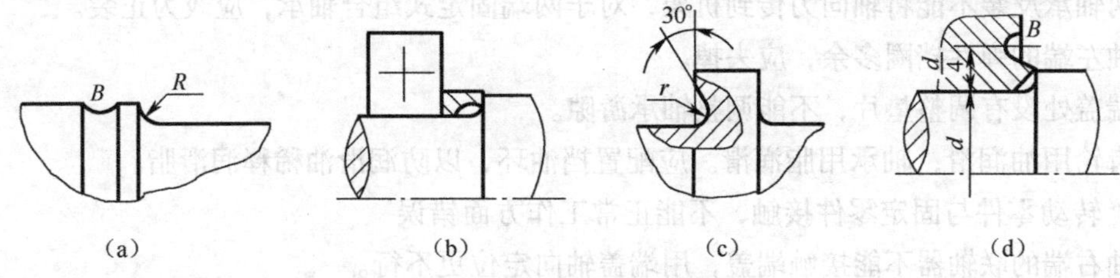

图 10-18　减小应力集中的结构

（2）改善轴的受力情况，提高轴的疲劳强度

例如，在图 10-19 所示起重机卷筒的两种不同方案中，方案 1 是齿轮和卷筒固联在一起，转矩经大齿轮直接传给卷筒，使得卷筒轴只受弯矩而不传递转矩；在起重相同载荷时，轴的直径小于方案 2 轴的结构尺寸。

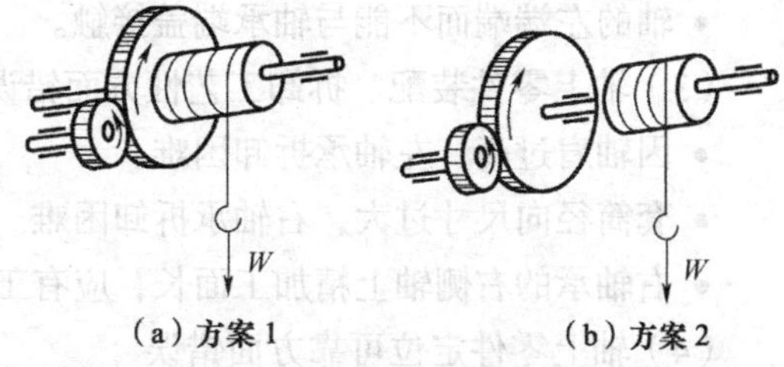

图 10-19　起重机卷筒轴方案比较

（3）合理布置轴上的传动零件

轴上传动零件的合理布置也有助于提高轴的强度和刚度。例如，当动力需用两个或两个以上的轮输出时，将输入轮布置在输出轮的中间，就可减少轴的转矩。由图 10-20 可知，当输入转矩为（$T_1 + T_2$）时，按图 10-20（b）布置，将输入轮布置在输出轮中间，轴所受的最大转矩为 T_1；若按图 10-20（a）布置，将输入轮布置在输出轮外侧，则轴所受最大转矩为（$T_1 + T_2$）。

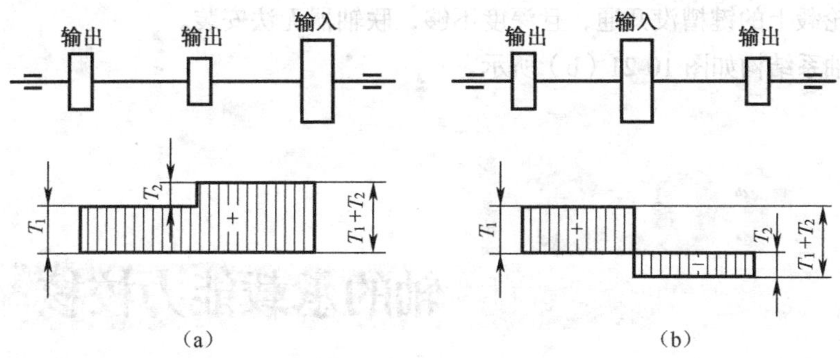

图 10-20　零件的合理布置

【例 10-1】　指出图 10-21（a）中轴系的结构错误，并改正。图中齿轮用油润滑，轴承用脂润滑。

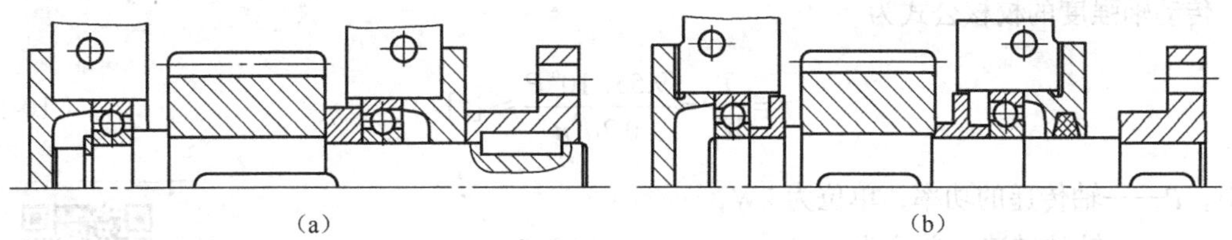

图 10-21　例 10-1 图

解：存在问题分析。

（1）轴承的轴向固定、调整，功能方面错误

- 两轴承反装不能将轴向力传到机架，对于两端固定式组合轴承，应改为正装。
- 轴左端的弹性挡圈多余，应去掉。
- 端盖处没有调整垫片，不能调整轴承游隙。
- 齿轮用油润滑，轴承用脂润滑。应配置挡油环，以防润滑油稀释润滑脂。

（2）转动零件与固定零件接触，不能正常工作方面错误

- 轴右端的联轴器不能接触端盖，用端盖轴向定位更不行。
- 右端盖与轴之间应有径向间隙，并配置密封圈。
- 轴的左端端面不能与轴承端盖接触。

（3）轴上零件装配、拆卸工艺性方面错误

- 因轴肩过高，左轴承拆卸困难。
- 套筒径向尺寸过大，右轴承拆卸困难。
- 右轴承的右侧轴上精加工面长，应有工艺轴肩。

（4）轴上零件定位可靠方面错误

- 轴右端的联轴器没有轴向定位，位置不确定。
- 齿轮与轴联接键的长度过大，套筒顶不住齿轮。
- 齿轮轴向定位不可靠，应使轴头长度短于轮毂宽度。

（5）加工工艺性方面错误

- 两侧轴承端盖处箱体上没有凸台，加工面与非加工面没有分开。
- 轴上有两个键，两个键槽不在同一母线上。
- 联轴器轮毂上的键槽没开通，且深度不够，联轴器无法安装。

改正后的轴系结构如图 10-21（b）所示。

10.3 轴的承载能力校核

1. 轴的扭转强度计算

对于只传递转矩的传动轴，其承载能力可通过扭转强度进行计算。

传动轴强度的校核公式为

$$\tau=\frac{T}{W_{\mathrm{T}}}=\frac{9.55\times10^{6}P}{0.2d^{3}n}\leqslant[\tau] \qquad (10\text{-}1)$$

式中，P——轴传递的功率，单位为 kW；

n——轴的转速，单位为 r/min；

T——扭矩，单位为 N · mm；

d——轴的直径，单位为 mm；

轴的强度计算原理

W_T——轴的抗扭截面系数，对圆截面轴：$W_T = \frac{\pi d^3}{16} \approx 0.2d^3$；

τ——轴的扭转切应力，单位为MPa；

$[\tau]$——材料的许用切应力，单位为MPa。

由式（10-1）可得传动轴直径的设计公式

$$d \geqslant \sqrt[3]{\frac{9.55\times10^6 P}{0.2[\tau]n}} = C\sqrt[3]{\frac{P}{n}} \quad (10\text{-}2)$$

常用材料的$[\tau]$值、C值的大小与材料和受载情况有关，见表10-2。

表10-2 常用材料的$[\tau]$值和C值

轴的材料	Q235	35	45	40Cr，35SiMn
$[\tau]$/MPa	12～20	20～30	30～40	40～52
C	160～135	135～118	118～107	107～98

注：作用在轴上的弯矩比转矩小或轴只受转矩时，$[\tau]$取较大值，C取较小值，否则相反。

2. 转轴的最小直径估算

对于既受弯矩又传递转矩的转轴，式（10-2）可用来估算轴的最小直径。即

$$d_{\min} = \sqrt[3]{\frac{9.55\times10^6 P}{0.2[\tau]n}} = C\sqrt[3]{\frac{P}{n}} \quad (10\text{-}3)$$

当最小直径处开有键槽时，考虑键槽对轴强度的削弱，应将计算值增大并圆整。当轴径$d<100$mm时，有一个键槽，轴径增大3%～5%；有两个键槽，轴径增大7%～10%。

此外，也可采用经验公式估算轴的最小直径。例如，一般减速器中高速级输入轴的最小直径可按与其相连的电动机的直径D估算，$d_{\min}=(0.8～1.2)D$；各级低速轴的最小直径可按同级齿轮中心距a估算，$d_{\min}=(0.3～0.4)a$。

【例10-2】 某单级直齿圆柱齿轮减速装置中的从动轴，传递功率P=6kW，转速n=200r/min。试选择此轴材料和估算该轴的最小直径。

解： 由于此轴传递功率不大，转速不高，且无特殊要求，故可选用45钢，调质处理。由表10-2查得C=118～107，取C=110，得

$$d_{\min} = C\sqrt[3]{\frac{P}{n}} = 110\sqrt[3]{\frac{6}{200}}\text{mm} = 34.18\text{mm}$$，圆整后得$d_{\min}$=35mm。

3. 转轴的强度校核

估算出转轴的最小直径，即可进行轴的结构设计。轴的结构设计完成后，轴上零件和轴承位置、轴所受载荷的大小、方向及其作用位置等就已确定，即可按弯扭合成的强度条件校核转轴的强度。一般步骤如下。

① 作出轴的空间受力图，将外载荷分解为水平面和垂直面的分力，并求出水平面支撑反力F_H和垂直面的支撑反力F_V。

② 作出水平面弯矩M_H图和垂直面弯矩M_V图。

③ 计算合成弯矩：$M=\sqrt{M_H^2+M_V^2}$，并绘制合成弯矩图。

④ 作出转矩 T 图。

⑤ 计算当量弯矩 $M_e=\sqrt{M^2+(\alpha T)^2}$ 。式中，α 为由转矩性质而定的折合系数，对于不变的转矩 $\alpha=\frac{[\sigma_{-1}]}{[\sigma_{+1}]}\approx 0.3$ ；对于脉动循环变化的转矩 $\alpha=\frac{[\sigma_{-1}]}{[\sigma_0]}\approx 0.6$ ；对于对称循环变化的转矩 $\alpha=\frac{[\sigma_{-1}]}{[\sigma_{-1}]}=1$ 。一般情况下或转矩变化规律不清楚时，可按脉动循环处理。$[\sigma_{-1}]$、$[\sigma_0]$、$[\sigma_{+1}]$分别为对称循环、脉动循环和静应力状态下的许用弯曲应力，见表 10-1。

⑥ 计算危险截面的轴径。当量弯矩 M_e 已知后，可针对某些剖面作强度校核或计算危险剖面的轴径进行校核，即

$$\sigma_e=\frac{M_e}{W}\approx\frac{\sqrt{M^2+(\alpha T)^2}}{0.1d^3}\leqslant[\sigma_{-1}] \qquad (10\text{-}4)$$

或

$$d\geqslant\sqrt[3]{\frac{M_e}{0.1[\sigma_{-1}]}} \qquad (10\text{-}5)$$

式中，σ_e——当量弯曲应力，单位为 MPa；

M_e——当量弯矩，单位为 N · mm；

D——轴的直径，单位为 mm；

W——轴的抗弯截面系数，单位为 mm³。对圆形截面的实心轴，$W=\frac{\pi d^3}{32}\approx 0.1d^3$ 。

校核时，若轴的计算剖面处有键槽，考虑到键槽对轴强度的削弱，应将式（10-5）计算出的轴径加大 4%左右，并与结构设计中初步确定的轴径相比较。若计算出的轴径小于结构设计中初定的轴径，表明原设计恰当，则以结构设计中的直径为准，否则应按校核计算所得轴径做适当修改。

【例 10-3】 设计图 10-22 所示斜齿圆柱齿轮减速器的从动轴（Ⅱ轴）。已知传递功率 P=8kW，从动轴的转速 $n=280$r/min，分度圆直径 $D=265$mm，圆周力 $F_t=2\,059$N，径向力 $F_r=763.8$N，轴向力 $F_a=406.7$N。齿轮轮毂宽度为 60mm，工作时单向运转，轴承采用深沟球轴承。

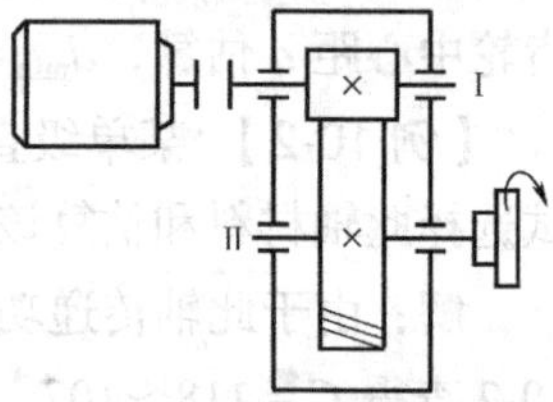

图 10-22 例 10-3 图

解：（1）选择轴的材料，确定许用应力

由已知条件知减速器传递的功率属中小功率，对材料无特殊要求，故选用 45 钢，并经调质处理。查表 10-1 得许用弯曲疲劳应力$[\sigma_{-1}]=60$MPa。

（2）按扭转强度估算轴径

得 $C=118\sim107$

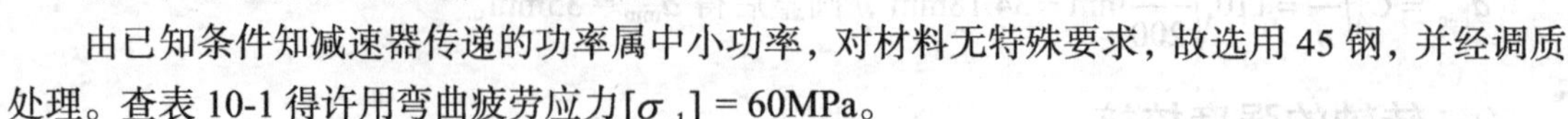

$$d\geqslant C\sqrt[3]{\frac{P}{n}}=(107\sim118)\sqrt[3]{\frac{8}{280}}=32.7\sim36.1\,(\text{mm})$$

考虑到轴的最小直径处要安装联轴器，会有键槽存在，故将估算直径加大 3%～5%，取为 33.68～37.91mm。由设计手册取标准直径 $d_1=35$mm。

（3）设计轴的结构并绘制结构草图

由于设计的是单级减速器，可将齿轮布置在箱体内部中央，并将轴承对称安装在齿轮两侧，轴的外伸端安装半联轴器。

① 确定轴上零件的位置和固定方式。要确定轴的结构形状，必须先确定轴上零件的装配顺序和固定方式。确定齿轮从轴的右端装入，齿轮的左端用轴肩（或轴环）定位，右端用套筒固定。这样齿轮在轴上的轴向位置被完全确定。齿轮的周向固定采用平键连接。轴承对称安装于齿轮的两侧，其轴向用轴肩固定，周向采用过盈配合固定。

② 确定各轴段的直径。如图 10-23 所示，轴段①（外伸端）直径最小，$d_1 = 35$mm；考虑到要对称安装，在轴段①上的联轴器进行定位，轴段②上应有轴肩，同时为能很顺利地在轴段②上安装轴承，轴段②必须满足轴承内径的标准，故取轴段②的直径 d_2 为 40mm；用相同的方法确定轴段③、④的直径 $d_3 = 45$mm、$d_4 = 55$mm；为了便于拆卸左轴承，可查出 6208 型滚动轴承的安装高度为 3.5mm，取 $d_5 = 47$mm。

③ 确定各轴段的长度齿轮。轮毂宽度为 60mm，为了保证齿轮固定可靠，轴段③的长度应略短于齿轮轮毂宽度，取为 58mm；为了保证齿轮端面与箱体内壁不相碰，齿轮端面与箱体内壁间应留有一定的间距，取该间距为 15mm；为保证轴承安装在箱体轴承座孔中（轴承宽度为 18mm），并考虑轴承的润滑，取轴承端面距箱体内壁的距离为 5mm，所以轴段④的长度取为 20mm，轴承支点距离 l =118mm；根据箱体结构及联轴器距轴承盖要有一定距离的要求，取 l'=75mm；查阅有关的联轴器手册取 l'' 为 70mm；在轴段①、轴段③上分别加工出键槽，使两键槽处于轴的同一圆柱母线上，键槽的长度比相应的轮毂宽度小 5～10mm，键槽的宽度按轴段直径查手册得到。

④ 选定轴的结构细节，如圆角、倒角、退刀槽等的尺寸。

按设计结果画出轴的结构草图如图 10-23（a）所示。

（4）按弯扭合成强度校核轴径

① 画出轴的受力图，如图 10-23（b）所示。

② 作水平面内的弯矩图，如图 10-23（c）所示。支点反力为

$$F_{HA} = F_{HB} = \frac{F_{t2}}{2} = \frac{2\,059}{2} = 1\,030\ (\text{N})$$

Ⅰ－Ⅰ截面处的弯矩为

$$M_{HI} = 1\,030 \times \frac{118}{2} = 60\,770\ (\text{N}\cdot\text{mm})$$

Ⅱ－Ⅱ截面处的弯矩为

$$M_{HII} = 1\,030 \times 29 = 29\,870\ (\text{N}\cdot\text{mm})$$

③ 作垂直面内的弯矩图，如图 10-23（d）所示。支点反力为

$$F_{VA} = \frac{F_{t2}\dfrac{l}{2} - F_{a2}\dfrac{D}{2}}{l} = \frac{763.8}{2} - \frac{405.7 \times 265}{2 \times 118} = -73.65\ (\text{N})$$

$$F_{VB} = F_{r2} - F_{VA} = 763.8 - (-73.65) = 837.5\ (\text{N})$$

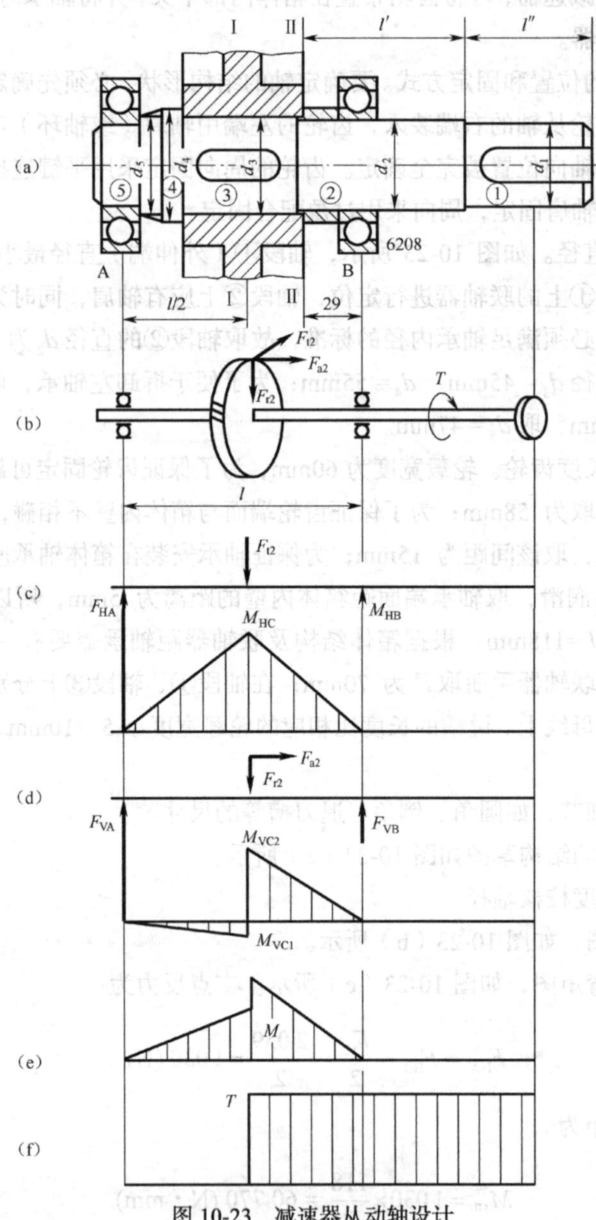

图 10-23　减速器从动轴设计

Ⅰ-Ⅰ截面左侧弯矩为

$$M_{\mathrm{VI左}} = F_{\mathrm{VA}}\frac{l}{2} = -73.65\times\frac{118}{2} = -4\ 345\ (\mathrm{N\cdot mm})$$

Ⅰ-Ⅰ截面右侧弯矩为

$$M_{\mathrm{VI右}} = F_{\mathrm{VB}}\frac{l}{2} = 837.5\times\frac{118}{2} = 49\ 410\ (\mathrm{N\cdot mm})$$

④ 作合成弯矩图，如图 10-23（e）所示。

$$M = \sqrt{M_{\mathrm{H}}^2 + M_{\mathrm{V}}^2}$$

Ⅰ-Ⅰ截面：

$$M_{\text{I左}}=\sqrt{M_{\text{VI左}}^2+M_{\text{HI}}^2}=\sqrt{(-4\,345)^2+60\,770^2}=60\,925\ (\text{N}\cdot\text{mm})$$

$$M_{\text{I右}}=\sqrt{M_{\text{VI右}}^2+M_{\text{HI}}^2}=\sqrt{49\,410^2+60\,770^2}=78\,320\ (\text{N}\cdot\text{mm})$$

Ⅱ-Ⅱ截面：

$$M_{\text{II}}=\sqrt{M_{\text{VII}}^2+M_{\text{HII}}^2}=\sqrt{24\,287.5^2+29\,870^2}=39\,776\ (\text{N}\cdot\text{mm})$$

⑤ 作转矩图，如图 10-23（f）所示。

$$T=9.55\times10^6\frac{P}{n}=9.55\times10^6\times\frac{8}{280}=272\,900\ (\text{N}\cdot\text{mm})$$

⑥ 求当量弯矩。

因减速器单向运转，故可认为转矩为脉动循环变化，修正系数 α 为 0.6。

Ⅰ-Ⅰ截面：

$$M_{\text{eI}}=\sqrt{M_{\text{I右}}^2+(\alpha T)^2}=\sqrt{78\,320^2+(0.6\times272\,900)^2}\approx181\,500\ (\text{N}\cdot\text{mm})$$

Ⅱ-Ⅱ截面：

$$M_{\text{eII}}=\sqrt{M_{\text{II}}^2+(\alpha T)^2}=\sqrt{39\,776^2+(0.6\times272\,900)^2}\approx168\,502\ (\text{N}\cdot\text{mm})$$

⑦ 确定危险截面及校核强度。

由图 10-23 可以看出，截面Ⅰ-Ⅰ、Ⅱ-Ⅱ所受转矩相同，但弯矩 $M_{\text{eI}}>M_{\text{eII}}$，且轴上还有键槽，故截面Ⅰ-Ⅰ可能为危险截面。但由于轴径 $d_3>d_2$，故也应对截面Ⅱ-Ⅱ进行校核。

Ⅰ-Ⅰ截面：

$$\sigma_{\text{eI}}=\frac{M_{\text{eI}}}{W}=\frac{181\,500}{0.1d_3^3}=\frac{181\,500}{0.1\times45^3}=19.9\ (\text{MPa})$$

Ⅱ-Ⅱ截面：

$$\sigma_{\text{eII}}=\frac{M_{\text{eII}}}{W}=\frac{168\,502}{0.1d_2^3}=\frac{168\,502}{0.1\times40^3}=26.3\ (\text{MPa})$$

满足 $\sigma_e\leqslant[\sigma_{-1}]$ 的条件，故设计的轴有足够强度，并有一定裕量。

（5）绘制轴的零件图（略）

4. 轴的刚度计算

轴受力后会产生弯曲变形和扭转变形，变形过大会影响轴的工作性能。例如，机床主轴变形过大时，会影响所加工零件的精度；电动机主轴变形过大时，会使转子与定子之间的间隙不均匀而影响电动机的工作性能；内燃机气轮轴变形过大时，会使气阀不能准确地启闭等。这些刚度要求较高的轴，要进行弯曲刚度和扭转刚度的计算。即轴的变形量挠度 y、转角 θ、扭转角 φ（见图 10-24）要满足下列刚度条件。

$$\begin{cases}y\leqslant[y]\\\theta\leqslant[\theta]\\\varphi\leqslant[\varphi]\end{cases}\tag{10-6}$$

式中，y、$[y]$——分别为挠度、许用挠度，单位为 mm；

θ、$[\theta]$——分别为转角、许用转角，单位为 rad；

φ、$[\varphi]$——分别为扭转角、许用扭转角，单位为（°）/m。

y、θ、φ 按材料力学中的公式及方法计算，$[y]$、$[\theta]$、$[\varphi]$可以从有关机械设计手册中查得。

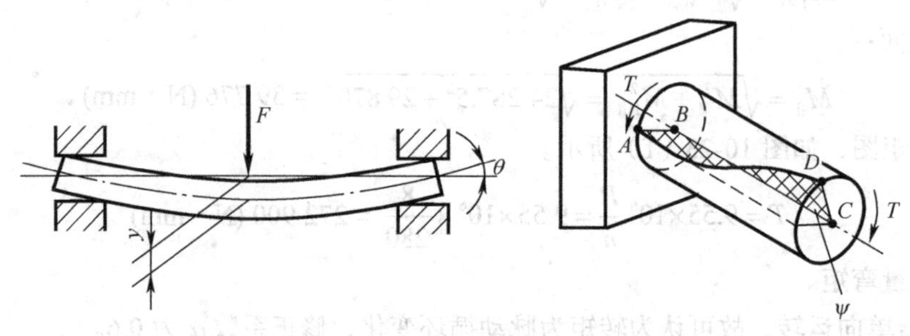

图 10-24　轴的变形量

5. 轴的振动稳定性简述

大多数机器中的轴，虽然不受周期性外载荷的作用，但由于轴的质量分布不均、制造及安装误差及轴的变形等因素，加之轴的转速达到一定值时，运转便不稳定而发生显著的反复变形，这种现象叫轴的振动。当以离心力为表征的周期性激振力与轴的自振频率接近或相同时，将出现共振失效。如果继续提高转速，振动就会衰减，振动趋于平稳，但是当转速达到另一较高的定值时，振动又会出现。发生显著变形时的转速，称为临界转速。同型振动的临界转速可以有好多个，最低的一个叫作第一阶段临界转速。轴的工作转速不能和其临界转速重合或接近，否则将发生共振现象而使轴遭到破坏。计算临界转速的目的在于使工作转速 n 避开轴的临界转速 n_{cr}。

工作转速 n 低于第一临界转速 n_{cr1} 的轴，称为刚性轴。超过第一阶临界转速的轴，称为挠性轴，通常要求 $n \leqslant (0.75 \sim 0.8)n_{cr1}$；对于挠性轴，应使 $1.4n_{cr1} \leqslant n \leqslant 0.7n_{cr2}$；$n_{cr1}$ 和 n_{cr2} 分别为轴的第一和第二临界转速。

习　题

一、判断题

1. 起定位作用的轴肩处的圆角半径应小于轮毂孔的圆角半径或倒角半径。　（　）
2. 转轴容易发生疲劳断裂，是由于其最大弯曲应力超过材料的强度极限。　（　）
3. 为了提高零件的刚度，应选用高强度合金钢制造。　（　）
4. 轴的当量弯矩最大处可能是危险截面，必须进行强度校核。　（　）
5. 按扭转强度式计算的轴径是轴最细处的直径。　（　）

二、选择题

1. 对于既承受转矩又承受弯矩作用的直轴，一般称为（　　）。

A. 传动轴　　B. 固定心轴　　C. 转动心轴　　D. 转轴

2. 按照轴的分类方法，自行车的中轴属于（ ）。

A. 传动轴　B. 固定心轴　C. 转动心轴　D. 转轴

3. 轴环的用途是（ ）。

A. 作为轴加工时的定位面　B. 提高轴的强度

C. 提高轴的刚度　D. 使轴上的零件获得轴向定位

4. 当轴上安装的零件要承受较大轴向力时，采用（ ）来进行轴向固定较合适。

A. 圆螺母　B. 紧定螺钉　C. 弹性挡圈

5. 增大轴在截面变化处的过渡圆角半径，可以（ ）。

A. 使零件的轴向定位比较可靠　B. 降低应力集中

C. 使轴上零件装配方便

6. 定位滚动轴承的轴肩高度应（ ）滚动轴承内圈厚度，以便于拆卸轴承。

A. 大于　B. 小于　C. 大于或等于　D. 等于

7. 为了保证轴上零件的定位可靠，应使其轮毂宽度（ ）安装轮毂的轴头长度。

A. 大于　B. 小于　C. 等于　D. 大于或等于

8. 轴在满足强度要求的情况下，一般还要求有足够的（ ）。

A. 振动稳定性　B. 刚度　C. 可靠度　D. 耐磨性

9. 在用当量弯矩法计算转轴时，采用应力折合系数 α 是考虑到（ ）。

A. 弯曲应力的性质　B. 扭转剪应力的性质

C. 轴上有应力集中　D. 轴的表面粗糙度不同

10. 两级圆柱齿轮减速器中，低速轴所传递的扭矩与高速轴所传递扭矩相比（ ）。

A. 前者大　B. 后者大　C. 两者一样大　D. 两者无法比较

三、综合题

1. 至少找出图 10-25 中齿轮轴系结构的 10 处错误，并作出正确的轴系结构图。

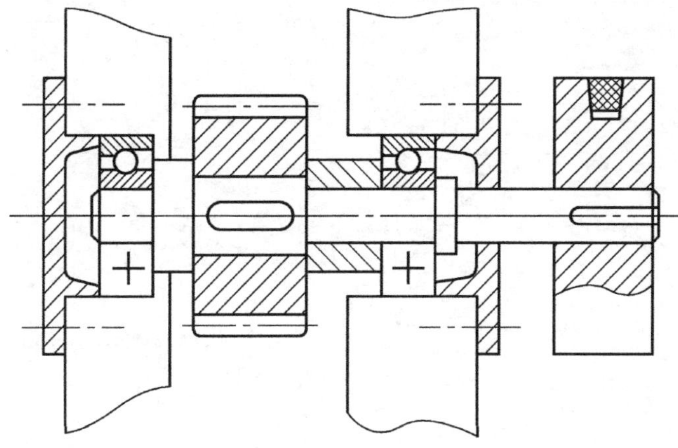

图 10-25　综合题 1 图

2. 直齿圆柱齿轮减速器如图 10-26 所示，z_2=22，z_3=77，由轴 I 输入的功率 P=20kW，轴 I 的转速 n = 600r/min，两轴材料均为 45 钢。试按转矩初步确定两轴直径的最小直径。

3. 试设计直齿圆柱齿轮减速器的低速轴，如图 10-27 所示。已知轴的转速 n=100r/min，传

递功率 P=3kW，轴上齿轮参数 z=60、m=3mm，齿宽为 70mm。

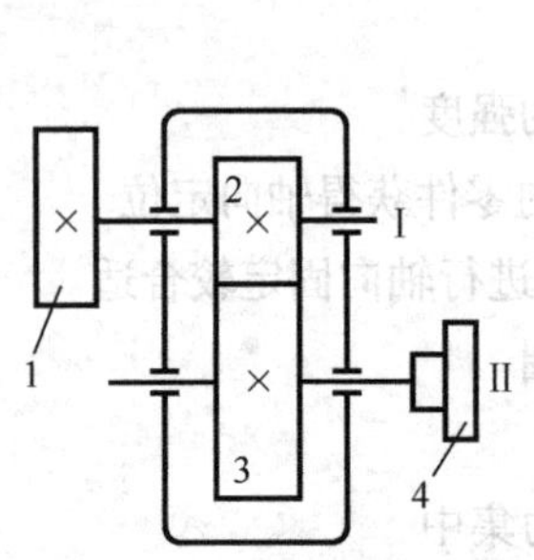

图 10-26　综合题 2 图

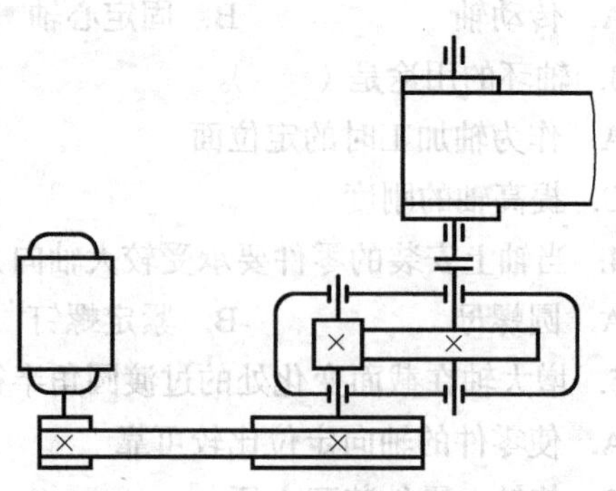

图 10-27　综合题 3 图

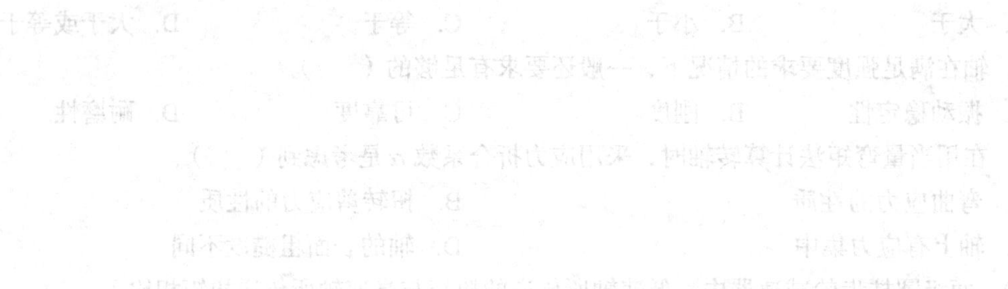

第11章 机械系统设计基础

【学习目标】

- 了解机械系统的组成原理及设计程序
- 理解机械执行机构的构型原理及方法
- 理解机械传动系统的应用特点及布置原则

由若干机械装置组成的有特定功能的系统叫作机械系统。机械系统由机械零件组成，它可能是一台机器，也可能是一台机器中的某一部分。机械系统的设计包括功能原理设计、执行系统设计、、协调系统设计、支承系统设计、控制系统设计等多方面的内容。本章拟对较核心的执行系统和传动系统的设计内容作一个扼要介绍。

11.1 概述

一般地，一台机器是一个大的机械系统，可以由若干个子系统组成，而子系统中往往又有其内在的子系统，如机床、减速器等。各系统中的子系统之间互相影响、互相关联，同时也影响到整个系统。因此，设计机械系统时，必须考虑系统内外的相关性问题。从本质上看，机械系统设计即是对组成系统的各机械零件设计的有效综合。

开展对机械系统的具体设计，不论是新产品开发，还是对原有产品的更新换代，都必须按以下两个阶段顺序进行。

（1）方案设计阶段：即机械原理的设计。以系统的总功能为基础，继续对系统进行分析，分解，确定各子系统的分功能及功能元；并针对各功能目标进行创新、探索、优化、筛选，从而确定较理想的工作原理方案；对不同的工作原理进行构型综合，进而确定机构的类型及结构形状。

（2）技术设计阶段：即机械零件的设计。在方案原理设计的基础上，进行系统中的零件设计，确定其材料、形状、尺寸和结构，绘制出相应的工作图，编制出相应的设计技术资料。

应当指出，方案设计对产品的性能、成本、使用与竞争力的影响最大。产品规划是基础，方案设计是关键。

11.2 执行系统方案设计

机械执行系统方案设计的主要工作有功能原理设计、运动规律设计和执行机构构型设计，如图 11-1 所示。各方案均是发散的，没有一定的规律可以遵循。

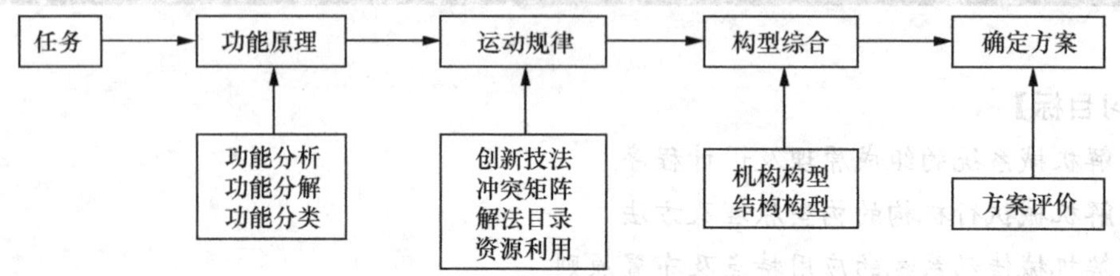

图 11-1　方案设计过程

功能设计是确定机械的本质功能，运动规律设计是为了实现功能而采用的工作原理。在确定运动规律之后，就可进行机构的构型设计与零件的结构设计，也就是构型综合阶段。

1. 功能原理设计

任何产品的设计，都是为了实现某种预期的功能要求。所谓功能原理设计，就是根据机械预期实现的功能要求，构思合适的工作原理来实现这一功能要求。它是机械执行系统方案设计中十分重要的第一步。选择的工作原理不同，执行系统的方案也必然不同，必有优劣之分。功能原理设计的任务，就是根据预期实现的机械功能，构思出所有可能的功能原理，加以分析比较，从中选择出既能很好地满足功能要求，工艺动作又简单的工作原理。例如，制造齿轮可以采用铸造法、冲压法、挤压法及切削法等多种加工原理，其中切削法又有仿形法（如铣削、拉削）和范成法。就连同样是用范成法原理加工齿轮，也可在滚齿机上用滚刀加工，或在插齿机上用齿轮插刀加工，由于拟定刀具的运动不同，因而两种切齿机床的运动方案也就不一样了。

一般来说，机械运动系统是根据具体的工作原理提出的运动要求进行设计的，但在方案设计中，应对工作原理做认真的分析。按部就班地按传统的工艺动作去设计机械系统，其效果一般是不好的。例如，在设计洗衣机时，如果采用类似于人手洗衣的工艺原理，则工作机构将是相当复杂的；如果采用水波与布料的相对运动洗涤法，则只需由电动机带动一个轮廓具有凹凸形的转盘就能实现洗衣的工艺原理，工作机构显然简单得多。因此，要合理地运用设计人员的实践经验和想象力，仔细分析各种可能的组成方案，从而设计出性能良好的机械。

2. 运动规律设计

实现同一工作原理，可以采用不同的运动规律。选择的运动规律不同，执行系统的方案也必然不同。所谓运动规律设计，就是根据工作原理所提出的工艺要求，构思出能够实现该工艺要求的各种运动规律，然后从中选取最为简单适用的运动规律，作为机械的运动方案。例如，为实现机械手搬运物料的功能，其运动路径可以多种，可以是直线路径，也可以是曲线路径，则对机械手的运动规律要求也各异。对于较为复杂的运动规律，一般应将其分解后再合成，主要体现在：

（1）某些周期性运动（包括间歇运动机构与非匀速运动一般可分解为一个匀速运动与一个附加的往复运动，并且分别用比较简单的机构予以实现，然后合成之。

（2）不同特性的非匀速运动合成往往可以实现比较复杂的运动。

（3）相同特性运动合成往往可以得到增加或减小输出位移量的效果。

（4）复杂的曲线运动往往可以分解成不同方向的简单移动或一个简单移动和转动。

3. 执行机构的构型设计

实现同一种运动规律，又可以采用不同形式的机构，从而得到不同的方案。所谓构型设计，就是根据各基本动作或功能的要求，构思出所有能实现这些动作或功能的机构，从中选出最佳方案。例如，为使执行机构实现直线运动规律，可以选用曲柄滑块机构、直动凸轮机构、螺旋机构，齿轮齿条机构等机构形式。

机构构型的正确与否将直接影响到机构使用的效果、结构的繁简程度等。一般应在熟悉各种不同类型的基本机构运动特性的基础上，依据设计人员的生产实践经验，根据已知的生产要求，按执行机构的功用要求进行机构的组合设计。

机械常由简单的基本机构组合而成，进行机构的组合设计是实现机械系统构型设计的一条重要途径。

蜂窝煤制作机组合机构

基本机构主要是指机械中最常用的、最简单的一些机构，如工程技术人员较熟悉的四连杆机构、凸轮机构、齿轮机构、间歇运动机构等，这些基本机构应用较广。但随着生产过程机械化、自动化的发展，对机构输出的运动和动力特性提出了更高的要求，而单一的基本机构的运动和动力性能都具有一定的局限性，使其在某些性能上不能满足要求。例如，四连杆机构不能完全精确地实现任意给定的运动规律；凸轮机构虽然可以实现任意运动规律，但不能使从动件做整周的转动；齿轮机构只能实现一定规律的连续单向转动；棘轮机构、槽轮机构等间歇运动机构只能实现单向的间歇运动等。为解决这些问题，必须进行创新设计，充分利用各种基本机构的良好性能，改善它们的不良特性，运用机构组合原理构造出既满足工作要求，又具有良好运动和动力性能的机构。

表 11-1 列出了各种运动形式变换所对应的机构；表 11-2 列出了实现各种工作原理采用平同机构的性能、特点、价格对照表；表 11-3 列出了各种机构的运动动力特性。这三个表是机构构型的解目录，在解决实际问题时可以参考。

表 11-1　　实现运动形式变换的常用机构

运动变换形式	常用机构	应用实例与原理
等速转动变换为等速转动	1. 连杆机构：平行四边形机构、双转动机构	机车联动机构、联轴器
	2. 齿轮机构：圆柱齿轮机构、圆锥齿轮机构、蜗轮蜗杆机构	联轴器

续表

运动变换形式	常用机构	应用实例与原理
等速转动变换为等速转动	3. 行星轮机构：摆线针轮机构、谐波传动机构	减速器、变速器
	4. 摩擦轮机构	无级变速运动
	5. 挠性件传动机构：链传动、带传动	减速器、减速、输送
等速转动变换为变速转动	1. 连杆机构：双曲柄机构、转动导杆机构	惯性筛、刨床
	2. 非圆齿轮机构	压力机
等速转动变换为往复摆动	1. 连杆机构：曲柄摇杆机构、曲柄摇块机构、摆动导杆机构	破碎机
	2. 摆动从动件凸轮机构	牛头刨床
	3. 气、液动机构	液压摆缸，自动装卸
等速转动变换为往复移动	1. 连杆机构：曲柄滑块机构、移动导杆机构	冲、压、锻等机械装置
	2. 移动从动件导杆机构	缝纫机针头机构
	3. 不完全齿轮导杆机构	配气机构
等速转动变换为单向移动	1. 齿轮、齿条机构	压力机
	2. 螺旋机构	千斤顶
	3. 链传动机构	输送机，升降机
	4. 带传动机构	输送机
等速转动变换为间歇运动	1. 棘轮机构	机床的进给，单向离合器
	2. 槽轮机构	车床刀架转位，电影放映机
	3. 不完全齿轮机构	转位工作台
	4. 蜗杆式分度机构	转位工作台
	5. 凸轮式分度机构	转位工作台
	6. 气、液动机构	分度，定位
实现特定的运动轨迹	1. 连杆机构：四连杆机构、平行边杆机构	利用连杆曲线实现轨迹，直线导引，升降机
	2. 凸轮机构	实现方型轨迹，直线移送
	3. 行星齿轮机构	利用行星齿轮的轨迹
	4. 滑轮机构	导引升降装置
实现加压缩紧	1. 连杆机构	利用转动副的死点位置
	2. 凸轮机构	利用反行程自锁的性质
	3. 螺旋机构	利用反行程自锁的性质
	4. 棘轮机构	超越离合器
	5. 气、液动机构	利用阀控制
实现运动的合成与分解	1. 差动连杆机构	数学运算
	2. 差动齿轮机构	汽车用差速器
	3. 差动螺旋机构	微调
	4. 差动棘轮机构	微调进给

表 11-2　　实现各种工作原理采用不同机构的性能、特点、价格对照

机构类型	控制方法与价格比较			
	开关控制	速度控制	力的控制	价格比较
机械类机构	各种离合器	连杆机构的杠杆比或齿轮机构的传动比	连杆机构的杠杆比或齿轮机构的传动比	低
液压类机构	各类换向阀	流量调解阀	溢流阀、压力开关，减压阀	高
气压类机构	各类换向阀	不易控制	溢流阀、压力开关，减压阀	低
电磁类机构	开关、继电器	变压器、变阻器	变压器、变阻器	高

表 11-3　　常用机构的运动及动力特性

机构类型	运动及动力特性
连杆机构	可以输出转动、移动、摆动、间歇运动，可以实现一定的轨迹与位置要求，利用死点楞以用作夹紧、自锁装置；由于运动副是面接触，故承载能力大，加工精度高，但动平衡困难，不宜用于高速
凸轮机构	可以输出任意的运动规律的移动、转动、摆动，但动程不在，由于运动副是高副，又需要靠力或形封闭运动副，故不适用于重载
齿轮机构	能实现定传动比及变传动比，功率及转速的范围都很大，传动比准确可靠。
挠性件性传动机构	链传动瞬时传动比是变化的，不适用于高速；带传动有弹性滑动，有吸振和过载保护作用，两者都可以实现远距离传动
螺旋机构	可实现微动、增力、定位等功能；工作平稳，精度高，但效率低
蜗杆机构	传动比大，体积小；但效率低，可以实现反程自锁
气、液动机构	常用于驱动、压力、阀、阻尼等机构；利用流量变化可以实现变速；利用流体的可压缩性，可以实现吸振、缓冲、阻尼、控制、记录等功能；但有密闭性要求
电控机构	利用电、磁元件作为中介，可使机构快速启动与停止；多用于控制装置
间歇运动机构	常用的棘轮机构、槽轮机构，它们可以实现间歇进给、转位、分度；但有刚性冲击，比已用于高速、精密要求的蜗杆与凸轮式分度机构转位平稳，冲击小，但设计加工难度大

归纳起来，进行机构选型时应考虑下列因素。

（1）机构的结构。任何一部机械，在满足同一生产要求时，应力求机构结构简单、制造方便和可靠、耐用。应尽量缩短由主动（输入）件到从动（输出）执行构件间的运动链，尽量减少构件和运动副数。因构件和运动副增多后，不但增加了制造和装配的困难，而且增加了设计困难和加大了机构的累积误差。在选型时，有时宁可采用具有较小设计误差但结构简单的近似机构，而不采用理论上没有误差但结构复杂的机构。

此外，还应考虑运动副的类型选择，因为运动副在机械传递运动和动力的过程中起着重要的作用，它直接影响到机械的结构、耐用性能及机械的效率和灵敏度。一般来说，转动副易保证运动副元素的配合精度，效率高，移动副元素效率低，且可能发生自锁；高副元素形状一般较复杂，磨损快，但较容易实现执行构件的运动规律和轨迹。

（2）动力源的形式。动力源的选择应有利于简化机构和改善运动质量。在现代的原动机中，原动件的运动方式有转动（如电动机）、移动或摆动（采用气、液压机构或直线电机）等。

（3）机构的虚约束。在设计中应尽量避免有虚约束的机构，否则会增加加工精度和导致装配困难，有时尺寸不当还会引起构件的内力或楔紧现象，使虚约束成为真正的约束。

（4）动力特性。对高速机构往往要求平衡惯性力，使动载荷最小，并使构件和机构达到最

佳的平衡，采用最小压力角或最大传动角作为工作行程的机构可减小原动轴上的力矩，从而减小原动机的功率、机构的尺寸和重量。

4. 绘制机械运动循环图

机构系统传动方案初步确定后，当设计的机械有多个执行构件，而且各执行构件间有运动配合要求时，绘制机构系统运动循环图是保证整个机构系统的各部分协调运动，实现机械预期工作要求必不可少的一环。

机器的运动循环图就是它的执行机构的协调图，有了它就能使机器的各执行机构不会发生相互干涉，从而保证机器的正常工作。因此，运动循环图又称为工作循环图。它将各执行机构的运动循环按同一时间（或转角）比例尺绘出，并且以某一个主要执行机构的工作起始点为基准来表示各执行机构相对于此主要执行机构动作的先后次序。

牛头刨床的工作原理

各机构运动的协调配合，按其性质可分为以下两类：一类是各执行构件运动速度的协调，例如，用范成原理加工齿轮的齿廓时，刀具和齿坯必须保持一定的速度比传动；另一类是各执行构件的动作在时间和位置上的协调，例如，牛头刨床刨削工件时，其工作台的送进运动必须在刨刀非切削时间内进行，又如自动机工作台的转位，除了在时间上要协调以外，在位置上还必须保证转位后的停歇位置精确。大多数机械的工作过程是呈周期性循环的，图 11-2 所示为一冷镦机构的运动循环示意图。

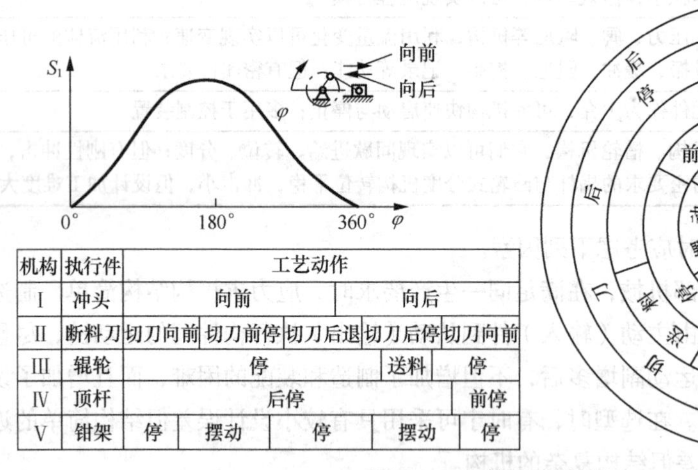

机构	执行件	工艺动作				
Ⅰ	冲头	向前		向后		
Ⅱ	断料刀	切刀向前	切刀前停	切刀后退	切刀后停	切刀向前
Ⅲ	辊轮	停		送料	停	
Ⅳ	顶杆	后停				前停
Ⅴ	钳架	停	摆动	停	摆动	停

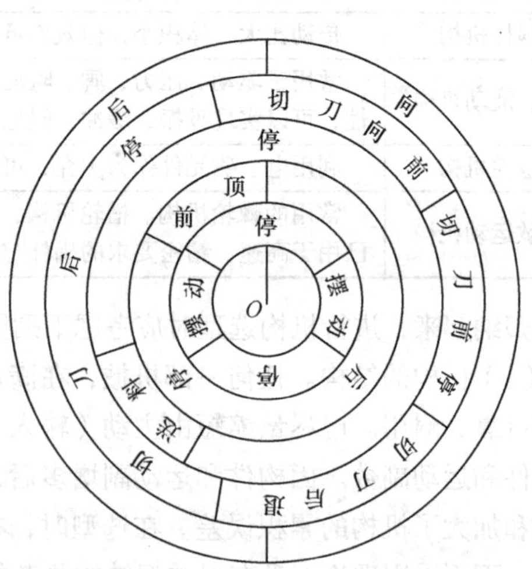

图 11-2　机械运动循环图

机器的运动循环是指机器完成其功能所需的总时间，通常用 T 表示。机器执行机构的运动循环往往与各执行机构的运动循环相一致，因为执行机构的生产节奏就是整台机器的运动节奏。机器执行机构中执行构件的运动循环至少包括一个工作行程和一个空回行程。有时有的执行构件还有一个或若干个停歇阶段。因此，执行机构的运动循环 $T_{执}$ 可以表示为：

$$T_{执} = t_{工作} + t_{空程} + t_{停歇} \tag{11-1}$$

式中，$t_{工作}$——执行机构工作行程时间；

$t_{空程}$——执行机构空行程时间；

$t_{停歇}$——执行机构停歇时间。

在设计机器的运动循环图时，通常机器应实现的功能是已知的，它的理论生产率也已确定。机器的传动方式以及执行机构的结构均已拟定好，然后可按以下步骤进行。

（1）首先确定执行机构的运动循环时间（$T_{执}$）。

（2）确定组成循环的各个区段。

（3）确定执行构件各区段运动的时间及相应的分配轴转角。

（4）初步绘制执行机构的运动循环图。

（5）在完成执行机构的设计后，对初步绘制的运动循环图进行修改。

（6）进行各执行机构的协调设计（又称同步化设计），作整机的运动循环图。

（7）进行机械运动方案的评价和选择。

11.3 机械系统方案设计实例

试完成一冲制薄壁零件冲床机构的方案设计。如图 11-3 所示，在冲制薄壁零件时，上模先以较大的速度接近坯料，然后以匀速进行拉延成形工作，接着上模继续下行将成品推出型腔，最后快速返回。上模退出下模后，送料机构从侧面将坯料送至待加工位置，完成一个冲压工作循环。

原始数据及设计要求如下所述。

（1）从动件（执行构件）为上模，做上下往复直线运动，其大致运动规律如图 11-4 所示，要求有快速下沉、等速工作进给和快速返回的特性。

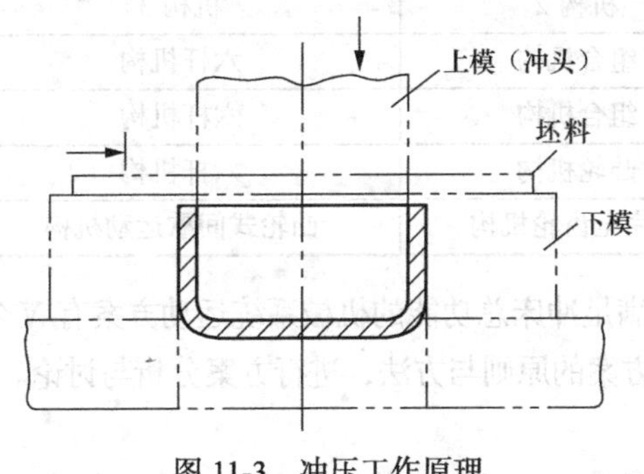

图 11-3　冲压工作原理

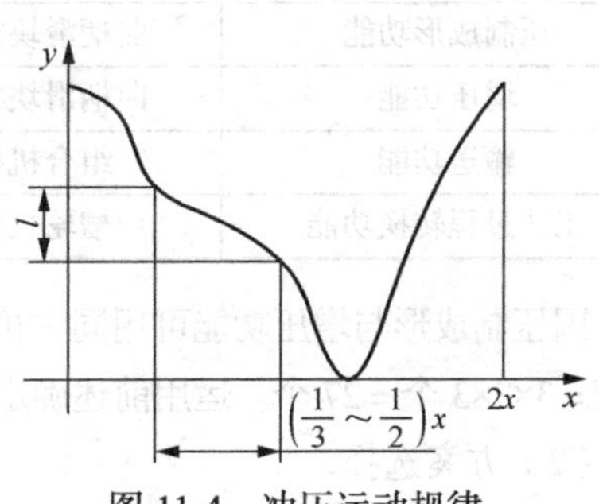

图 11-4　冲压运动规律

（2）机构应具有较好的传力性能，特别是工作段的压力角α应尽可能小，传动角 γ 应大于或等于许用传动角［γ］（一般取［γ］= 40°）。

（3）上模到达工作段之前，送料机均已将坯料送至待加工位置（下模上方）。

（4）生产率为每分钟约 70 件。

（5）执行构件（上模）的工作段长度为 30～100mm，对应曲柄转角 φ 为（1/3～1/2）π，上模行程长度必须大于工作段长度的两倍。

（6）行程速比系数 $K \geqslant 1.5$。

（7）送料距离 H = 60～250mm。

（8）设载荷为 5000N，并按平均功率选用电动机。

针对以上设计任务及要求，以下对方案设计过程进行简述。

1．功能分解与工艺动作分解

（1）功能分解

为了实现冲床冲压成形的总功能，将功能分解为：上料输送功能、压制成形功能、增压功能、脱模功能、下料输送功能。

（2）工艺动作过程

要实现上述分功能，有下列工艺动作过程。

① 利用成形板料自动输送机构或机械手自动上料，上料到位后，输送机构迅速返回原位，停歇等待下一循环。

② 冲头往下做直线运动，对坯料冲压成形。

③ 冲头（上模）继续下行将成品推出型腔，进行脱模，最后快速直线返回。

④ 将成形脱模后的薄壁零件在输送带上送出。

⑤ 上模退出下模后，送料机构从侧面将坯料送至待加工位置，完成一个工作循环。

上述动作中，冲压、脱模可用一个机构完成，下料输送动作简单可不予考虑。

2．方案选择与分析

（1）概念设计

根据以上功能分析，应用概念设计的方法，经过机构系统搜索，可得组合分类表，如表 11-4 所示。

表 11-4　　组合分类表

功能	机构 1	机构 2	机构 3
压制成形功能	曲柄滑块机构	组合机构	六杆机构
增压功能	曲柄滑块机构	组合机构	六杆机构
输送功能	组合机构	凸轮机构	六杆机构
工艺过程转换功能	槽轮机构	不完全齿轮机构	凸轮式间歇运动机构

因压制成形与增压功能可用同一机构完成，故可满足冲床总功能的机械系统运动方案有 N 个，即 $N=3\times3\times3$ 个 $=27$ 个。运用前述确定机械系统运动方案的原则与方法，进行方案分析与讨论。

（2）方案选择

对冲压机构的主要运动要求是：主动件做回转运动，从动件（执行构件，上模）做直线往复运动，行程中有等速运动段（称工作段），并具有急回特性，机构有较好的动力特性等，其中送料机构要求做间歇送进。要满足这些要求，用单一的基本机构，如偏置曲柄滑块机构是难以实现的。因此，需要将几个基本机构恰当地组合在一起来满足上述要求。

实现上述要求的机构组合方案的确定时应采用概念设计的方法，经过机构系统搜索，可以得出许多种方案。以下为几个较为合理的方案。

① 齿轮-连杆冲压机构

如图 11-5 所示，冲压机构采用了有两个自由度的双曲柄七杆机构，用齿轮副将其封闭为一个自由度。恰当地选择点 C 的轨迹和确定构件尺寸，可保证机构具有急回运动和工作段近于匀速的特性，并可使机构工作段压力角α尽可能小。

送料机构是由凸轮机构和连杆机构串联组成的，按机构运动循环图可确定凸轮推程运动角和从动件的运动规律，使其能在预定时间将工件推送至待加工位置。设计时，若使 $l_{OG} < l_{OH}$，则可减小凸轮的尺寸。

② 导杆-摇杆滑决冲压机构

如图 11-6 所示，冲压机构是在导杆机构的基础上，串联一个摇杆滑块机构组合而成的。导杆机构按给定的行程速比系数设计，它和摇杆滑块机构组合可达到工作段近于匀速的要求，如适当选择导路位置，可使机构工作段压力角α较小。

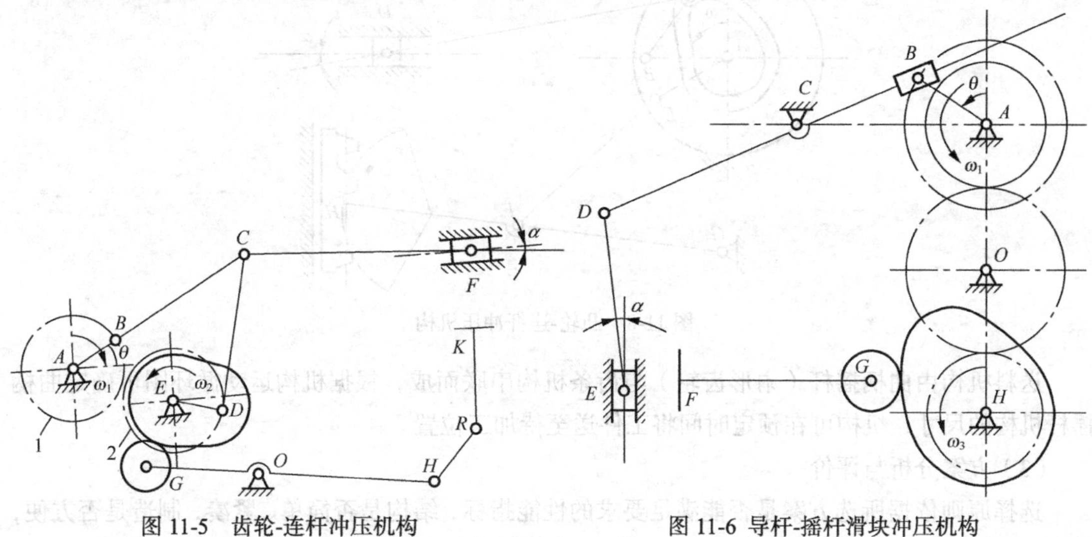

图 11-5　齿轮-连杆冲压机构　　图 11-6 导杆-摇杆滑块冲压机构

送料机构的凸轮轴通过齿轮机构与曲柄轴相连，按机构运动循环图确定凸轮推程运动角和从动件运动规律，则机构可在预定时间将工件送至待加工位置。

③ 六连杆冲压机构

如图 11-7 所示，冲压机构是由铰链四杆机构和摇杆滑块机构串联组合而成的。四杆机构可按行程速比系数设计，然后选择连杆长 l_{EF} 及导路位置，按工作段近于匀速的要求确定铰链点 E 的位置。若尺寸选择适当，可使执行构件在工作段中运动时机构的传动角 γ 满足要求，且机构工作段压力角较小。

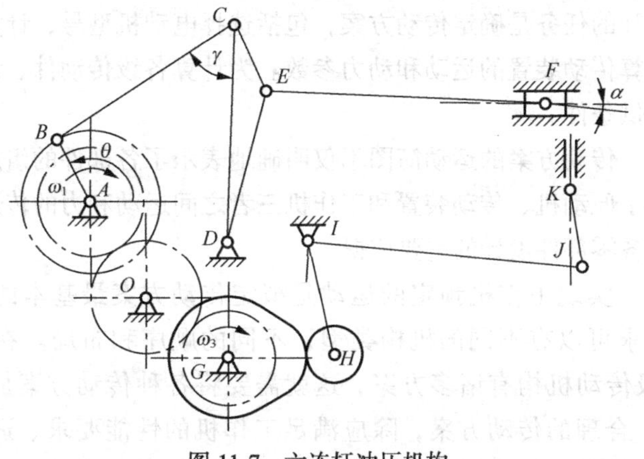

图 11-7　六连杆冲压机构

凸轮送料机构的凸轮轴通过齿轮机构与曲柄轴相连，根据机构运动循环图确定凸轮转角及从动件的运动规律，则机构可在预定时间将工件送至待加工位置。设计时，使 $l_{IH} < l_{IJ}$，则可减小凸轮的尺寸。

④ 凸轮-连杆冲压机构

如图 11-8 所示，冲压机构是由凸轮-连杆机构组合而成的，依据滑块 *D* 的运动要求，可确定固定凸轮的轮廓曲线。

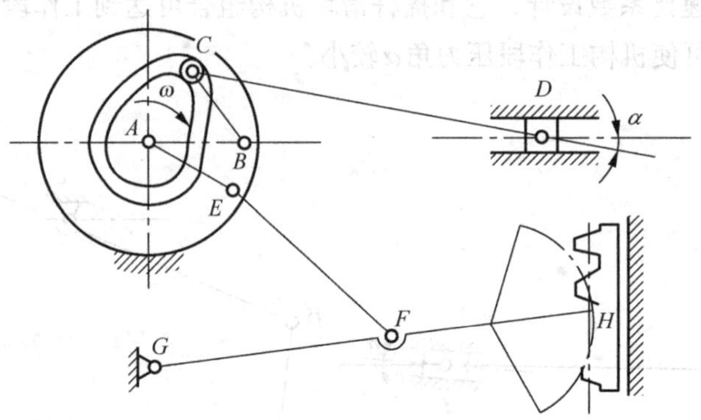

图 11-8　凸轮-连杆冲压机构

送料机构由曲柄摇杆（扇形齿轮）与齿条机构串联而成，根据机构运动循环图可确定曲柄摇杆机构的尺寸，机构可在预定时间将工件送至待加工位置。

（3）方案分析与评价

选择原则依据所选方案是否能满足要求的性能指标，结构是否简单、紧凑，制造是否方便，成本是否低。经过前述方案评价方法，采用价值工程法进行分析论证，确定方案①是上述四个方案中最为合理的方案。

11.4 传动系统方案的设计

机械传动装置设计的任务是确定传动方案，包括选择电动机型号，计算总传动比，合理分配各级传动比以及计算传动装置的运动和动力参数。为计算各级传动件、设计和绘制装配草图提供条件。

观察车床主轴箱的齿轮传动

传动方案的运动简图不仅明确地表示了各部件的组成和连接关系，还表示了原动机、传动装置和工作机三者之间运动和力的传递关系，是传动装置中各零部件设计的重要依据。

实现工作机预定的运动是拟定传动方案最基本的要求，但满足这个要求可以有不同的机构类型，不同的顺序和布局。在保证总传动比相同的前提下，分配各级传动机构有诸多方案，这就需要将各种传动方案加以分析比较，针对具体情况择优选定。合理的传动方案，除应满足工作机的性能要求、适应工作条件、工作可靠外，还应使结构简单、尺寸紧凑、加工方便、成本低廉、传动效率高和使用维护便利等。要同时满足这些要求，常常是比较困难的。因此，要通过分析比较多种传动方案，选择其中最能满足众多要求的合理传动方案，作为最终确定的传动方案。表 11-5 所示为带式运输机四种传动方案的比较。

分析和选择传动机构的类型是拟定传动方案的重要一环，通常应考虑机器的动力、运动和其他要求，再结合各种传动机构的特点和适用范围，分析比较，合理选择。为便于选型，将常用传动机构的主要性能及适用范围列于表 11-6。

表 11-5　　　　带式运输机四种传动方案的比较

传动方案	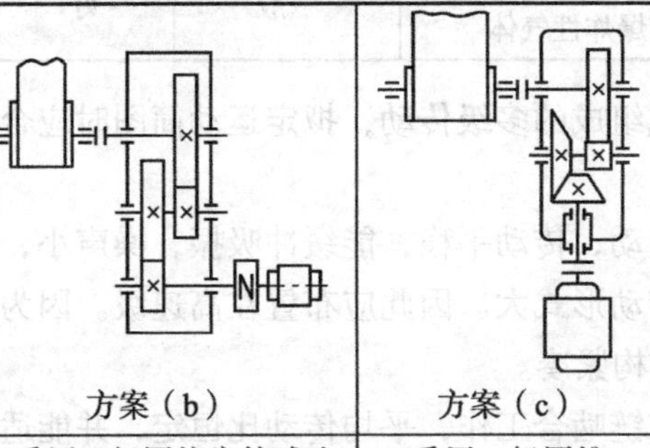 方案（a）	方案（b）	方案（c）	方案（d）
传动特点	采用一级带传动和一级闭式齿轮传动，该方案外廓尺寸较大，带传动有减震和过载保护作用，但不适合繁重的工作要求和恶劣的工作环境。	采用二级圆柱齿轮减速传动，该方案结构尺寸小，传动效率高，适合于在繁重及恶劣的环境下长期工作，且使用维护方便。	采用二级圆锥—圆柱齿轮减速传动，传动特点与方案（b）类同，但加工圆锥齿轮比圆柱齿轮困难，成本高。	采用一级蜗杆减速器，该方案结构紧凑，但传动效率低，功率损耗大，不适合长期连续工作的场合。
	这四种方案虽然都能满足带式运输机的要求，但结构尺寸、性能指标、经济性等都不完全相同，要根据具体的工作要求选择较好的传动方案。			

表 11-6　　　　常用传动机构的主要性能及适用范围

性能指标	传动机构						
	平带传动	V 带传动	圆柱摩擦轮传动	链传动	齿轮传动		蜗杆传动
功率 P/kW（常用值）	小（≤20）	中（≤100）	小（≤20）	中（≤10）	大（最大达 50 000）		小（≤50）
单级传动比：					圆柱	圆锥	
常用值	2～4	2～4	2～4	2～5	3～5	2～3	10～40
最大值	5	7	5	6	8	5	80
传动效率	参见表 13-5						
许用线速度 v/（m·s^{-1}）	≤25	≤25～30	≤15～25	≤20～40	6 级精度直齿≤18 非直齿≤36 5 级精度达 100		滑动速度 v_s≤15～35
外廓尺寸	大	大	大	大	小		小
传动精度	低	低	低	中等	高		高
工作平稳性	好	好	好	差	一般		好
自锁能力	无	无	无	无	无		可有
过载保护	有	有	有	无	无		无
使用寿命	短	短	短	中等	长		中等

续表

性能指标	传动机构					
	平带传动	V 带传动	圆柱摩擦轮传动	链传动	齿轮传动	蜗杆传动
缓冲吸振能力	好	好	好	一般	差	差
制造及安装精度	低	低	中等	中等	高	高
要求润滑条件	不需	不需	一般不需	中等	高	高
环境适应性	不能接触酸、碱、油类和爆炸性气体		一般	好	一般	一般

对采用几种传动形式组成的多级传动，拟定运动简图时应合理布置其传动顺序。通常考虑以下几点。

（1）带传动为摩擦传动，传动平稳，能缓冲吸振，噪声小，但传动比不准确，传递相同转矩时，结构尺寸较其他传动形式大。因此应布置在高速级。因为传递相同功率，转速愈高，转矩愈小，可使带传动的结构紧凑。

（2）链传动靠链轮与链啮合工作，平均传动比恒定，并能适应恶劣的工作条件，但运动不均匀，有冲击，不适于高速传动，故应布置在多级传动的低速级。

（3）斜齿轮传动的平稳性较直齿轮传动好，当采用双级齿轮传动时，高速级常用斜齿轮。

（4）蜗杆传动平稳，传动比大，但传动效率低，适用于中、小功率及间歇运转的场合。当和齿轮传动同时应用时，应布置在高速级，使其工作齿面间有较高的相对滑动速度，利于形成流体动力润滑油膜，提高效率，延长寿命。

（5）圆锥齿轮传动用于传递相交轴间的运动。由于圆锥齿轮（特别是当尺寸较大时）加工比较困难，应放在传动的高速级，并限制其传动比，以减小其直径和模数。

（6）开式齿轮传动工作环境一般较差，润滑不良，磨损严重，故寿命较短，应布置在低速级。

（7）制动器通常设在高速轴，并需注意：位于制动器后面的传动机构不应用带传动和摩擦传动。

（8）为简化传动装置，一般总是将改变运动形式的机构（如连杆机构、凸轮机构）布置在传动系统的末端或低速处。

（9）传动装置的布局要求结构紧凑、匀称，强度和刚度好，并适合车间布置情况和工人操作，便于装拆和维修。

（10）在传动装置总体设计中，有时还有防止因过载而造成机器重大损失的问题。此时需在传动系统的某一环节加设安全保险装置。

以上十点可供分析和拟定传动装置方案绘制运动简图时参考。需要指出，在设计任务中，若已提供传动方案，则应论述此方案的合理性，也可提出改进意见，另行拟定更合理的方案。

【例 11-1】 图 11-9 所示（a）、（b）两种传动设计方案，哪种合理？试分析说明原因。

解：（b）方案合理。因为在该方案中

（1）带传动宜放在高速级，功率不变的情况下，由于高速级的速度高，带传动所需的有效拉力就小，带传动的尺寸就减小。

（2）带传动直接连电机，可对传动系统的冲击振动起到缓冲吸振的作用，对电机有利。

（3）齿轮减速器中，输入小齿轮，远离皮带轮，输出大齿轮远离联轴器，使这两个齿轮所在的轴的受扭转矩段较长，轴的单位长度上扭转变形小，轴的抗扭刚度较好。

（4）齿轮箱中间轴两个斜齿轮旋向相同，轴向力抵消，对该轴上的轴承的工作有利，减小轴承的轴向载荷。

（5）两个方向上的尺寸均较小，结构较为紧凑。

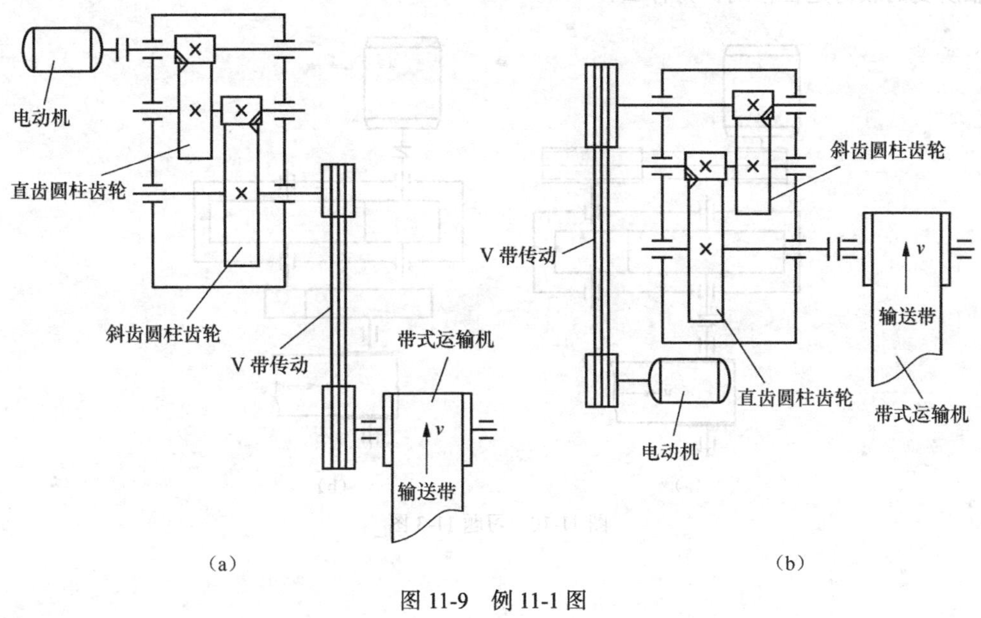

图 11-9　例 11-1 图

习　题

1. 试设计一种半自动模切机执行机构方案。半自动模切机是印刷、包装行业用以压制纸盒、纸箱等纸制品的专用设备，该设备可用来对各种规格的纸板或厚度在 6mm 以下的瓦楞纸板进行压痕、切线，经压痕、切线的纸板可折叠成各种纸盒、纸箱。具体设计要求：

（1）每小时压制纸张 3 000 张；

（2）模压行程 H=50mm，行程速比系数 K=1.2；

（3）工作行程的最后 5mm 范围内，模切机受阻力 F=2 100N，回程时不受力，模具和模压头的质量共约 120kg；

（4）工作台距离地面约 1 200mm；

（5）要求动作可靠、性能良好，结构简单紧凑节省动力、寿命长，易于操作、制造。

2. 设计一款健身球自动检验分类机构，将不同直径尺寸的石料健身球按直径分类。检测后送入各自指定位置，整个工作过程（包括进料、送料、检测、接料）自动完成。设计数据及主要技术参数：健身球直径范围为 ϕ40～ϕ46mm，要求分类机将健身球按直径的大小分为三类。第一类：$40 \leq d \leq 42$；第二类：$42 < d \leq 44$；第三类：$44 < d \leq 46$。电动机转速 n=1 440r/min，生

产率 20 个/min。

3. 图 11-10 所示带式输送机有两种传动方案，若工作情况相同，传递功率一样，试分析比较：

（1）按方案（a）设计的单级齿轮减速器，如果改用方案（b），减速器的哪根轴的强度要重新验算？为什么？

（2）若方案（a）中的 V 带传动和方案（b）中的开式齿轮传动的传动比相等，两方案中电动机轴所受的载荷是否相同？为什么？

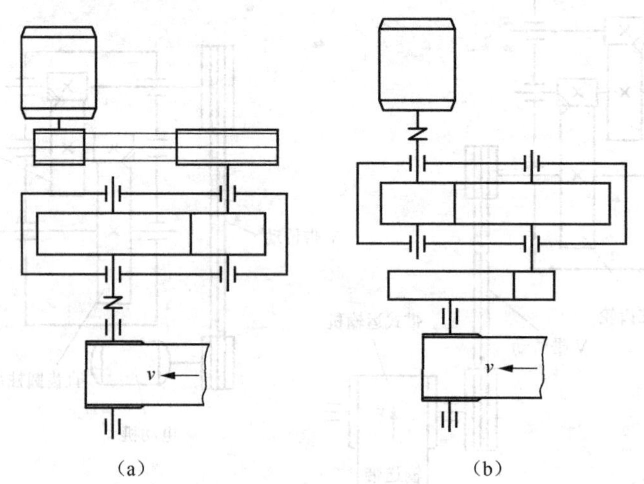

图 11-10　习题 11-3 图

第12章 机械CAE分析

【学习目标】

- 了解机构运动仿真及有限元分析的意义
- 理解 CAE 分析的内涵与实质
- 了解 Pro/E 中 CAE 分析模块的操作方法

12.1 机械 CAE 分析的意义

随着机械零部件行业的迅速发展和市场竞争的日益激烈，如何提高产品品质，增强产品的市场竞争能力，缩短产品开发周期，降低成本已成为企业十分重视的问题。现代化的开发手段是提高企业竞争力的重要保证。

在机械零部件产品的设计过程中，运动机构的空间干涉、复杂零件的应力分布、变形状态等问题历来都是令机械设计工程师深感头疼的事。按传统设计模式，设计人员为了提高设计效率，在一些细节问题经常不得不进行简化处理，而这些处理又往往带来设计结果的不可靠甚至致命错误，给生产造成不应有的损失。因此，利用计算机三维设计工具合理地解决这些问题无疑具有一定的现实意义。

认识现代设计和制造技术

CAE（Computer Aided Engineering）是用计算机辅助求解复杂工程和产品结构强度、刚度、屈曲稳定性、动力响应、热传导、三维多体接触、弹塑性等力学性能的分析计算以及结构性能的优化设计等问题的一种近似数值分析方法。其基本思想是将一个形状复杂的连续体的求解区域分解为有限的形式简单的子区域，即将一个连续体简化为由有限个单元组合的等效组合体；通过将连续体离散化，把求解连续体的场变量（应力、位移、压力和温度等）问题简化为求解有限的单元节点上的场变量值。此时求解的基本方程将是一个代数方程组，而不是原来描述真实连续体场变量的微分方程组，得到的是近似的数值解，求解的近似程度取决于所采用的单元类型、数量以及对单元的插值函数。

CAE 从 20 世纪 60 年代初开始在工程上应用到今天，已经历了 40 多年的发展历史，其理论和算法都经历了从蓬勃发展到日趋成熟的过程，现已成为工程和产品结构分析中（如航空、航天、机械、土木结构等领域）必不可少的数值计算工具，同时也是分析连续力学各类问题的一种重要手段。随着计算机技术的普及和不断提高，CAE 系统的功能和计算精度都有很大提高，各种基于产品数字建模的 CAE 系统应运而生，并已成为结构分析和结构优化的重要工具，同时也是计算机辅助 4C 系统（CAD/CAPP/CAM/CAE）的重要环节。

CAE 系统的核心思想是结构的离散化，就是将实际结构离散为有限数目的规则单元组合体，实际结构的物理性能可以用通过对离散体进行分析，得出满足工程精度的近似结果来替代对实际结构的分析，这样可以解决很多实际工程需要解决而理论分析又无法解决的复杂问题。采用 CAD 技术来建立 CAE 的几何模型和物理模型，完成分析数据的输入，通常称此过程为 CAE 的前处理。同样，CAE 的结果也需要用 CAD 技术生成形象的图形输出，如生成位移图、应力、温度、压力分布的等值线图，表示应用、温度、压力分布的彩色明暗图，以及随机械载荷和温度载荷变化生成位移、应力、温度、压力等分布的动态显示图，通常称此过程为 CAE 的后处理。针对不同的应用，也可用 CAE 仿真模拟零件、部件、装置（整机）乃至生产线、工厂的运动或运行状态，在 CAE 的应用过程中，前、后置处理是最重要的工作。

目前应用比较普遍的 CAE 软件有 ABAQUS、Pro/E、ADINA、ALGOR、ANSYS 等。这些软件都有着各自的特点，运用 CAE 软件可作静态结构分析，动态分析；研究线性、非线性问题；分析结构、流体、电磁等。CAE 软件在机械三维实体造型设计及分析中也得到了广泛的应用。

机构运动仿真和机械零件有限元分析功能属于 CAE 范畴。本章将通过实例介绍利用软件进行机构运动仿真和有限元分析的过程，分析对象选取机械传动中典型的曲柄滑块机构。为便于交流学习，CAE 分析软件采用当前较为通用的 Pro/E 软件。Pro/Engineer（简称 Pro/E）是美国参数技术公司（PTC）推出的基于参数化新一代 CAD/CAE/CAM 软件，无论从零件设计中的整体结构设计，还是工程图三视图的生成，以及 3D 装配图的形成方式和运动仿真模拟功能，Pro/E 软件都有操作容易、使用方便、修改便捷的特点。对于不是特别复杂的零件，其有限元分析功能也很可靠。

12.2 机构运动仿真分析

在建立机械设计模型后，设计者往往需要通过虚拟的手段，在利用软件模拟所设计的机构，来达到在虚拟的环境中模拟现实机构运动的目的，这就是机构运动仿真的涵义。对于提高设计效率、降低成本有很大的作用。Pro/E 中“机构”模块是专门用来进行运动仿真和动态分析的模块。

1. 运动仿真模块功能

Pro/E 的运动仿真与动态分析功能集成在“机构”模块中，包括几何仿真和实体仿真两个方面的分析功能。

使用几何仿真分析功能相当于进行无阻尼运动仿真。使用几何仿真分析功能来创建某种机构，定义特定运动副，创建能使其运动起来的伺服电动机，来实现机构的运动模拟。并可以观察和记录分析运动轨迹，采集运动动画文件；可以测量诸如位置、速度、加速度等运动特征；可以通过图形直观地显示这些测量指标；也可创建轨迹曲线和运动包络，用物理方法描述运动。实体仿真分析功能相当于有阻尼仿真。可在机构上定义重力、力和力矩、弹簧、阻尼等特征；可以设置构件的材料，密度等特征，使其更加接近现实中的结构，达到真实的模拟现实的目的。

因此，如果只是单纯的研究机构的运动，而不涉及质量，重力等参数，只需使用几何仿真分析，可在不考虑作用于系统上的力的情况下分析机构运动，并测量主体位置、速度和加速度。如果还需要更进一步分析机构受重力，外界输入的力和力矩，阻尼等的影响，则必须使用实体仿真来进行静态分析，动态分析等。

实体仿真分析可根据电动机所施加的力及其位置、速度或加速度来定义电动机。除重复组件和运动分析外，还可运行动态、静态和力平衡分析。也可创建测量，以监测连接上的力以及点、顶点或连接轴的速度或加速度。可确定在分析期间是否出现碰撞，并可使用脉冲测量定量由于碰撞而引起的动量变化。由于动态分析必须计算作用于机构上的力，所以它需要用到主体质量属性，但两者进行分析时流程基本上是一致的，见表 12-1。

表 12-1　运动仿真分析流程表

类型	几何仿真流程	实体仿真流程
创建模型	定义主体 生成连接 定义连接轴置 生成特殊连接	定义主体 指定质量属性 生成连接 定义连接轴设置 生成特殊连接
添加建模图元	应用伺服电动机	应用伺服电动机 应用弹簧 应用阻尼器 应用执行电动机 定义力/力矩负荷 定义重力
创建分析模型	运行运动学分析 运行重复组件分析	运行运动学分析 运行动态分析 运行静态分析 运行力平衡分析 运行重复组件分析
获得结果	回放结果 检查干涉 查看测量 创建轨迹曲线 创建运动包络	回放结果 检查干涉 查看定义的测量和动态测量 创建轨迹曲线和运动包络 创建要转移到 Mechanica 结构的负荷集

2. 运动仿真模块工具栏

在 Pro/E 装配环境下定义机构的连接方式后，单击菜单栏菜单【应用程序】→【机构】命令，如图 12-1 所示。系统进入机构模块环境，呈现图 12-2 所示的机构模块主界面：模型树增加了图 12-3 所示“机构”一项内容，窗口右边出现图 12-4 所示的工具栏图标。工具栏每一个图标与下拉菜单的每一个选项相对应。用户既可以直接点击快捷工具栏图标进行相关操作，也可以通过菜单选择进行操作。

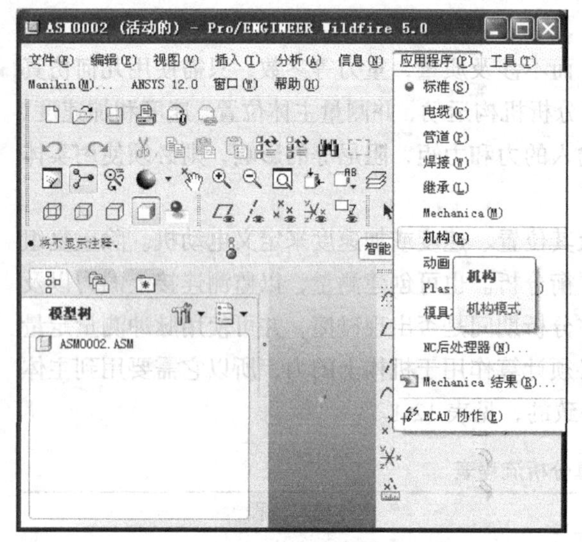

图 12-1　由装配环境进入机构环境图

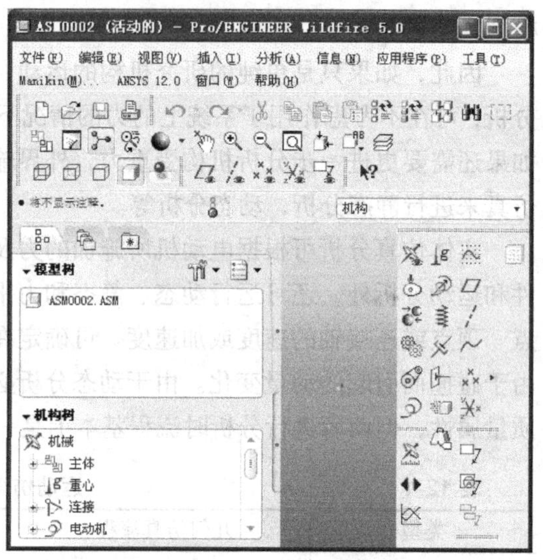

图 12-2　机构模块下的主界面

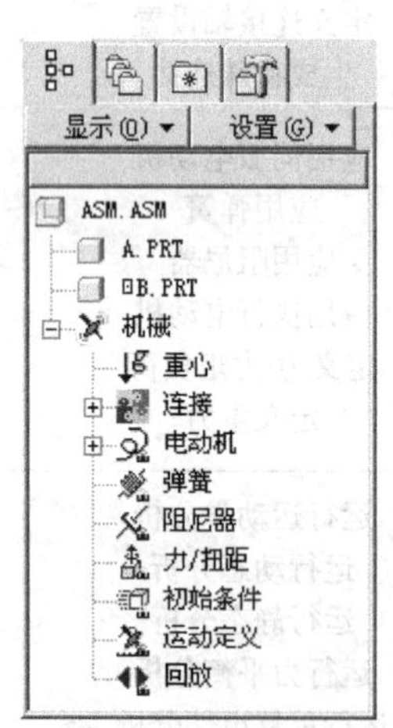

图 12-3　模型树菜单

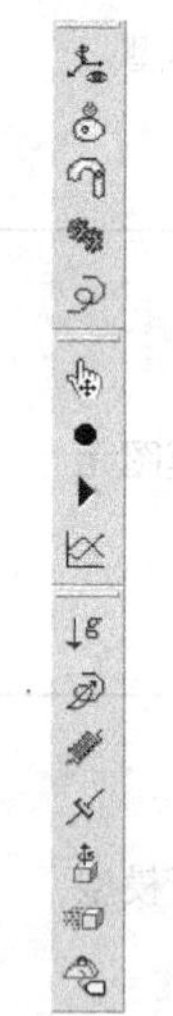

图 12-4　工具栏图标

图 12-4 所示的部分工具栏图标功能作解释如下：

连接轴设置：打开“连接轴设置”对话框，使用此对话框可定义零参照、再生值以及连接轴的限制设置。

凸轮：打开“凸轮从动机构连接”对话框，使用此对话框可创建新的凸轮从动机构，也可编辑或删除现有的凸轮从动机构。

槽：打开“槽从动机构连接”对话框，使用此对话框可创建新的槽从动机构，也可编辑或删除现有的槽从动机构。

齿轮：打开“齿轮副”对话框，使用此对话框可创建新的齿轮副，也可编辑、移除复制现有的齿轮副。

伺服电动机：打开“伺服电动机”对话框，使用此对话框可定义伺服电动机，也可编辑、移除或复制现有的伺服电动机。

执行电动机：打开“执行电动机”对话框，使用此对话框可定义执行电动机，也可编辑、移除或复制现有的执行电动机。

弹簧：打开“弹簧”对话框，使用此对话框可定义弹簧，也可编辑、移除或复制现有的弹簧。

阻尼器：打开“阻尼器”对话框，使用此对话框可定义阻尼器，也可编辑、移除或复制现有的阻尼器。

力/扭矩打开“力/扭矩”对话框，使用此对话框可定义力或扭矩，也可编辑、移除或复制现有的力/扭矩负荷。

重力：打开“重力”对话框，可在其中定义重力。

初始条件：打开“初始条件”对话框，使用此对话框可指定初始位置快照，并可为点、连接轴、主体或槽定义速度初始条件。

质量属性：打开“质量属性”对话框，使用此对话框可指定零件的质量属性，也可指定组件的密度。

拖动：打开“拖动”对话框，使用此对话框可将机构拖动至所需的配置并拍取快照。

连接：打开“连接组件”对话框，使用此对话框可根据需要锁定或解锁任意主体或连接，并运行组件分析。

分析：打开“分析”对话框，使用此对话框可添加、编辑、移除、复制或运行分析。

回放：打开“回放”对话框，使用此对话框可回放分析运行的结果，也可将结果保存到一个文件中、恢复先前保存的结果或输出结果。

测量：打开“测量结果”对话框，使用此对话框可创建测量，并可选取要显示的测量和结果集，也可以对结果出图或将其保存到一个表中。

轨迹曲线：打开“轨迹曲线”对话框，使用此对话框生成轨迹曲线或凸轮合成曲线。

3. 机构的运动仿真

本次设计用 Pro/E5.0 三维造型软件进行建模，各零件建好后，进行装配，进而实现模拟仿真运动分析。

（1）建立机构模型

进入组件设计模式，依次调入各个三维零件，设置连接性质。经装配后，得到曲柄滑块机构的装配体模型，如图 12-5 所示。

（2）进入机构运动仿真环境

单击菜单栏中的【应用程序】→【机构】命令，进入机构运动仿真环境，如图 12-6 所示。

单击菜单栏中的【编辑】→【连接】命令，弹出【连接组件】对话框。单击该对话框的【运行】，检查装配的连接情况。若连接成功，系统弹出【确认】对话框。单击该对话框中的【是】按钮，确认检查情况。

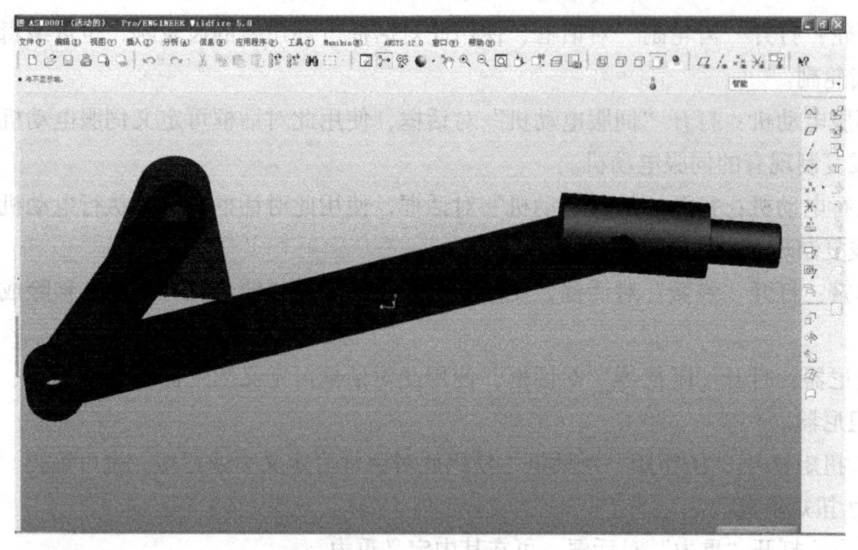

图 12-5　机构装配体

（3）创建伺服电机

单击【机构】工具栏【伺服电动机】按钮，弹出【伺服电动机定义】对话框，如图 12-7 所示。可以修改电机的默认名称为 diandj，在绘图区选择曲柄连接轴作为伺服电动机的驱动对象，可通过单击【反向】按钮改变曲柄转向。

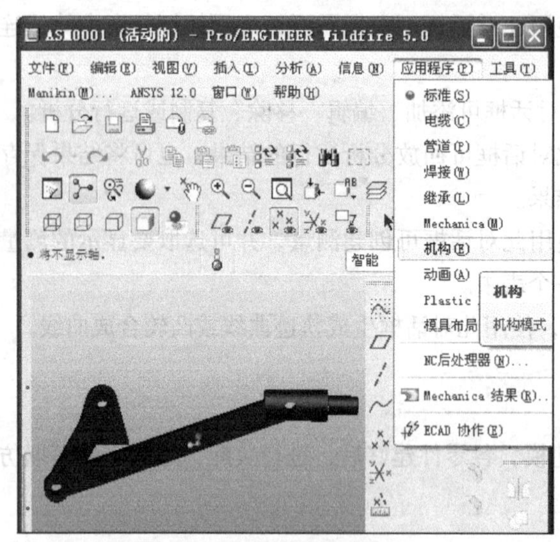

图 12-6　机构运动仿真环境

图 12-7　电机轴的确定

在图 12-8 所示的对话框中单击【轮廓】面板，在【规范】选项组下拉列表中选择【速度】选项。其余均接受对话框中当前项的选择，默认当前轴的位置为零位置。在【模】选项组下拉列表中选择【常数】选项，表示驱动器以常数形式运行。在【A】文本框中输入 60，即给定电机的转速是匀速 60 度/秒，单击该对话框中的【确定】按钮，完成伺服电动机的建立。此时，在机构中将显示驱动器的紫色标志。

（4）运动分析

单击【机构】工具栏中的【机构分析】按钮，弹出【分析定义】对话框，接受默认名称，在【类型】选项组下拉列表中选择【运动学】选项，可以观察曲柄滑块机构的运动情况。在【图形显示】选项组中的【终止时间】文本框中输入 10，【最小间隔】中输入 0.1，表示每隔 0.1 秒输出一个求解值。如果要更多求解值，则可减少间隔值，但程序运行时间会增加，如图 12-9 所示。单击【运行】按钮，可以查看曲柄滑块机构的运行情况。单击【确定】按钮，退出该对话框。

图 12-8　电机运动参数的确定

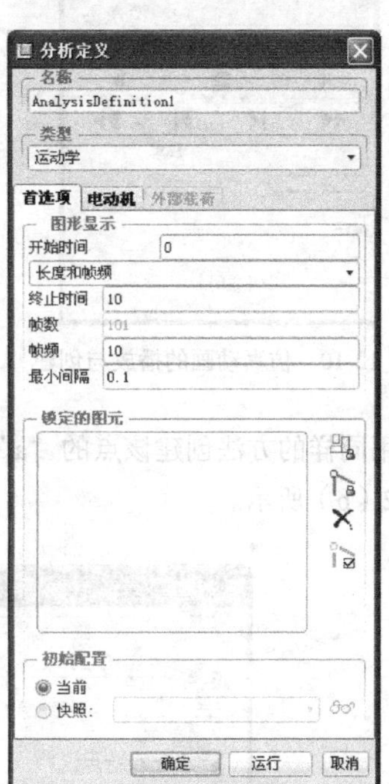

图 12-9　确定运行时间和间隔

（5）结果分析

① 回放并保存分析结果。单击菜单栏中的【分析】→【回访】命令，弹出【回放】对话框。在【结果集】列表中将显示上一步建立的运动分析 AnalysisDefinition1。单击【播放当前结果集】按钮，弹出【动画】对话框，使用各按钮可控制回放结果的方向和速度。如图 12-10 所示，可以单击【捕获】按钮，弹出【捕获】对话框，可设置输出 mpg 格式动画文件。

② 分析滑块上一点的位移、速度、加速度。首先在滑块上创建任一个点。然后单击【运动】工具栏中的【测量】按钮，弹出【测量结果】对话框。在【图形类型】选项组下拉列表中选择【测量与时间】选项，再单击该对话框的【创建新测量】按钮，弹出【测量定义】对话框对话框。如图 12-11 所示，在【名称】文本框中输入“s”，在【类型】选项组下拉列表中选择【位置】选项，在滑块上选择刚创建的点；在【评估方法】选项组下拉列表中选择【每个时间步长】选项。单击该对话框中的【确定】按钮，完成测量定义，返回【测量结果】对话框。

再次单击对话框中的【创建新测量】按钮，弹出【测量定义】对话框。在名称文本框中输入“v”，在【类型】选项组下拉列表中选择【速度】选项，在该次轮上选择相同的点；在【评估方法】选项组下拉列表中【每个时间步长】选项。单击该对话框中的【确定】按钮，完成测量定义，如图 12-12（a）所示，返回【测量定义】对话框。

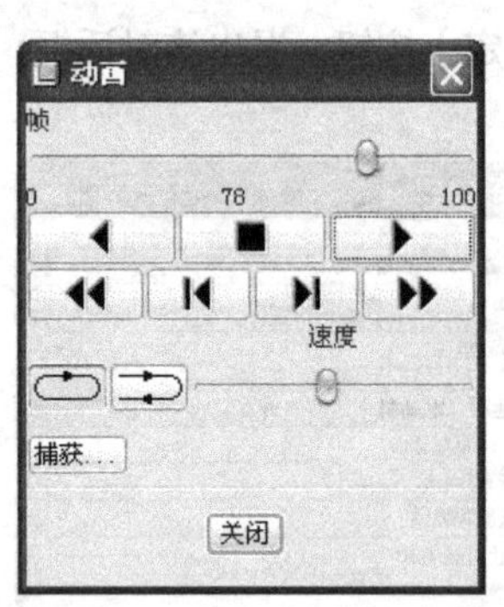

图 12-10　仿真动画的播放与创建

图 12-11　位移测量设置

使用同样的方法创建该点的“a”，在【类型】选项组下拉列表中选择【加速度】选项。如图 12-12（b）所示。

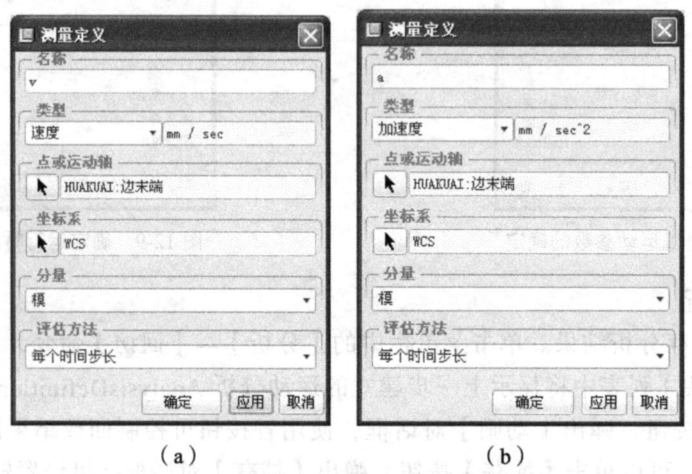

（a）　　　　　　　　（b）

图 12-12　速度、加速度测量设置

可以看到在【结果集】列表中多增加了 s、v、a 三项测量目标，分别用于求解滑块上指定点的位移、速度、加速度值随时间变化的规律。双击【结果集】列表框中的“AnalysisDefinition1”，系统将自动计算结果，并把机构处在当前位置时，测量目标的结果值显示在【测量】列表框中的【值】列中。最终【测量结果】对话框如图 12-13 所示。需要注意的是，如果重新设置仿真模型的相对位置，则相应的测量目标值也会改变，但运动规律不会改变。

在该对话框中可选择是否【分别绘制测量图形】，可确定是否在同一坐标系中的测量目标曲线。再按<Ctrl>键选择【测量】列表框中的“s”“v”和“a”。单击【绘制选定结果集】所选【测量的图形】按钮，显示测量结果，如图 12-14 所示。如果将鼠标点击曲线某点位置，将实时显示该点的坐标值。图示表示在 3.6s 时刻，位移为 93.6621mm。

为便于详尽分析，可以将测量结果中的图形和每一步长的数据以 Excel 的形式输出，或直接导出文本保存，导出方法与结果如图 12-15 所示。

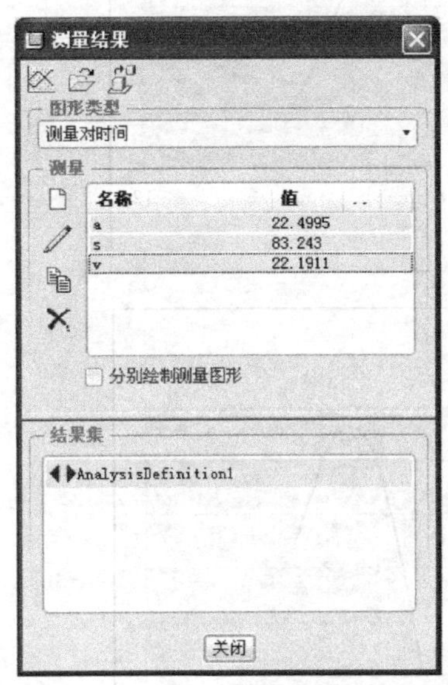

图 12-13　当前位置的测量目标值

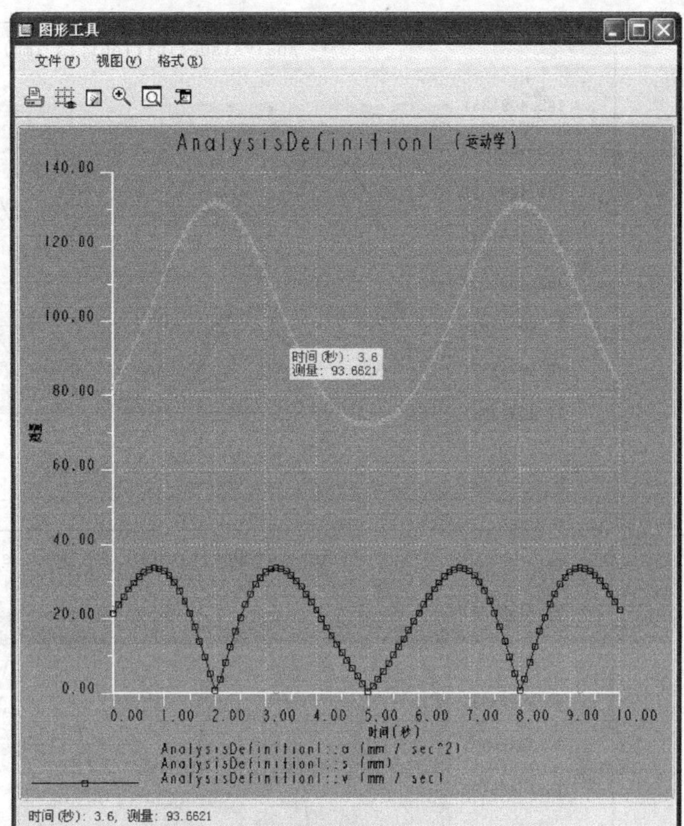

图 12-14　在同一坐标系中的测量目标曲线

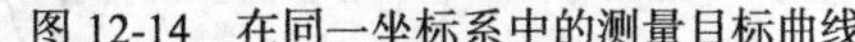

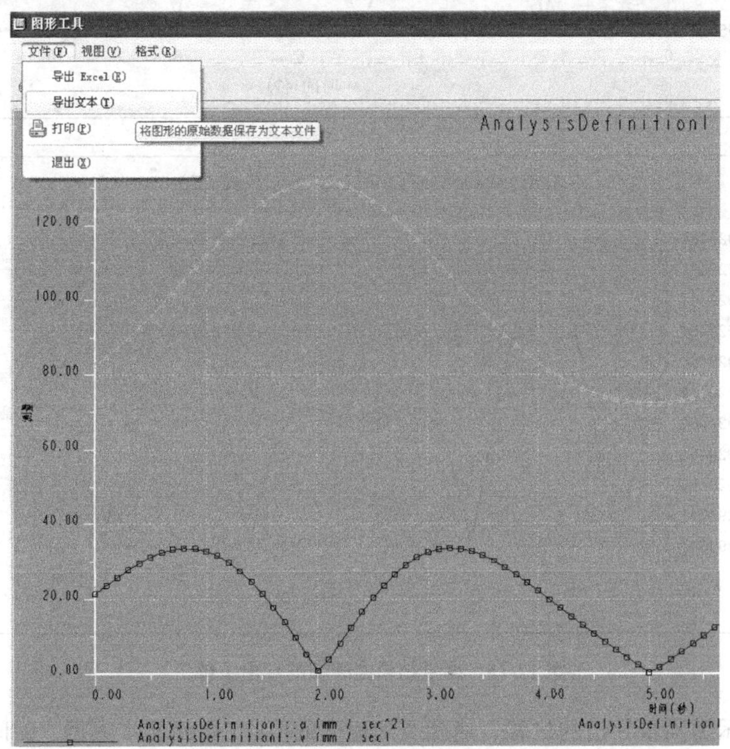

图 12-15　测量结果曲线图的导出

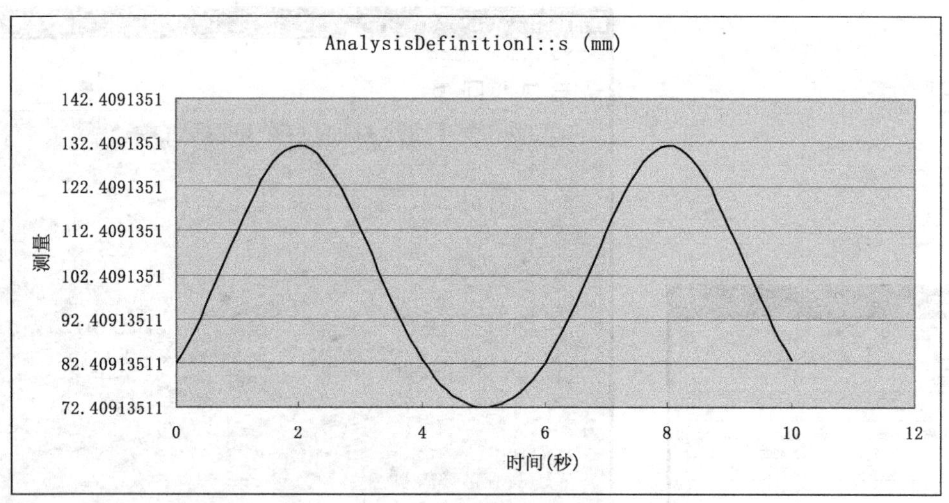

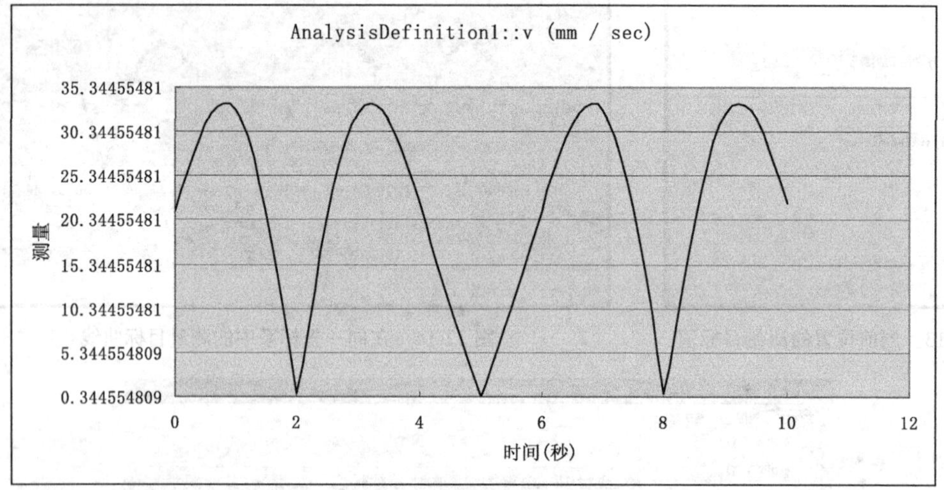

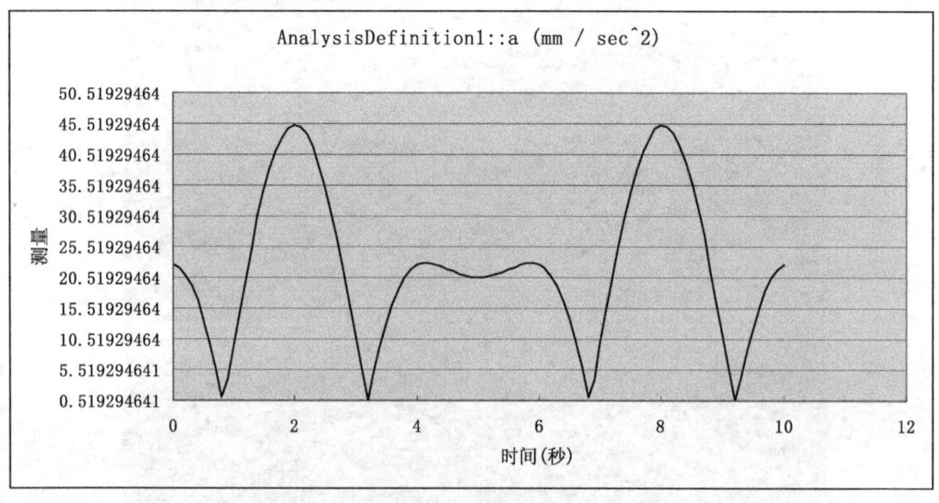

图 12-15　测量结果曲线图的导出（续）

表 12-2 所示为同步导出的位移、速度及加速度的值。Excel 文本数据，时间步长为 0.1s。可以看出，这些数据与之前电机运行总时间和间隔的设置是相呼应的，很有分析价值。

表 12-2　　同步导出的 Excel 文本数据

时间 t/s	测量位置 s/mm	测量速度 v/（mm/s）	测量加速度 a/（mm/s^2）
0	82.52319	21.43419	22.6627
0.1	84.74472	23.67255	22.03037
0.2	87.18471	25.82393	20.90809
0.3	89.83249	27.83499	19.21112
0.4	92.67158	29.64489	16.87716
0.5	95.67911	31.18814	13.8762
0.6	913.82558	32.39816	10.2177
0.7	102.0749	33.21145	5.953494
0.8	105.3849	33.57171	1.175703
0.9	1013.7083	33.43363	3.989984
1	111.9937	32.76575	9.394257
1.1	115.1876	31.55222	14.8755
1.2	1113.2354	29.79353	20.27061
1.3	121.0833	27.50617	25.42399
1.4	123.68	24.72154	30.19403
1.5	125.9781	21.48429	34.45709
1.6	127.9348	17.8505	313.10934
1.7	129.5139	13.8856	41.0671
1.8	130.6857	9.662396	43.26621
1.9	131.4283	5.259186	44.6611
2	131.7278	0.757933	45.22383
2.1	131.5785	3.757453	44.9433
2.2	130.9832	13.202783	43.82502
2.3	129.9532	13.49525	41.89124
2.4	1213.5077	16.55515	39.18153
2.5	126.6738	20.3076	35.75369
2.6	124.4857	23.68449	31.68477
2.7	121.9839	26.62639	27.07182
2.8	119.2146	29.0846	22.03197
2.9	116.2279	31.02307	16.70112
3	113.077	32.42016	11.23078
3.1	109.8162	33.26995	5.782421
3.2	106.4997	33.58282	0.519295
3.3	103.1797	33.38516	4.403894
3.4	99.90505	32.7179	13.85232
3.5	96.71977	31.63404	13.72167
3.6	93.66207	30.19511	15.94614
3.7	90.76367	213.46714	113.50214
3.8	813.04964	26.51642	20.40706
3.9	85.53855	24.40571	21.71339

续表

时间 t/s	测量位置 s/mm	测量速度 v/（mm/s）	测量加速度 a/（mm/s^2）
4	83.243	22.1911	22.49951
4.1	81.17044	19.92002	22.85924
4.2	79.32406	17.63016	22.89166
4.3	77.70385	15.34938	22.69293
4.4	76.30749	13.09635	22.35035
4.5	75.1313	10.88158	21.93906
4.6	74.17093	13.708751	21.5207
4.7	73.42202	6.57605	21.14351
4.8	72.88064	4.477466	20.84338
4.9	72.5437	2.403968	20.64506
5	72.40914	0.344555	20.56341
5.1	72.47612	1.712805	20.60423
5.2	72.74506	3.780287	20.76464
5.3	73.21762	5.869339	21.0329
5.4	73.89658	7.989764	21.38768
5.5	74.7856	10.14871	21.79698
5.6	75.88897	13.34953	22.21683
5.7	77.21108	14.59054	22.59015
5.8	713.75593	16.86367	22.84626
5.9	80.52637	19.15312	22.90167
6	82.52331	21.4342	22.66268
6.1	84.74472	23.67255	22.03037
6.2	87.18471	25.82393	20.90809
6.3	89.83249	27.83499	19.21112
6.4	92.67158	29.64489	16.87716
6.5	95.67911	31.18814	13.8762
6.6	913.82558	32.39816	10.2177
6.7	102.0749	33.21145	5.953494
6.8	105.3849	33.57171	1.175703
6.9	1013.7083	33.43363	3.989984
7	111.9937	32.76575	9.394257
7.1	115.1876	31.55222	14.8755
7.2	1113.2354	29.79353	20.27061
7.3	121.0833	27.50617	25.42399
7.4	123.68	24.72154	30.19403
7.5	125.9781	21.48429	34.45709
7.6	127.9348	17.8505	313.10934
7.7	129.5139	13.8856	41.0671
7.8	130.6857	9.662396	43.26621
7.9	131.4283	5.259186	44.6611

续表

时间 t/s	测量位置 s/mm	测量速度 v/（mm/s）	测量加速度 a/（mm/s^2）
8	131.7278	0.757933	45.22383
13.1	131.5785	3.757453	44.9433
13.2	130.9832	13.202783	43.82502
13.3	129.9532	13.49525	41.89124
13.4	1213.5077	16.55515	39.18153
13.5	126.6738	20.3076	35.75369
13.6	124.4857	23.68449	31.68477
13.7	121.9839	26.62639	27.07182
13.8	119.2146	29.0846	22.03197
13.9	116.2279	31.02307	16.70112
9	113.077	32.42016	11.23078
9.1	109.8162	33.26995	5.782421
9.2	106.4997	33.58282	0.519295
9.3	103.1797	33.38516	4.403894
9.4	99.90505	32.7179	13.85232
9.5	96.71977	31.63404	13.72167
9.6	93.66207	30.19511	15.94614
9.7	90.76367	213.46714	113.50214
9.8	813.04964	26.51642	20.40706
9.9	85.53855	24.40571	21.71339
10	83.243	21.85817	22.49951

12.3 机械零件的有限元分析

机械零件的有限元分析是指用 CAD 软件完成零件的造型设计后，直接将模型传送到 CAE 软件中，再进行有限元网格划分并进行分析计算的过程。如果分析的结果不满足设计要求，则重新进行设计和分析，直到满意为止，从而极大地提高了设计水平和效率。

1. Pro/Mechanica 模块功能

Pro/E 的有限元分析功能是通过其 Mechanica 模块实现的。在 Pro/Mechanica 中，将每一项能够完成的工作称之为设计研究。所谓设计研究是指针对特定模型用户定义的一个或一系列需要解决的问题，每一个分析任务都可以看作一项设计研究。Pro/Mechanica 的设计研究种类可以分为以下 3 种类型。

标准分析（Standard）：是最基本、最简单的设计研究类型，至少包含一个分析任务。在此种设计研究中，用户需要指定几何模型、划分有限元网格、定义材料、定义载荷和约束、定义分析类型和计算收敛方法、计算并显示结果。

灵敏度分析（Sensitivity）：可以根据不同的目标设计参数或者特性参数的改变计算出一些列的结果。除了进行标准分析的各种定义外，用户需要定义设计参数、指定参数的变化范围。用户可以用灵敏度分析来研究哪些设计参数对模型的应力或质量影响较大。

优化设计分析（Optimization）：在基本标准分析的基础上，用户指定研究目标、约束条件（包括几何约束和物性约束）、设计参数，然后在参数的给定范围内求解出满足研究目标和约束条件的最佳方案。

因此，概括地说，Pro/Mechanica 能够完成的任务可以分为两大类。

第一类可以称之为设计验证，或者称为设计校核，如进行设计模型的应力应变检验，这也是大部分有限元分析软件能完成的工作。在 Pro/Mechanica 中，完成这种工作需要依次进行以下步骤：

① 创建几何模型；
② 简化模型（对于较为复杂的模型适用）；
③ 设定材料属性；
④ 定义约束；
⑤ 定义载荷；
⑥ 定义分析任务；
⑦ 运行分析；
⑧ 显示、评价计算结果。

第二类可以称之为模型的设计优化，这是 Pro/Mechanica 区别于其他有限元软件最显著的特征。在 Pro/Mechanica 中进行模型的设计优化需要完成以下工作：

① 创建几何模型；
② 简化模型；
③ 设定单位和材料属性；
④ 定义约束；
⑤ 定义载荷；
⑥ 定义设计参数；
⑦ 运行灵敏度分析；
⑧ 运行优化分析；
⑨ 根据优化结果改变模型。

下面将通过对曲柄滑块机构中的冲头零件的静力分析，以体验 Pro/Mechanica 的第一类有限元分析过程。

2. 零件的有限元静力分析

（1）调入待分析的零件模型 huakuai.prt。如图 12-16 所示，这里我们假设曲柄滑块机构处于平衡状态，且将滑块作为本次有限元静力分析的对象。

（2）单击菜单栏中的【应用程序】→【Mechanica】命令，接受对话框默认值，单击【确定】按钮，进入有限元分析模块，右侧将变为有限元分析工具栏图标，如图 12-17 所示。

图 12-16 有限元分析零件的调入

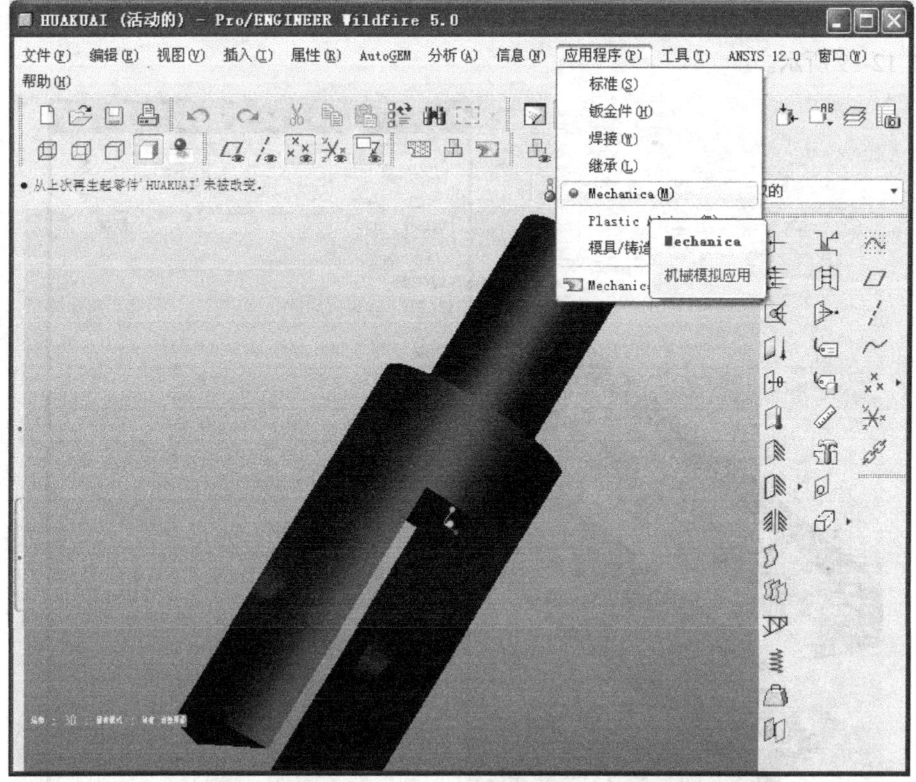

图 12-17 有限元分析环境

（3）设定材料属性，选择材料“STEEL”，确定后可在模型中看到材料标记，如图 12-18 所示。

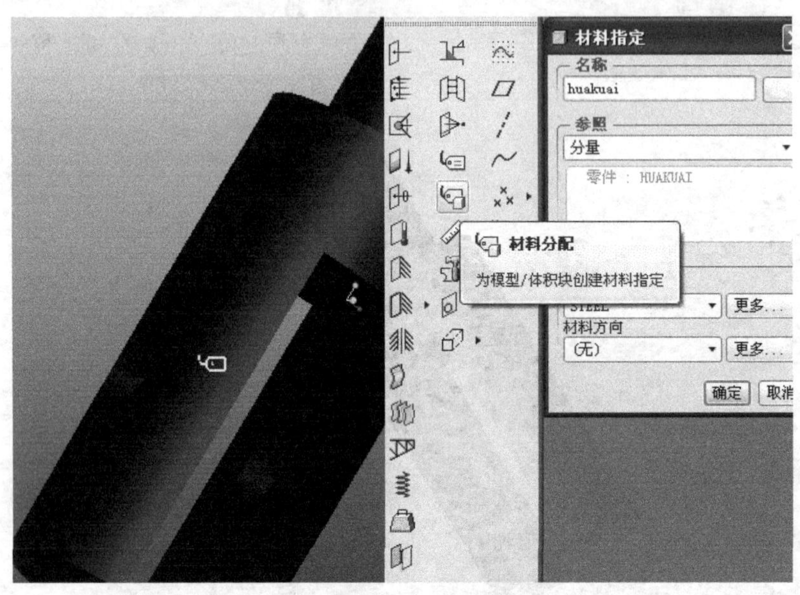

图 12-18　零件材料的确定

（4）定义约束

定义约束就是限制自由度，其算法与力学中一样，一般常将未知约束反力处的约束限制，这里，取滑块与轨道之间的约束最为合适，故采取限制与轨道接触的两条槽边进行。设置约束结果如图 12-19 所示。

图 12-19　定义约束结果

（5）施加载荷

由受力分析可知，滑块在工作中受三个力的作用，分别是来自连杆、被冲压件及轨道。轨道的反力已经在约束里受到限制，因此，只需添加两个力即可。单击【力/力矩载荷】工具，进入载荷设置对话框，分别施加。过程及结果如图 12-20 所示。

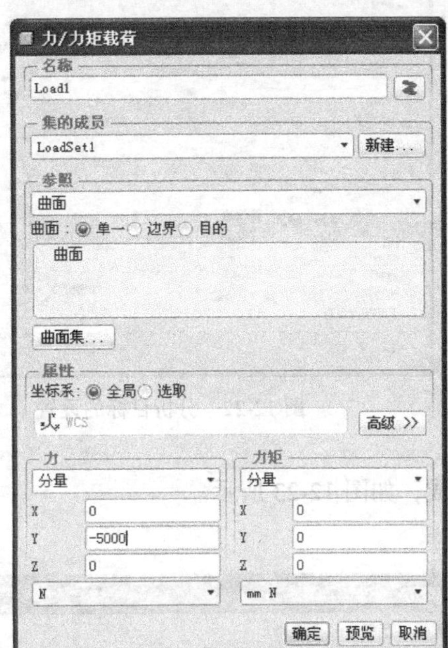

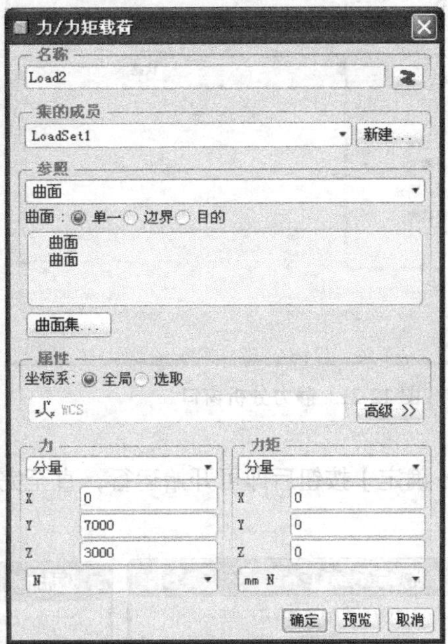

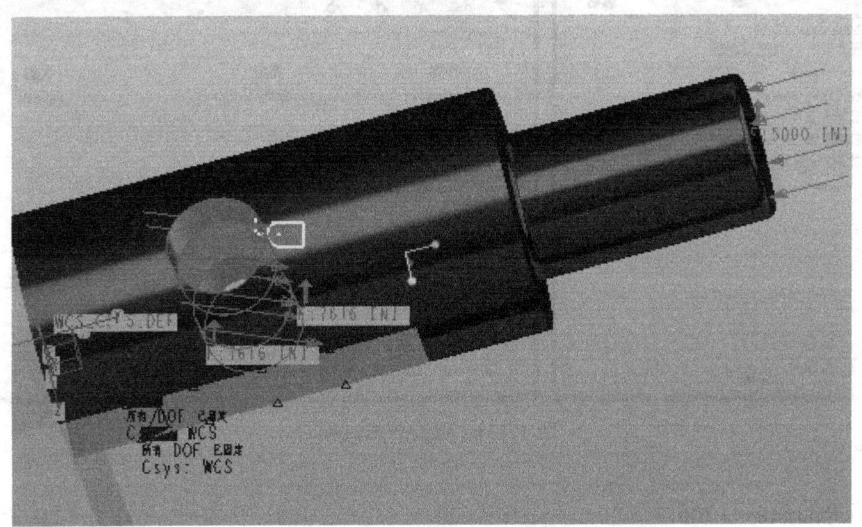

图 12-20　载荷施加过程及结果

（6）分析计算

单击菜单栏中的【分析】→【Mechanica 分析/研究】命令，在弹出的【分析和设计研究】对话框里，选择【文件】→【新建静态分析】命令，即可进行零件的静力分析，如图 12-21 所示。

在静态分析定义对话框中，可以设置分析目标类型，选择默认即完成了求解滑块应力及变形分布的设置，如图 12-22 所示。

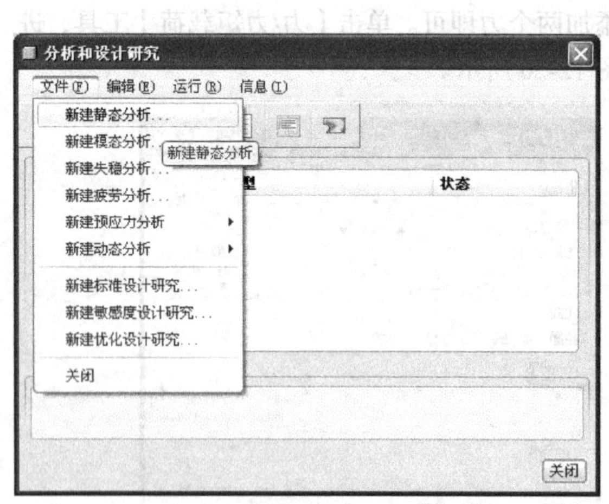

图 12-21 静力分析窗口　　　　图 12-22 分析目标的设置

单击【确定】按钮后即可开始运行，直至完成，如图 12-23 所示。

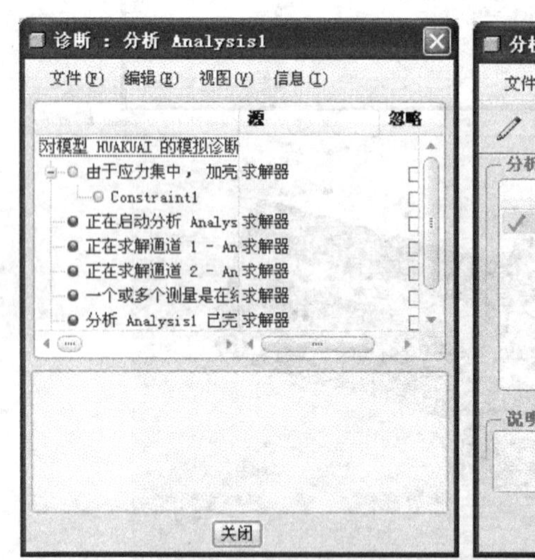

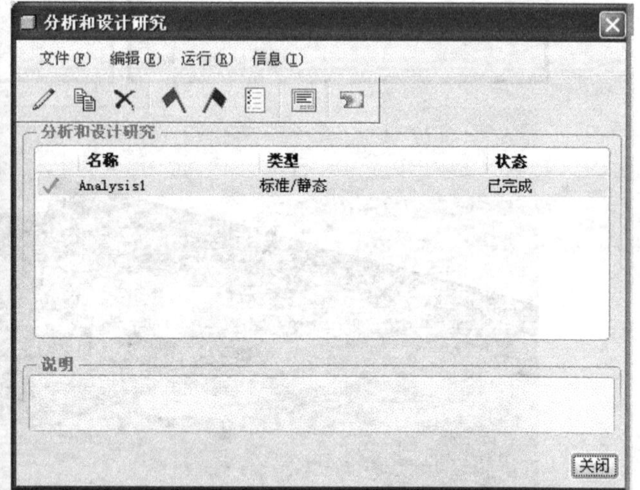

图 12-23 运行分析过程

（7）结果的提取与分析

单击【分析设计与研究】对话框的最右侧工具图标，即可打开运行结果提取对话框，如图 12-24 所示。默认是应力提取，可以选择变形（位移）、应变等不同的提取目标，单击确定即可得到应力云图，图 12-25 为滑块的工作应力及变形云图。

从分析云图可以看出，曲柄滑块机构在此工作位置时，滑块内部的最大应力达 23 830MPa，位于与轨道接触的边线处的应力集中位置处，说明零件的强度可能存在风险，提示设计者注意改进结构；滑块此时的最大变形量为 0.0542mm，位于滑块外伸最远尖角处，说明材料的刚度是足够的。这些数据为设计人员提供了较为科学有效的参考依据。

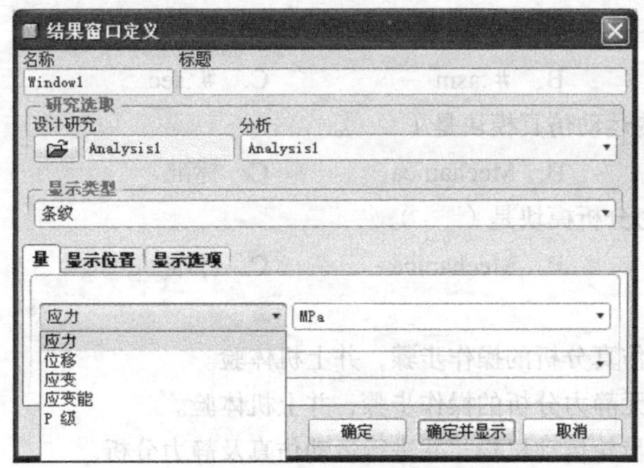

图 12-24 分析结果的提取

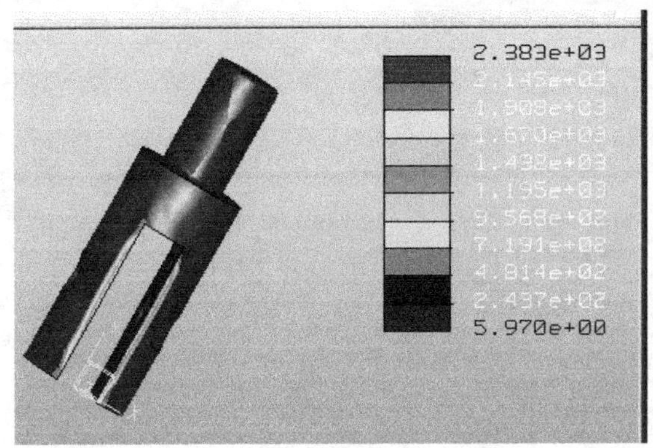

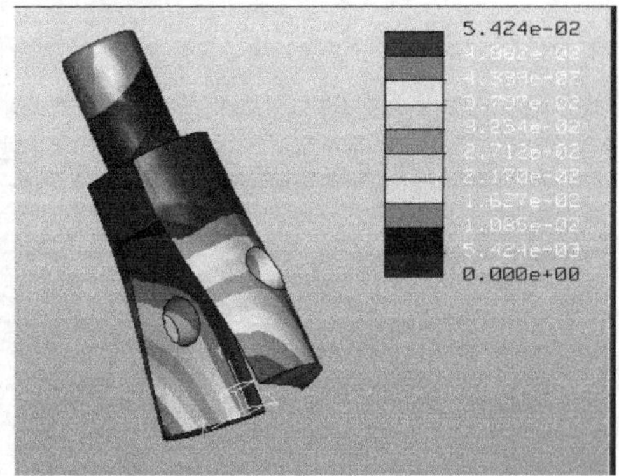

图 12-25 应力及变形云图

习 题

一、判断题

1. 几何运动仿真比实体运动仿真更符合工程实际。 （ ）

2. <Ctrl>+鼠标左键的作用是旋转图元。 （ ）

3. 机构运动仿真与有限元静力分析可在同一模块中完成。 （ ）

4. 机构运动仿真可以模拟出运动轨迹曲线。 （ ）

5. 有限元分析时，施加约束的部位不需要再添加载荷。 （ ）

二、选择题

1. Pro/Engineer 是美国参数技术公司（PTC）推出的新一代 CAD/CAE/CAM 软件，它有（ ）的基本特点。

A. 基于特征　　B. 参数化　　C. 实体造型　　D. 单一数据库

2. Pro/E 中零件图是以（ ）格式进行保存的。

A. #.prt　　B. #.asm　　C. #.sec　　D. #.drw

3. Pro/E 中装配图是以（　　）格式进行保存的。

A. # .prt　　B. # .asm　　C. # .sec　　D. # .drw

4. Pro/E 中的机构运动仿真模块是（　　）。

A. 机构　　B. Mechanica　　C. 标准　　D. 继承

5. Pro/E 中的静力分析模块是（　　）。

A. 机构　　B. Mechanica　　C. 标准　　D. 继承

三、综合题

1. 简述机构运动仿真分析的操作步骤，并上机体验。

2. 简述构件有限元静力分析的操作步骤，并上机体验。

3. 自行设计一对齿轮传动机构，并进行运动仿真及静力分析。

附录

常用滚动轴承的外形尺寸标注

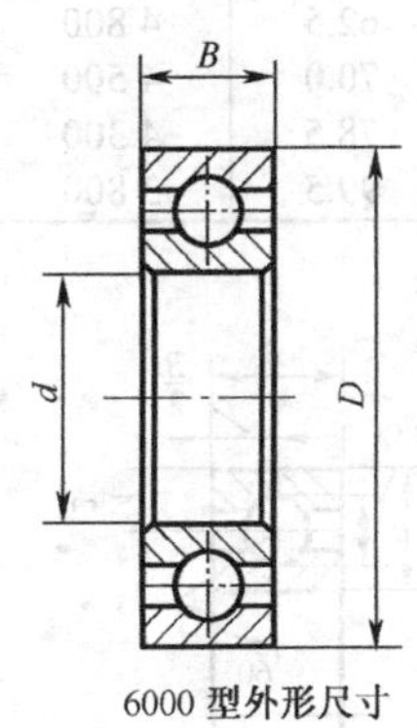

6000 型外形尺寸

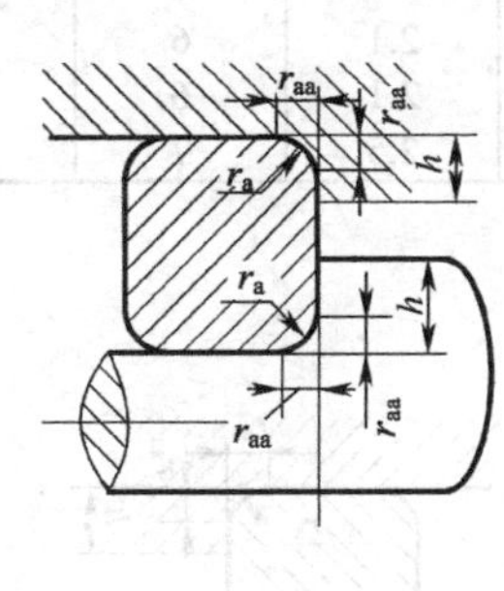

安装尺寸

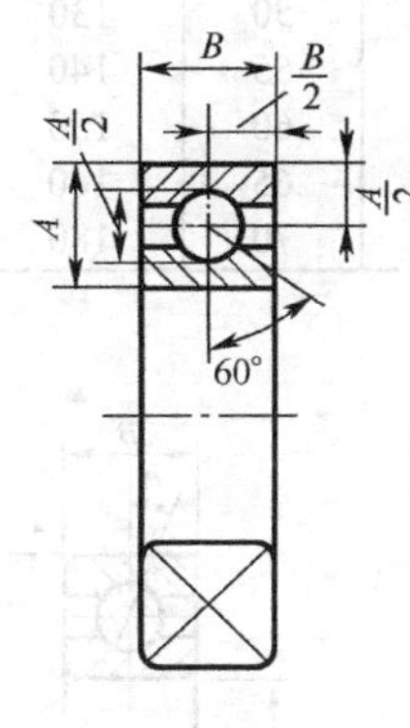

简化画法

符号：

d—内径；*D*—外径；*B*—宽度；*h*—安装高度；r_a、r_{aa}—安装倒角；*A*—轴承厚度。

标记示例：

滚动轴承 6210（GB/T 276—2013）

轴承型号	尺寸/mm			安装尺寸/mm		C_r / kN	C_{0r} / kN	极限转速 *n* / (r/min)	
	d	*D*	*B*	$r_{aa\,max}$	h_{min}			脂润滑	油润滑
6204	20	47	14	1.00	3.0	12.8	6.65	14 000	18 000
6205	25	52	15	1.00	3.0	14.0	7.88	12 000	16 000
6206	30	62	16	1.00	3.0	19.5	11.5	9 500	13 000
6207	35	72	17	1.00	3.5	25.5	15.2	8 500	11 000
6208	40	80	18	1.00	3.5	29.5	18.0	8 000	10 000
6209	45	85	19	1.00	3.5	31.5	20.5	7 000	9 000
6210	50	90	20	1.00	3.5	35.0	23.2	6 700	8 500
6211	55	100	21	1.50	4.5	43.2	29.2	6 000	7 500
6212	60	110	22	1.50	4.5	47.8	32.8	5 600	7 000
6213	65	120	23	1.50	4.5	57.2	40.0	5 000	6 300
6214	70	125	24	1.50	4.5	60.8	45.0	4 800	6 000
6304	20	52	15	1.00	3.50	15.8	7.88	13 000	17 000
6305	25	62	17	1.00	3.50	22.2	11.5	10 000	14 000
6306	30	72	19	1.00	3.50	27.0	15.2	9 000	12 000
6307	35	80	21	1.50	4.50	33.2	19.2	8 000	10 000
6308	40	90	23	1.50	4.5	40.8	24.0	7 000	9 000
6309	45	100	25	1.50	4.5	52.8	31.8	6 300	8 000

续表

轴承型号	尺寸/mm			安装尺寸/mm		C_r / kN	C_{0r} / kN	极限转速 n / (r/min)	
	d	D	B	$r_{aa\,max}$	h_{min}			脂润滑	油润滑
6310	50	110	27	2.0	5	61.8	38.0	6 000	7 500
6311	55	120	29	2.0	5	71.5	44.8	5 300	6 700
6312	60	130	31	2.1	6	81.8	51.8	5 000	6 300
6313	65	140	33	2.1	6	93.8	60.5	4 500	5 600
6314	70	150	35	2.1	6	105	68.0	4 300	5 300
6404	20	72	19	1.00	3.5	31.0	15.2	9 500	13 000
6405	25	80	21	1.50	4.5	38.2	19.2	8 500	11 000
6406	30	90	23	1.50	4.5	47.5	24.5	8 000	10 000
6407	35	100	25	1.50	4.5	56.8	29.5	6 700	8 500
6408	40	110	27	2.0	5	65.5	37.5	6 300	8 000
6409	45	120	29	2.0	5	77.5	45.5	5 600	7 000
6410	50	130	31	2.1	6	92.2	55.2	5 300	6 700
6411	55	140	33	2.1	6	100	62.5	4 800	6 000
6412	60	150	35	2.1	6	108	70.0	4 500	5 600
6413	65	160	37	2.1	6	118	78.5	4 300	5 300
6414	70	180	42	2.5	7	140	99.5	3 800	4 800

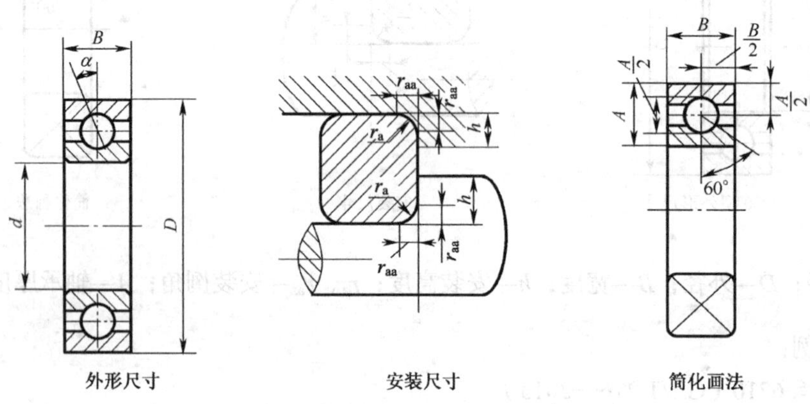

外形尺寸　　安装尺寸　　简化画法

7000C 型 (α=15°)

7000AC 型 (α=25°)

符号：

d—内径；D—外径；B—宽度；α—接触角；h—安装高度；r_a、r_{aa}—安装倒角；A—轴承厚度。

标记示例：

滚动轴承 7214C（GB/T 292—2007）

轴 承 型 号		尺寸/mm			安装尺寸/mm		C_r/kN		C_{0r}/kN		极限转速 n/(r/min)			
											脂 润 滑		油 润 滑	
		d	D	B	$r_{aa\,max}$	h_{min}	7000C	7000AC	7000C	7000AC	7000C	7000AC	7000C	7000AC
7204C	7204AC	20	47	14	1.00	3.0	14.5	14.0	8.22	7.82	13 000	13 000	18 000	18 000
7205C	7205AC	25	52	15	1.00	3.0	16.5	15.8	10.5	9.88	11 000	11 000	10 000	10 000
7206C	7206AC	30	62	16	1.00	3.0	23.0	22.0	15.0	14.2	9 000	9 000	13 000	13 000
7207C	7207AC	35	72	17	1.00	3.5	30.5	29.0	20.0	19.2	8 000	8 000	11 000	11 000
7208C	7208AC	40	80	18	1.00	3.5	36.8	35.2	25.4	24.5	7 500	7 500	10 000	10 000

续表

轴承型号		尺寸/mm			安装尺寸/mm		C_r/kN		C_{0r}/kN		极限转速 n/(r/min)			
											脂润滑		油润滑	
		d	D	B	$r_{aa\,max}$	h_{min}	7000C	7000AC	7000C	7000AC	7000C	7000AC	7000C	7000AC
7209C	7209AC	45	85	19	1.00	3.5	38.5	36.8	28.5	27.2	6 700	6 700	9 000	9 000
7210C	7210AC	50	90	20	1.00	3.5	42.8	40.8	32.0	30.5	6 300	6 300	8 500	8 500
7211C	7211AC	55	100	21	1.50	4.5	52.8	50.5	40.5	38.5	5 600	5 600	7 500	7 500
7212C	7212AC	60	110	22	1.50	4.5	61.0	58.2	48.5	46.2	5 300	5 300	7 000	7 000
7213C	7213AC	65	120	23	1.50	4.5	69.8	66.5	55.2	52.5	4 800	4 800	6 300	6 300
7214C	7214AC	70	125	24	1.50	4.5	70.2	69.2	60.0	57.5	4 500	4 500	6 000	6 000

注：$r_{aa\,max}$ 轴和外壳孔的单向最大圆角半径。

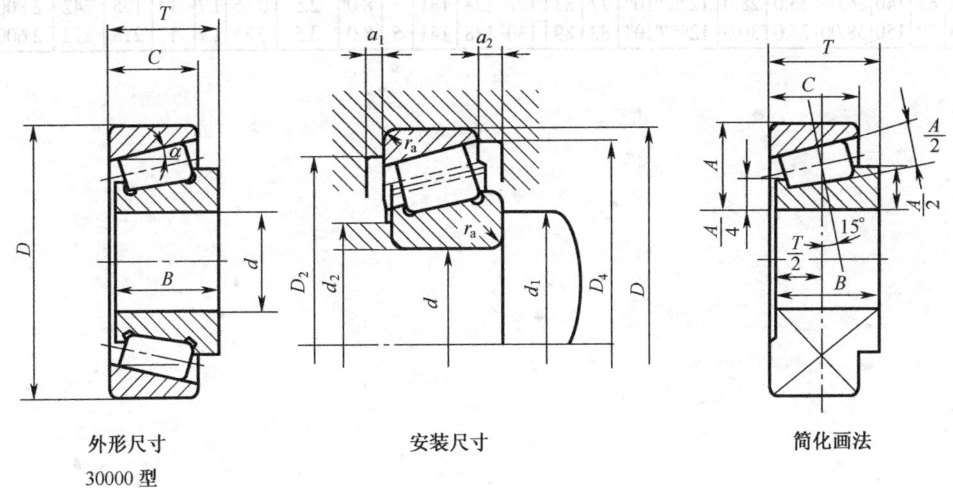

外形尺寸　　　　安装尺寸　　　　简化画法

30000 型

符号：

d—内径；D—外径；α—接触角；T—轴承宽度；B—内圈宽度；C—外圈宽度；d_1、d_2—内圈安装直径；D_2、D_4—外圈安装直径；r_a—安装圆角；a_1—外圈背面距；a_2—外圈正面距；A—轴承厚度。

标记示例：

滚动轴承 30210（GB/T 297—2015）

轴承型号	尺寸/mm						安装尺寸/mm							e	Y	Y_0	C_r/kN	C_{0r}/kN	极限转速 n/(r/min)	
	d	D	T	B	C	α	d_1	d_2	D_3	D_4	a_1	a_2	$r_{aa\,max}$						脂润滑	油润滑
30204	20	47	15.25	14.0	12.0	12°57'10"	26	27	40~41	43	2	3.5	1.00	0.35	1.7	1	28.2	30.5	8 000	10 000
30205	25	52	16.25	15.0	13.0	14°02'10"	31	31	44~46	48	2	3.5	1.00	0.35	1.7	0.9	32.2	37.0	7 000	9 000
30206	30	62	17.25	16.0	14.0	14°02'10"	36	37	53~56	58	2	3.5	1.00	0.37	1.6	0.9	43.2	50.5	6 000	7 500
30207	35	72	18.25	17.0	15.0	14°02'10"	42	44	62~65	67	3	3.5	1.50	0.35	1.7	0.9	54.2	63.5	5 300	6 700
30208	40	80	19.75	18.0	16.0	14°02'10"	47	49	69~73	75	3	4.0	1.50	0.37	1.6	0.9	63.0	74.0	5 000	6 300
30209	45	85	20.75	19.0	16.0	15°06'34"	52	53	74~78	80	3	5.0	1.50	0.4	1.5	0.8	67.8	83.5	4 500	5 600
30210	50	90	21.75	20.0	17.0	15°38'32"	57	58	79~83	86	3	5.0	1.50	0.42	1.4	0.8	73.2	92.0	4 300	5 300
30211	55	100	22.75	21.0	18.0	15°06'34"	64	64	88~91	95	4	5.0	2.0	0.4	1.5	0.8	90.8	115	4 000	5 000
30212	60	110	23.75	22.0	19.0	15°06'34"	69	69	96~101	103	4	5.0	2.0	0.4	1.5	0.8	102	130	3 600	4 500
30213	65	120	24.75	23.0	20.0	15°06'34"	74	77	106~111	114	4	5.0	2.0	0.4	1.5	0.8	120	152	3 200	4 000
30214	70	125	26.25	24.0	21.0	15°38'32"	79	81	110~116	119	4	5.5	2.0	0.42	1.4	0.8	132	175	3 000	3 800

续表

轴承型号	尺寸/mm						安装尺寸/mm							e	Y	Y_0	C_r /kN	C_{0r} /kN	极限转速 n/(r/min)	
	d	D	T	B	C	α	d_1	d_2	D_3	D_4	a_1	a_2	$r_{aa\,max}$						脂润滑	油润滑
30304	20	52	16.25	15.0	13.0	11°18'36"	27	28	44~45	48	3	3.5	1.50	0.3	2	1.1	33.0	33.2	7 500	9 500
30305	25	62	18.25	17.0	15.0	11°18'36"	32	34	54~55	58	3	3.5	1.50	0.3	2	1.1	46.8	48.0	6 300	8 000
30306	30	72	20.75	19.0	16.0	11°51'35"	37	40	62~65	66	3	5.0	1.50	0.31	1.9	1.1	59.0	63.0	5 600	7 000
30307	35	80	22.75	21.0	18.0	11°51'35"	44	45	70~71	74	3	5.0	2.0	0.31	1.9	1.1	75.2	82.5	5 000	6 300
30308	40	90	25.25	23.0	20.0	12°57'10"	49	52	77~81	84	3	5.5	2.0	0.35	1.7	1	90.8	108	4 500	5 600
30309	45	100	27.25	25.0	22.0	12°57'10"	54	59	86~91	94	3	5.5	2.0	0.35	1.7	1	108	130	4 000	5 000
30310	50	110	29.25	27.0	23.0	12°57'10"	60	65	95~100	103	4	6.5	2.5	0.38	1.7	1	130	158	3 800	4 800
30311	55	120	31.50	29.0	25.0	12°57'10"	65	70	104~110	112	4	6.5	2.5	0.35	1.7	1	152	188	3 400	4 600
30312	60	130	33.50	31.0	22.0	28°48'39"	72	76	112~118	121	5	7.5	2.5	0.35	1.7	1	170	210	3 200	4 000
30312	65	140	36.00	33.0	28.0	12°57'10"	77	83	122~128	131	5	8.0	2.5	0.35	1.7	1	195	242	2 800	3 600
30314	70	150	38.00	35.0	30.0	12°57'10"	82	89	130~138	141	5	8.0	2.5	0.35	1.7	1	218	272	2 600	3 400

参考文献

[1] 金旭星．汽车机械基础．北京：人民邮电出版社，2016.

[2] 金旭星．机械工程基础．北京：高等教育出版社，2012 .

[3] 吕伟文．机械设计基础．北京：机械工业出版社，2008.

[4] 倪森寿．机械技术基础．北京：人民邮电出版社，2012.

[5] 吴建生．工程力学．北京：机械工业出版社，2009.